江苏高校品牌专业建设工程资助项目（项目编号：PPZY2015A025）

A Project Funded by the Flagship Major Development of Jiangsu Higher Education Institutions

无机非金属材料化验与检测实训

主　编　徐风广

副主编　李　磊　诸华军

中国建材工业出版社

图书在版编目（CIP）数据

无机非金属材料化验与检测实训/徐风广主编. —
北京：中国建材工业出版社，2018.7（2019.1 重印）
ISBN 978-7-5160-2152-1

Ⅰ.①无…　Ⅱ.①徐…　Ⅲ.①无机非金属材料—检测
—教材　Ⅳ.①TB321

中国版本图书馆 CIP 数据核字（2018）第 016551 号

内 容 简 介

本书共分为两篇，第一篇简要叙述了化学分析的基本原理及必要的理论基础，不仅包括称量分析法、滴定分析法、配位滴定法等经典的化学分析方法，同时也引入原子吸收分光光度分析、X 射线荧光光谱分析等仪器分析技术，反映了我国无机材料分析技术的最新水平；第二篇着重介绍了常用无机非金属材料，如水泥、混凝土、玻璃、陶瓷、石灰、石膏等制备过程中所涉及的各种原燃材料、半成品及成品的化学成分分析的最新方法、仪器设备、研究成果、标准和规范。

本书可供高等院校无机非金属材料类专业本科生教学使用，也可供从事与无机非金属材料有关的生产、管理、检测、科研和施工的工程技术人员参考。

无机非金属材料化验与检测实训

徐风广　主编

李　磊　诸华军　副主编

出版发行：中国建材工业出版社
地　　址：北京市海淀区三里河路 1 号
邮　　编：100044
经　　销：全国各地新华书店
印　　刷：北京鑫正大印刷有限公司
开　　本：787mm×1092mm　1/16
印　　张：23.5
字　　数：580 千字
版　　次：2018 年 7 月第 1 版
印　　次：2019 年 1 月第 2 次
定　　价：**68.00 元**

序　言

　　无机非金属材料具有良好的材料性能，在我国各个行业中发挥的重要作用越来越凸显，传统的无机非金属材料是工业和基本建设所必需的基础材料。例如水泥是国家基础建设的一种重要的建筑材料；平板玻璃、仪器玻璃和普通的光学玻璃以及日用陶瓷、卫生陶瓷、建筑陶瓷、化工陶瓷和电瓷等与人们的生产、生活息息相关；其他产品，如混凝土、氯氧镁水泥、石灰、石膏等也都属于传统的无机非金属材料。近年来，我国无机非金属材料产业飞速发展，产量持续增长，已成为世界第一生产大国，其中水泥已占到世界产量的 60% 以上；陶瓷总产量约占世界总产量的 52%；平板玻璃总量已连续 23 年居世界领先，占全球总量超过 50%。尽管这些传统的无机非金属材料具有产量大，用途广等特点，但在制备的过程中都存在资源利用率低、能源消耗高、产品等级低、环境污染严重等一系列问题，面对资源和环境对我国经济持续发展的严峻考验，为了使这些传统的无机非金属产品朝着节能化、环保化、智能化、多功能化方向发展，就必须对这些无机非金属材料制备过程中所用的原燃材料、半成品及成品的各种化学成分进行精确化验与检测。

　　材料化验与检测是无机非金属材料生产过程不可缺少的环节，是控制建材产品质量的一个重要手段，而从事材料化验与检测的人员是建材产品生产过程中必不可缺的技能型人才。为了更好地落实国家人才发展战略目标和高技能人才培养计划，加快无机非金属材料行业高素质、高技能型人才培养，以及满足无机非金属材料行业现有材料化验与检测人才的培训以及自我提高的需要，加强我校"卓越计划"材料科学与工程专业学生实践技能的培养，编者集多年教学实践经验编写而成本教材。

　　本教材由盐城工学院徐风广、李磊、诸华军、陈小卫编写，共分为两篇，第一篇简要叙述了化学分析的基本原理及必要的理论基础，不仅包括称量分析法、滴定分析法、配位滴定法等经典的化学分析法，同时也引入原子吸收分光光度分析、X 射线荧光光谱分析等仪器分析技术，反映了我国无机材料分析技术的新水平；第二篇着重介绍了常用无机非金属材料，如水泥、混凝土、玻璃、陶瓷、石灰、石膏等制备过程中所涉及的各种原燃材料、半成品及成品的化学成分分析的最新方法、仪器设备、研究成果、标准和规范。本书在编写过程中充分吸收了有关专家、同行及专业教师的建设性意见，使之更适合应用型本科人才培养目标的要求。具体编写分工如下：李磊编写第一篇；徐风广编写第二篇中的第 1 章、第 2 章、第 3 章、第 4 章、第 7 章和序言；诸华军编写第二篇中第 5 章和第 8 章；陈小卫编写第二篇中的第 6 章。全书由徐风广负责统稿并整理。在部分章节的编写过程中得到了盐城工学院吴其胜、焦宝祥、张长森、李娟、侯海军、蔡树元等老师的支持和帮助，在此表示衷心的感谢。

　　本教材除可作为高等学校材料与科学工程学科中无机非金属材料类专业本科生教

学用书外，也可供从事与无机非金属材料有关的生产、管理、检测、科研和施工的工程技术人员参考。

　　受编者水平所限，教材中难免存在一些欠缺和不足，诚恳希望从事职业教育的老师以及行业中的专家和广大读者不吝赐教，积极提出宝贵意见，以便使本教材得到进一步的完善和补充。

编　者

2018 年 2 月

目　　录

第一篇　定量分析化学基本知识

第一章　称量分析法

　　称量分析法是通过称量来测定被测物质含量的方法。在称量分析法中，通常是用适当的方法将待测组分与试样中的其他组分分离开来，并转化为一定称量形式的化合物，再进行称量，由所得质量进行计算，由此得到待测组分的含量。称量分析法的过程大致是：首先在试验溶液中加入某种沉淀剂，利用沉淀反应使待测组分以难溶化合物的形式沉淀下来，此时得到的沉淀物称为沉淀形式。再经过滤、沉淀使之与溶液分离，经烘干或灼烧等处理使之转化为固定组成的物质，称为沉淀的称量形式。通过称量，根据称量形式的组成和质量可计算出待测组分的含量。

　　称量分析法是一种经典的分析方法。它直接通过分析天平称量就可获得分析结果，无需使用容量器皿测定的数据，也不需要与基准物质或标准试样作为参比，所以引入的误差小，分析结果的准确度较高。对于高含量组分的测定，称量分析法比较准确，测定的相对误差一般小于 0.1%。但称量分析法操作过程繁琐、分析周期长，不能满足日常快速分析的要求，同时，由于对低含量组分的测定误差也较大，更不适合于微量和痕量组分的测定。目前，称量分析法主要用于含量较高的 Si、S、P、Mo、W、Cu、Co、Ni、Ag、Pb、Nb、Re 等元素的分析。

第一节　称量分析法的分类和特点

　　根据待测组分与试样中其他组分分离方法的不同，称量分析法通常可分为以下几种。

1. 沉淀法

　　沉淀法是称量分析法中的最主要的一类方法，这种方法是利用沉淀反应使待测组分以难溶化合物的形式从溶液中沉淀出来，再将沉淀过滤、洗涤后，通过烘干或灼烧等将沉淀转化为称量形式，称量其质量，再根据沉淀的质量计算待测组分的含量。例如，用沉淀称量法测定钢铁中硅含量时，将试样用混合酸溶解，加热至高氯酸冒烟使其中的硅脱水转化为难溶的硅酸（$SiO_2 \cdot nH_2O$）沉淀。经过过滤、洗涤，将沉淀灼烧成二氧化硅，用分析天平称量其质量，然后计算出试样中硅的质量分数。

2. 气化法

气化法也被称为挥发法，这种方法是利用物质的挥发性质，通过加热或其他方法使待测组分从试样中挥发逸出，然后根据气体逸出前后试样质量之差计算该组分的含量；或者是选择适当的吸收剂将逸出组分吸收，然后根据吸收剂质量的增加计算待测组分的含量。

气化法主要有以下三个方面的应用：

（1）被测组分本身是挥发分

例如，$BaCl_2 \cdot 2H_2O$ 试样中结晶水含量的测定，可将一定质量的氯化钡试样加热，使水分逸出至恒量，根据氯化钡试样质量的减少来计算其中结晶水的含量；或用吸湿剂（如高氯酸镁）来吸收逸出的水分，根据吸湿剂质量的增加来计算试样中的含水量。

（2）被测组分经化学反应可以生成挥发分

被测组分经过与一些物质反应生成挥发性物质，再利用吸收剂吸收，通过测定生成挥发性物质的质量或体积，从而间接测定被测组分的含量。如钢铁中碳含量的测定，可将试样置入管式炉中，在氧气流中高温燃烧，使碳与氧反应生成 CO_2，然后用一定量的 KOH 溶液（或碱石棉）吸收生成的 CO_2，根据 KOH 吸收溶液（或碱石棉）质量的增加量计算钢铁中碳的含量。

（3）被测组分不挥发，而其他组分挥发

例如灰分测定。通常将试样在高温箱式电阻炉有氧条件下 1000℃ 左右加热，残余的物质称为灰分。在上述条件下，有机物已去除，残余物为无机物，即可直接称量，残余物质量占试样质量的分数即为灰分率。

3. 电解法

利用电解原理，控制适当的电压或电流，通过电化学反应使待测组分转化为金属或其他形式的物质在电极上沉积，根据电极增加的质量，计算待测组分的含量。例如，恒电流电解法测定纯铜中铜的含量，试样经硝酸-硫酸混合酸溶解后，以网状铂电极为阴极进行电解，溶液中的铜离子获得电子而还原成金属铜，并在铂阴极上析出：$Cu^{2+}+2e \Longrightarrow Cu \downarrow$，电解结束后，将网状铂电极洗涤、烘干、称量，根据铂电极增加的质量，即可计算出试样中铜的含量。

4. 萃取法

萃取法是利用被测组分与其他组分在互不相溶的两种溶剂中的分配系数不同，将被测组分从试样中萃取出来而与其他组分分离，然后加热将萃取溶剂挥发除去，称量残留的萃取物质量，计算出待测组分的含量。如工业废水中石油类物质含量的测定。

第二节　沉淀的溶解度及其影响因素

在称量分析法中，溶解损失是主要误差来源之一，因此希望沉淀物的溶解度要小。若沉淀物的溶解度过大，会使化学计量点时反应不完全。所以应当了解沉淀的溶解度及其影响因素，以控制合适的沉淀条件，减少溶解损失。

1. 溶解度和溶度积

难溶化合物 MA 在水溶液中达到平衡时，有如下的平衡关系：

$$MA_{(固)} \rightleftharpoons MA_{(水)} \rightleftharpoons M^+ + A^-$$

式中，$MA_{(水)}$ 可以是不带电荷的分子 MA，也可以是离子对 M^+A^-。在饱和溶液中，温度一定时，$MA_{(水)}$ 与 $MA_{(固)}$ 之间的平衡常数是一定值，称作固有溶解度，常用符号 S^o 表示。若溶液中不存在其他平衡，则固体的溶解度 S 应为固有溶解度 S^o 和离子 M^+（或 A^-）浓度 $[M^+]$（或 $[A^-]$）之和，即

$$S = S^o + [M^+] = S^o + [A^-]$$

大多数沉淀的 S^o 数值很小，通常情况下可以忽略。这时，可表示为：

$$S = [M^+] = [A^-]$$

根据沉淀 MA 在水溶液中的平衡关系，得：

$$a_{M^+} a_{A^-} = \gamma_{M^+}[M^+]\gamma_{A^-}[A^-] = K_{ap}$$

K_{ap} 是离子的活度积，称为活度积常数；γ 为离子强度。因此：

$$[M^+][A^-] = \frac{K_{ap}}{\gamma_{M^+}\gamma_{A^-}} = K_{sp}$$

溶度积常数 K_{sp} 与溶液中离子强度有关。当溶液中的离子强度不高时，常对活度积和溶度积不加区别；但如果溶液中的离子强度较高时，则活度积和溶度积相差较大，应引入溶度积进行计算。

2. 影响沉淀溶解度的因素

影响沉淀溶解度的因素很多，如同离子效应、酸效应、盐效应、配位效应以及温度、介质、晶体颗粒大小等。

（1）同离子效应

两种含有相同离子的盐（或酸、碱）溶于水时，它们的溶解度（或酸度系数）都会降低，这种现象叫做同离子效应。在沉淀反应中，发生同离子效应的原理是在已经建立起溶解平衡的难溶电解质的溶液中，加入含有相同离子的另一强电解质溶液时，由于离子浓度的增加，会使平衡向着生成沉淀的方向移动，达到新的溶解平衡，从而使难溶电解质的溶解度降低。

同离子效应是降低沉淀溶解度的有效手段。称量分析中，一般都要加入过量的沉淀剂来减小沉淀的溶解损失。但是沉淀剂的量不是越多越好，沉淀的溶解度不可能小于它的固有溶解度；沉淀剂加入过多，还可能引起盐效应等副反应，从而使沉淀的溶解度增大。一般沉淀剂以过量 50%～100% 为宜。

（2）盐效应

往弱电解质的溶液中加入与弱电解质没有相同离子的强电解质时，由于溶液中离子总浓度增高，离子间相互牵制作用增强，使得弱电解质解离的阴、阳离子结合形成分子的机会减小，从而使弱电解质分子浓度降低，离子浓度相应增高，解离度增大。这种由于强电解质的引入而使沉淀的溶解度随之增大的现象称为盐效应。

如果沉淀本身的溶解度很小，则盐效应的影响是非常小的，可以忽略不计。称量

分析中一般对盐效应不予考虑。只有当沉淀的溶解度本来就比较大，且溶液的离子强度又很高时，才需要考虑盐效应。

（3）酸效应

酸效应的发生，主要是由于溶液中 H^+ 浓度对弱酸、多元酸或难溶酸离解平衡的影响。在酸性溶液中，H^+ 浓度的增高使得平衡向生成酸的方向移动。酸效应将增大弱酸或多元酸盐沉淀和氢氧化物沉淀的溶解度。在称量分析中，必须要注意由酸效应引起的溶解损失。

对于 AgCl 等强酸盐沉淀来说，如果不考虑盐效应，则在酸性溶液中，强酸盐的溶解度基本和纯水中的相同。然而，硫酸盐的沉淀例外。作为多元酸，HSO_4^- 与 SO_4^{2-} 之间存在着酸碱平衡，在酸性溶液中有酸效应存在，使溶解度有所增大，如在 0.1mol/L HCl 溶液中，$BaSO_4$ 的溶解度是它在纯水中的 3 倍左右。

（4）配位效应

若溶液中存在的配位剂能与生成沉淀的离子形成可溶性配位化合物，则会使沉淀的溶解度增大。配位化合物越稳定，配位剂的浓度越高，溶解度增加得越大。在称量分析中，必须注意由配位效应所引起的溶解损失。

（5）其他影响因素

① 温度。大多数沉淀的溶解度随温度升高而增大，但增大的程度有差异。例如，温度对 AgCl 的溶解度影响较大，对 $BaSO_4$ 的影响则不明显。在称量分析法中，如果沉淀的溶解度很小或者对温度不敏感时，一般采用热过滤和热洗涤。热溶液的黏度低，可以加快过滤和洗涤的速度；同时，在热溶液中，杂质的溶解度也可能增大因而易于洗去。

② 溶剂。大多数无机物沉淀的溶解度在有机溶剂存在时能显著降低。在称量分析中，有时需要加入一些能与水混溶的有机溶剂来降低沉淀的溶解度。

③ 沉淀颗粒大小。对于同种沉淀来说，颗粒尺寸越小，溶解度越大，这是因为小晶体比大晶体有更大的比表面积，处于表面的离子受到晶体内的吸引力小，又容易受到溶剂分子的作用，所以易于溶解进入到溶液中。利用这一性质，在沉淀完全后，将沉淀与母液一起放置一段时间，使得小晶体逐渐转化为较大的晶体颗粒，更有利于称量分析。

④ 形成胶体溶液。AgCl、$Fe(OH)_3$、$Al(OH)_3$ 等沉淀是由胶体微粒凝聚而成，胶体粒子直径在 1～100nm 之间，过滤时会穿过滤纸的孔隙而造成质量损失。在称量分析中，通常需要通过加入电解质和加热等方法使胶体微粒凝聚，然后才能过滤。

第三节　称量分析对沉淀的要求及沉淀剂的选择

称量分析法是根据沉淀的质量来计算试样中被测组分的含量，要获得好的分析结果，用于称量分析法的沉淀必须满足以下要求。

1. 对沉淀形式的要求

① 沉淀的溶解度要小，保证待测组分定量地沉淀完全。通常要求沉淀的溶解损失不超过 0.2mg（即应不大于分析天平的称量误差）。

② 沉淀必须纯净，杂质应尽可能少，否则不能获得准确的分析结果。

③ 沉淀应是粗大的晶形沉淀，易于过滤和洗涤，这不仅便于操作，也是保证沉淀纯度的一个重要方面。晶形沉淀易于洗涤；无定形沉淀，尤其是胶体沉淀，如 $Fe(OH)_3$、$Al(OH)_3$ 等，体积庞大疏松，总表面积大，吸附杂质较多，过滤费时且不易洗净。因此，在进行沉淀时，希望得到颗粒较大的晶型沉淀；如果只能生成无定形沉淀，也应控制沉淀条件，改变沉淀的性质，以便得到易于过滤和洗涤的沉淀。

④ 沉淀经干燥或灼烧后，易转化为组成恒定、性质稳定的称量形式。如 8-羟基喹啉铝盐，在 130℃ 烘干即可称量；而氢氧化铝必须在 1200℃ 灼烧才能成为不吸湿的称量形式 Al_2O_3。因此测定铝应选前一种方法。

2. 对称量形式的要求

① 称量形式必须具有一定的化学组成，并必须与化学式完全相符，才能按照化学式计算待测组分的含量。

② 称量形式要稳定，在称量过程中不受空气中的水分、CO_2 或者 O_2 等的影响。

③ 称量形式的摩尔质量要大，从而所得称量形的质量较大，可以减少称量造成的误差，有利于低含量组分的测定。例如，称量分析法测定 Al^{3+} 时，可用氨水沉淀为 $Al(OH)_3$ 后灼烧为 Al_2O_3 称量，也可用 8-羟基喹啉沉淀为 8-羟基喹啉铝盐 $[(C_9H_6NO)_3Al]$ 烘干后称量。按这两种称量形式计算，0.1000g Al 可获得 0.1888g Al_2O_3 或者 1.704g $(C_9H_6NO)_3Al$。分析天平的称量误差一般为 ±0.2mg，显然用 8-羟基喹啉称量分析法测定 Al 的准确度要比氨水法高。

3. 沉淀剂的选择

根据对沉淀的要求，待测组分以何种形式沉淀下来就成为问题的关键。因此，选择沉淀剂就决定了方法的准确度和操作简繁程度。选择沉淀剂的条件如下：

① 沉淀剂应与被测组分反应完全。生成的沉淀溶解度要小，组成不变，颗粒大，结构稳定，易于过滤和洗涤，分离后得到的沉淀纯净。

② 沉淀剂本身溶解度要大，以减少沉淀对它的吸附，而且容易在洗涤时除去。

③ 沉淀剂应具有较好的选择性和特效性，在含有多种离子的试验溶液中，它只沉淀待测组分。

④ 沉淀剂应具有较大的相对分子质量，生成的沉淀形式相对分子质量大，转化成称量形式的相对分子质量也大，带来的称量误差就较小。

⑤ 沉淀剂应是易挥发或易分解除去的物质，即使在洗涤时未除尽，灼烧时也能除尽，不至于影响称量结果。

4. 常用沉淀剂的种类及特点

沉淀剂通常分为无机沉淀剂和有机沉淀剂。常见的无机沉淀剂有 NaOH、$NH_3 \cdot H_2O$、H_2S 或 Na_2S 等；有机沉淀剂有 8-羟基喹啉、丁二酮肟、四苯硼酸钠、苦杏仁酸、铜铁试剂、草酸等。

（1）无机沉淀剂的特点

无机沉淀剂的选择性较差，生成的沉淀溶解度较大，吸附杂质较多；如果生成的是无定形沉淀，不仅吸附杂质多，而且不易过滤和洗涤。

（2）有机沉淀剂的特点

有机沉淀剂的选择性较好，沉淀的溶解度小，有利于被测物质沉淀完全，生成的沉淀组成恒定，结构较好，吸附无机杂质少，易于分离和洗涤，分离后得到的沉淀较纯净，称量形式的相对分子质量也较大，经烘干即可称量，简化了操作，有利于提高分析的准确度，因此应用日益广泛。但是，有机沉淀剂一般在水中的溶解度较小，容易夹杂在沉淀中；有些沉淀的组成不恒定，仍需灼烧成无机氧化物后称量；有些沉淀不易被水润湿，容易粘附于容器上或漂浮于溶液表面上，带来操作上的困难。

第四节　沉淀的生成条件与形成过程

沉淀按照物理性质可分为两类：晶形沉淀与非晶形沉淀（又称为无定形沉淀或胶状沉淀）。晶形沉淀颗粒较大，内部排列较规则，结构紧密，极易沉降于容器底部。与晶形沉淀相比，无定形沉淀颗粒较小，内部排列杂乱无章，聚集松散，体积庞大，吸附的杂质较多，也不能很好地沉降于容器的底部。因此，为了使沉淀完全并得到纯净的沉淀，必须选择不同的沉淀条件。

1. 晶形沉淀的生成条件

① 沉淀要在适当的稀溶液中进行。试验溶液和沉淀剂溶液都应该是稀溶液。这样在沉淀过程中，溶液的相对过饱和度不大，晶核的生成速度较慢，易形成少数颗粒较大的晶体。

② 沉淀应在热溶液中进行。在热溶液中，一般沉淀的溶解度都增大，既可以使溶液的相对过饱和度降低，又可以减少沉淀对杂质的吸附量，还可以防止生成胶体。对于在热溶液中溶解度显著增大的沉淀，在沉淀完毕后，必须将溶液冷却后再过滤，以减少沉淀溶解的损失。

③ 应该在不断搅拌下缓慢地加入沉淀剂。如果加入过快，会导致沉淀剂局部过浓而生成多量的晶核，得到颗粒非常细小的沉淀，有时甚至漂浮在溶液表面而不沉淀下来，难以过滤和洗涤，必然造成测定误差。

④ 沉淀要进行陈化处理。在沉淀过程完毕后，将沉淀连同溶液一起放置一段时间（过夜，或放在温热处 4h 以上），这一过程称为陈化。陈化可使溶液中小晶体不断溶解，大晶体不断长大。陈化作用还能使沉淀变得更加纯净，因为小晶体吸附和包藏的杂质在陈化过程中被排除到溶液中，大晶体沉淀总表面积小，吸附的杂质量也就减少。

2. 沉淀的形成过程

沉淀的形成是一个复杂的过程。一般认为沉淀的形成要经过晶核的形成和晶核的长大两个过程。

（1）晶核的形成

晶核的形成包含两种情况：一种是均相成核作用，另一种是异相成核作用。将沉淀剂加入试验溶液中，当溶液达到过饱和状态时，构晶离子由于静电作用而缔合起来自发地形成晶核，这种过程称为均相成核作用。一般认为，所形成的晶核含有 $4\sim8$ 个构晶离子或 $2\sim4$ 个离子对。例如 $BaSO_4$ 的晶核由 8 个构晶离子（即 4 个离子对）组成，CaF_2 的晶核由 9 个构晶离子组成，Ag_2CrO_4 和 $AgCl$ 的晶核由 6 个构晶离子组成。与此同时，在进行沉淀的介质和容器中，存在着大量肉眼看不见的固体微粒。烧杯壁上也附有许多 $5\sim10\mu m$ 长的"玻璃核"，以上外来的杂质可以起到晶核作用，这个过程称为异相成核作用。

（2）晶核的成长

晶核形成之后，溶液中的构晶离子向晶核表面扩散并沉积在晶核上，晶核就逐渐长大成沉淀微粒。这种由离子形成晶核，再进一步聚集成沉淀微粒的速率称为聚集速率。在聚集的同时，构晶离子在一定晶格中定向排列的速率称为定向速率。如果聚集速率大，而定向速率小，即离子很快地聚集成大量的晶核，则得到非晶形沉淀；反之，如果定向速率大，聚集速率小，即离子较缓慢地聚集成沉淀，有足够的时间进行晶格排列，则得到晶形沉淀。

聚集速率可用冯·韦曼（Van Weimarn）的经验公式表示：

$$u_{聚集} = k\frac{Q-S}{S}$$

式中 $u_{聚集}$ 为聚集速率，k 为比例常数（与沉淀的性质、温度、溶液中存在的其他物质等因素有关），$(Q-S)/S$ 为相对过饱和度，Q 为溶液实际浓度，S 为饱和浓度。

从冯·韦曼经验公式可以看出，聚集速率的大小由相对过饱和度决定，而相对过饱和度可通过控制沉淀条件来实现，即聚集速率由沉淀条件决定。

定向速率主要取决于沉淀物质的本性。一般极性强的盐类，如 $MgNH_4PO_4$、$BaSO_4$、CaC_2O_4 等具有具有较大的定向速率，易形成晶形沉淀。而高价金属离子的氢氧化物，例如 $Fe(OH)_3$、$Al(OH)_3$ 等溶解度极小，结合的 OH^- 较多，定向排列困难，定向速率小，聚集速率很大，加入沉淀剂后瞬间形成大量的晶核，使水合离子来不及脱水就聚集起来，因而一般形成非晶形沉淀或胶状沉淀。但对化合价较低的金属离子氢氧化物沉淀，例如 $Mg(OH)_2$、$Zn(OH)_2$ 等，因含有 OH^- 较少，当条件适当时有可能形成晶形沉淀。因此，沉淀的类型不仅取决于沉淀的本质，也决定于沉淀时的条件，若适当改变沉淀条件，也可能改变沉淀的类型。

第五节　沉淀的过滤、洗涤、干燥或灼烧

沉淀生成后须经过滤、洗涤、烘干或灼烧等操作过程才能使沉淀形式转化为称量形式。

1. 过滤

称量分析的过滤方法有两种，即常压过滤和减压过滤。常压过滤通常使用长颈玻璃漏斗。滤纸采用无灰滤纸，分为快速、中速、慢速三种。对于一般非晶形沉淀，例如 $Fe(OH)_3$、$Al(OH)_3$ 等，应采用疏松的快速滤纸，以免过滤时间过长；对于粗粒的晶形沉淀，例如 $MgNH_4PO_4 \cdot 6H_2O$，可用较紧密的中速滤纸；对较细粒的沉淀，例如 $BaSO_4$，应选用最紧密的慢速滤纸。

减压过滤可选用玻璃砂芯坩埚，又称玻璃微孔坩埚，它的砂芯滤板是用玻璃粉末在高温下烧结而成，按微孔的细度分为 $G_1 \sim G_6$ 六个等级，滤孔逐渐减小，其中 G_3 用于过滤粗晶形沉淀，相当于中速滤纸；G_4、G_5 用于过滤细晶形沉淀，相当于慢速滤纸。

2. 洗涤

为了洗去沉淀表面的杂质和混杂在沉淀中的母液，经过滤后的沉淀需进行洗涤。洗涤时应尽量减少沉淀的溶解损失或防止形成胶体。因此，需要选择合适的洗涤剂及洗涤方法。

（1）洗涤剂的选择原则

① 溶解度小而不容易形成胶体的沉淀，可用蒸馏水洗涤。

② 对溶解度较大的晶形沉淀，用沉淀剂的稀溶液洗涤后，再用少量蒸馏水洗涤。所选用的沉淀剂应是易挥发的，在烘干与灼烧时能挥发除去的溶剂，例如用 $(NH_4)_2C_2O_4$ 稀溶液洗涤 CaC_2O_4 沉淀。

③ 对溶解度较小但有可能分散成胶体的沉淀，应用易挥发的电解质溶液洗涤，例如用 NH_4NO_3 稀溶液洗涤 $Al(OH)_3$。

④ 溶解度受温度影响小的沉淀，可用热水洗涤，防止形成胶体。

（2）洗涤方法

沉淀洗涤时既要将沉淀洗净，又不能增加沉淀的溶解损失。因此，为了提高洗涤效率，应该采用少量多次的方法，并且洗涤时须待前次的洗涤液尽可能流失后，再加入新的洗涤液进行下一次洗涤。

3. 干燥或灼烧

干燥是为了除去沉淀中的水分和可挥发的物质，使沉淀形式转化为固定的称量形式。灼烧除了有除去沉淀中的水分和可挥发物质的作用之外，有时也可能通过灼烧，使沉淀形式在高温下分解为组成固定的称量形式。干燥或灼烧的温度和时间因沉淀不同而异。如丁二酮肟镍，需在 $110 \sim 120℃$ 烘 $40 \sim 60min$，即可冷却至室温后称量；而磷钼酸喹啉则需要在 $130℃$ 烘 $45min$。干燥沉淀常用的玻璃砂芯滤器和沉淀都必须烘干至恒量（两次连续称量的绝对误差小于 $0.3mg$）。

灼烧温度一般在 $800℃$ 以上，具体温度和时间因沉淀不同而异。如 $BaSO_4$ 为 $800℃$，$MgNH_4PO_4 \cdot 6H_2O$ 于 $1100℃$ 灼烧为焦磷酸镁（$Mg_2P_2O_7$）。盛放沉淀常用瓷坩埚，若需用氢氟酸处理沉淀则应用铂坩埚盛放。灼烧沉淀前须预先将瓷坩埚和盖在灼烧沉淀的条件下灼烧至恒量，然后将沉淀用滤纸包好，放置在已烧至恒量的坩埚中，将滤纸烘干并灰化，再灼烧至恒量，然后根据所获得的沉淀称量形式的质量计算测定结果。

第六节 其他的称量分析法

① 以气化法为原理的称量分析法。在水泥成分分析中的应用主要有：水泥及其原材料烧失量的测定，二水石膏（$CaSO_4 \cdot 2H_2O$）中结晶水含量的测定，原燃料的吸附水含量的测定，煤的挥发分的测定等。在加热的条件下，试样中的可挥发部分变为气体挥发出去，致使试样的质量减轻。通过称量试样加热前后质量的变化，即可计算试样中该可挥发成分的质量分数。

② 试样中不溶物的测定，也属于广义上的称量分析法。

③ 二氧化碳的称量分析法：往试样中加入无机酸使其中的碳酸盐分解产生二氧化碳，或将含碳试样灼烧使碳氧化为二氧化碳，然后用碱溶液或碱石棉吸收，称量吸收前后质量的变化，可以测得试样中二氧化碳的含量。

第七节 称量分析法的应用

称量分析法是一种经典的分析方法，又是一种既准确又精密的分析方法。在工业生产过程和产品成分和质量的分析测试中，称量分析法仍得到广泛的应用。

1. 钢铁及合金中 Ni^{2+} 的测定

钢铁及合金中镍的测定，称量分析法选用丁二酮肟作为沉淀剂，在弱酸性溶液（pH＞5）或氨性溶液中，生成丁二酮肟镍 $[Ni(C_4H_7O_2N_2)_2]$ 鲜红色的沉淀，沉淀经烘干后称量，可得到满意的测定结果。

由于铁、铝等离子均能被氨水沉淀，对镍的沉淀有干扰，因此用柠檬酸或酒石酸进行掩蔽；当试样中含钙量较高时，由于酒石酸钙的溶解度较小，采用柠檬酸作掩蔽剂较好；少量铜、砷、锑存在不产生干扰。

2. 8-羟基喹啉沉淀法测定铝

8-羟基喹啉是称量分析法测定铝的理想沉淀剂。在醋酸盐缓冲溶液（pH＝4～5）中，8-羟基喹啉可把铝沉淀为 8-羟基喹啉铝 $[Al(C_9H_6ON)_3]$，可用 EDTA 及 KCN 掩蔽试剂中可能存在的 Fe^{3+}、Cu^{2+} 等离子。8-羟基喹啉铝是晶形沉淀，化学稳定性好，相对分子量大，经 120～150℃干燥后即可称量。

3. 四苯硼酸钠沉淀法测定钾

四苯硼酸钠是测定钾的良好沉淀剂，反应生成四苯硼酸钾沉淀 $[KB(C_6H_5)_4]$。四苯硼酸钾是离子型化合物，具有溶解度小、组成稳定、热稳定性好（最低分解温度为265℃）、烘干后可直接称量等优点。

四苯硼酸钠也能与 NH_4^+、Rb^+、Tl^+、Ag^+ 等离子生成沉淀，但一般试样中 Rb^+、Tl^+、Ag^+ 的含量极微，所以常用四苯硼酸钠测定钾。

4. 硅酸盐中的二氧化硅的测定

二氧化硅是硅酸盐及其制品中的主要成分。绝大多数硅酸盐都不溶于酸或碱的溶液中，所以，一般采用碱性熔剂将试样熔融后再加酸处理，部分二氧化硅变成硅酸 $SiO_2 \cdot nH_2O$ 析出，部分仍分散在溶液中，需经脱水才能沉淀。可用盐酸反复蒸干脱水，让 $SiO_2 \cdot nH_2O$ 沉淀下来；也可用动物胶凝聚法，即利用动物胶吸附 H^+ 而带正电荷，与带负电荷的硅酸胶体发生胶凝而析出，经蒸干使沉淀析出。

硅酸沉淀后，需经高温灼烧才能完全脱水和除去带入的沉淀剂，但即使经过高温灼烧，一般还可能含有不挥发的杂质（如铁、铝等化合物）。为了提高精度，可在经过灼烧后的沉淀中加入氢氟酸，使 SiO_2 生成 SiF_4 挥发逸出后称量，从两次称量差求得 SiO_2 的量。

若高温灼烧完全脱水和除去沉淀剂后质量为 m_1，加入氢氟酸使 SiO_2 生成 SiF_4 挥发逸出后质量为 m_2，则试样中二氧化硅的质量分数为：

$$w(SiO_2) = \frac{m_1 - m_2}{m_{试样}} \times 100\%$$

第二章 滴定分析法

滴定分析法又称为容量分析法，是化学分析中重要的分析方法之一，在科学研究和生产实践中具有重要的实用价值，占据重要的地位。

第一节 滴定分析法概述

滴定分析法是指使用滴定管将一种已知准确浓度的试剂溶液（标准滴定溶液）滴加到被测物质的溶液中，直到所加的试剂与被测组分恰好按化学计量定量反应完全为止，然后根据所用试剂溶液的浓度和所消耗的体积，计算出待测组分的含量。将一种已知准确浓度的标准滴定溶液通过滴定管逐渐加到容器里的操作过程称为"滴定"。当滴加的滴定剂的量与待测物质的量之间恰好符合化学反应式所表示的化学计量关系时，化学反应达到了理论终点，称为化学计量点。在化学计量点时，反应往往没有易为人察觉的外部特征，因此，需通过物理化学性质（如电位）的突变，或是指示剂颜色的突变，来判断化学计量点的到达。在电位突变或指示剂颜色突变时停止滴定，这一点称为滴定终点。实际分析操作中滴定终点与理论上的化学计量点不一定恰好符合，它们之间往往存在很小的差别，由此而引起的误差称为滴定误差。滴定误差的大小，取决于滴定反应和指示剂的性能及用量，因此，选择适当的指示剂是滴定分析的重要环节。

滴定分析法是广泛被采用的一种常量分析方法，即被测组分的含量一般在1％以上；采取某些辅助措施后，有时也可测定微量组分。滴定分析法准确度较高，一般情况下测定的相对误差为0.1％左右，并且所需要的仪器设备简单，易于掌握和操作，测定快速。因此，在硅酸盐分析中应用十分广泛。

一、滴定分析法的类型

根据反应类型的不同，滴定分析法主要分为以下四类：

1. 酸碱滴定法

利用酸和碱在水中以质子转移反应为基础的滴定分析方法，可用于酸和碱的测定、弱酸盐的测定和弱碱盐的测定。其基本反应为 $H^+ + OH^- \rightleftharpoons H_2O$，是一种利用酸碱反应进行滴定分析的方法。例如，水泥生料碳酸钙滴定值的测定，游离氧化钙的测定，氟硅酸钾容量法测定二氧化硅，离子交换法测定水泥中的硫酸盐。

2. 氧化还原滴定法

氧化还原滴定法是以溶液中氧化剂和还原剂之间的电子转移为基础的一种滴定分

析方法。它以氧化剂或还原剂为滴定剂，直接滴定一些具有还原性或氧化性的物质；或者间接滴定一些本身并没有氧化还原性，但能与某些氧化剂或还原剂起反应的物质，其标准滴定溶液为氧化剂或还原剂。氧化滴定剂有高锰酸钾、重铬酸钾、硫酸铈、碘、碘酸钾、高碘酸钾、溴酸钾、铁氰化钾、氯胺等；还原滴定剂有亚砷酸钠、亚铁盐、氯化亚锡、抗坏血酸、亚铬盐、亚钛盐、亚铁氰化钾、肼类等。目前，应用此法可以测定锰、铬、钒、铜、铁、硫、锡、钴等。

3. 沉淀滴定法

沉淀滴定法是利用沉淀反应进行滴定的方法。这类滴定在滴定过程中有沉淀产生，虽然能够生成沉淀的反应很多，但多数不能满足滴定分析对反应的要求。目前，应用较广的是以生成难溶银盐为反应基础的沉淀滴定法，称为银量法，该法可以对 Ag^+、SCN^-、CN^- 及卤素等离子进行滴定。

4. 配位滴定法

配位滴定法就是利用配位反应进行滴定的方法。这类滴定的最终产物是配位化合物，可以对金属离子进行测定。该法最常用的是 EDTA 配位滴定法。

二、滴定反应的条件

化学反应很多，但是适用于滴定分析法的化学反应必须满足下列四个条件。

1. 反应必须定量进行。被测组分与标准滴定溶液之间的反应必须按一定的化学方程式进行，无副反应发生，而且进行完全（通常要求达到 99.9% 以上），这是定量计算的基础。

2. 反应速度要快。滴定反应能在瞬间完成；对于速度较慢的反应，有时可通过加热、改变溶液的酸度、加入催化剂或改变滴定程序等办法来加快其反应速度。

3. 能用比较简便可靠的方法确定滴定终点。滴定分析一般采用指示剂来确定终点，如果没有合适的指示剂，也可借助于物理化学方法，如用电位滴定、电导滴定、安培滴定、光度滴定和温度滴定等方法来确定终点。

4. 共存物质不干扰滴定反应。标准滴定溶液应只与被测组分发生反应，共存离子的干扰可通过控制实验条件或利用掩蔽剂等手段予以消除。

凡能满足上述要求的反应，都可应用于直接滴定法中，即用标准滴定溶液直接滴定被测成分。

三、滴定的主要方式

1. 直接滴定法。用标准滴定溶液直接滴定被测物质的溶液，是最基本、最常用的滴定方式。符合前述滴定反应条件的反应都适用于直接滴定方式。例如以氢氧化钠标准滴定溶液滴定盐酸溶液，以重铬酸钾标准滴定溶液滴定亚铁离子溶液。

2. 返滴定法（回滴定法）。先使被测物质 X 与一定过量的标准滴定溶液 B_1 作用，反应完全后，再用另一种标准滴定溶液 B_2 滴定剩余的标准滴定溶液 B_1，由实际消耗的标准滴定溶液 B_1 的量，计算被测物质 X 的含量。

返滴定法适用于反应物为固体，或直接滴定反应速度较慢，或直接滴定缺乏合适指示剂等类型的反应。例如，用 EDTA 配位滴定法测定水泥试样中三氧化二铝的含量时，因 Al^{3+} 与 EDTA 的配位反应速度慢，在酸度较低时 Al^{3+} 发生水解，同时 Al^{3+} 又会封闭指示剂，因此不能用直接法滴定。通常采用返滴定法测定，先将过量的 EDTA 标准滴定溶液加到酸性 Al^{3+} 溶液中，调节 pH＝3.5，煮沸加热，使 Al^{3+} 与 EDTA 充分配位；然后冷却溶液，以 PAN 为指示剂，用硫酸铜标准滴定溶液返滴定剩余的 ED-TA，从 EDTA 标准滴定溶液消耗的净值，求出被测 Al^{3+} 离子的含量。

3. 置换滴定法（取代滴定法）。对于不按确定的反应式进行（伴随有副反应）的反应，可以不直接滴定被测物质，而是先用适当试剂与被测物质反应，使其置换出另一生成物，再用标准滴定溶液滴定此生成物，这种方法称为置换滴定法。

例如，硫代硫酸钠不能直接滴定重铬酸钾和其他强氧化剂，因为这些强氧化剂不仅能将 $S_2O_3^{2-}$ 氧化为 $S_4O_6^{2-}$，还会将一部分 $S_2O_3^{2-}$ 氧化为 SO_4^{2-}，因此没有一定的计量关系，无法进行计算。但是，在酸性重铬酸钾溶液中加入过量的 KI，使得溶液中产生一定量的 I_2，从而可以用硫代硫酸钠标准滴定溶液进行滴定析出的 I_2，其反应式如下：

$$Cr_2O_7^{2-} + 6I^- + 14H^+ = 3I_2 + 2Cr^{3+} + 7H_2O$$

$$I_2 + 2Na_2S_2O_3 = 2NaI + Na_2S_4O_6$$

4. 间接滴定法。有时被测物质不能直接与标准滴定溶液反应，却能通过另外的化学反应，生成可以与标准滴定溶液直接作用的另外一种物质，这时便可采用间接滴定法进行滴定。

例如，水泥中的二氧化硅可采用间接滴定法进行滴定。先使硅酸根离子在强酸性溶液中与过量的钾离子、氟离子反应生成氟硅酸钾沉淀。然后将不带游离酸的氟硅酸钾沉淀在沸水中水解生成氢氟酸，即可用氢氧化钠标准滴定溶液进行滴定，间接地计算试样中二氧化硅的含量。

第二节　溶液浓度的表示方法

化学分析中所用溶液可分类如下：

① 一般溶液：对浓度要求不很准确的溶液，如调节 pH 值用的酸、碱溶液，用作掩蔽剂、指示剂的溶液，缓冲溶液等。

② 标准滴定溶液：确定了标准浓度的用于滴定分析的溶液。如 EDTA 标准滴定溶液，NaOH 标准滴定溶液。

③ 基准溶液：由基准物质配制或用多种方法标定过的溶液，用于标定其他溶液。如用于标定 EDTA 标准滴定溶液浓度的碳酸钙基准溶液。

④ 标准溶液：由用于制备溶液的物质而准确知道某种元素、离子、化合物或基团浓度的溶液。如：离子选择电极法测定氟时所用的氟标准溶液、火焰光度分析所用的钾和钠标准溶液。

⑤ 缓冲溶液：由浓度较高的弱酸及其盐构成的溶液或者是由弱碱及其盐构成的溶

液。往这种缓冲溶液中加入少量弱酸或弱碱，或者用少量水稀释，溶液的 pH 值基本不发生变化。例如：乙酸-乙酸钠缓冲溶液，氨-氯化铵缓冲溶液。

溶液浓度的表示方法有多种，在化学分析中溶液的浓度使用下述几种方法表示。

一、体积比

体积比（$V_1:V_2$）是指以液体溶质体积 V_1 与溶剂体积 V_2 相混合得到的溶液的浓度。通常用加号代替比例号。常用于将浓溶液配制成稀溶液。例如盐酸溶液（1＋5），即表示是由 1 体积的市售浓盐酸与 5 体积的蒸馏水混合而成。此种方法用于表示普通溶液的浓度。

二、体积分数

以液体溶质 B 在溶液中所占的体积分数来表示的浓度，定义为：B 的体积与混合物的体积之比，符号为 φ_B。例如乙醇溶液［φ(乙醇)＝95％］，即表示每 100mL 这种溶液中含乙醇 95mL。

三、质量分数

以溶质 B 在溶液中所占的质量分数来表示的浓度，定义为：B 的质量与混合物的质量之比，符号 w_B。如市售的浓盐酸其浓度为 $w(HCl)＝37％$，即表示每 100g 这种盐酸溶液中含 37g 氯化氢。

四、质量浓度

以单位体积溶液中所含溶质的质量表示的浓度，定义为：B 的质量除以混合物的体积，符号为 ρ_B，单位常用克每升(g/L) 表示，例如氯化钾溶液（$\rho_B＝200g/L$)，即表示 1L 这种溶液中含有 200g 氯化钾。

五、物质的量浓度

溶液中溶质 B 的物质的量 n_B 除以混合物的体积 V，为溶质 B 的物质的量浓度，简称浓度，用符号"c_B"表示，即

$$c_B = \frac{n_B}{V}$$

c_B 的 SI 单位为 mol/m^3，常用单位为 mol/L 或 mol/dm^3。

若溶质 B 的质量为 m_B，摩尔质量为 M_B，则

$$c_B = \frac{m_B/M_B}{V}$$

六、滴定度

滴定度是指每消耗 1mL 某种标准溶液相当于被测物质的质量，用符号 $T_{滴定剂/被测物质}$ 表示，单位为 g/mL 或 mg/mL。例如，$T_{EDTA/Fe}＝1.1936mg/mL$，表示滴定时每消耗

1mL EDTA 标准滴定溶液，相当于被测试样中含 Fe 1.1936mg。如果滴定对象固定，用滴定度计算其含量时大为简化，这对于大批量样品的日常例行分析相当方便。

第三节　滴定分析中的计算

滴定分析中的计算就是解决被滴定物质的物质的量与滴定剂的物质的量之间的关系，主要包括标准滴定溶液的配制与标定的计算、滴定剂与被滴定物质之间量的换算，以及分析结果的计算等。当滴定反应

$$aA + bB = gG + dD$$

达到反应计量点时，各物质的量之比等于化学方程式中各物质的系数之比。即

$$n_A : n_B = a : b$$

$$\frac{c_A V_A}{c_B V_B} = \frac{a}{b}$$

例如，在酸性溶液中，以 $H_2C_2O_4$ 为标准滴定溶液标定高锰酸钾溶液的浓度时，滴定反应为

$$2\,MnO_4^- + 5H_2C_2O_4 + 6H^+ === 2\,Mn^{2+} + 10\,CO_2 \uparrow + 8H_2O$$

则有

$$n(KMnO_4) === \frac{2}{5} n(H_2C_2O_4)$$

在置换反应中，涉及两个反应，要从总反应中找出参加反应的物质的量之间的关系。

例如，在酸性溶液中，以重铬酸钾为标准滴定溶液标定 $Na_2S_2O_3$ 溶液的浓度时，反应分两步进行：

$$Cr_2O_7^{2-} + 6I^- + 14H^+ === 2\,Cr^{3+} + 2I_2 + 7H_2O$$

$$I_2 + 2S_2O_3^{2-} === 2I^- + S_4O_6^{2-}$$

整理两式，消去在前式被氧化而在后式又被还原的 I^-，则可知 $K_2Cr_2O_7$ 与 $Na_2S_2O_3$ 是按 1∶6 的物质的量之比进行反应的，因此 $n(Na_2S_2O_3) === 6n(K_2Cr_2O_7)$。

在间接滴定中，要从几个反应方程式中找出被测物的物质的量与滴定剂的物质的量之间的关系，然后进行计算。

第四节　标准滴定溶液的配制与标定

一、标准滴定溶液浓度大小的选择依据

已知准确浓度的溶液叫做标准溶液。确定标准滴定溶液浓度的大小，应当根据下面五个原则：

① 滴定终点的敏锐程度。

② 测量标准溶液体积的相对误差。

③ 分析试样的成分和性质。

④ 被测元素含量的要求。

⑤ 对分析结果准确度的要求。

标准滴定溶液较浓，则最后一滴标准滴定溶液使指示剂所发生的颜色变化也较明显。但是，标准滴定溶液越浓，则由一滴过量所引起的误差也较大。而且在滴定一定量试样时，所需标准滴定溶液的体积也越小，因而由估计滴定管读数所造成的相对误差也越大。所以为了保证这种误差不大于±0.1%，所耗标准滴定溶液的体积应不少于20.00mL。

在定量分析中，常用的标准滴定溶液的浓度为0.01～0.2mol/L，由被测组分的含量高低而定。

二、配制标准滴定溶液的方法

标准滴定溶液的配制可以分为直接配制法和间接配制法。

1. 直接配制法

准确称取一定量的基准物质，溶于适量水（或其他溶剂）后定量转入容量瓶定容，然后根据所称物质的质量和定容的体积计算出该标准滴定溶液的准确浓度。

所用的基准物质必须符合下列条件：

① 在空气中性质要稳定，干燥时不分解，称量时不吸潮，不吸收空气中的二氧化碳，不被空气中的氧气所氧化。

② 纯度足够高，一般要求试剂纯度在99.9%以上。

③ 实际组成与化学式完全相符，若含结晶水，其含量也应与化学式相符。

④ 在反应过程中不发生副反应。

⑤ 最好有较大的摩尔质量，在配制标准溶液时可以称取较多的量，以减少称量误差。例如，邻苯二甲酸氢钾和草酸作为确定碱溶液浓度的基准物质，但前者摩尔质量大于后者，因此邻苯二甲酸氢钾更适合作为标定碱溶液浓度的基准物质。

2. 间接配制法

许多化学试剂，如 HCl、H_2SO_4、$NaOH$、KOH、$KMnO_4$、$Na_2S_2O_3$ 等由于它们纯度或稳定性不够等原因，不能直接配制成标准滴定溶液。可先将它们配制成近似浓度的溶液，然后用基准物质或已知准确浓度的标准溶液来标定它的准确浓度，这种配制标准滴定溶液浓度的方法称为间接配制法，也称标定法。如欲配制准确浓度的0.1mol/L 的 $NaOH$ 标准滴定溶液，可先在普通天平上称取4g的 $NaOH$，用水将其溶解后，稀释至1L，然后用基准物质如邻苯二甲酸氢钾或已知浓度的 HCl 标准滴定溶液标定其准确浓度。

第三章 配位滴定法

第一节 概 述

配位滴定法是以配位剂与金属离子间形成稳定配合物的配位反应为基础的滴定分析方法，该方法主要用于金属离子含量的测量。在配位滴定法中，以配位剂的标准滴定溶液直接或间接滴定被测物质，滴定过程中选用适当的金属指示剂来指示滴定终点。配位反应在化学分析中应用非常广泛，除作滴定反应外，还常用于显色反应、萃取反应、沉淀反应以及掩蔽反应。

严格地说，裸的金属离子 M^{n+} 只能在高温时的气相中稳定存在。在水溶液中，由于溶剂化作用，金属离子均以水合的 $M(H_2O)_m^{n+}$ 配位离子形式存在。故在水溶液中金属离子与其他配位体 L 所发生的配位反应，实际上是配位体 L 与溶剂水分子之间的交换反应，可表示为：

$$M(H_2O)_m^{n+} + L \Longleftrightarrow [M(H_2O)_{m-1}L]^{n+} + H_2O$$

$$[M(H_2O)_{m-1}L]^{n+} \Longleftrightarrow [M(H_2O)_{m-2}L_2]^{n+} + H_2O$$

这种交换反应可以一直进行到产生 $[ML_m]^{n+}$。为简便起见，这种交换反应通常均以如下简化方式表示：

$$M^{n+} + L \Longleftrightarrow ML^{n+}$$

$$ML^{n+} + L \Longleftrightarrow ML_2^{n+}$$

水溶液中金属离子的配位反应是相当普遍的，但能用于配位滴定的反应并不多，大多数配位反应都不能作为滴定反应的基础，这主要是由于配位反应无法按照一个确定的化学反应方程式进行，反应的产物往往是一个混合体，因而无法用于定量计算。无机配位剂一般都不能用于配位滴定，其根本原因在于无机配位剂都是单基配位体，它们只能提供一对供配位的孤对电子，而金属离子的可接受孤对电子的空轨道通常都大于1，故无机配位剂可与金属离子形成多种配位数不同的配合物，无法使配位反应按照唯一的反应方程式进行。例如，Cu^{2+} 与 NH_3 的配位反应为：

$$Cu^{2+} + NH_3 \Longleftrightarrow Cu(NH_3)^{2+} \qquad K_1 = 10^{4.13}$$

$$Cu(NH_3)^{2+} + NH_3 \Longleftrightarrow Cu(NH_3)_2^{2+} \qquad K_2 = 10^{3.48}$$

$$Cu(NH_3)_2^{2+} + NH_3 \Longleftrightarrow Cu(NH_3)_3^{2+} \qquad K_3 = 10^{2.87}$$

$$Cu(NH_3)_3^{2+} + NH_3 \Longleftrightarrow Cu(NH_3)_4^{2+} \qquad K_4 = 10^{2.11}$$

由于可以形成配位数不同的 4 种铜氨配合物，且各级稳定常数 K_i 值相差不大，即各种配合物的稳定性相差不多，因此在确定条件下铜氨配合物的组成并不固定。例如，当加入的 NH_3 的量是 Cu^{2+} 的 2 倍时，并不只是生成 $Cu(NH_3)_2^{2+}$，而是还要生成一定

量的 $Cu(NH_3)^{2+}$ 和 $Cu(NH_3)_3^{2+}$ 等多种配位数不同的配合物，因此无法利用该配位反应采用滴定法对溶液中的 Cu^{2+} 进行定量测定。

但汞量法和氰量法是两个例外。汞量法是用 Hg^{2+} 滴定 Cl^-，其基础是两者的配位反应。虽然 Hg^{2+} 滴定 Cl^- 也可以形成配位数从 $1:1$ 到 $1:4$ 的 4 种配合物，但从 $Hg^{2+}-Cl^-$ 配位物的 $lgK_1 \sim lgK_4$（6.74，6.48，0.85，1.00）可以看到，其 K_2 和 K_3 竟相差 5 个数量级。因此通常配合物只以 $HgCl_2$ 这一种型体稳定存在，反应按唯一的方程式进行，即

$$Hg^{2+} + 2Cl^- \Longrightarrow HgCl_2$$

当以 Hg^{2+} 滴定 Cl^- 时，可以用亚硝酰铁氰化钠 $[Na_2Fe(CN)_5NO]$ 为指示剂，以刚形成白色沉淀为滴定终点，反应为

$$Hg^{2+} + Fe(CN)_5NO^{2-} \Longrightarrow HgFe(CN)_5NO \downarrow （白）$$

氰量法是用 Ag^+ 滴定 CN^-。虽然 Ag^+ 与 CN^- 也可以形成 4 种配位数不同的配合物，但 Ag^+-CN^- 配合物的 $lgK_2 \sim lgK_4$ 为 21.1，0.7，-0.1，K_2 和 K_3 竟相差 20 个数量级。故实际上配合物以 $Ag(CN)_2^-$ 这一种型体稳定存在，反应按照唯一的方程式进行，即

$$Ag^+ + 2CN^- \Longrightarrow Ag(CN)_2^-$$

当以 Ag^+ 滴定 CN^-，到达化学计量点时，过量的 Ag^+ 就与 $Ag(CN)_2^-$ 反应生成白色 $Ag[Ag(CN)_2]$ 沉淀，以溶液发生浑浊指示终点。终点时的反应为：

$$Ag^+ + Ag(CN)_2^- \Longrightarrow 2AgCN 或 Ag[Ag(CN)_2] \downarrow （白）$$

在配位滴定法中，得到广泛应用的是具有多基配位体的配位剂。多基配位体是一个配体分子中有两对或两对以上的可供配位的孤对电子，多基配位体都是有机配位剂。

广泛使用的有机配位滴定剂是以氨基二乙酸 $[-N(CH_2COOH)_2]$ 为基体的有机物，称为氨羧配位剂。一个氨基二乙酸基有一个氨氮配位原子和两个羧氧配位原子，可以与金属离子组成两个稳定的五元环，即形成螯合物。而配位滴定中所采用的氨羧配位剂通常均含有两个氨基二乙酸基，即可提供 6 个配位原子，因而可以基本满足金属离子的配位要求，只形成 $1:1$ 的配合物，这十分有利于定量测定。

在氨羧配位剂中，最有代表性和应用最广泛的是乙二胺四乙酸。

第二节　乙二胺四乙酸

1. 结构与性质

乙二胺四乙酸（ethylene diamine tetraacetic acid）简称 EDTA，其结构式为

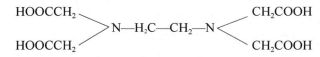

EDTA 的中性分子是四元酸，习惯上用 H_4Y 表示。由于 EDTA 在水中的溶解度很

小（0.2g/L，22℃），也难溶于酸和一般的有机溶剂，但易溶于氨溶液和苛性碱溶液中，生成相应的盐，故在实际使用时，常用的是 EDTA 的二钠盐，即乙二胺四乙酸二钠（$Na_2H_2Y \cdot 2H_2O$），其在水中的溶解度较大（11.1g/L，22℃），其饱和水溶液的浓度约为 0.3mol/L，习惯上也将此二钠盐称为 EDTA。为表述的简便，通常均略去离子的电荷，如以 Y 表示 EDTA 的酸根离子，以 M 表示金属离子，而以 MY 表示它们的配合物。

在水溶液中，EDTA 分子中互为对角线的两个羧基上的 H^+ 会转移到氮原子上，形成双偶极离子。在强酸性溶液中，这两个羧酸根可以再各接受一个质子，形成 H_6Y^{2+}。故 EDTA 实际上是一个六元酸，共有六级解离平衡，其 $pK_{a1} \sim pK_{a6}$ 为 0.9，1.6，2.07，2.75，6.24，10.34。故在水溶液中 EDTA 可以 H_6Y^{2+}、H_5Y^+、H_4Y、H_3Y^-、H_2Y^{2-}、HY^{3-}、Y^{4-} 7 种型体存在。在不同 pH 值时各种存在形式的分布分数曲线如图 1-3-1 所示。

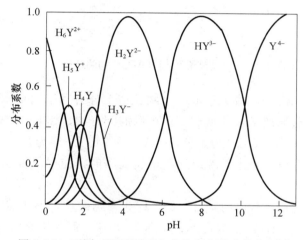

图 1-3-1　不同 pH 下 EDTA 各种存在形式的分布图

由图 1-3-1 可见，在一定的 pH 下 EDTA 存在的型体可能不止一种，但总有一种型体是占主要的。只有在 pH<1 的强酸性溶液中，EDTA 才主要以 H_6Y^{2+} 型体存在；在 pH>10.5 时，主要以酸根离子 Y^{4-} 型体存在；而以 EDTA 二钠盐配制的溶液，主要型体为 H_2Y^{2-}，pH 约为 4.5。

2. EDTA 配合物的特点

① EDTA 具有广泛的配位能力。EDTA 几乎能与所有的金属离子形成易溶性的配合物，并且反应速率大多较快。这为在配位滴定中普遍应用 EDTA 提供了可能，但同时也造成了其选择性较差的缺点。

② 配合物的组成为 1:1。EDTA 分子体积较大，含有 6 个配位原子，能与金属离子形成 6 个配位键，而金属离子的配位数均不超过 8，故 EDTA 与金属离子一般可以形成唯一的 1:1 型配合物，这为将 EDTA 与金属离子的配位反应用于定量滴定提供了可能。

③ 所形成的配合物稳定性高。由于 EDTA 包含 6 个配位原子，与金属离子配位后

可以形成 5 个五元环（图 1-3-2），故其配合物又被称为螯合物。对配合物的研究可知，具有五元环或六元环的螯合物很稳定，而且所形成的环越多，螯合物越稳定。因而 EDTA 与大多数金属离子形成的螯合物具有很高的稳定性。

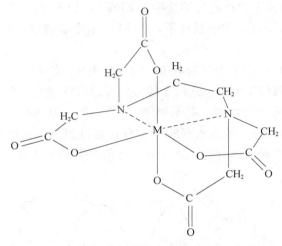

图 1-3-2　金属离子和 EDTA 配合物的结构示意图

④ 与无色的金属离子形成无色的配合物。这十分有利于用指示剂确定滴定终点。但 EDTA 与有色的金属离子往往形成颜色更深的配合物，如 CuY^{2-} 为深蓝色，NiY^{2-} 为蓝色，CrY^- 为深紫色，FeY^- 为黄色，CoY^{2-} 和 MnY^{2-} 均为紫红色，这对滴定时采用指示剂确定终点不利。因此当滴定这些金属离子时，应尽量控制其浓度不要过高，以使其颜色不会过深。

⑤ 溶液的酸度或碱度较高时，H^+ 或 OH^- 也参与配位，形成酸式或碱式配合物如 Al^{3+} 形成酸式配合物 AlHY 或碱式配合物 $[Al(OH)Y]^{2-}$。有时还有混合配合物形成，如在氨性溶液中，Hg^{2+} 与 EDTA 可生成 $[Hg(NH_3)Y]^{2-}$。这些配合物都不太稳定，但它们的生成不影响金属离子与 EDTA 之间以 1∶1 定量配位的关系。

第三节　EDTA 配位滴定法中的条件稳定常数与酸效应

1. 条件稳定常数

每个 EDTA 分子中共有六个配位原子可以同金属离子配位，其中两个氨氮（N）原子、四个羧氧原子（羧基—COOH 上与氢原子相连的氧原子）都可以提供电子对，因而具有较强的配位能力。当一个 EDTA 分子与一个金属阳离子配位时，因金属阳离子具有可以接纳电子对的空电子轨道，故两者生成很稳定的配合物（钾、钠等碱金属离子除外）。配位滴定法的滴定反应，其通式可写成：

$$M + Y \rightleftharpoons MY$$

其稳定常数 K_{MY} 为

$$K_{MY} \Longleftarrow \frac{[MY]}{[M][Y]}$$

稳定常数 K_{MY} 很大，常用其对数 $\lg K_{MY}$ 表示（表 1-3-1）。

表 1-3-1　常见金属离子与 EDTA 所形成的配合物的 $\lg K_{MY}$ 值（293K，0.1mol/L　KNO_3 溶液）

金属阳离子	$\lg K_{MY}$	金属阳离子	$\lg K_{MY}$
Ag^+	7.32	Fe^{2+}	14.32*
Al^{3+}	16.10	Fe^{3+}	25.10
Ba^{2+}	7.86*	Li^+	2.79*
Be^{2+}	9.20	Mg^{2+}	8.79*
Bi^{3+}	27.80	Mn^{2+}	13.87
Ca^{2+}	10.69	Na^+	1.66*
Cd^{2+}	16.46	Pb^{2+}	18.04
Ce^{3+}	16.00	Pt^{3+}	16.40
Co^{2+}	16.31	Sn^{2+}	22.11
Co^{3+}	40.70	Sn^{4+}	7.23
Cr^{3+}	23.00	Sr^{2+}	8.73*
Cu^{2+}	18.80	Zn^{2+}	16.50

* 在 0.1mol/L　KCl 溶液中，其他条件相同。

当 EDTA 与 1～4 价金属离子配位时，其配位比除极少数高价离子之外，皆为 1∶1，不存在分级配位现象。配位比简单，使得反应能定量进行，计算分析结果时也十分简便。另外，EDTA 的阴离子带有四个负电荷，通常金属离子多为 1～3 价，因此生成的配合物仍带电荷而易溶于水，从而使配位滴定可以在水溶液中进行。

2. EDTA 的配位能力受溶液酸度的影响

EDTA 在水溶液中有四步解离平衡。如果把它在强酸性介质中的解离平衡考虑在内，则共有六级解离平衡：

$$H_6Y^{2+} \Longleftrightarrow H_5Y^+ \Longleftrightarrow H_4Y \Longleftrightarrow H_3Y^- \Longleftrightarrow H_2Y^{2-} \Longleftrightarrow HY^{3-} \Longleftrightarrow Y^{4-}$$

EDTA 在水溶液中总是上述七种形式并存。在不同的酸度下，各种存在形式的浓度是不同的（表 1-3-2）。

表 1-3-2　在不同酸度介质中 EDTA 的存在形式

溶液 pH 值	<1	1～1.6	1.6～2.07	2.07～2.75	2.75～6.24	6.24～10.26	10.26～12	>12
主要形式	H_6Y^{2+}	H_5Y^+	H_4Y	H_3Y^-	H_2Y^{2-}	HY^{3-}	Y^{4-}	几乎全部为 Y^{4-}

在 EDTA 的七种存在形式中，只有 Y^{4-} 离子能与金属离子 M 直接配位。而其他形式的离子已经全部或部分地与氢离子配位，故不能直接与金属阳离子配位，只有先放出与其配位的氢离子转化成 Y^{4-} 离子，才能同金属离子配位。

如果用 [Y'] 代表溶液中 EDTA 的七种存在形式的总浓度，用 [Y] 代表 EDTA

有效形式的平衡浓度（即 Y^{4-} 离子的浓度），则两者的比值为 $\alpha_{Y(H)} = [Y'] / [Y]$，$\alpha_{Y(H)}$ 称为 EDTA 的酸效应系数。

当溶液的 pH 值一定时，EDTA 的酸效应系数为一常数。pH 值越低（酸性越强），酸效应系数越大，EDTA 的有效浓度 [Y] 在 EDTA 总浓度 [Y'] 中所占的比率越小，EDTA 的配位能力越弱；pH 值越高（碱性越强），酸效应系数 $\alpha_{Y(H)}$ 越小，EDTA 的有效浓度 [Y] 在 EDTA 总浓度 [Y'] 中所占的比率越大，EDTA 的配位能力越强。因此，当降低溶液酸度时，EDTA 的配位能力增强；反之，若提高溶液的酸度，则会减弱 EDTA 的配位能力。

EDTA 酸效应系数的对数值见表 1-3-3。

表 1-3-3　不同 pH 值时 EDTA 的酸效应系数的对数值

pH 值	$\lg\alpha_{Y(H)}$	pH 值	$\lg\alpha_{Y(H)}$	pH 值	$\lg\alpha_{Y(H)}$
0.0	23.64	4.2	8.04	8.4	1.87
0.2	22.47	4.4	7.64	8.6	1.67
0.4	21.32	4.6	7.24	8.8	1.48
0.6	20.18	4.8	6.84	9.0	1.28
0.8	19.07	5.0	6.45	9.2	1.10
1.0	18.01	5.2	6.07	9.4	0.92
1.2	16.98	5.4	5.69	9.6	0.75
1.4	16.02	5.6	5.33	9.8	0.59
1.6	15.11	5.8	4.98	10.0	0.45
1.8	14.21	6.0	4.65	10.2	0.33
2.0	13.51	6.2	4.34	10.4	0.24
2.2	12.82	6.4	4.06	10.6	0.16
2.4	12.19	6.6	3.80	10.8	0.11
2.6	11.62	6.8	3.55	11.0	0.07
2.8	11.09	7.0	3.32	11.2	0.05
3.0	10.60	7.2	3.10	11.4	0.03
3.2	10.14	7.4	2.88	11.6	0.02
3.4	9.70	7.6	2.68	11.8	0.01
3.6	9.27	7.8	2.47	12.0	0.01
3.8	8.85	8.0	2.27	13.0	0.00
4.0	8.44	8.2	2.07	14.0	0.00

对于某一种金属离子，假设其浓度为 0.01mol/L，终点时配位反应相对不完全程度为 0.1%（即滴定误差为 0.1%），因为 EDTA 的酸效应，滴定该种金属离子时有一最低允许 pH 值。低于此值，则不能准确滴定该种金属离子。如果以各种金属离子的 $\lg K_{MY}$ 值为横坐标，以其相应的最低允许 pH 值为纵坐标，绘制曲线，则得到不同金属离子与 EDTA 定量配位的酸效应曲线，如图 1-3-3 所示。

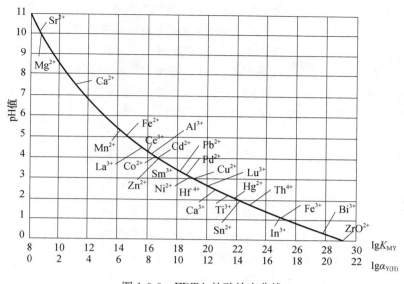

图 1-3-3　EDTA 的酸效应曲线

$$[c\,(M^{n+})=0.01\text{mol/L}]$$

酸效应曲线的用途如下:

① 确定各种金属离子能定量进行配位滴定的最低允许 pH 值。单独滴定某一金属离子时,可以在曲线上查出滴定所允许的最低 pH 值。如小于该 pH 值,则配位不完全。例如,用 EDTA 滴定 Fe^{3+} 时,pH 值应该在 1~2 左右,而滴定 Ca^{2+} 时 pH 值应大于 7.5。可见 EDTA 配合物的稳定性较高的金属离子,可以在较高的酸度下滴定。

② 可初步判断在某一 pH 值时,共存离子相互之间的干扰情况。在被测试溶液中若有多种金属离子存在,滴定某一种金属离子时,可从酸效应曲线上直观看到与其邻近的金属离子,判断共存离子是否有干扰。在某一 pH 值条件下滴定其中一种离子时,位于曲线右方的金属离子产生干扰,而位于曲线左方的金属离子有可能不产生干扰(离得远不干扰,离得近有可能产生干扰,特别是干扰离子浓度高时)。

③ 确定分步滴定的 pH 值。当被测溶液中有几种金属离子共存时,欲将它们分别滴定,可以查看它们在酸效应曲线上的相对位置,如果彼此相距较远,可以通过控制 pH 值,进行分步滴定。例如,在黏土化学分析中,溶液中有铁、铝、钙、镁离子共存,由于它们在酸效应曲线上相距较远,可以调整溶液 pH 值,在 pH=1~2 时滴定 Fe^{3+},在 pH=5~6 时滴定 Al^{3+},在 pH=7.5 时滴定 Ca^{2+},最后在 pH=10 滴定 Mg^{2+}。

第四节　影响配位化合物稳定性的其他因素

除溶液的酸度外,影响配合物稳定性的因素还有溶液中存在的其他辅助配位剂,它能使金属离子的有效浓度降低,影响金属离子与 EDTA 的配位能力;对于一些易水解的金属离子,例如铝离子、钛氧基离子,溶液 pH 值稍高时能引起金属离子的水解,也降低金属离子与 EDTA 的配位能力。在滴定分析的实践中，被测金属离子 M 同时参与几种副反应的情况并不普遍，总是其中一种副反应占主导地位，其他副反应可以忽略。

当有副反应发生时，就不能用绝对稳定常数 K_{MY} 表示配合物 MY 在溶液中的实际稳定情况，而必须用所有副反应系数对其进行修正，这样得到的稳定常数叫表观稳定常数，用 K'_{MY} 表示，又称作条件稳定常数。此处的 K'_{MY} 是抽象地表示配合物的条件稳定常数。有时为了明确表示是哪一组分发生了副反应，将 "'" 号写在该组分符号的右上角。

① 如果金属离子 M 和 EDTA 都发生了副反应，则表观稳定常数写作 $K_{M'Y'}$：

$$K_{M'Y'} = K_{MY}/\alpha_M \alpha_{Y(H)}$$

上式的对数形式为：

$$\lg K_{M'Y'} = \lg K_{MY} - \lg \alpha_M - \lg \alpha_{Y(H)}$$

式中　K_{MY}——金属离子—EDTA 配合物的绝对稳定常数；

　　　　α_M——金属离子的水解效应系数；

$\alpha_{Y(H)}$——EDTA 的酸效应系数。

② 如果只有金属离子发生了副反应，则表观稳定常数写成 $K_{M'Y}$：

$$K_{M'Y} = K_{MY}/\alpha_M$$

③ 如果只有 EDTA 发生副反应（酸效应），而金属离子 M 没有发生副反应（不发生水解或可忽略不计），则表观稳定常数写作 $K_{MY'}$：

$$K_{MY'} = K_{MY}/\alpha_{Y(H)}$$

此式的对数形式为：

$$\lg K_{MY'} = \lg K_{MY} - \lg \alpha_{Y(H)}$$

使用表观稳定常数 K'_{MY} 可以得出准确滴定某种金属离子的判别式。如仅考虑酸效应时，则可使用下式进行判断，即

$$\lg K_{MY'} = \lg K_{MY} - \lg \alpha_{Y(H)} \geqslant 8$$

则该种金属离子可以被准确滴定。

例如，溶液 pH=2 时，Fe^{3+}、Al^{3+} 均不发生水解。此时，可用上式进行判断。查 $\lg K_{MY}$ 表（表 1-3-1），得 $\lg K_{FeY}=25.1$，$\lg K_{AlY}=16.1$。查 EDTA 酸效应系数表（表 1-3-3），得 pH=2 时，EDTA 酸效应系数的对数 $\lg \alpha_{Y(H)}=13.51$，则

$$\lg K_{FeY'} = 25.10 - 13.51 = 11.59 > 8$$

$$\lg K_{AlY'} = 16.10 - 13.51 = 2.59 < 8$$

因此，pH=2 时，可以用 EDTA 直接滴定 Fe^{3+}，而不能直接滴定 Al^{3+}。

第五节　配位滴定反应终点的确定

1. 滴定突跃

在配位滴定分析中，随着滴定剂的加入，金属离子不断被配位，浓度不断降低。达到化学计量点时，金属离子浓度产生突变。与酸碱滴定一样，在配位滴定中也希望

在计量点附近滴定曲线有较大的突跃。配位滴定曲线突跃部分的大小与下列因素有关：

① 与金属离子的起始浓度有关。金属离子的起始浓度越小，起点 pM［溶液中金属离子浓度（mol/L）对数的负值，即 $pM = -\lg c_{(M)}$］越高，滴定突跃就越短，不利于指示剂的选择。

② 与溶液的 pH 值有关。溶液 pH 值高时，突跃增大。适当提高溶液的 pH 值（在金属离子不水解的前提下），有利于金属离子的定量滴定。

③ 与配合物的绝对稳定常数有关。在同一条件下（即金属离子起始浓度相同，pH 值相同），金属离子的 $\lg K_{MY}$ 越大，则滴定突跃也越大。

以上所述是被测金属离子不发生副反应的情况。如果被滴定的金属离子易水解，或易与其他配位剂配位，则化学计量点前因金属离子浓度降低，使滴定曲线的起始点相应升高，而减小了突跃，故应尽量少加其他配位剂。

2. 滴定终点的确定

在配位滴定中，最常用的指示滴定终点的方法是使用金属指示剂。金属指示剂多数为有机染料，也是一种比较强的配位剂，能与某些特定金属离子生成有色配合物，其颜色与游离指示剂的颜色明显不同，从而能指示滴定过程中化学计量点前后金属离子浓度突跃性的变化。

现以酸性铬蓝 K 为例。酸性铬蓝 K 的水溶液在 pH＝8～13 时呈蓝色，在碱性溶液中与钙、镁、锌、锰等离子形成红色配合物：

$$Mg^{2+} + In^{2-} \rightleftharpoons MgIn$$

（蓝色） （红色）

在用 EDTA 滴定溶液中的镁离子时，加入少量酸性铬蓝 K 作指示剂。此时，少量镁离子与酸性铬蓝 K 结合生成 MgIn，溶液显红色。大部分镁离子仍处于游离状态。随着 EDTA 溶液的逐渐滴入，镁离子不断被配位。当到达化学计量点时，由于镁离子与酸性铬蓝 K 的配合物 MgIn 的稳定性比镁离子与 EDTA 的配合物 MgY 的稳定性差，因此 EDTA 夺取 MgIn 配合物中的镁离子，使指示剂游离出来，于是溶液的颜色由红色变为蓝色，从而指示达到滴定终点：

$$MgIn + Y^{4-} = MgY^{2-} + In^{2-}$$

（红色） （蓝色）

3. 影响金属指示剂作用的因素

① 封闭现象。某些金属离子与指示剂生成十分稳定的配合物，到达终点时滴入过量 EDTA 也不能夺取 MIn 配合物中的金属离子使指示剂游离出来，因而在化学计量点附近没有颜色的变化，此种现象称为指示剂的封闭现象。如果能发生封闭作用的是干扰离子，可加入比指示剂配位能力更强的试剂将干扰离子掩蔽起来。例如，以甲基百里酚蓝作指示剂，以 EDTA 滴定钙离子时，三价铁离子、铝离子、钛氧基离子（TiO^{2+}）等产生封闭作用，可加入三乙醇胺予以掩蔽；如果能发生封闭作用的是被测金属离子，一般采用返滴定法或改用其他指示剂。如铝离子对二甲酚橙有封闭作用，可先加入过量的 EDTA 与铝离子充分配位，然后再以二甲酚橙为指示剂，以铅离子标

准滴定溶液进行返滴定。

② 僵化现象。有些指示剂或指示剂与金属离子的配合物在水中溶解度不高，或 MIn 的稳定性与 MY 的稳定性相近，接近化学计量点时 EDTA 与 MIn 的置换反应缓慢，致使终点拖长，这种现象称为指示剂的僵化现象。僵化现象不严重时，可通过加热、缓慢滴定、加入有机溶剂等方式予以消除。如以 PAN 作指示剂返滴定铝离子时，将实验溶液加热至 90℃ 左右，可以增大 PAN 和 Cu-PAN 的溶解度，加快置换反应速度，使终点变色敏锐。

③ 金属指示剂大多为具有不饱和碳-碳双键的有机化合物，易被日光、空气、氧化剂所氧化而分解、失效，所以应注意保存。另外，常将一些指示剂与固体氯化钾、硝酸钾等配成固体混合物，可延长有效期。

第六节　EDTA 配位滴定中常用的金属指示剂

1. 甲基百里（香）酚蓝（MTB）

甲基百里（香）酚蓝又称甲基麝香草酚蓝，在碱性溶液中与钙、镁、钡、锰等离子生成蓝色配合物，游离状态呈灰色或浅蓝色。在水泥分析中，用作滴定钙离子的指示剂，不被氢氧化镁沉淀所吸附，终点变色敏锐，最佳 pH 值为 12.5 左右。pH 值过高，则终点时底色加深。此指示剂的水溶液不够稳定，通常以固体硝酸钾按适当比例将其稀释后使用。在使用氢氧化钠-银坩埚熔样时，溶液中有银离子存在，终点为淡紫色，终点变色不明显，此时应改用 CMP 混合指示剂。

2. 钙黄绿素

钙黄绿素为橙红色粉末，在酸性溶液中呈黄色，碱性溶液中呈淡红色。pH＞12 时，指示剂本身呈橘红色，没有荧光。但和钙、锶、钡、铝等离子配位后，呈现绿色荧光，对钙离子特别灵敏，而镁离子不能同时被指示。测定钙离子时，通常加入氢氧化钾溶液调节 pH 值大于 13，而不用氢氧化钠，因钠离子与钙黄绿素产生的荧光比钾离子产生的荧光强，使终点变色不敏锐。

为消除因指示剂分解产生的荧光黄发出的残余荧光对终点的干扰，常将钙黄绿素与甲基百里香酚蓝、酚酞指示剂，按质量比 1∶1∶0.2 配成混合指示剂，并以 50 倍固体硝酸钾稀释（简称 CMP 混合指示剂），用酚酞与甲基百里香酚蓝的混合色调——紫红色将残余荧光遮蔽，终点更为敏锐。

3. 磺基水杨酸钠（S. S.）

磺基水杨酸钠为白色结晶体，水溶液为无色。在 pH 值为 $1.8 \sim 2.5$ 时，与三价铁离子生成紫红色的 $FeIn^+$ 配合物。用 EDTA 滴定三价铁离子时，终点由 $FeIn^+$ 的紫红色变为 FeY^- 的黄色。其黄色的深浅视试样中三氧化二铁的含量而定。如含量较高，最后黄色较深，终点前残存的一丝红色是否褪去很难判断，所以，被滴定溶液中三氧化二铁的含量不宜超过 25mg。由于指示剂无色，$FeIn^+$ 配合物又不很稳定，所以应多加些指示剂,以提高反应灵敏度。增大 $FeIn^+$ 的稳定性,避免终点提前。

4. PAN

PAN 化学名称为 1-(2-吡啶偶氮)-2-萘酚,为橙红色针状结晶体,几乎不溶于水,可溶于碱及乙醇溶剂中。PAN 在 $pH=1.9\sim12.2$ 时呈黄色,$pH>12.2$ 时呈红色。PAN 与多数金属离子形成红色配合物。它可以在广范的 pH 值范围内($1.9\sim12.2$)使用,终点由红色变为黄色。PAN 是二价铜离子的良好指示剂。在水泥分析中,多以 PAN 为指示剂用硫酸铜标准滴定溶液返滴定法测定铝,或用 Cu-PAN 作指示剂以 EDTA 直接滴定铝。PAN 及其与金属离子形成的配合物水溶性差,故滴定时常需加热或加入适量有机溶剂使终点清晰。

5. 二甲酚橙(X. O.)和半二甲酚橙(S. X. O.)

二甲酚橙为紫色结晶粉末,易溶于水,不溶于乙醇。在水溶液中,当 $pH<6.3$ 时为黄色,$pH>6.3$ 时为紫红色,它与金属离子的配合物均为紫红色,因此它只适宜在 $pH<6.3$ 时使用。在 $pH<6.3$ 的溶液中,许多 $2\sim4$ 价金属离子,如铋、铅、锌离子,可以用二甲酚橙作指示剂进行直接滴定,终点由红变黄,且很敏锐。铝离子封闭指示剂,可用锌离子或铅离子标准滴定溶液在 pH 值为 $5\sim6$ 时进行返滴定。

6. 酸性铬蓝 K

酸性铬蓝 K 为棕黑色粉末,溶于水。此指示剂在酸性介质中呈玫瑰色,在碱性介质中呈蓝灰色。它与金属离子的配合物都是红色。它是钙、镁、锰、锌离子的指示剂,在 $pH=10.0$ 时,可作为测定钙+镁合量的指示剂。

该指示剂的缺点是终点时略带紫色,若滴定至纯蓝色,将产生较大误差。在实际应用中,将酸性铬蓝 K 与萘酚绿 B(一种惰性染料)按质量比 1∶2.5 混合,再以 50 倍固体硝酸钾稀释。使用这种混合指示剂时,终点呈现纯蓝色,易于掌握。

第七节 提高配位滴定选择性的措施

在配位滴定中提高选择性的措施,主要是降低干扰离子的浓度,或降低干扰离子与 EDTA 配合物的表观稳定常数。除了采用化学分离方法之外,主要是利用酸效应和掩蔽效应。

(1)利用酸效应

根据酸效应曲线(图 1-3-3),定量测定每种金属离子时都有一最低允许 pH 值,低于该 pH 值,则该金属离子不能被定量测定,但并非不与 EDTA 配位,而是部分配位。pH 值低于最低允许 pH 值越多,则其与 EDTA 配位的部分越少,低至一定程度,则该金属离子基本上不与 EDTA 配位。若该金属离子为干扰离子,则其影响可忽略不计,这就为利用酸效应进行选择滴定提供了可能。

酸效应曲线系由金属离子和 EDTA 配合物的绝对稳定常数导出。根据计算可知,如果干扰离子 N 与被测离子 M 的起始浓度相近,滴定 M 的相对误差为 1%,则二者与

EDTA 配合物的绝对稳定常数的对数之差大于或等于 5，则有可能利用酸效应选择滴定 M 离子，即：

$$\Delta \lg K = \lg K_{MY} - \lg K_{NY} \geqslant 5$$

例如，滴定三价铁离子的最低 pH 值为 1.0，而铝离子存在时不干扰三价铁离子测定的最高 pH 值约为 2。故可控制溶液 pH 值在 1.0～2.0 的范围内滴定三价铁离子。

再考虑选择滴定铝离子的可能性。因为滴定铁后再滴铝，故不再考虑三价铁离子的干扰。铝离子与钙、镁离子比较，因其稳定常数相差较大，故在钙、镁离子存在下，可以选择滴定铝离子。滴定铝离子的最低 pH 值为 4.2（图 1-3-3），钙离子存在下不干扰铝离子测定的最高 pH 值为 4.4，故应严格控制溶液 pH 值为 4.2（使用 pH=4.2 的缓冲溶液），此时可定量测定铝离子，而钙、镁离子不干扰（水泥试样溶液中钙离子浓度比铝离子高几十倍，故应适当降低溶液的 pH 值至 3.8～4.0）。

（2）利用掩蔽效应

掩蔽效应是加入某种试剂与干扰离子作用，使其不与 EDTA 或指示剂配位，从而消除其干扰。起掩蔽作用的试剂称为掩蔽剂。

① 配位掩蔽法，即利用掩蔽剂与干扰离子形成稳定的配合物，降低干扰离子浓度以消除干扰的方法。配位掩蔽剂应具备下列条件：掩蔽剂与干扰离子形成的配合物的稳定性必须大于 EDTA 与干扰离子形成的配合物的稳定性；掩蔽剂与干扰离子形成的配合物为无色或浅色，不影响终点观察；掩蔽剂不与被测离子配位，即使形成配合物，其稳定性必须远远小于被测离子与 EDTA 配合物的稳定性；掩蔽剂在滴定祈要求的 pH 值范围内应具有很强的掩蔽能力。

常用的配位掩蔽剂有：三乙醇胺（TEA），在 pH=10 的溶液中可掩蔽铝离子、三价铁离子、四价锡离子、钛氧基离子；pH=11～12 时掩蔽三价铁离子、铝离子及少量二价锰离子（为防止铁、铝的水解，应在酸性介质中加入 TEA，然后再调节 pH 值）；酒石酸钾钠（Tart），在 pH=6～7 的溶液中能掩蔽三价铁离子、铝离子，pH 值继续升高时，酒石酸钾钠对三价铁离子、铝离子的掩蔽能力增强。此外掩蔽剂还有氟化物、邻二氮杂菲等。

② 沉淀掩蔽法，即利用沉淀反应降低干扰离子浓度以消除其干扰的方法。例如水泥试样中钙离子的单独测定，常用氢氧化钾溶液调节溶液 pH 值大于 12，使共存的镁离子生成氢氧化镁沉淀，消除镁离子对钙离子配位滴定的影响。

③ 氧化还原掩蔽法，即利用氧化还原反应改变干扰离子的价态，从而消除其干扰的方法。例如，在 pH=1.0 的溶液中用 EDTA 滴定铋离子或锆氧基离子（ZrO^{2+}）时，共存的三价铁离子干扰测定。加入抗坏血酸或盐酸羟胺，使三价铁离子还原为不干扰测定的二价铁离子，则可消除三价铁离子的干扰。

第八节　水泥类试样中主要成分与 EDTA 的配位特性

1. 水泥试样中各主成分 EDTA 配位滴定的酸度选择

根据前述原理，可将水泥及其原材料中主要成分的配位滴定特性、配位滴定条件，连同常用的返滴定剂金属离子、可能共存的干扰阳离子的配位特性，按照其与 EDTA 配合物的绝对稳定常数由大到小依次排列于表 1-3-4 中。

表 1-3-4 中，Fe^{3+}、TiO^{2+}、Al^{3+}、Ca^{2+}、Mg^{2+}、Mn^{2+} 为水泥及其原材料中主要成分，Bi^{3+}、Cu^{2+}、Pb^{2+}、Zn^{2+} 为常用的返滴定剂金属离子，Ni^{2+}、Fe^{2+} 为干扰离子。

表 1-3-4　水泥中主要金属离子 EDTA 配位滴定酸度条件及相关金属离子的数据

变化趋势	待测阳离子	返滴定阳离子	干扰阳离子	$\lg K_{MY}$	最低允许 pH 值	开始水解 pH 值	实际测定 pH 值
配位能力下降，溶液碱度增高		Bi^{3+}		27.9	0.7		
	Fe^{3+}			25.1	1.0	2.5	直接滴定 1.8～2.0；Bi^{3+} 返滴定 1.0～1.5
		Cu^{2+}		18.8	2.9		
			Ni^{2+}	18.6	3.0		
		Pb^{2+}		18.0	3.2		
	TiO^{2+}			17.3	3.7		1.5
		Zn^{2+}		16.5	4.0		
	Al^{3+}			16.3	4.1	3.5	直接滴定 3.0；铜盐返滴定 3.8～4.0；氟化铵置换 5.5～6.0
			Fe^{2+}	14.3	5.0		
			Mn^{2+}	13.9	5.4	在碱性溶液中被空气氧化而沉淀	—
	Ca^{2+}			10.7	7.5		>13
	Mg^{2+}			8.7	9.7	11	10

从表 1-3-4 可以得出如下结论：

① 在接近于表 1-3-4 中最低允许 pH 值的溶液酸度下滴定某种金属阳离子时，位于表上方的金属阳离子干扰测定，而位于其下方的金属阳离子一般不干扰测定（相距很近的离子，浓度高时也干扰测定）。例如，pH＝1.8～2.0，测定 Fe^{3+} 时，位于其下方的 TiO^{2+}、Al^{3+}、Ca^{2+}、Mg^{2+} 不干扰测定；pH＝4.2 左右，测定 Al^{3+} 时，上方的 Fe^{3+}、TiO^{2+} 干扰测定，下方的 Ca^{2+}、Mg^{2+} 不干扰测定，下方的 Mn^{2+} 含量低时干扰不显著，Mn^{2+} 含量高时则干扰；pH＝10，测定 Mg^{2+} 时，上方的 Fe^{3+}、TiO^{2+}、Al^{3+}、Ca^{2+}、Mn^{2+} 均干扰测定。因此，在测定各种金属阳离子时，对于位于其上方的离子，必须设法消除其干扰；而对位于其下方邻近的特别是含量高的阳离子，需特别注意控制适宜的滴定条件（溶液酸度、温度、体积等），勿使其产生干扰。

② 在采用返滴定法测定某种金属离子时，应选择位于其上方的金属离子作返滴定剂。例如，返滴定三价铁离子时，应当选择而且只能选择铋离子作返滴定剂，因铋离子的最低允许 pH 值为 0.7，比铁离子的 1.0 还低，在 pH＝1～1.5 时滴定，铋离子可以同 EDTA 定量配位；而位于铁离子下方的铜离子、铅离子或锌离子则不具备这一条件。而返滴定铝离子时，则应选择位于其上方的铜离子、铅离子或锌离子。

③ 除各待测离子之间的干扰外，还可能有外来的干扰离子。如，镍离子肯定干扰除铁离子以外的其他离子（铝、钛、钙、镁、锰离子）的测定，而且尚未找到消除其干扰的较好的方法，故熔融分解水泥类试样进行全分析时，不能使用镍坩埚，而应使用铂坩埚或银坩埚。另外，二价铁离子与三价铁离子的配位特性相差很大，在 pH＝1～2，测定三价铁离子时，二价铁离子根本不能被定量配位，因此，如欲定量测定铁离子，在制备试验溶液时，一定要加入硝酸将二价铁离子全部氧化成为三价铁离子。

2. 水泥类试样中主成分的 EDTA 配位滴定方法

由于水泥及其原材料各类试样中主要成分或干扰成分含量不同，主要成分阳离子受干扰的情况亦不相同。为了准确测定某种金属阳离子，对于不同的试样，需分别采取不同的方法，每一种方法都有一定的适用范围。对于水泥及其主要原材料中主要成分常用的 EDTA 配位滴定方法，可以简要地归纳，如表 1-3-5 所示。

表 1-3-5　水泥类试样中主成分的配位滴定法

试样种类	Fe^{3+}	TiO^{2+}	Al^{3+}		Ca^{2+}	$Ca^{2+}＋Mg^{2+}$
水泥，生料，熟料，黏土，石灰石	EDTA 直接滴定，pH＝1.8～2.0，60～70℃，S. S. 指示	苦杏仁酸置换，Cu^{2+} 返滴定，PAN 指示，60℃	MnO＜0.5% Cu^{2+} 返滴定 pH＝3.8～4.0，约90℃，PAN 指示	MnO＞0.5% EDTA 直接滴定，pH＝3，Cu-EDTA＋PAN 指示	EDTA 直接滴定，KF 掩蔽硅，TEA 掩蔽铁、钛、铝，室温，pH＞13，C. M. P. 指示	EDTA 直接滴定，Tart＋TEA 掩蔽铁、钛、铝，室温，pH＝10，K-B 指示
铁矿石	Bi^{3+} 返滴定 pH＝1.0～1.5，S. X. O. 指示，室温		NH_4F 置换法，Pb^{2+} 返滴定，pH＝5.5～6.0，S. X. O. 指示，室温			
铝矾土	Bi^{3+} 返滴定 pH＝1.3～1.5，S. X. O. 指示，室温	H_2O_2 配位，Bi^{3+} 返滴定，S. X. O. 指示，约20℃				

注：S. S. ——磺基水杨酸钠；S. X. O. ——半二甲酚橙；TEA——三乙醇胺；Tart——酒石酸钾钠；K-B——酸性铬蓝 K-萘酚绿 B 混合指示剂（1＋2.5）；C. M. P. ——钙黄绿素-甲基百里香酚蓝-酚酞混合指示剂（1＋1＋0.2）。

第四章 比色分析法

比色分析法是通过比较或测量物质溶液颜色的深度来确定被测物质含量的一种方法。在进行比色分析时，一般包括两个步骤：首先采用一种合适的显色试剂将试验溶液中的被测组分转变为有色化合物，从而得到一种有色溶液，然后再比较或测量有色溶液的颜色深度。被测组分在溶液中的浓度愈高，则所得有色溶液的色度就愈深。比色分析法具有较高的灵敏度和一定的准确度。使用一般比色计，通常可准确测得含量为 0.001% 左右的组分。对这样低含量的成分，若采用称量分析法或容量分析法进行测定，误差很大，甚至测不出结果。在水泥分析中，常用比色分析法测定 SiO_2、Fe_2O_3、TiO_2、MnO、P 等组分的含量，是水泥生产检验的常用分析方法之一。

第一节 比色分析法的基础知识

1. 比色分析法基本原理

（1）有色溶液对光的选择吸收

溶液之所以呈现不同的颜色，是由于溶液中的分子或离子选择性地吸收了某种颜色（某一波段）的光所引起的。分子对光具有选择性的吸收，是由于分子中存在活泼的处于不稳定能级的电子，这种电子在可见光的照射下可以从原来的能级即基态（E_0）跃迁到较高的能级即激发态（E_1）而产生吸收谱线。分子吸收光能（电磁波）具有量子化的特征，即分子只能吸收两个能级之差的能量（跃迁能）：

$$\Delta E = E_1 - E_0 = h\nu$$

式中 h 为普朗克常量，ν 为被吸收光的频率。当某一波长的光能正好等于分子的某一跃迁能时，分子才吸收此光能。此时，由于某一波长的光能被吸收，而使化合物呈现颜色。因此，在进行比色分析时，必须选择适当的滤光片，使能被有色物质吸收得最多的那一部分光波进入溶液。

例如，一束白光通过 $KMnO_4$ 溶液时，它选择地吸收了白光中的绿色光，其他的色光透过溶液。从互补色原理可以看出，紫色和绿色为互补色，白光中其他颜色的光均为两两互补，即混合成白光透过溶液，透过光由于绿色光被吸收而剩下紫色光，所以 $KMnO_4$ 溶液呈紫色。

因此，在进行比色分析时，必须选择能被有色物质吸收得最多的那一部分光波进入溶液。对于高锰酸溶液来说，则应采用对绿色透光度最大的绿色滤光片，以减少光谱中不能被高锰酸溶液吸收的那部分光通过。

（2）朗伯-比耳定律

当强度为 I_0 的平行单色光垂直通过液层厚度为 b 的溶液时，光的一部分被有色物质的质点所吸收，一部分则透过溶液，透过溶液后的强度减弱为 I_t，则透过光强度 I_t 和入射光强度 I_0 之比的对数（记作吸光度 A）与溶液中有色物质的浓度 c 及液层厚度 b 的乘积成正比，此即朗伯-比耳定律：

$$A = \lg \frac{I_0}{I_t} = abc$$

朗伯-比耳定律中的比例常数 a 叫做吸光系数，如以 mol/L 表示溶液的浓度，以 cm 表示液层厚度，则常数 a 称为"摩尔吸光系数"，通常用符号 ε 表示之，即：

$$A = \varepsilon bc$$

摩尔吸光系数 ε 是每一有色化合物的溶液对一定波长的光的特征常数，即 $c = 1\text{mol/L}$ 和 $b = 1\text{cm}$ 时的吸光度。从而可知，单位浓度的有色化合物溶液颜色愈深，ε 值愈大，则被测组分含量的下限可以愈低，即显色反应的灵敏度愈高。

在比色分析中，又常把 I_t/I_0 的比值称为透光率或透光度，以符号 T 表示。当透过的光愈少即 I_t 愈小时，则 I_t/I_0 的比值 T 愈小；反之，透过的光愈多，T 值愈大。

2. 比色分析法的常用方法

常用的比色法有两种：目视比色法和光电比色法，前者用眼睛观察，后者用光电比色计测量，两种方法都是以朗伯-比尔定律为基础。

目视比色法是标准系列法，该法采用一组由质料完全相同的玻璃制成的直径相等、体积相同的比色管，按顺序加入不同量的待测组分标准溶液，再分别加入等量的显色剂及其他辅助试剂，然后稀释至一定体积，使之成为颜色逐渐递变的标准色阶。再取一定量的待测组分溶液于一支比色管中，用同样方法显色，再稀释至相同体积，将此样品显色溶液与标准色阶的各比色管进行比较，找出颜色深度最接近于样品显色溶液的那支标准比色管，如果样品溶液的颜色介于两支相邻标准比色管颜色之间，则样品溶液浓度应为两标准比色管溶液浓度的平均值。标准系列法的主要优点是设备简单和操作简便，但眼睛观察存在主观误差且易于疲劳，所以目视比色法逐渐被弃而不用。

光电比色法是测试者利用已知试样在光电比色计上测量一系列标准溶液的吸光度，将吸光度对浓度作图，绘制工作曲线，然后根据待测组分溶液的吸光度在工作曲线上查得其浓度或含量。与目视比色法相比，光电比色法消除了主观误差，提高了测量准确度，而且可以通过选择滤光片和参比溶液来消除干扰，从而提高了选择性。

3. 比色分析法的操作技术

根据比耳定律，以同一强度的单色光，分别通过液层厚度相等而浓度不同的有色溶液时，则光强的减弱仅与浓度有关。如用已知浓度的系列标准比对溶液，显色后在比色计或分光光度计上测定其吸光度，并与对应的浓度绘制成工作曲线，然后再用同样的方法测出试样溶液的吸光度，从工作曲线上即可查出相应的试验溶液中被测物质的浓度。

比色分析通常采用 721 型分光光度计。721 型分光光度计可用于波长范围为 $360\sim 800\text{nm}$ 的比色测定。其光程原理如图 1-4-1 所示。

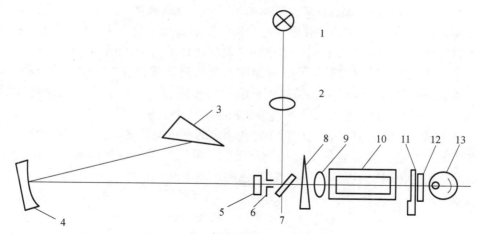

图 1-4-1　721 型分光光度计光程示意图

1—光源灯（12V，25W）；2—聚光透镜；3—玻璃棱镜；4—准直镜；

5—保护玻璃；6—狭缝；7—反射镜；8—光栏；9—聚光透镜；

10—比色皿；11—光门；12—保护玻璃；13—光电管

该仪器的单色器采用背面镀铝的玻璃棱镜，光线通过棱镜后，就在其中色散。旋转棱镜的角度应可使一定波长的近似单色光聚焦后照射在比色皿上。透过比色皿的光照射到光电管上，经放大后由微安表指示出相应的 A 或 T 值。光栏是一只弧形比例透光光栏，可对通过的光束进行调节。当打开仪器比色皿盒上的翻盖时，光门挡板即遮住透光孔，光束不能进入光电管，此时可进行仪器的零位调节；当将翻盖放下时，光门挡板打开，光束进入光电管，此时可调节透光度为 100％，然后进行测量工作。

第二节　显色反应和显色剂的选择

将被测定物质变成有色化合物的化学反应很多，但常用的主要有氧化还原反应和配合物形成反应两种。前者如 Mn^{2+}，可借 $(NH_4)_2S_2O_8$ 或 KIO_4 将其氧化成 MnO_4^-，然后进行比色测定。有的显色反应是将配合物形成反应和氧化还原反应结合起来，以获得色度更深的配合物，从而提高方法的灵敏度。如比色测定 SiO_2 时，先将硅酸形成硅钼黄杂多酸，然后再用还原剂将其还原为深蓝色的硅钼蓝进行比色。单纯利用氧化还原反应进行显色的不是很多，而以形成配合物的显色反应应用得最为广泛。

显色剂分无机试剂和有机试剂两类，前者的选择性和灵敏度一般不如后者。有机显色剂大多是一些螯合剂，与金属离子形成稳定的具有特征颜色的螯合物，选择性和灵敏度都比较高，因而多数元素的比色分析都使用有机显色剂。选择合适的显色剂和控制适宜的显色条件，是提高比色测定灵敏度和准确度的重要途径。

① 显色反应的灵敏度要适中。有色配合物摩尔吸光系数 ε 的大小，是衡量显色反应灵敏度高低的重要标志。ε 值愈大，则比色测定的灵敏度愈高，被测组分的下限值可以愈低，因此测定含量很少的组分一般都选用灵敏度高的显色反应，使生成的有色配

合物摩尔吸光系数 ε 值较大。例如钛氧基离子 TiO^{2+} 与过氧化氢生成黄色配合物的摩尔吸光系数为 500，而其二安替比林甲烷配合物的摩尔吸光系数为 15000，后者的灵敏度为前者的 30 倍。故测定少量钛时一般选用二安替比林甲烷作显色剂。

② 有色配合物的离解常数要小。有色配合物的离解常数愈小，配合物愈稳定，比色测定的准确度就愈高，干扰离子对比色测定的影响程度也就愈小。在比色分析时，应选择与被测组分形成有色配合物的离解常数尽可能小的显色剂。

③ 有色配合物的组成要恒定。用于比色测定的有色配合物，在一定的操作条件下，应具有恒定的组成。有些显色反应是分步反应，可以生成一系列组成不同的配合物，而这些配合物的色调则不完全相同，对比色测定是不利的。例如 Fe^{3+} 与 CNS^- 可以生成配位数为 1～6 的配合物：

$$Fe^{3+} + CNS^- \longrightarrow Fe(CNS)^{2+}$$
$$Fe(CNS)^{2+} + CNS^- \longrightarrow Fe(CNS)_2^+$$
$$\cdots \cdots \cdots \cdots$$
$$Fe(CNS)_5^{2-} + CNS^- \longrightarrow Fe(CNS)_6^{3-}$$

由于这些配离子具有不同的光谱特性，其色调随组成的改变而有不同。当 Fe^{3+} 的浓度固定时，则溶液的颜色会随 CNS^- 离子浓度的增加而加深。这种由于显色剂浓度不同而引起有色溶液色调改变的情况，对比色测定是很不利的。假如在同时存在的各配位数不同的配合物中有一种特别稳定，而其余的量很小，则这样产生的误差会比较小。

第三节　实验要点

1. 选择适当的显色剂浓度

用显色剂显色时，形成有色配合物的完全程度与配合物的稳定性有关。被测定离子 M 与显色剂阴离子 R 形成配合物 MR，即：

$$M + R \rightleftharpoons MR$$

则 MR 的离解常数为：

$$k = \frac{[M][R]}{[MR]}$$

k 值愈小，则有色配合物愈稳定，显色剂的过量可以愈少。反之，显色剂应有较大的过量，以抑制有色配合物的离解。

在实际工作中，显色剂的量应通过具体实验来确定，即根据测得溶液的吸光度与显色剂加入量的关系作图，以找出显色剂的适宜用量。比色时实验溶液和标准比对溶液中所加显色剂的量应一致，使实验溶液和标准比对溶液中被测离子形成有色配合物的转化率相同。

2. 选择适当的酸度

在比色分析中常用的显色剂多数为有机弱酸。在显色剂与被测物质生成有色配合物 MR 的同时，显色剂阴离子 R^- 也会同氢离子发生反应，生成不易离解的弱酸 HR，从而使溶液中显色剂阴离子 R^- 的离子浓度降低。因此，如果溶液酸度过高，会促使有色配合物 MR 更多地离解，溶液的颜色因之变浅；如果溶液酸度太低，某些易于水解的金属离子如 Fe^{3+}、Al^{3+}、TiO^{2+} 等可能生成碱式盐或氢氧化物沉淀，也不利于显色反应的进行。因此，金属离子的显色反应必须在适当的酸度范围内进行，一般要通过实验来确定，必要时应加入缓冲溶液以控制溶液的酸度。

3. 选择适当的温度

有些显色反应的速度与温度有关。如硅钼黄在 25℃时需 5min 方能显色完全，而在沸水浴中只需 30s。但提高温度往往容易促使某些有色配合物分解，如硅钼黄在沸水浴中放置 50s 以上就有明显的分解现象。用铬天青比色测定铝时，温度对有色溶液稳定性的影响较大。有色溶液的吸光系数以及光电池的灵敏度常随温度的改变而不同。因此，在操作中标准比对溶液和试验溶液的温度应保持一致，在通常情况下，比色测定都在室温条件下进行。

4. 选择适当的显色时间

有些显色反应的速度较慢，加入显色剂后需经过一定时间，溶液的颜色才能达到稳定的深度，如钛氧基离子与二安替比林甲烷的显色反应，在 25min 后才达到平衡。有些显色反应能瞬时完成并很稳定，如三价铁离子 Fe^{3+} 与磺基水杨酸的显色反应。但也有些配合物在放置一定时间后，由于各种原因而缓缓褪色，这时显色稳定后即应尽快进行比色。在实际工作中，对于每一显色反应，可通过实验作出显色时间和吸光度的关系曲线，以确定适宜的显色时间。

5. 注意消除干扰离子的影响

（1）干扰离子影响的各种类型

① 干扰离子本身有色，如 Cr^{3+}、Co^{2+}、Ni^{2+}、Cu^{2+} 等有色离子会使比色溶液的色调发生变化。

② 干扰离子与显色剂生成有色配合物。如用二安替比林甲烷比色法测定钛氧基离子时，三价铁离子 Fe^{3+} 与之生成红色配合物；用钼蓝法比色测定硅时，磷也生成磷钼蓝而干扰测定。

③ 干扰离子与被测金属离子生成稳定的无色配合物。如在比色三价铁离子时，若有氟离子、磷酸根离子等阴离子存在，由于生成稳定的 FeF_6^{3-}、$Fe(PO_4)_2^{3-}$ 无色配合物而使溶液的颜色变浅。

④ 干扰离子与显色剂生成无色配合物。如以磺基水杨酸作三价铁离子 Fe^{3+} 的显色剂时，铝、钙等离子能与磺基水杨酸生成无色配合物，致使显色剂的浓度因之降低，也会影响 Fe^{3+} 的显色反应。

（2）消除干扰离子影响的主要方法

① 控制溶液酸度。当干扰离子与显色剂生成有色配合物的稳定性远比被测离子小得多时，常借提高溶液酸度的方法消除其影响。如用硅钼蓝比色法测定硅，在将硅钼黄还原成硅钼蓝时，把溶液酸度提高到 2mol/L 以上，此时磷、砷钼蓝杂多酸均被破坏而硅钼蓝杂多酸即使提高酸度至 3~4mol/L，也不致引起其颜色深度的减弱。

② 改变干扰离子的价态，使干扰离子不发生反应。例如用二安替比林甲烷比色法测定钛氧基离子时，三价铁离子的干扰可借加入抗坏血酸将其还原成二价铁离子来消除。

③ 加入掩蔽剂。掩蔽剂可使干扰离子浓度降低而不发生干扰，但要求掩蔽剂不与被测离子反应。例如在比色测定二价锰离子的方法中，三价铁离子呈浅黄色而干扰测定，此时可借加入磷酸进行掩蔽。

④ 采用萃取、蒸馏、离子交换、沉淀等方法使被测组分与干扰离子分离。

6. 注意其他因素的影响

① 在实际测定中，应注意控制被测溶液的浓度，使其吸光度最好在 $0.2 \sim 0.7$ 范围内，以减少比色测定读数的误差。同时还应注意避免在比色溶液中引入小气泡（如过氧化氢分解产生的氧气泡）或某些悬浮物（如滤纸毛或胶体颗粒等），因为这些杂质散射一部分光线会使测定产生误差。

② 在测定时，比色皿的外壁必须彻底擦净，否则会降低皿壁的透明度或发生反射，影响结果。

③ 注意应使标准比对溶液和试样溶液的测定条件尽量一致，以减小误差。

④ 电源电压的波动、光电池的疲劳、比色皿厚度不一致以及所放位置不够正确等，也都会给比色测定带来误差，应注意避免。

第五章 火焰光度法

氧化钾和氧化钠通称为碱金属氧化物。碱金属离子很难参加化学反应，用一般的化学法难以测定。测定水泥及其原材料中碱的含量广泛使用物理方法，最常用的是火焰光度法。备有原子吸收光谱仪的单位，使用原子吸收光谱法，也可快速准确地测定碱的含量。

火焰光度法是原子发射光谱分析法中的一种，该方法以火焰作为激发光源，使被测元素的原子激发，用光电检测系统来测量被激发元素所发射的特征辐射强度，从而进行元素定量分析。火焰光度法测定水泥及其原材料中的 K_2O、Na_2O 含量，灵敏度可达万分之几，相对误差一般在 $\pm2\%\sim\pm3\%$。就灵敏度、准确度和分析速度而言，都比化学分析方法优越得多。目前火焰光度法已广泛应用于水泥及其各种原材料中钾、钠的测定。这对生产高质量的水泥，控制和稳定水泥熟料质量及热工制度，都具有重要作用。

第一节 火焰光度法基本原理

在试验溶液中，元素原子的外层电子具有最低能级，原子处于基态；当试验溶液经雾化装置雾化为细雾送入喷灯的火焰中燃烧时，原子的外层电子吸收一定能量跃迁至更高的能级上，原子处于激发态。被激发的电子很不稳定，它们瞬间即由较高的能级返回到较低的能级，此时辐射出一定的能量而产生具有固定波长的谱线。每一种元素都有自己的特征光谱，因此，根据某一元素谱线的出现，可以判定该种元素的存在；而谱线的强度与元素含量之间在一定范围内具有一种简单的函数关系。当元素的含量较低时，谱线的强度与元素的含量呈线性关系。预先制作工作曲线，通过测定谱线强度，即可测得试样中该元素的含量。

由于火焰光源的能量较低，因而所能激发的元素种类有限（主要是钾、钠等碱金属），出现的谱线也较少，情况比较简单，用一种适宜的滤光片就可以把一种元素的谱线简易地分离出来。使分离出来的被测元素的谱线投射在硒光电池上，转换成电流。光电流的大小取决于谱线的强度，而谱线强度直接与试验溶液中被测元素的浓度有关，从而可以进行定量分析。

第二节 火焰光度计基本结构

火焰光度分析所使用的仪器称为火焰光度计。市售仪器有多种型号，大体上都由光源（燃烧系统）、单色器（色散系统）和检测器三部分组成，如图 1-5-1 所示。

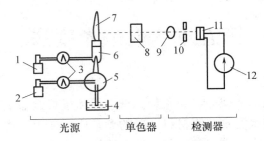

图 1-5-1　火焰光度计结构示意图

1—燃气；2—助燃气；3—压力表；4—试液杯；5—喷雾灯；6—喷灯；7—火焰；
8—滤色片；9—聚光镜；10—光圈；11—光电池；12—检流计

1. 光源（燃烧系统）

光源由燃气、助燃气及其调节器、喷雾器、燃烧器等组成。

① 燃气和助燃气及其调节器主要作用是提供恒定的燃气及助燃气的流量，确保获得稳定的火焰及稳定的试验溶液吸入速度。适用于碱金属元素测定的燃气有汽油、煤气、液化石油气等，以空气助燃，温度约 1800℃。其中最适用的是罐装液化石油气。

② 喷雾器的作用是利用高速气流将试验溶液制成细雾滴。

③ 燃烧器主要的作用是通过火焰的热能，将试样雾滴蒸发。试验溶液引入火焰后，化合物在火焰热能的作用下经历蒸发、干燥、熔化、离解、激发、化合等复杂过程，变为气态，同时产生原子发射光谱。

2. 单色器

单色器通常使用滤光片，只有被测元素所发射的某一谱线附近波长范围的光能够通过滤光片进入检测器。

3. 检测器

检测器通常使用光电池或光电管。经单色器分出的光投射至检测器上，产生光电流，由检流计指针显示，或放大后由数字显示系统显示。

第三节　测定方法及实验要点

一、测试方法

常用的测定方法是工作曲线法，即预先配制一系列待测元素的标准比对溶液，其浓度范围一般为 $0\sim100\mu g/mL$，然后用火焰光度计分别测定每一份标准溶液中待测元素的辐射强度，并以检流计读数与对应的浓度绘制成工作曲线。分析未知含量的试样时，首先将试样处理成溶液，然后按绘制工作曲线时的测定条件测出试样溶液的读数，再从工作曲线上查得相应的浓度，计算试样中被测元素的质量分数。

二、实验要点

1. 试样的处理

进行分析时，首先要将粉末试样制备成试验溶液。分解试样的一般方法是在铂（或黄金）皿中用氢氟酸-硫酸于低温电炉上进行。所加硫酸的量应能满足各阳离子完全形成硫酸盐的需要。如果硫酸量不足，将生成氟化物，并紧密地包裹着同时形成的溶解度较小的氟铝酸钠或氟化钠，当用水浸取残渣时被包裹在沉淀中的难溶钠盐，不能很快地被浸取到溶液中，随后用氨水和碳酸铵分离铁、铝、钙、镁时，未被浸出的难溶钠盐又被包裹在新的沉淀中，过滤除去后，将使钠的测定结果偏低。

钾在上述条件下亦形成氟化物而被氟化钙沉淀所包裹，但由于钾的氟化物的溶解度均比相应的钠的氟化物大得多，故对钾的影响较小。此外，钠的偏低情况除与硫酸的加入量有关外，还与浸取残渣时溶液的体积、温度、时间、搅拌情况以及试料质量等因素有关。一般来说，分解 $0.2\sim0.3g$ 水泥试样，加 $1mL$ 硫酸（$1+1$）及 $5\sim10mL$ 氢氟酸即能达到要求。

对于能被酸分解的试样，如 P·I 型硅酸盐水泥及水泥熟料，也可直接加盐酸或硝酸分解，用氨水和碳酸铵沉淀分离硅、铁、铝、钙、镁之后，在滤液中进行钾、钠的测定。这与用氢氟酸-硫酸处理试样所得的分析结果完全一致，而且使操作简化，并避免了接触氢氟酸剧毒药品。采用这一方法处理 $0.2\sim0.3g$ 熟料试样时，进入滤液中的可溶性硅酸一般在 $20mg$ 左右，但即使可溶性硅酸达到 $40mg$ 以上，也未发现对钾、钠的测定产生影响。

但是用盐酸、硝酸或氢氟酸-硫酸分解试样，在以氨水和碳酸铵分离铁、铝、钙、镁之后的滤液中，仍然存在着一定数量的钙离子。于正常操作条件下，滤液中氧化钙的含量一般都在 $10mg$ 以下。应用火焰光度计，氧化钙的浓度在 $100\mu g/mL$ 以下时，对水泥中钾、钠的测定并无明显影响。而当氧化钙浓度超过此值后，随氧化钙含量的增加，对测定钠的干扰随之显著。

除氧化钙之外，水泥中其他组分如铁、钛、铝、镁等，在操作条件下对钾、钠的测定均无影响。对于氧化钙含量较低的样品如砂岩、黏土、粉煤灰、铁粉等，在以氢氟酸-硫酸分解试样，用水浸取并滤出不溶残渣后，即可进行钾、钠的测定，而不需预先沉淀分离铁、铝、钙、镁。

2. 保持激发情况的稳定

（1）保持燃料气体及助燃气体的压力稳定　压力不稳会直接影响火焰的大小、火焰温度的高低以及试样溶液的喷雾量，从而影响测定结果。

① 对于助燃气而言，如用压缩机供给空气，一般压缩机都设有气缸，当气缸中气体压力高于设定的上限值时，压缩机自动断电；当低于设定的下限值时，会自动启动，在经过适当的减压阀后，可维持助燃气的压力基本稳定。

② 对于燃气而言，如使用液化石油气，可在气瓶的减压阀后装置一个 $20L$ 的玻璃缓冲瓶，装入高度 $5cm$ 左右的水。橡胶瓶塞上打三个孔，一个插进气管，进气管要插

入水中 2~3cm；一个插出气管；另一个插安全管，安全管底端插入水中 2~3cm，上端露出橡胶塞即可。安装这样一个缓冲瓶，一方面可以对液化石油气进行洗涤；二是对稳定燃气压力会有所改善；三是一旦瓶内压力过高，气体可从安全管中逸出，不致发生危险。

（2）保持喷灯火焰的稳定　在试验溶液中不得有任何固体颗粒，以免堵塞喷嘴；雾化系统须保持清洁，在每批试样测定结束后，应以蒸馏水进行喷雾冲洗。每隔一段时间，以适宜的无机酸或有机溶剂清洗雾化器。

（3）使用优质的燃料气体　如燃料气体中挥发成分的沸点不一，则所得火焰甚不稳定，致使检流计读数不易得到稳定的数值。若以汽油为燃料，供给燃料气体时，应选用质量较好的溶剂汽油。

3. 保持试验溶液和标准溶液的组成一致

在实际分析中，由于试样成分比较复杂，以及在制备试验溶液的过程中带入某些酸和盐，所以试样溶液一般均比标准比对溶液的组成复杂得多，尤其当有干扰物质存在时，会对测定结果的准确度产生程度不同的影响。钙的影响较大，因为钠的滤光片不能将钙的辐射完全滤去。大量酸类和盐类的存在，会降低喷雾的蒸发速率，使被测元素的辐射强度降低。为避免由于试样溶液组成的改变而使测定结果产生误差，通常应使标准比对溶液和试样溶液的组成彼此相接近。

4. 尽量消除仪器误差

（1）滤光片的选择性要好，应能将试验溶液中干扰元素的谱线过滤除去，以免分析结果偏高。

（2）注意光电池的质量，尤其是其灵敏度。室温变化不要太大，以免使光电池光电效应的灵敏度发生变化。不要较长时间地使光电池受光照射，测量一个读数后，立即关闭光电池，以免连续过久使用而使光电池产生"疲劳"现象，造成测定误差。

（3）注意试验溶液的浓度。火焰中心高温部分的原子被激发的电子在由高能级返回低能级时所辐射出的能量一部分被火焰外围较冷的原子所吸收，而使谱线强度降低，这种现象称为"自吸"。元素含量越高，自吸现象越显著。由于工作曲线随着试验溶液中被测元素浓度的增加而弯曲，因而曲线并不按线性关系延伸。要改善这种曲线的线性关系，最简单的办法是将溶液稀释至适当的浓度。水泥类试样中各种样品中碱的含量不同，因此，要根据其含量，确定试样的称取量及最后的稀释体积。但过度的稀释也会给测定带来较大的误差。

第六章　原子吸收分光光度法

第一节　基本原理

原子吸收分光度法又名原子吸收光谱法（简称 AAS），是基于待测元素的气态基态原子对于特定波长光的吸收作用来进行定量分析的一种现代仪器分析方法。原子吸收分光光度分析选择性强，干扰少，可用空气助燃，以乙炔或液化石油气火焰测定水泥及其原材料试样中少量组分，如镁、锰、铁、钾、钠、镉及少量的钙等，其中尤以测定镁最为灵敏。它的分析流程示意如图1-6-1所示。例如，测定水泥试样中氧化镁的含量时，先将经酸溶解制成的水泥试验溶液喷射成雾状进入火焰中，镁盐的雾在火焰温度下，挥发解离成镁原子蒸气。用镁空心阴极灯作光源，辐射出镁的特征光，通过一定厚度的镁原子蒸气时，即被原子蒸气中的镁原子吸收而减弱。通过单色器和检测器测得入射的镁特征光减弱的程度（吸光度），即可求得水泥试样中氧化镁的含量。

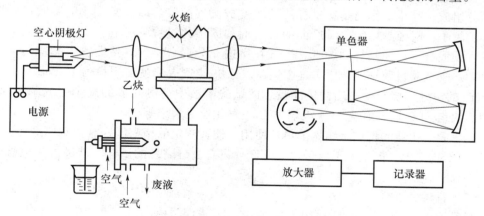

图 1-6-1　原子吸收分光光度分析的流程示意图

在实际应用时，只需测定在最大峰值吸收处的吸光度 A 与样品浓度 c 的如下线性关系：

$$A = Kc$$

式中，K 为在频率 ν 时的蒸气的吸收系数。此式即是符合比尔定律性质的原子吸收光谱定量分析的基础公式。

第二节　原子吸收分光光度计

原子吸收分光光度计主要由四部分组成。

1. 光源

光源的作用是辐射待测元素特征波长的光。对光源的要求是：能发射锐线特征共振辐射，辐射强度高而且稳定，使用寿命长。空心阴极灯发射的主要是阴极元素的光谱，其发光强度与工作电流有关。为保证灯发射的稳定性，需要提供稳定电流的电源。

2. 原子化系统

原子化系统的作用是提供能量，使得试验溶液干燥和蒸发，并将试样中的待测元素变成基态原子，以便对光源来的特征波长的光产生吸收。在原子吸收光谱分析中，试样中被测元素的原子化是整个分析过程的关键环节，元素测定的灵敏度、准确性乃至干扰大小，在很大程度上取决于原子化的状况。对原子化系统的要求是：具有足够高的原子化效率，且不受浓度的影响，有良好的稳定性和重复性，操作简便、干扰少。实现原子化的方法，最常用有两种：一种是火焰原子化法（火焰原子化器）；另一种是非火焰原子化法，其中应用最广的是石墨炉电热原子化法。

（1）火焰原子化器

火焰原子化器就是利用化学火焰提供的能量，使被测元素元素原子化。这是原子光谱分析中最早使用的原子化方法，至今仍在广泛地被应用。它的主要优点是操作简便、快速、分析精度较高（相对误差约为1%）。

目前商品仪器基本采用预混型火焰原子化器，由雾化器、预混合室和缝式燃烧器三部分组成。雾化器作用是将试样溶液转变成湿气溶胶，即非常细小的雾滴，所形成的雾滴越小，粒径越均匀，对后面的去溶剂和原子化过程越有利。由雾化室喷出的雾滴进入预混合室，使其与助燃气、燃气在室内充分混合均匀，然后进入燃烧器上方的火焰中。燃烧器目前一般使用单缝燃烧器。乙炔-空气火焰就使用长为100mm、缝宽为0.5mm的单缝燃烧器。火焰提供能量，使试验溶液中待测元素的离子变成基态原子。常用乙炔-空气火焰、丙烷-空气火焰、乙炔-氧化亚氮火焰等。

火焰原子化器的特点是结构简单，使用方便，测定的精密度好（相对标准偏差2%左右），干扰较少。但是由于原子化效率低（只有百分之几的试样溶液进入火焰被原子化），因此灵敏度不高。

（2）石墨炉电热原子化法

石墨炉电热原子化法是利用大电流快速加热石墨炉产生高温，使置于炉内的小体积试样溶液在一瞬间转变为原子蒸气的电热原子化装置。常用的管式石墨炉原子化器，由加热电源、保护系统和石墨管三部分组成。图1-6-2是石墨炉电热原子化器的示意图。它的主体为一个内径为6.5mm长度为28mm两端开口的石墨管。管壁中央的小孔为进样孔，也是原子化时样品烟气的出口。石墨管的周围和内部通有惰性气体（常用Ar

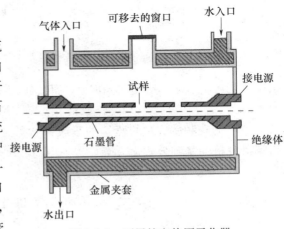

图1-6-2　石墨炉电热原子化器

气），以保护高温下的石墨管不被氧化而烧毁。在炉体的夹层中还通有冷却水，可使达到高温的石墨炉在完成一个样品的测定后，迅速降至室温。

测定时可用微量取样器吸取 $20\sim100\mu L$ 试样溶液加入石墨管中央。然后按预设的升温程序，采取逐级加热方式，经过干燥、灰化、原子化和净化四个步骤，完成一次测试。

① 干燥阶段：目的是蒸发出溶剂，以免溶剂存在导致灰化或原子化过程飞溅，通常选择温度略高于溶剂沸点即可。

② 灰化阶段：采用中等温度（350～1200℃）去除有机物和低沸点的无机物，以减少基体组分对待测元素的干扰，这是加热过程中最为关键的一步。

③ 原子化阶段：快速升温使待测元素原子化，不同元素的最适合原子化温度不同（2400～3000℃）。该阶段应停止管内 Ar 气的通过，以延长原子在石墨炉内的停留时间。

④ 净化阶段：将温度升至最高允许温度，以去除残余物，消除由此产生的记忆效应，为下次样品分析提供清洁的环境。

石墨炉电热原子化法的优点是原子化效率高（接近 100%），灵敏度高，一般比火焰原子化高 2～3 个数量级，是测定金属元素灵敏度最高的常规分析方法之一。但石墨炉原子化器设备复杂，价格昂贵，测定的精密度较火焰原子化逊色（相对标准偏差 5%～10%），而且容易受到共存元素的干扰。

3. 分光系统

分光系统的作用是将待测元素的吸收线与其他谱线分开。原子吸收所用的吸收线是锐线光源发出的共振线，其谱线比较简单，对仪器的色散能力、分辨能力要求较低。一般元素可用棱镜或光栅分光。

4. 检测系统

检测系统主要由检测器、放大器、对数转换器、读数系统构成。通常用光电倍增管作检测器，将微弱的光信号转变成电信号，再经放大器放大，滤掉其他辐射产生的直流信号，经过对数转换后由指示仪表指示。现代原子吸收分光光度计中，还设有自动调零、自动校准、标尺扩展、背景校正、自动进样及自动处理数据等装置，操作更为简便，测定精度更高。

第三节　仪器工作条件的选择

1. 分析线波长

根据所测元素的含量和干扰情况进行选择。如所测元素含量低，干扰少，可选用该元素的共振线亦即灵敏线作分析线。如测量的元素含量高，在不受干扰的情况下也可选用次灵敏线作分析线。

2. 光谱通带

对于谱线简单的元素，用较宽的通带；谱线复杂的元素，用窄通带，以提高对谱线的分辨率。

3. 灯电流

一般商品空心阴极灯均标示有允许使用的最大工作电流及可使用的灯电流范围，但一般仍需通过实验选定最佳灯电流。在保证放电稳定和合适的光强度输出的情况下，尽量选用低的工作电流。

4. 助燃气和燃气流量

首先选定火焰类型，然后通过实验确定助燃气与燃气流量的比例。

5. 燃烧器高度

所谓燃烧器高度是指光源发射光的光轴与燃烧器之间的距离。调节燃烧器的高度使光源辐射的特征波长光通过基态原子最佳浓度区域，以获得最高灵敏度和最佳的选择性。

第四节 定量分析方法

1. 工作曲线法

在有效地消除可能存在的物理干扰、化学干扰或光谱干扰的情况下，常用的分析方法为工作曲线法。工作曲线法适用于组成简单或组成大致已知的成批试样。先配制一系列标准比对溶液，将其依照浓度由低到高的次序依次喷入火焰，分别测量吸光度 A。以吸光度 A 为纵坐标，标准溶液浓度 c 为横坐标，绘制 $A-c$ 工作曲线。然后，在相同条件下，喷入被测试验溶液，测量其吸光度，由工作曲线内插求得被测元素的含量。

2. 消除各种干扰

① 化学干扰：是原子吸收分光光度分析中的主要干扰因素，其产生的原因是被测元素不能全部从它的化合物中解离出来，从而使参与对锐线吸收的基态原子数目减少，影响测定结果的准确性。一般可以加入释放剂，使干扰元素与其生成更稳定的化合物，而将被测元素从其与干扰元素生成的化合物中释放出来。例如，铝与镁生成 $MgAl_2O_4$ 难熔晶体，使镁难以原子化。此时可加入释放剂氯化锶，它可与铝结合生成稳定的 $SrAl_2O_4$ 而将镁释放出来。在测定铁、镁、锰、钾、钠时，均加入锶作释放剂。

② 物理干扰：主要是电离干扰，待测元素在火焰中吸收能量后，除了进行原子化外，还使部分原子电离，从而降低了火焰中基态原子的浓度，造成结果偏低。测定钾、钠时，如果使用乙炔-空气火焰，因温度高，电离干扰显著，可加入消电离剂，如氯化铯。铯在火焰中极易电离产生高密度的电子，可抑制钾、钠的电离而消除干扰。

3. 原子吸收分光光度法操作要点

① 保证空气阴极灯的质量，定期更换。

② 保证火焰燃烧的稳定性，一般选择乙炔作为燃气，空气为助燃气。调节好燃气与助燃气的比例，使火焰达到最佳状态，保证测试结果的重复性。

③ 雾化器的雾化效果是保证测试结果稳定性的关键因素。当雾化效果达不到要求时，注意清洗，必要时更换。

④ 测试试样的同时，进行空白实验，并对测试结果进行校正。

第七章　X射线荧光分析

X射线荧光分析是确定物质中微量元素的种类和含量的一种方法。将试样放在原级X射线的通路上，试样中各种元素的原子被原级X射线照射后，分别发出各自的特征X射线。这种由原级X射线激发出的次级特征X射线，又叫荧光X射线。荧光X射线的波长只取决于物质中各元素原子电子层的能级差。因此，根据荧光X射线的波长，即可确定物质的元素构成；根据该波长的荧光X射线的强度，即可定量测定所属元素的含量。这种利用荧光X射线进行分析的方法称为X射线荧光分析。

随着X射线测量技术的发展和大功率稳定的X射线发生装置的研制成功，X射线荧光分析技术在20世纪初开始迅速发展，目前已达到先进水平，被广泛应用于合金、矿石、玻璃、陶瓷、水泥、塑料、石油等材料的成分分析。

第一节　X射线荧光光谱法分析原理

一、X射线的特征

X射线是一种波长很短、能量很高的电磁辐射，是由高能电子的减速或由原子内层轨道电子的跃迁产生的。其波长的范围介于紫外光与 γ 射线的波长之间，约在 $10^{-6}\sim10\mathrm{nm}$，和物质的基本单元原子直径的数量级相当。在常规X射线光谱分析中所涉及的波长范围从 0.01nm 至 2nm。

X射线作为电磁波，具有波动和粒子二象性。X射线光子的能量 E 和波长 λ 之间的关系如下式所示：

$$E = h\nu = hc/\lambda$$

此公式表现为X射线波粒二象性的统一。其中 h 为普朗克（Plank）常量，$h = 6.62618\times10^{-34}\mathrm{J\cdot s} = 4.1356692\times10^{-15}\mathrm{eV\cdot s}$；$\nu$ 为X射线频率，单位为 Hz（赫兹）；c 为光速，$c\approx3\times10^{8}\mathrm{m\cdot s^{-1}}$；$\lambda$ 为波长，单位为 nm；能量 E 的单位为 keV。此式简化后为：

$$E \approx 1.24/\lambda$$

物理学上X射线的强度是指平行的X射线光束单位时间（s）通过和它垂直的单位面积（$\mathrm{cm^2}$）X射线的总能量。

在X射线荧光光谱分析中，是以单位时间通过探测器窗口的入射X射线光子数即计数率来表示。计数率 cps 或 kcps，是指计数每秒或千计数每秒。

二、特征荧光X射线

当能量高于原子内层电子结合能的高能X射线与原子发生碰撞时，驱逐一个内层电子而出现一个空穴，使整个原子体系处于不稳定的激发态，激发态原子寿命约为 $10^{-12} \sim 10^{-14}$ s，然后自发地由能量高的状态跃迁到能量低的状态。这个过程称为弛豫过程。弛豫过程既可以是非辐射跃迁，也可以是辐射跃迁。当较外层的电子跃迁到空穴时，所释放的能量随即在原子内部被吸收而逐出较外层的另一个次级光电子，此称为俄歇效应，亦称次级光电效应或无辐射效应，所逐出的次级光电子称为俄歇电子。它的能量是特征的，与入射辐射的能量无关。当较外层的电子跃入内层空穴所释放的能量不在原子内被吸收，而是以辐射形式放出，便产生 X 射线荧光，其能量等于两能级之间的能量差。因此，X 射线荧光的能量或波长是特征性的，与元素有一一对应的关系。图 1-7-1 为特征荧光射线的产生示意图。

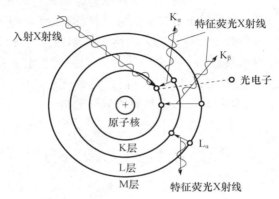

图 1-7-1　特征荧光射线的产生

特征 X 射线具有以下特点：

① 周期表上各元素的特征 X 射线的波长是按一定规律排列的。

② 对于同一元素，其不同线系的波长 $\lambda_K < \lambda_L < \lambda_M < \lambda_N$，同一线系的波长随跃迁能差的增加而波长变短，即 $\lambda_{K_\beta} < \lambda_{K_\alpha}$。

③ 对于不同元素的同一线系，随着元素原子序数的增加，能量变高，波长减小。

④ 不同能级之间的跃迁必须满足电子跃迁的选择定则：

$$\Delta n \neq 0, \quad \Delta l = \pm 1, \quad \Delta j = 0 \text{ 或 } \pm 1$$

式中，n 为主量子数；l 为角量子数；j 为内量子数。因此，H 元素和 He 元素由于没有内层电子而无法得到 X 射线。

⑤ 特征荧光 X 射线是内层电子跃迁产生的，而化合物的结合状态对内层电子能级的影响较小，因此，通常认为 X 射线光谱受原子化学键或化学状态的影响可忽略。但由于元素的价态不同会引起波长能量之间的微小差别（即谱线位移），而化学键还会引起 X 射线的宽度、强度和轮廓发生改变，因而可以通过这些影响获得有关化合物分子中化学键的信息，可用于研究固体中化学键的本质，测定有效电荷，研究配合物的结构等。

⑥ 俄歇效应（Auger 效应）。当原子内层电子被激发离开原子，轨道出现空穴时，较外层电子跃入填充空穴时所释放的能量没有形成特征 X 射线辐射，而是在原子内部被吸收而逐出较外层的另一电子，该电子被称为俄歇电子。这种无荧光射线辐射的现

象称为俄歇效应。图 1-7-2 为镁元素的俄歇电子产生示意图。

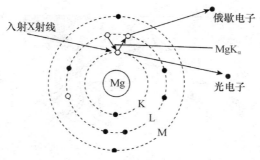

图 1-7-2　俄歇电子的产生

特征荧光 X 射线辐射和俄歇效应是两种互相竞争、互为消长的物理现象。由于俄歇电子的存在，使得并非所有产生的空穴都会产生特征荧光 X 射线，俄歇效应使物质原子辐射的荧光特征 X 射线的光子数低于电子壳层被激发电子后产生的空穴数。

俄歇效应与元素原子序数 Z 有关，轻元素（原子序数较小的元素）由于其外层电子结构松弛，俄歇效应较严重。当 $Z<30$ 时，以俄歇电子发射为主。因此较低的荧光产额严重影响了轻元素分析的灵敏度，尤其是 $Z<10$ 的超轻元素。

K 层电子被逐出后，其空穴可以被外层中任一电子所填充，从而可产生一系列的谱线，称为 K 系谱线：由 L 层跃迁到 K 层辐射的 X 射线叫 K_α 射线，由 M 层跃迁到 K 层辐射的 X 射线叫 K_β 射线。同样，L 层电子被逐出可以产生 L 系辐射。如果入射的 X 射线使某元素的 K 层电子激发成光电子后 L 层电子跃迁到 K 层，此时就有能量 ΔE 释放出来，且 $\Delta E=E_K-E_L$，这个能量是以 X 射线形式释放，产生的就是 K_α 射线，同样还可以产生 K_β 射线、L 系射线等。

X 射线荧光的波长随着元素原子序数的增加有规律地向波长变短方向移动。莫斯莱（H. G. Moseley）根据谱线移动规律，确立了荧光 X 射线的波长 λ 与元素的原子序数 Z 有关，其数学关系如下：

$$\left(\frac{1}{\lambda}\right)^{1/2} = K(Z-S)$$

这就是莫斯莱定律，式中 K 和 S 是常数，因此，只要测出荧光 X 射线的波长，就可以知道元素的种类，这就是荧光 X 射线定性分析的基础。此外，荧光 X 射线的强度与相应元素的含量有一定的关系，据此，可以进行元素定量分析。

三、X 射线的分光原理

普通发射光谱分析使用衍射光栅作为色散元件进行分光，其刻度宽度必须和被色散光谱波长相当。由于 X 射线的波长较短，衍射光栅无法对 X 射线的光谱进行分光，只能使用各类单质晶体或盐类等。波长色散 X 射线分光的基本原理是 X 射线的衍射现象，即 X 射线光子和物质相干散射产生的相干波发生干涉而得到加强的结果。

分光晶体的原子按周期性排列，当其原子面间距和入射 X 射线波长数量级相当时，就可发生衍射。图 1-7-3 为分光原理。

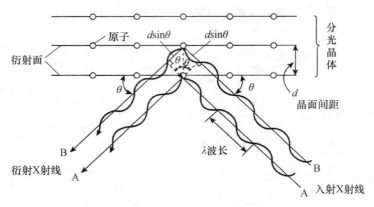

图 1-7-3　分光晶体的分光原理

波长为 λ 的平行 X 射线束 A 和 B 以 θ 角照射在间距为 d 的一组相邻的晶面上，当入射线、衍射线与晶面的夹角相等，入射线、衍射线及衍射面的法线同在一平面，且满足光程差等于波长的整数倍时得到加强。

图中 A、B 两平行 X 射线的光程差为 $2d\sin\theta$，只有在满足 $2d\sin\theta=n\lambda$ 时才会发生增强，这就是布拉格定律（Bragg's law）表达式，其中 n 为衍射级次，$n=1$，2，……，n 为整数。

布拉格定律将晶体的空间点阵解释为面间距相等且相互平行的衍射面，并规定了 X 射线在晶体中产生衍射的必要条件：即只有当 d、θ、λ 同时满足上述公式，晶体才能对射线产生衍射。

四、X 射线荧光光谱分析的特点

（1）分析速度快

X 射线荧光光谱分析每个元素的测量时间为 2～100s，若采用多道同时分析型的仪器则分析时间更短。

（2）能分析各种状态和各种形状的样品

由于对于各种形状的固体样品可以使用不同的样品盒，表面不规则的样品直接测定可以对分析结果进行数学校正，因此无论是固体样品中的块状样、粉末样，还是金属、氧化物、液体样品、有机物中的无机元素等，都能得到满意的测定结果。

（3）非破坏性分析

由于 X 射线荧光光谱分析对样品的非破坏性，可用于考古和古文物分析，以及金银等贵金属的无损分析。

（4）谱线基本不受价态的影响

由于特征荧光 X 射线是内层电子跃迁产生的，而化合物的结合状态对内层能级影响较小，因此特征荧光 X 射线的谱线基本不受原子化学键或化学状态的影响。在进行精细测定时，又可利用化合物化学价态不同引起的谱线位移来得到物质化合状态的各种有用信息。

（5）分析元素范围广

X射线荧光光谱可分析元素周期表中 $_4$Be～$_{92}$U 中绝大多数的元素，还可以分别分析用湿法难以分离的同族元素，如单一稀土，钨、钼、铌、钽、锆、铪等。

（6）分析浓度范围广

X射线荧光光谱可分析的元素含量范围从 0.0001%～100%，如进行前处理，测定的含量范围还可以下降 2～3 个数量级，全反射X射线荧光光谱分析能达到 10^{-9}～10^{-12}g 的检测限。

（7）分析精度高，重现性好

由于仪器从光源到各部件的高稳定性，使X射线荧光光谱分析的高精度可与湿法媲美。

（8）谱线简单，易进行定性分析

由于X射线荧光光谱是原子内层电子跃迁产生的，与一般的发射光谱相比光谱比较简单，谱线干扰较少，较易进行定性分析。配合适合的软件，半定量分析就能达到较高的准确度。

（9）可进行薄膜的组分和厚度的分析

由于X射线荧光光谱分析的探测深度一般只涉及样品的表面信息，所以能进行样品表面的镀层、涂层分析，也能进行薄样分析，能同时得到薄层的组分和厚度的定量结果。对于多层膜，采用基本参数法进行处理，可以测定每层多元素的组分和膜厚。

（10）易于实现自动化及在线分析

随着电子工业和计算机技术的发展，X射线荧光光谱仪的自动化、小型化和智能化已充分实现，已广泛应用于生产质量控制分析，以及在线的生产流程质量控制和调节，如汽车用钢板的镀层分析、半导体工业生产的表面质量控制分析等。

第二节　X射线荧光光谱仪器的基本结构

X射线荧光分析在X射线荧光光谱仪上进行测量。根据对分析元素特征谱线色散方式和功能构造的不同，X射线荧光光谱仪主要有波长色散型（WD）和能量色散型（ED）两种。

一、波长色散型X射线荧光光谱仪

波长色散型X射线荧光光谱仪是根据X射线衍射原理，用分光晶体为色散元件，以布拉格定律 $2d\sin\theta=n\lambda$ 为基础，对不同波长的特征谱线进行分光，然后进行探测。波长色散型X射线荧光光谱仪有分辨率好、灵敏度高等优点，在实验室使用比较广泛。

波长色散型X射线荧光光谱仪分两大类：一类是对样品中元素逐一顺序测定的扫描型光谱仪，它在元素测定时选择改变测量条件和各类参数的余地比较大。另一类是根据分析要求，对每一元素配备一套固定的分光系统和测角仪作为固定道，能对所有固定道的元素同时测定，因此也称为多元素同时分析仪或多道仪。它的分析速度比较快，受仪器参数变化（漂移）影响比较小，特别适合快速和相对固定的分析。多元素同时分析仪也可以配置轻元素和重元素扫描通道以适应不同元素的测定需要。

波长色散型 X 射线荧光光谱仪基本由四大部分组成，即激发系统、分光系统、探测系统和仪器控制及数据处理系统。

1. 激发系统

产生原级 X 射线激发样品的激发系统主要由 X 射线发生器和热交换器等部件组成。初级 X 射线滤光片一般安装在 X 射线管和样品之间。

2. 荧光 X 射线的分光系统

荧光 X 射线的分光系统由限制光阑、衰减器、准直器和分光晶体等组成。限制光阑是一种拦光器，分析时用于限制样品的探测面积，防止样品盒面罩元素被探测。衰减器是在不改变激发条件下，用某种吸收材料吸收或减少光通量的方法衰减进入探测器的 X 射线强度，以保持计数率和 X 射线强度呈线性关系。准直器又称为索拉狭缝（soller 狭缝），是由间隔平行的金属箔片组成，它能过滤掉发散的 X 射线，使来自样品的 X 射线成为基本平行的光束，并剔除来自样品之外的无用的散射线。分光晶体是分光系统中最关键的部件，它是一种单色器，其作用是将来自样品各元素的特征元素谱线按布拉格衍射原理进行分光，被测元素在特定的布拉格角被探测。

3. 荧光 X 射线的探测系统

探测系统的作用是将 X 射线光子信号转换成可计量测定的电脉冲信号。根据探测不同能量光子的效率、波长范围和脉冲分布宽度（能量分辨率），波长色散型光谱仪所使用的探测器可分为两大类。一类是利用 X 射线对物质的电离性能的充气型正比计数器 PC，它可分为流气型正比计数器 FPC 和封闭型正比计数器 SPC；另一类是利用 X 射线对物质的闪烁作用（荧光作用）的闪烁计数器 SC。

PC 类计数器常用于长波和超长波 X 射线的探测，尤其是 FPC 有较高的能量分辨率并对轻元素有较高的计数效率；SC 常用于探测较高原子序数的元素，其探测波长较短。

二、能量色散型 X 射线荧光光谱分析仪

能量色散型 X 射线荧光光谱分析在基本的 X 射线物理基础方面和波长色散型 X 射线荧光光谱分析完全相同，它不使用晶体对特征 X 射线进行分光，而是用固态半导体探测器等直接探测 X 射线，通过多道分析器进行能量甄别与测量。

能量色散型 X 射线荧光光谱分析的能量选择是基于以下公式：

$$V_{PH} \propto E = 1.24/\lambda$$

式中，V_{PH} 为探测器输出的脉冲高度；E 为被探测 X 射线的能量；λ 为波长。即探测器输出的脉冲高度正比于 X 射线光子的能量。来自样品元素的荧光 X 射线进入探测器，多道分析器各通道同时计数，进行多元素同时测量，通过探测不同能量水平的脉冲及数值进行定性和定量分析。

能量色散型 X 射线荧光光谱仪的探测系统无晶体和测角仪而不需要任何的移动部件，仪器可以做得非常紧凑，只需功率较小的激发源就可满足分析所需要的计数强度，

这样又省去了一大套为提高激发源功率而需要的相应装置如特定的稳定电源、水冷却装置等。固态探测器，最常用的是 Si（Li）探测器，它本身作为色散介质，除具有较高的分辨率和几何探测效率外，能允许激发条件相对有较大变化，如可配置不同类型的激发源。

普通能量色散型 X 射线荧光光谱仪能分析的元素从 $_{11}Na$ 到 $_{92}U$，浓度范围从 10^{-7} 到 100%，样品状态可以是块状固体、液体、粉末及固溶体等金属、非金属和化合物。

由于仪器结构相对比较简单，除了有实验室用的高性能能量色散型 X 射线荧光光谱仪外，还有可适用于各种不同场合的台式仪器及生产流程质量控制分析的在线仪器，以及掌上式、便携式等造型适用于各种野外或流动作业性质的分析和原位分析的在线仪器等。另外，由于其结构相对简单，其价格和一般高功率的波长色散型仪器相比有明显的优势。

（1）激发源

各种不同类型的能量色散型 X 射线荧光光谱分析系统有不同的配置。激发源有 X 射线管、放射性同位素源、产生带电粒子的加速器及同步辐射等系统。

使用 X 射线管激发的优点是初级线的强度较高，相应的能量范围也较宽并可调，分析灵敏度较高，适用于多元素分析，并具有使用安全可靠、便于携带等优点。但它和波长型色散仪一样需要稳定并可控的高压电源。常用的靶材有 Rh、Mo、Ag、Cu、Cr 等，有侧窗、端窗和透射靶等各种类型。

放射性同位素激发源的工作原理是利用源物质放射性衰变过程中发射的射线、γ 射线或 β 粒子等作为激发源。这类激发源的优点是结构简单、体积小，本身不需要外部电源，提供的射线谱带较窄，接近单色光。可使用闪烁计数管或气体正比计数管，也可使用固态半导体探测器。若使用电致冷固态探测器，则整个仪器可以非常轻，甚至低于 1kg。

但为了安全，放射性同位素激发源选用放射源的活性和辐射通量不能太高，从而限制了得到的样品的射线强度，且源辐射的能量比较窄，一种源往往只适用于少数元素的激发，在携带和搬运中必须给予足够的关注。

放射性同位素激发源能谱仪大多用于现场分析或在线分析等，可以满足分析范围不太大、要求比较专业的使用场合。这类能谱仪的价格比功能完全的实验室仪器相对便宜。

（2）探测器

用于能谱型仪器的探测器主要是固态半导体探测器。常用的有锂漂移硅或锗探测器 ［Si（Li）、Ge（Li）］、Si-PIN 探测器、HgI_2 探测器、超高纯锗探测器（HP-Ge）和硅漂移探测器（SDD）等，封闭型正比计数管和闪烁计数管由于分辨率太低而较少使用。

由于同样能量的带电粒子在半导体中产生的离子对数比在气体中产生的约多一个数量级，因而半导体探测器的能量分辨率比正比计数管和闪烁数管好得多。且半导体探测器能在同一时间内进行能量选择和数据收集，缩短了测量时间。但在室温下，锂离子的不规则迁移会破坏在 Si（Li）探测器内达到的精密补偿和平衡，在使用过程中必须保持真空低温，同时低温还能减少噪声，以得到最好的分辨率。一般使用液氮（−196℃）冷却，将晶体和场效应管与环境隔离。

近年发展的新一代的帕尔帖（Peltier）致冷器体积小，可以和探测器紧密组合，只需供给电源，所提供的致冷温差可达 50～120℃，能满足 Si-PIN 和 HgI$_2$ 等半导体探测器的需求。电致冷型的半导体探测器 Si-PIN 由于不需要液氮致冷，体积小、质量轻，已被广泛使用，尤其适用于手提式能谱仪。

（3）多道分析器（multi-channels analyzer，MCA）及数据处理

和波长色散单窗口的脉冲高度分析器不同，多道分析器是一个多窗口、多通道的分析器，不同元素、不同能量的 X 射线光子具有不同的脉冲高度，进入模－数转换器（Analog-to-Digital Converter，ADC）后，以数字的形式进入并存储在多道分析器各自的通道，相同的脉冲高度进入同一通道。典型的多道分析器有 1024 或 2048 个通道，进入每个通道内的输入脉冲高度频数分布就是能谱。

能量色散荧光分析的数据处理主要包括谱分解和基体影响的校正。

从多道分析器得到的谱线包括连续谱线造成的背景、特征谱线、逃逸峰及因脉冲堆积形成的和峰等。由于仪器分辨率的限制，得到的谱带必须进行谱处理，包括谱平滑、背景拟合扣除、重叠峰的拟合和分离等，才能得到准确的谱峰位置和强度。

当灵敏度足够，且无严重的谱线重叠包括逃逸峰的干扰时可使用直接提取强度数据的方法。对谱峰的积分计数由于是提取谱峰的总计数，因而大大提高了分析灵敏度。

由于大部分样品分析元素多而复杂，被分析元素和其他元素可能发生谱峰重叠，重叠峰的拟合和分离是用计算机的相关软件将样品中每一元素的定量信息提取出来。一种方法是用纯元素或氧化物建立的参考谱来确定谱线的干扰因子；另一种常用的是顺序剥谱的方法：即记录标样或未知样的复合谱，根据同线系不同谱线有一定强度比的原理，进行定性分析识别出所有峰，再从强到弱进行谱峰剥离，此过程也可用数学拟合实测谱，求得重叠峰中各组分峰的精确强度。

基体校正方法和使用的仪器的分辨率有关，使用半导体探测器的仪器有使用理论影响系数法或基本参数法，其他的一般使用强度校正方法。

第三节　X 射线荧光分析方法及应用

一、定性分析

X 射线荧光的定性分析是根据所选的分光晶体（d 已知）与实测的 2θ 角，用布拉格公式计算出波长，然后查谱线-2θ 表或者 2θ-谱线表。这里谱线-2θ 表按原子序数的增加排列，2θ－谱线表按波长和 2θ 角增加的顺序排列。在能量色散谱中，可从能谱图上直接读出峰的能量码，再查阅能量表即可。

二、定量分析

设一次 X 射线以一定角度入射到试样表面，当各种实验条件固定不变时，产生的荧光 X 射线的强度与待测元素在试样中的含量成正比。如果事先已经建立了二者之间

的关系，即可据此关系进行定量分析。

1. 定量分析的影响因素

现代 X 射线荧光分析的误差主要不是来源于仪器，而是来自样品本身。

（1）基体效应

样品中除分析元素外的元素为基体。基体效应是指样品的基本化学组成和物理、化学状态的变化对分析线强度的影响。X 射线荧光不仅由样品表面的原子所产生，也可以由表面以下的原子所发射。因为无论入射的初级 X 射线或者是试样发出的 X 射线荧光，都有一部分要通过一定厚度的样品层。这一过程将产生基体对入射 X 射线以及 X 射线荧光的吸收，导致 X 射线荧光的减弱。反之，基体在入射 X 射线的照射下也可能产生 X 射线荧光，若其波长恰好在分析元素短波长吸收限时，将引起分析元素附加的 X 射线荧光的发射而使 X 射线荧光的强度增强。因此，基体效应一般表现为吸收和激发效应。

基体效应的克服方法有：①稀释法，以轻元素为稀释物可减小基体效应；②薄膜样品法，将样品做得很薄，则吸收和激发效应可忽略；③内标法，在一定程度上也能消除基体效应。

（2）粒度效应

X 射线荧光强度与颗粒大小有关：颗粒大吸收得多；颗粒愈细，被照射的总面积愈大，荧光愈强。另外，表面粗糙不匀也有影响。在分析时需将样品磨细，粉末样品要压实，块状样品表面要抛光。

（3）谱线干扰

在 K 系特征谱线中，Z 元素的 K_β 线有时与 $Z+1$、$Z+2$、$Z+3$ 元素的 K_α 线靠近。例如，$_{23}$V 的 K_β 线与 $_{24}$Cr 的 K_α 线之间部分重叠；As 的 K_α 线与 Pb 的 L_α 线重叠。另外，还有来自不同衍射级次的衍射线之间的干扰。

克服谱线干扰的方法有：①选择无干扰的谱线；②降低电压至干扰元素激发电压之下，防止产生干扰元素的谱线；③选择适当的分析晶体、计数管、准直器或脉冲高度分析器，提高分辨精度；④在分析晶体与检测器之间放置滤光片，滤去干扰谱线等。

2. 定量分析方法

（1）工作曲线法

X 射线荧光定量分析的首要条件就是首先制备一组基体成分和物理性质与试样相近的标准样品，作出分析线强度与含量关系的工作曲线，再在同样条件下测定试样中待测元素的分析线强度，由工作曲线上查出待测元素的含量。

工作曲线法的特点是简便，但要求标准样品的主要成分与待测试样的成分一致。对于测定二元组分或杂质的含量，还能做到这一点；对于多元组分试样中主要成分含量的测定，一般要用稀释法，即用稀释剂使标样和试样的稀释比例相同，得到的新样品中稀释剂为主要成分，分析元素成为杂质，然后用工作曲线法进行测定。

（2）内标法

在分析样品和标准样品中分别加入一定量的内标元素，然后测定各样品中分析线

与内标线的强度 I_L 和 I_I，以 I_L/I_I 对分析元素的含量作图，得到内校法工作曲线。由工作曲线求得分析样品中分析元素的含量。

内标元素的选择原则：①试样中不含该内标元素；②内标元素与分析元素的激发、吸收等性质要尽量相似，原子序数相近，一般在 $Z\pm2$ 范围内选择，对于 $Z<23$ 的轻元素，可以在 $Z\pm1$ 的范围内选择；③两种元素之间没有相互作用。

（3）增量法

先将样品分成若干份，其中一份不加待测元素，其他各份分别加入不同含量（$\approx1\sim3$ 倍）的待测元素，然后分别测定分析线强度，以加入量为横坐标、强度为纵坐标绘制工作曲线。当待测元素含量较低时，工作曲线近似为一直线。将直线外推与横坐标相交，交点坐标的绝对值即为待测元素的含量。

三、应用

随着计算机应用技术的普及，X 射线荧光分析的应用范围不断扩大，已被定为国际标准（ISO）分析方法之一。其主要优点是：

（1）与初级 X 射线发射法相比，不存在连续光谱，以散射线为主构成的本底强度低，分析灵敏度显著提高。适合于多种类型的固态和液态物质的测定，并且易于实现分析过程自动化。样品在激发过程中不受破坏，强度测量再现性好，便于无损分析。

（2）与光学光谱法相比，由于 X 射线光谱的产生来自原子内层电子的跃迁，所以除轻元素外，X 射线光谱基本上不受化学键的影响，定量分析中的基体吸收和元素间激发（增强）效应较易校准或克服。元素谱线的波长不随原子序数呈周期性变化，而是服从 Moseley 定律，因而谱线简单，谱线干扰现象比较少，且易于校准或排除。

X 射线荧光分析法在冶金、地质、化工、机械、石油、建筑材料等工业部门，农业和医药卫生，以及物理、化学、生物、地学、环境、天文及考古等科学研究部门都获得了广泛的应用。分析范围包括周期表中 $Z\geqslant3$（Li）的所有元素，检出限达 $10^{-5}\sim10^{-9}\mathrm{g}\cdot\mathrm{g}^{-1}$。X 射线荧光分析能有效地用于测定薄膜的厚度和组成，如冶金镀层或金属薄片的厚度，以及金属腐蚀、感光材料、磁性录音带薄膜的厚度和组成。它也可用于动态的分析上，测定某一体系在其物理化学作用过程中组成的变化情况，例如，相变过程产生的金属间的扩散、固体从溶液中沉淀的速度等。

第八章 电感耦合等离子体原子发射光谱法

根据原子的特征发射光谱来研究物质的结构和测定物质的化学成分的方法称为原子发射光谱分析法。发射光谱通常用化学火焰、电火花、电弧、激光和各种等离子体光源激发而获得。其中以电感耦合等离子体为激发光源，根据样品中原子或离子发射的特征谱线的波长和强度，检测元素的存在与否和含量多少的方法，称为电感耦合等离子体原子发射光谱法（inductively coupled plasma atomic emission spectrometry），简称 ICP-AES。

第一节 电感耦合等离子体原子发射光谱分析原理

一、原子发射光谱的产生

1. 激发光源

激发光源是原子发射光谱仪中一个极为重要的组成部分，它的作用是给分析试样提供蒸发、原子化或激发的能量。处于气体状态的原子，被激发光源激发后就会跃迁到高能态，当它们再跃迁回低能态或基态时，就会产生特征的线状光谱。在光谱分析时，试样的蒸发、原子化和激发之间没有明显的界限，这些过程几乎是同时进行的，而这一系列过程均直接影响谱线的发射以及光谱线的强度。

试样中组分元素的蒸发、离解、激发、电离、谱线的发射及光谱线强度除了与试样成分的熔点、沸点、相对原子质量、化学反应、化合物的离解能、元素的电离能、激发能、原子（离子）的能级等物理和化学性质有关以外，还跟所使用的光源特性密切相关，不同的激发光源对各类样品、各种元素具有不同的蒸发行为和激发能量，因此要根据不同的分析对象，选择具有相应特性的激发光源。

由于样品的种类繁多、形状各异、元素对象、浓度、蒸发及激发难易不同，对光源的要求也不同。没有一种万能光源能同时满足各种分析对象的要求。各类光源在蒸发温度、激发温度、放电稳定性等各方面都各有其特点和应用范围。

原子发射光谱分析的误差，主要来源是光源，因此在选择光源时应尽量满足以下要求：

① 高灵敏度。随着样品中浓度微小变化，其检出的信号有较大的变化；

② 低检出限。能对微量和痕量成分进行检测；

③ 良好的稳定性，试样能稳定地蒸发、原子化和激发，分析结果具有较高的精密度；

④ 谱线强度与背景强度之比大（信噪比大）；

⑤ 分析速度快；

⑥ 结构简单，容易操作，安全；

⑦ 自吸收效应小，工作曲线的线性范围宽。

原子发射光谱仪的类型，目前常用的光源有以下两类：一类是经典光源（电弧及火花）；另一类是等离子体及辉光放电光源，其中以电感耦合等离子体光源（ICP）居多，在不同的领域中得到广泛的应用。

2. 电感耦合等离子体光源（ICP）

等离子体（plasma）泛指电离的气体，这种气体与一般的气体不同，它不仅含有中性原子和分子，而且含有大量的电子和离子，因而是电的良导体。因其中正电荷和负电荷浓度相等，从整体来看是处于电中性的，故称等离子体。光谱分析中常说的等离子体是指电离度较高的气体，其电离度约在 0.1% 以上。

通常用氩气（Ar）作为等离子气体以产生等离子体。与其他惰性气体一样，氩气具有高电离能（15.76eV），是化学惰性的单原子分子元素，它的感应区具有以下特性：

① 火焰产生的是分子光谱，而氩气发射的是一个简单光谱，背景简单。

② 氩气具有能激发和离子化周期表中大部分元素的能力，激发能力强。

③ 氩气和待测元素不会形成稳定的化合物，不影响方法的灵敏度。

将等离子体作为激发光源时，还需要一个外电场作为能源，用以将等离子气离子化，形成等离子体，并维持等离子体的稳定。同时还要将部分能量传递给试样，将其原子化并激发。作为外电场的能源，也有多种形式，其中应用最广泛、最具竞争能力的当属电感耦合等离子体。

电感耦合等离子体，也常简称为 ICP，就是指将高频电能通过感应线圈耦合到等离子体上得到的高频放电光源。

ICP 光源主要优点是：

① 检出限低。许多元素可达到 $1\mu g/L$ 的检出限；

② 测量的动态范围宽，可达 5～6 个数量级；

③ 准确度好，精密度高，相对标准偏差约为 0.5%；

④ 基体效应小。ICP 是一种具有 6000～7000K 的高温激发光源，样品又经过化学处理，分析用的标准系列很易于配制成与样品溶液的酸度、基体成分、总盐度等各种性质十分相似的溶液。同时，光源能量密度高，特殊的激发环境——通道效应和激发机理，使 ICP 光源具有基体效应小的突出优点；

⑤ 曝光时间短，一般只需 10～30s；原子发射光谱分析所具有的多元素同时分析的特点与其他分析方法逐个元素单独测定相比，从效率的经济、技术等方面都具有很大的优势。这也是 ICP 原子发射光谱分析取得很大进展的原因之一。

二、电感耦合等离子体的结构

ICP 的形成是工作气体的电离过程。稳定的电感耦合等离子体必须具备三个基本条件：等离子气体、高频发生器、等离子炬管。三层同心石英管结构的炬管装置，见

图 1-8-1。

1. 高频发生器

高频发生器又称高频电源或等离子体电源，其作用是产生高频磁场以供给等离子体能量。目前应用最广泛的是利用石英晶体的压电效应产生高频振荡的它激式高频发生器，其频率和功率输出稳定性高。振荡频率一般为 27.12MHz 或 40.68MHz，最大输出功率为 $2\sim4kW$。

2. 等离子炬管

等离子炬管是由三层同心石英管组成，分别进三股气流：冷却气、辅助气及载气。外层石英管中的氩气由切线方向引入，其作用有：

① 将等离子体吹离石英管的内壁，以防烧毁石英管，故称为冷却气。冷却气在外层管内螺旋上升，可保护整个管体；

② 利用离心作用，在炬管中形成低气压通道，以利于进样；

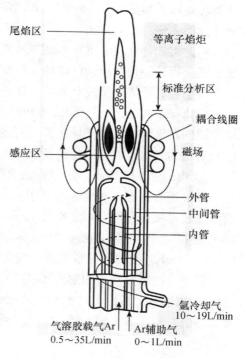

图 1-8-1 ICP 结构示意图

③ 也参与放电过程，也称为等离子气。中层石英管制成喇叭形，通入氩气作为辅助气，起维持等离子体稳定的作用。内层石英管为 $1\sim2mm$ 的尖嘴形管，也通氩气为载气，带着气溶胶状态的试验溶液注入等离子体内，气溶胶状态的试样由雾化器将试验溶液雾化。

三、电感耦合等离子体的产生

电感耦合等离子体产生的过程是：在高频发生器中，当高频电流通过耦合线圈时，因压电效应引发石英晶体产生高频振荡，形成轴向交变磁场，管外则形成椭圆形磁场，在耦合线圈内就形成高频电磁场。等离子炬管置于耦合线圈中心，内通冷却气、辅助气和载气（均用氩气）。当高频电流通过线圈时，石英管内的氩气是非导体，不会产生感应电流，用高频点火器产生火花，就会使氩气电离，产生电子和离子。电子在高频电磁场中获得高能量，通过碰撞将能量传递给氩原子，使之电离，形成更多的电子和离子。当电子和离子增多到足以导电时，在垂直于磁场方向的截面上，就会感生出流经闭合圆形路径的涡流。因为石英管内的磁场方向和强度都是随时间而变化的，所以电子在每半周期就被加速一次。被加速的电子遇到影响其流动的阻力时，自然就引起发热。这种阻力就是电子与载气原子或试样原子的碰撞。同时还会有氩原子继续电离，形成更多的电子、离子，立即形成炽热的等离子体，可以看到炬管内形成一个火球。当氩气将其吹出管口时，就构成一个温度高达 1×10^4K 的环形稳定等离子体，感应线圈将能量耦合给等离子体，并维持等离子焰炬。当载气带气溶胶状的试样通入等离子体时，立即被加热到 6000～7000K，并被原子化、激发，在 10^{-8} s 内跃迁回低能态时，产生发射光谱。

由此可知，外观上 ICP 虽貌似火焰，但实际上它不是燃烧过程，而是采用高频电感方式获得的一种新型的气体放电激发光源。

整个等离子体是个复合光源。在外观上可以分成三个区域：

① 焰心区：是位于感应区内并扩展到其上几毫米的白亮耀眼的火球。这是高频电流形成的涡流区，等离子体主要通过这一区域与高频感应线圈耦合而获得能量。这个区域发出的是很强的连续光谱和氩光谱，对分析意义不大。

② 内焰区：等离子体延伸到感应线圈上 1～3cm 的区域，这里也很亮，略带淡蓝色，呈半透明状态。在这区域的中上部是分析上用的最多的部位。当载气携样品气溶胶流速超过某一数值时，它沿等离子体轴线穿透，使之产生一条较暗、温度稍低的中央"通道"，其半径一般为 3～5mm，试样通过通道时被环状高温等离子体加热至 6000～8000K，被原子化或激发，放出特征光谱后，回到基态。此区域是被分析物原子化、激发、电离与辐射的主要区域。

③ 尾焰区：在内焰区上方。无色透明，在喷入蒸馏水时几乎看不见，但喷入分析元素溶液时呈现和火焰一样的颜色。此区域只能激发低能级的谱线。

第二节　电感耦合等离子体原子光谱仪器基本结构

ICP 光谱仪有顺序检测型、多通道型及全谱直读型，主要由光源部分、样品引入系统、分光系统及数据检测系统组成。各部分组合见图 1-8-2。

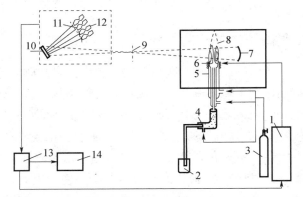

图 1-8-2　多通道型 ICP 光谱仪结构示意图

1—高频发生器；2—试样；3—氩气瓶；4—雾化器；5—炬管；6—耦合线圈；7—聚焦镜；8—等离子体；
9—入口狭缝；10—光栅；11—出口狭缝；12—光电倍增管；13—计算机；14—终端机

光源部分已在电感耦合等离子体原子发射光谱分析原理中介绍，其他部分介绍如下：

一、样品引入系统

进样装置是ICP仪器中极为重要的一个部件，也是ICP光谱技术研究中最活跃的领域之一。进样系统按试样状态可分为固体、液体和气体三大类，现概述如下。

进样系统包括高压氩气源、气路、试液吸管、雾化器等部分；试液由载气吸入进到雾化器，以气溶胶形态进入轴向通道，在高温和氩气氛围中，气溶胶被充分蒸发、原子化、激发和电离。激发态的原子或离子在跃迁回低能态时即发射出很强的原子谱线和离子谱线。

试液的提升可采用毛细管自由吸喷或蠕动泵外提升方式。

固体试样经蒸发由载气带入光源分析区；液体试样经雾化由载气带入光源分析区（雾珠去溶剂、干气溶胶蒸发成分子）；气体试样由载气带入光源分析区。

1. 固体进样装置

激光、火花和电弧作为气化采样装置的研究，近年来开始受到重视。激光是20世纪60年代初出现的一种新光源，经聚焦后温度可达10000K以上，能使任何物质蒸发和原子化。由于激光的方向性好、发散角很小，聚焦的光斑可小至直径$10\sim20\mu m$，由此可用固体进样微区分析。控波火花是发射光谱分析中一种性能优越的新型高速光源，每秒放电次数可达500次，最大电流可达20A。因而这种光源比经典火花具有更强的蒸发能力和可控波的高稳定性，被用来作为ICP光谱仪的采样和激发分开的固体进样装置。

2. 液体进样技术

氩气经减压阀减压后，分成三路，其中两路供给炬管用于产生等离子体，另外一路供给气动雾化器作载气用。各路均有流量计控制流量。载气在进入雾化器之前，可以用起泡器（加湿器）增加氩气的湿度，以防止试样盐类堵塞雾化器。试样雾化后经雾室进入ICP炬焰内管中心通道。玻璃同心雾化器以及旋流雾化室见图1-8-3。常用雾化器有同心雾化器、十字交叉雾化器和超声雾化器等数种。玻璃同心雾化器是ICP光谱分析中使用较多的一类，由玻璃吹制而成。使用时溶液浓度不宜过浓，否则易引起堵塞。后来有人进行改进，在喷口处延伸有喇叭口可以在较浓的盐类溶液中进行喷雾，但灵敏度稍低。

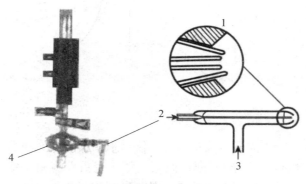

图1-8-3　同心喷雾器及旋流雾化室

1—喷雾器放大示意图；2—样品溶液吸入毛细管；3—载气入口；4—旋流雾化室

现大多采用旋流雾化室，体积小，在圆周切线方向上喷入的雾珠，大的受离心作用沉降，细的气溶胶进入中心内管，能提高灵敏度和降低记忆效应。

3. 气体进样装置

氢化物化学发生法已广泛用于原子吸收和原子荧光光谱法，在 lCP 光谱法中的应用也日益增多。由于生成的过量氢气的扰动作用，这里不能用批式的发生装置，而要用连续氢化物发生装置，可分析 Ge、Sn、Pb、As、Sb、Bi、Se、Te 和 Hg 等元素，其检出限比普通气动雾化法低 2 个数量级，但有时过量氢气会使等离子体淬灭和不稳定，用冷肼捕获氢化物再释放的方法效果更好，但成本高、费时。

卤化法或氯化法挥发气体进样装置，试样与卤族元素化合，在加热至一定温度时能产生易挥发的分子态的卤化物，然后引入 ICP 炬焰，类似氢化物一样热裂解成原子激发后进行分析。

二、分光系统

主要色散元件为线性衍射光栅。主要包括以下三种：

① Czerny-Turner 型（图 1-8-4）。它采用两个凹面反射镜，一个把入射狭缝来的光变成平行光反射到光栅，起准直镜的作用。另一个反射镜把光栅衍射的光谱聚焦到出射狭缝。由于像差得到补偿，可以获得很好的成像质量。这种装置在 ICP 顺序扫描光谱仪中得到广泛的应用。

② Pasechen-Runge 型（图 1-8-5）。入射狭缝安置在以凹面光栅曲率半径为直径的圆（罗兰圆）的圆周上。入射光达到光栅 G 上衍射产生多个方向的单色光（谱线）都聚焦在同一罗兰圆周上，即多个出射狭缝口也开于此。这样类似一个多色仪，可放置光电倍增管约 61 个。常用于固定多道 ICP-原子发射光谱仪。

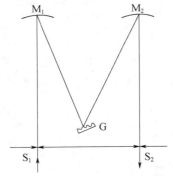

图 1-8-4　Czerny-Turner 分光系统
S₁—入射狭缝；M₁—准直镜；G—光栅；
M₂—物镜；S₂—光潜焦面或出射狭缝

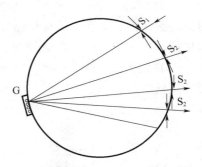

图 1-8-5　Pasechen-Runge 分光系统
S₁—入射狭缝；G—凹而光栅；S₂—出射狭缝

③ 中阶梯（Echelle）光栅（图 1-8-6）。仪器采用棱镜先在垂直于波长色散的方向做预色散，以分离谱级，然后经光栅作波长色散，最后获得由多级光谱组成的二维平面光谱。Echelle 属闪耀角特别大的光栅，因此可利用很高谱级的光谱而获得大色散率和高分辨率。但色散率由于棱镜的原因而非线性，因此，分辨率由紫外向可见逐渐降

低，但 ICP 大量分析线都在紫外区。Echelle 较适宜于以固体检测器为代表的全谱 ICP 原子发射光谱仪。

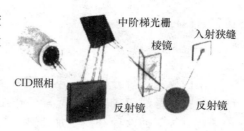

图 1-8-6 中阶梯光栅

三、检测系统

1. 光电倍增管

20 世纪 70 年代，光电倍增管（PMT）在单道、多道、多道加单道发射光谱仪中代替摄谱法而得到较大发展。但每个 PMT 每次仅记录一维单谱线的信息。多道仪由于 PMT 体积关系，最多可排列 62 左右（同时测 61 根谱线或 61 种元素，另一根作内标线）。优点是测定速度快，但成本较高，如样品种类经常变更则不能适应。同种样品需分析新的分析元素时，则需新开道，或原道谱线遇干扰时，要更换该元素其他分析线，则不能顺利进行。单道扫描型虽弥补了多道仪以上主要缺点，但也存在只能依波长顺序和时序扫描，扫描速度较慢，光栅驱动重复性要求高，机械磨损以及用内标法需新增单色器等问题。

2. 固体测定检测器

20 世纪 80 年代末，固体检测器-电荷转移器件开始应用于 ICP-AES 上。这种新检测器的优点是：既具有多道的快速，又具有单道扫描应付复杂多变样品的灵活性和适应性。主要体现在可测的任何元素都可以同时选择多条谱线进行测定，以提高测量精确度，避免或发现受基体干扰的光谱线；可通过同时测定灵敏线、次灵敏线的方法以及通过对曝光量的影响和时间的控制来扩大线性范围；能提供适应不同基体介质、不同分析线、较为合适准确的背景区域作同步背景及光源噪声校正扣除。

第三节 ICP 原子发射光谱的测定方法

按工作曲线类型分，有标准曲线法、内标法、标准加入法、干扰系数校正法等。

一、工作曲线法

当无基体或基体对被测元素无干扰时，可制作纯标准工作曲线。当基体有干扰时，可制作匹配基体的工作曲线。由于线性范围宽，比原子吸收光谱法更方便的是，$0.000\times\%\sim\times.\times\%$含量的组成元素或杂质元素都可以配在一起，形成复合标准。低含量时要考虑与样品匹配的基体中是否含有该元素及其含量，预先标定确认、定值后使用。也可以用相同基体的有证系列标准样品制作工作曲线。需要注意的是，样品含量接近低点以下时，需去掉工作曲线较高几点，将空白点和低点标准重新预置较高的负高压值，再次读测或带同数量级标样校读。不要以为同一元素在同一负高压值和同一条多点工作曲线下，可从 $0.000\times\%$ 读测到 $\times.\times\%$ 都是正确的。样品分析时可用绝对强度比较法，亦可选用参比元素（内标）和内参比线（内标线），根据相对强度进行比较（内标法）。

二、内标法

用内标法进行分析时，不是用一条分析线，而用分析线对。分析线对由一条分析线和一条内标线组成，参比元素的作用主要在于补偿雾化去溶变化和光源波动等非光谱干扰。为了使这种补偿更加有效，参比元素的挥发—原子化—激发能—电离能等参数应尽可能与分析元素一致。其波长和强度应与分析线元素相近。它的实际运用价值在于非光谱干扰因素发生变化时，线对的两条谱线的强度虽然均发生变化，但强度比或相对强度能保持不变。

三、标准加入法（增量法）

配制方法同原子吸收，用于多元基体有干扰但难以匹配的场合，且所测组分浓度或含量不太高的情况下。增量法在扣除基体背景和空白浓度后所得出的浓度才是正确的。ICP法的基体化学干扰一般比原子吸收低得多，通常不用于高浓度分析。增量法可用绝对强度或分析线与内标线强度相对比的方法得出。

四、干扰系数校正法

干扰系数校正法可用于多种场合。

① 校准基体工作曲线和纯标准工作曲线的差异。试验发现基体化学干扰表现为斜率降低或增高，但其余条件一经固定即显示为恒值常数。这时采用纯标准工作曲线以斜率乘上校准系数（一般小于1，亦可大于1）。样品用纯标准工作曲线可得正确的校准结果。

② 特定情况下必须使用有光谱干扰的分析线时，在基体量匹配恒定情况下其对分析线干扰显示为一恒值常数，此时也可用上述方法得到校准系数并对分析浓度和结果进行校正。

第四节　ICP原子发射光谱分析的应用

一、电感耦合等离子体原子发射光谱分析的分析过程

分析过程是从样品进入等离子体光源开始。将分析样品处理成液体，通过蠕动泵将样品导入雾室，雾化器把液体样品雾化，通过载气将它带入等离子体而被激发，发射出元素的特征光谱，并由反光镜反射，聚焦在光谱仪的入射狭缝上，然后照射在光栅上，由光栅散射。检测器将光信号转化为电信号后，由计算机进行数据处理，得出分析结果。

二、电感耦合等离子体原子发射光谱分析的样品处理

ICP光谱分析的样品处理是分析全过程的一个重要环节，对分析测试质量有重要

影响。

① 称取的固体样品应该是按规定的要求进行加工的（如粉碎、分样等），均匀并有代表性。

② 样品中需要测定的元素应该完全溶入溶液中，需建立一个合理、环节少、易于掌握、适用于处理大量样品的化学处理方法。

③ 在化学方法处理样品时，可将被测元素与其他光谱法无法消除的干扰元素进行富集分离，以提高测定准确度。

④ 在整个处理过程中应避免样品的污染，包括固体样品的制备（碎样、过筛、分样）、实验室环境、试剂（水）质量、器皿等。

⑤ ICP-AES需要考虑分析试液中总固体溶解量（TDS），较高的TDS将造成基体效应增强、谱线干扰和背景较大、雾化系统及ICP雾化器的堵塞。一般TDS控制在2mg/mL左右。

⑥ 一些样品常压条件下不能为酸（湿法）所溶解，例如刚玉、铬铁矿、锆石等，应考虑采用碱熔处理，但必须注意TDS与样品中被测元素含量的关系，否则由于盐效应增强，也会产生干扰。如能使用微波消解技术，效果将更好。

三、电感耦合等离子体发射光谱最佳工作条件的选择

一般根据基体的不同，需对要求被测元素的分析线进行选择。单道仪器使用扫描捕峰功能；多道仪器可以先多线连测，从中筛选出无基体干扰或无组分元素间光谱干扰且灵敏度适合的分析线。

ICP放电特性、被测物在ICP放电中的挥发—原子—激发—电离行为及干扰情况、谱线的自吸收情况等均与ICP放电操作参数有着密切的关系，这些参数主要是高频功率、载气流量和观察高度。由于这些关系比较复杂（存在着许多相互矛盾），一般只能通过实验的方法进行选择。尽可能兼顾较小的干扰效应和较大的检出能力（与较大的谱线强度及较小的背景相对应），并使分析校准曲线具有较宽的线性分析范同（低的背景和小的自吸效应）。另外，在同时或顺序多元素分析中应选择折中条件，尽可能兼顾到对每种元素均具有较好的分析条件为原则。

1. 高频功率

高频功率对检出限和干扰效应具有不同的影响。增大功率，温度升高（电子密度亦增大），谱线强度可能增强（当温度低于该谱线的标准温度时），但背景增强更大。因此，信背比将随功率的增大出现一峰值，然后又不断减小，谱线激发能越低，减小越快。采用相对较低（不是太低）的功率，对于提高信背比及降低检出限是有利的。但干扰效应可能比较严重，所以要考虑检出能力和干扰效应之间的平衡。

2. 载气流量

载气流量增大，一方面，可使样品溶液喷雾量及气溶胶的数量增大，使进入等离子体分析物量增大，谱线强度增强，有助于ICP环状结构形成。但另一方面，过大的载气流量将使样品过分稀释，分析物在ICP通道中的平均停留时间缩短、温度降低和

电子－离子连续光谱背景降低（对有机物分析，可导致 ICP 熄灭）。因此，谱线发射强度及其信背比随着载气流速的增大可能出现极大值，谱线激发能越低的原子线，其最佳信背比一般在较高载气流量时出现；而有激发能（或电离能）较高的谱线如多数离子线，则最佳信背比在较低载气流量时出现。载气流量对信背比十分敏感，在实际工作中应认真加以控制和选择。有机物分析和无机盐类浓度高时，宜选较小的载气流量，以减少进入 ICP 通道的基体总量，避免喷嘴堵塞和碳粒及盐类附着炬管壁产生记忆效应。冷却气或等离子气改变有时应与相应的高频功率相对应（功率增大，冷却气流量增大）。

3. 观察高度

ICP 放电温度、电子密度、激发态氩原子密度、自吸收和背景发射，以及过布居效应和欠布居效应等均随着观察高度而明显改变。一般原子谱线和易挥发元素（As、P、Pb、Sb、Sn、Bi 等）峰值观测高度较低；而离子线和难挥发元素（如 W、Mo、Zr、Ta 等）峰值观测高度较高。但观察高度过高或过低都致使温度降低太多，易电离元素（如 Na、K、Li 等）都有较高的灵敏度。随着观察高度的增大，光源背景发射将减弱，但元素谱线自吸收效应将加强。由此检出限与观察高度的依赖关系将变得更加复杂。干扰效应与观察高度也有明显影响。对原子线而言，干扰小的观察高度较大，可能以损害检出能力为代价。对离子线而言，无干扰区与最佳检出限区域的观察高度常常比较接近，因此 . ICP-AES 中选用离子线为分析线更为有利。

四、ICP 光谱分析的干扰

ICP 光源从本质说是由一个高温光源（包括 RF 发生器及炬管等）和一个高效雾化器系统所组成。从 ICP 问世至今的大量实践证明，用这种光源所进行的分析之所以具有较高精度和准确度，和光源中的干扰较小是分不开的。但是这并不是说它不存在干扰的问题。现就 ICP 光谱分析中出现的干扰问题分述如下。

1. 物理因素的干扰

由于 ICP 光谱分析的试样为溶液状态，因此溶液的黏度、密度及表面张力等均对雾化过程、雾滴粒径、气溶胶的传输以及溶剂的蒸发等都有影响，而黏度又与溶液的组成、酸的浓度和种类及温度等因素相关。

物理因素的干扰是存在的，应设法避免。其中最主要的办法是使标准试液与待测试样无论在基体元素的组成、总盐度、有机溶剂和酸的浓度等方面都保持完全一致。目前进样系统中采用蠕动泵进样对减轻上述物理干扰可起一定的作用，另外采用内标校正法也可适当补偿物理干扰的影响。基体匹配或标准加入法能有效消除物理干扰，但工作量较大。

2. 光谱干扰

光谱干扰主要分为两类：一类是谱线重叠干扰，它是由于光谱仪色散率和分辨率的不足，使某些共存元素的谱线重叠造成干扰；另一类是背景干扰，这类干扰与基体成分及 ICP 光源本身所发射的强烈的杂散光的影响有关。对于谱线重叠干扰，采用高分辨率的分光系统，也并非意味着可以完全消除这类光谱干扰，只能认为将光谱干扰可以减轻至最小强度。因此，最常用的方法是选择另外一条干扰少的谱线作为分析线，或应用干扰因子校正法（IEC）给予校正。对于背景干扰，最有效的办法是利用现代仪器所具备的背景校正技术给予扣除。

3. 化学干扰

ICP光谱分析的化学干扰，比起火焰原子吸收光谱或火焰原子发射光谱分析要轻微得多，因此化学干扰在ICP发射光谱分析中可以忽略不计。

4. 电离干扰与基体效应干扰

由于ICP中试样是在通道里进行蒸发、离解、电离和激发的，试样成分的变化对于高频趋肤效应的电学参数的影响很小，因而易电离元素的加入对离子线和原子线强度的影响比其他光源都要小。但实验表明这种易电离干扰效应仍对光谱分析有一定的影响，保持待测样品溶液与标准溶液具有大致相同的组成也是十分必要。任何时候，两者在物理、化学各方面性质的匹配是避免包括电离干扰在内的各种干扰，使之不出现系统误差的重要保证。

基体效应来源于等离子体，对于任何分析线来说，这种效应与谱线激发电位有关，但由于ICP具有良好的检出能力，分析溶液可以适当稀释，使总盐量保持在1mg/mL左右，在此稀溶液中基体干扰往往是无足轻重的。

五、电感耦合等离子体发射光谱分析的应用实例

钢铁及其合金分析：碳钢、高合金钢、低合金钢、铸铁、铁合金等，有色金属及其合金等，环境样品，岩石和矿物，地质样品，生物化学样品，食品和饮料，化学化工产品，无机材料和有机材料，核燃料和核材料等。

在与压力容器相关的材料检测标准中，应用电感耦合等离子体原子发射光谱法测定的实例很多，以下列出几项标准供参考。

①《低合金钢多元素含量的测定　电感耦合等离子体原子发射光谱法》（GB/T 20125—2006）；

②《进出口碳钢、低合金钢中铝、砷、铬、钴、铜、磷、锰、钼、镍、硅、锡、钛、钒含量的测定》（SN/T 0750—1999）；

③《铸铁和低合金钢　镧、铈和镁含量的测定　电感耦合等离子体原子发射光谱法》（GB/T 24520—2009）；

④《铝及铝合金化学分析方法　第25部分：电感耦合等离子体原子发射光谱法》（GB/T 20975.25—2008）；

⑤《铝合金中铜、铁、镁、锰、硅、钛、钒、锌和锆的测定》（SN/T 2264—2009）；

⑥《铝合金化学成分光谱分析方法　第10部分：电感耦合等离子体原子发射光谱法测定铜、镁、锌、镉、铁、锰、硼、钛、锆、钒、镍、铬含量》（HB 6731.10—2005）；

⑦《铜及铜合金化学分析方法　第27部分：电感耦合等离子体原子发射光谱法》（GB/T 5121.27—2008）；

⑧《钛合金化学成分光谱分析方法　第 13 部分：电感耦合等离子体原子发射光谱法测定铝、铬、铜、钼、锰、钕、锡、钒、锆》（HB 7716.13—2002）；

⑨《用原子发射等离子体光谱测定法分析钛和钛合金的试验方法》 （ASTM E2371—04）；

⑩《用感应耦合等离子体原子发射光谱测量法（基于性能法）分析镍合金的试验方法》（ASTM E2594—09）。

六、如何更好地使用 ICP 光谱仪

1. 样品处理

确保样品完全分解、溶液澄清，无损失、无污染。溶液如有少许残渣则要过滤，否则易堵塞雾化器，影响结果。选择适当的介质，最好为硝酸和盐酸，尽量少用硫酸、磷酸，确保不使用对仪器有害的试剂（如 HF、强碱等）。

2. 谱线选择

低含量元素选择灵敏线，高含量元素选择次灵敏线或非灵敏线，确保谱线无基体或合金元素干扰，若无法避免可采用基体匹配或干扰系数校正（IEC）。

3. 背景扣除及其位置的选择

将背景位置定在尽可能平坦的区域（无小峰），左背景、右背景以及左右背景强度的平均值尽可能与谱峰背景强度一致。

4. 分析条件最佳化

优化影响灵敏度的因素：雾化器压力、RF 功率、辅助气流量。

5. 通过有效质控手段，确保结果准确可靠

通过质控样（QC）来控制仪器的漂移，并对工作曲线进行漂移校准。如果分析结果漂移过大，需查明原因。

第九章　离子选择性电极法

离子选择性电极法简称离子电极法，是 20 世纪 60 年代中期以后发展起来的一种新的测试技术。通常所谓的离子选择性电极，是指带有敏感膜的、能对离子或分子态物质有选择性响应的电极。该法是利用膜电势测定溶液中离子的活度或浓度的电化学传感器，当它和含待测离子的溶液接触时，在它的敏感膜和溶液的相界面上产生与该离子活度直接有关的膜电势。因此在一定的条件下，该方法可以有选择性地测定溶液中某离子的活度（或浓度）。

离子选择性电极法能代替许多繁琐的化学分析操作，具有灵敏度高、操作简便、快速、配套设备简单、能连续监测等特点。

第一节　离子选择性电极法的基础

一、膜电位

离子选择性电极主要由离子选择性膜、内参比电极和内参比溶液组成，其机理与通常的金属基电极完全不同，电势的产生并不是基于电化学反应过程中的电子得失，而是基于离子在溶液和一片被称为选择性敏感膜之间的扩散和交换，如此产生的电势就被称为膜电位。

膜电位的测定是离子选择性电极分析的基础。但是，它是无法直接测量的，只能从完整的电化学电池的电动势推算出来。为了从电池电动势求出膜电位，常在膜两侧的溶液Ⅰ和Ⅱ中分别设置电位恒定的内参比电极 A 和外参比电极 B，组成一电化学电池：

内参比电极 A ｜溶液Ⅰ｜感应膜｜溶液Ⅱ｜外参比电极 B

然后测量电池的电动势，它包括以下几项：

$$E = E_m + E_n + E_1 - E_w$$

式中 E_m 为膜电位，E_n 为内参比电极的电势，E_w 与 E_1 为外参电极的电势及其液接部分的液接电势。在一般测量中，E_n、E_w 以及 E_1 都要求保持不变，因此电动势 E 与 E_m 之间只差一个常数项，它的变化完全能反映 E_m 的变化。

如果溶液Ⅰ采用已知活度 a'_i 的标准溶液，则电池电动势只与被测溶液Ⅱ离子 i 的活度 a_i 有关，二者之间存在着能斯特（Nernst）关系：

$$E = E^0 + 2.303 \frac{RT}{Z_i F} \lg \alpha_i$$

式中　E——电极电势，mV；

E^0——相对于标准氢电极的标准电位，mV；

67

R——摩尔气体常量，8.3145J/（mol·K）；

F——法拉第常量，96 500C/mol；

T——热力学温度，K；

Z_i——离子的价数。

式中，E^0项除了参比电极 A、B 的电极电位外，还包括溶液Ⅰ与感应膜之间的相界电位。而半电池

参比电极 A ｜溶液Ⅰ｜感应膜

就成为对离子 i 可逆的电极，即所谓的"膜电极"，也就是离子选择性电极。参比电极 A 称为内参比电极，溶液Ⅰ称为内部溶液。

二、活度与浓度

离子选择性电极的电位与溶液中待测离子活度的对数呈线性关系。然而在一般的分析中，关心的往往是离子的浓度，因此需要了解活度与浓度之间的关系。由强电解质理论可知，强电解质在溶液中离解后，由于静电引力，在每个离子周围吸引着相当数量的相反电荷的离子，使离子间互相牵制，不能完全自由地运动。因此已离解的离子不能充分发挥其作用，在导电性和参加化学反应的能力等方面，其效果与没有完全离解相似。

为了校正实际溶液对理想溶液的这种偏差，采用有效浓度即活度来表示。从这一意义上说，活度就是已经校正了离子间相互作用的浓度。活度 a 和浓度 c 之间的关系为：

$$a = \gamma c$$

式中的比例常数 γ 称为活度系数，它表示溶液中离子间互相牵制作用的大小。

三、活度系数与离子强度

溶液中一种离子的活度系数不仅受其本身的浓度和电荷数的影响，同时也受到溶液中其他各种共存离子的浓度和电荷数的影响，但与离子的种类无关。这种影响用"离子强度"表示。离子强度的定义为：

$$I = \frac{1}{2} \sum c_i Z_i^2$$

式中　I——离子强度；

c_i——离子 i 的质量摩尔浓度；

Z_i——离子 i 的电荷。

四、总离子强度调节缓冲液

在离子电极分析中，试样溶液的组成情况往往十分复杂，很难通过活度系数来计算待测离子的浓度，因此常常采用恒定离子强度的方法，即同时往试样溶液和标准比对溶液中添加大量惰性电解质，以使溶液的离子强度维持恒定。此时，可以认为溶液中的活度系数为一常数，直接以浓度来表示：

$$E = E^{\circ'} + 2.303 \times \frac{RT}{Z_i F} \times \lg c_i$$

由这种惰性电解质配制得到的离子强度的缓冲溶液，通常称之为"TISAB"（总离子强度调节缓冲液）。在某些情况下，共存于试样溶液中的其他离子有与待测离子形成难离解分子的倾向，如弱酸、弱碱、难溶性沉淀和配合物等，这时可在 TISAB 中配入 pH 缓冲液和配位剂，以消除共存干扰离子的影响。典型的例子是在直接测定自来水和其他介质中氟的总浓度时所用的 TISAB，其组成见表 1-9-1。

表 1-9-1　测定氟的 TISAB 的组成

氟化钠	1.0mol/L
乙酸	0.25mol/L
乙酸钠	0.75mol/L
柠檬酸钠	0.001mol/L
pH	5.0
离子强度	1.75

在使用时，和等体积的试样溶液混合，由于离子强度很高，因而待测溶液和标准溶液的活度系数基本上相同。同时，TISAB 中乙酸-乙酸钠缓冲液，又为氟电极提供了最适宜的 pH 范围。少量柠檬酸钠的加入，是为了将已生成 AlF_n^{3-n}、FeF_n^{3-n} 配离子的那部分氟置换出来，以保证它以游离的状态存在。

第二节　离子选择性电极的构造与性能

一、离子选择性电极的基本构造

典型的离子选择性电极主要由感应膜、内参比电极、内充溶液和电极架组成，其构造如图 1-9-1 所示。

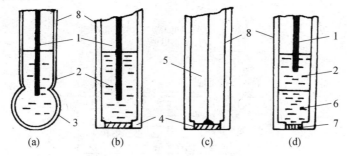

图 1-9-1　离子电极的基本构造

（a）玻璃电极　（b）、（c）固体膜电极　（d）液膜电极

1—内参比电极；2—内充溶液；3—玻璃膜；4—固体感应膜；

5—导线；6—液体离子交换剂；7—多孔膜；8—电极架

感应膜又称敏感膜，是指覆盖某一结构或分开两种电解质溶液的连续层，由电活性物质制成，是离子电极的主体。它对溶液中某特定离子呈现选择响应，产生的膜电位与特定离子活度的对数值成线性关系。用不同的电活性物质可制成各种不同的离子选择性电极。

内参比电极是为了测量膜电位而设置在离子电极内部的参比电极，常用的有银-氯化银电极、甘汞电极等。

内充溶液是用含有与内参比电极达可逆平衡的离子以及为膜活性物质所饱和的离子的盐类配成，其作用是使内参比电极的电极电位和感应膜同内侧溶液间的相界电位保持恒定。这样，离子选择性电极的电位只与待测试样溶液中某特定离子的活度有关。

电极架是用来连接感应膜、内参比电极以及贮存内充溶液，对它的绝缘性能要求较高，常用的有玻璃管和各种硬质塑料管。

例如，氟离子选择性电极的感应膜是氟化镧单晶片，内参比电极为银-氯化银电极，内充溶液为 0.1mol/L NaCl－0.1mol/L NaF 溶液。

也有些难溶无机盐膜电极并没有内参比电极与内充溶液，而是用银丝等导线直接与感应膜相连，见图 1-9-1（c）。

二、电极响应

进行离子电极测量时，先用一离子电极和一参比电极组成一电化学电池，然后用高输入阻抗的毫伏计测量电池电动势。用于离子电极测量的仪器示意图，如图 1-9-2 所示。

当待测离子的活度发生变化时，与其对应的电动势也随之变化。如果在一定活度范围内以测量电动势与对应的活度作图，得到一条斜率为 $2.303RT/Z_iF$ 的直线，则说明电极在该活度范围内具有能斯特响应。响应斜率 $2.303RT/Z_iF$ 是温度的函数，25℃时的理论值为 $59.1mV/Z_i$。对于一价离子，活度每变化 10 倍，电位改变 59.1mV；对于二价离子，活度每变化 10 倍，电位变化 29.5mV。

大多数离子电极的能斯特响应范围有 4 或 5 个数量级活度，响应斜率接近于理论值。

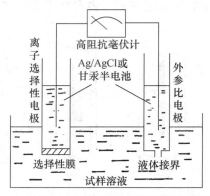

图 1-9-2　用于离子选择性电极测量的仪器示意图

三、响应时间

所谓响应时间，是指离子电极和参比电极一起接触待测溶液或者与其相接触的待测离子的活度改变时算起，一直到电池电动势达到稳定值所经过的时间。响应时间除了与电极的种类、性能以及测试条件（如电极的前处理、搅拌速度、溶液温度）有关外，还与待测溶液的组成情况（如待测离子的浓度、共存干扰离子的浓度等）有关。一般说来，待测离子的浓度愈高，响应愈快；浓度愈低，响应愈慢。当待测离子浓度变化的幅度增大时，或者干扰离子的量增加时，则达到平衡所需的时间就相应增长。如果待测离子浓度的变化很小，则响应时间只有几秒钟或更短，一般情况下，均能在 $2\sim15\mathrm{min}$ 内响应完全。当待测离子的浓度接近检测极限时，响应时间就相当长，有的甚至达数小时之久。进行电极测量时，必须读取平衡值，否则将产生误差。

四、温度影响

在离子电极测量中，温度是一个复杂的影响因素。

首先从能斯特方程式来看，温度不仅影响离子电极的响应斜率（$2.303RT/Z_iF$），而且对 E^0 项也有作用。温度对响应斜率的影响是不难看出的，而对 E^0 项的影响则往往被忽视。因为通常把 E^0 看作是常数，其实不然。由上面的讨论可知，E^0 项中包括有内外参比电极电位、液接电位、离子电极的内相界电位等，这些都是温度的函数，温度变化时，E^0 值也随之变化。

此外，温度对待测溶液也有影响。因为离子的活度取决于活度系数，对于弱电解质和配位剂来说还受其平衡常数的影响，而活度系数和平衡常数本身都有自己的温度系数，所以温度对待测溶液的影响变得十分复杂。基于上述这些情况，精密测量通常需要在恒温条件下进行。

第三节　常用的参比电极

在离子电极分析法中，为了测量指示电极的电位，必须配置一支电位恒定的单极电极，即参比电极。但事实上一支参比电极的电位也不是绝对不变的，影响其稳定性的因素很多，例如液接电位、温度效应等。如果使用不当，将给测定带来误差。

最常用的参比电极是饱和甘汞电极。

甘汞电极实质上是一种氯电极，它是由含有甘汞和饱和 KCl 溶液与金属汞相接触的一个电极体系，其电极反应可用如下简式表示：

$$\frac{1}{2}\,Hg_2\,Cl_2 + e \Longrightarrow Hg + Cl^-$$

根据定义，汞的活度为 1。甘汞离子的活度取决于氯化亚汞的溶度积，因此整个电极体系的电位亦取决于氯离子的活度，即：

$$E = E^0 - \frac{2.303RT}{F}\lg a_{Cl^-}$$

当氯离子的活度固定时，则电极电位在常温下为一常数。电极中的氯离子来源于氯化钾溶液。常用的有饱和（4.2mol/L）、3.5mol/L、1mol/L 和 0.1mol/L 等数种浓度的氯化钾溶液。其中，当氯化钾溶液的浓度为 0.1mol/L 时，电极的温度系数最小，故常用于精密测量。饱和氯化钾溶液配制方便，并可降低液接电位，故在一般测量中应用相当广泛。

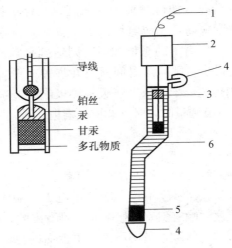

图 1-9-3 饱和甘汞电极

1—电极导线；2—玻璃管；3—内部电极；4—橡皮帽；5—多孔物质；6—饱和 KCl 溶液

饱和甘汞电极如图 1-9-3 所示。内玻璃管中封一根铂丝，铂丝插入纯汞中，下置一层甘汞（Hg_2Cl_2）和汞的糊状物，外玻璃管中装入饱和 KCl 溶液。电极下端与被测溶液接触部分是熔结陶瓷芯或玻璃砂芯等多孔物质，构成溶液互相连接的通路。使用时为了减小扩散电位的影响，须将侧部注液口的橡胶塞拔下，使电极中的氯化钾饱和溶液以很慢的速度滴下。停止使用时将侧部注液口及底部的胶塞套上，防止氯化钾晶体析出。电极中应经常保持有固体氯化钾，必要时从侧部注液口注入带固体氯化钾的饱和溶液。

第四节　测量仪器

测量仪器用来测量参比电极与离子选择电极组成的电池电动势。

参比电极的内阻通常小于 $10^4\Omega$，它主要来自液体接界处。离子选择电极的内阻很高，通常大于 $10^7\Omega$。因此要求测量仪器的输入阻抗足够高，以使从电池中流出的电流可以忽略不计。一般用于离子电极测量的仪器，其输入阻抗约为 $10^{11}\Omega$ 或者更高。

此外，从离子电极分析的特点来看，电动势的测量误差将直接反映在待测离子浓度的测量结果上，故对测量仪器的精度、重现性等要求比普通的 pH 测量更高。在一般的测量中，精度要求为±1mV，而在精密测量中精度最好要达到±0.1mV。

近年来，随着离子电极和电子技术的发展，出现了许多与离子电极配套的专用测量仪器，例如离子计、电极电位仪、精密 pH 计等。其中，有的带有温度补偿、斜率校正等装置，使用时跟普通的 pH 计一样简便，可直接读出待测离子的浓度。有的已实现数字显示，并具有与打字机、记录器系统相适应的输出，能进行连续测量。

第五节　分析方法

常用工作曲线法进行分析。先在离子电极的可测活度（浓度）范围内，测量一系列不同活度（浓度）的标准比对溶液的电位值，于半对数纸上绘制工作曲线（即 $E-\lg \alpha_i$ 曲线）。然后测定试样溶液的电位值，对照工作曲线，查得待测离子的活度（浓度）值，并算出试样中被测成分的含量。

如果试样溶液比较简单，只含一种电解质，或者离子强度很低，则可不考虑活度系数的影响，而直接用由纯试剂配制成的标准比对溶液绘制工作曲线。如果试样溶液比较复杂，测定时需同时往试样溶液和标准比对溶液中加入大量惰性电解质，以控制其离子强度保持恒定。

离子电极只对游离的离子有响应（如氟离子电极只感应氟离子，但不感应 HF 或 AlF^{2+} 离子），因此在调节离子强度的同时，有时还需加入配离子解离剂和 pH 调节剂。例如，用氟离子电极测定水泥及其原料中的总氟量时，若单纯为了调节离子强度，只需加入浓 KNO_3 溶液，但实际上采用柠檬酸钠的配位缓冲液，其目的是除了调节溶液的离子强度外，还要使 HF 和 AlF^{2+} 配离子中的氟游离出来。

离子选择电极长时间测定后，电位会产生一定的漂移，要经常对工作曲线进行校正。

第十章　离子交换分离法

第一节　离子交换树脂的性质及分类

离子交换分离法是利用离子交换剂与溶液中的离子发生交换反应从而使离子分离的方法，是一种固液分离方法。在离子交换的过程中，交换剂中的离子与溶液中的离子实现总量上的等电荷互换，从而实现分离溶液中目标离子的效果。该方法分离效率高，既能用于带相反电荷离子的分离，也能用于带相同电荷离子间的分离，尤其是它还能用于性质相近的离子间的分离以及微量组分的富集和高纯物质的制备。此方法广泛应用于水处理、医药、冶金、化工等领域。

一、离子交换树脂的分类

离子交换剂的种类很多，主要分为无机离子交换剂和有机离子交换剂两大类。目前，分析化学中应用最多的是有机离子交换剂，即离子交换树脂。离子交换树脂是一类具有网状结构的有机高分子聚合物，在水、酸和碱中难溶，对一般的有机溶剂、较弱的氧化剂和还原剂具有一定的稳定性。在树脂网状结构的有关部位，植上某些可以被交换的活性基团。树脂中化学活性基团的种类决定了树脂的主要性质和类别。首先区分为阳离子树脂和阴离子树脂两大类，它们可分别与溶液中的阳离子和阴离子进行离子交换。阳离子树脂又分为强酸性和弱酸性两类，阴离子树脂又分为强碱性和弱碱性两类。

植在阳离子交换树脂上的活性基团有磺酸基－SO_3H、羧基－$COOH$、酚基－OH等。因磺酸为强酸，所以含－SO_3H的树脂是强酸性阳离子交换树脂。而含有弱酸性基团如－$COOH$、－OH的树脂，则为弱酸性阳离子交换树脂。阳离子交换树脂中可离解的H^+能与其他阳离子发生交换反应。

植在阴离子交换树脂上的活性基团有伯胺基—NH_2、仲胺基—NH（CH_3）、叔胺基—N（CH_3）$_2$等弱碱性基团，这种树脂为弱碱性阴离子交换树脂。这些树脂水化后分别成为$R—NH_3OH$、$R—NH_2(CH_3)$ OH和$R—NH(CH_3)_2OH$等可以离解出OH^-的OH型树脂；而含有强碱性基团季胺基—N（CH_3）$_3$的树脂，则为强碱性阴离子交换树脂$R—N(CH_3)_3OH$。阴离子交换树脂中可离解的OH^-能与其他阴离子进行交换反应（R代表树脂的网状骨架，即树脂的基体）。

二、离子交换树脂的性质

1. 交联度　离子交换树脂的基体制造原料主要有苯乙烯和丙烯酸（酯）两大类，它们分别与二乙烯苯产生聚合反应，形成具有长分子主链及交联横链的网络骨架结构的聚合物，称为交联，二乙烯苯称为交联剂。交联的程度用树脂中二乙烯苯的百分含量来表示，称为交联度。如用 9：1 的苯乙烯和二乙烯苯合成树脂，则交联度为 10%，用 "X—10" 表示。交联度的大小对树脂的性能有很大影响。交联度高，树脂结构紧密，网眼小，体积大的离子不能扩散到树脂内部进行交换，离子交换的选择性就会提高，而且这种树脂的机械强度高，不易破裂。而交联度低，树脂孔隙较大，脱色能力较强，反应速度较快，但在工作时的膨胀性较大，机械强度稍低，比较脆而易碎。

2. 溶胀性　离子交换树脂具有亲水性，干树脂颗粒浸入水中会因吸水而膨胀，称为溶胀。如聚苯乙烯磺酸型树脂，当二乙烯苯的含量为 5% 时，1 克干树脂要吸收 1.5 克的水；当二乙烯苯的含量为 10% 时，1 克干树脂只吸收 0.9 克的水。交联度大，树脂的溶胀性就小。

3. 交换容量　交换容量是指单位质量（或体积）的离子交换树脂所能交换的离子的物质的量（mmol，一般以一价金属离子计）。交换容量决定于网状结构中的活性基团的数量。干树脂的交换容量约为 3～6mmol/g，而浸泡过的树脂的交换容量还与树脂的溶胀性有关，一般为 3～6mmol/mL。如果交联度过大，将使交换反应的速度过慢，使得树脂的有效交换容量下降。交换容量可以通过实验方法测得。

三、离子交换的选择性——亲和力

阳离子交换树脂只能和溶液中的阳离子进行交换，阴离子交换树脂只能与溶液中的阴离子进行交换。在同一树脂上进行交换时，不同离子的交换能力并不相同。离子在树脂上的交换能力的大小称为离子交换的亲和力。亲和力越大，越容易交换；亲和力越小，越不容易交换。实验证明，在常温下的稀溶液中，亲和力的大小与离子的性质、树脂的类型以及溶液的组成有关。

① 亲和力的顺序与离子性质有关。若实验条件相同，亲和力随着离子价态的增加而变大。如 $Na^+ < Ca^{2+} < Fe^{3+} < Th^{4+}$。当离子的价态相同时，亲和力随着水合离子半径的减小而变大。如

$$Li^+ < H^+ < Na^+ < NH_4^+ < K^+ < Rb^+ < Cs^+ < Ag^+ < Tl^+$$
$$Mg^{2+} < Ca^{2+} < Sr^{2+} < Ba^{2+}$$

② 亲和力的顺序与离子交换树脂的类型有关。强酸性阳离子交换树脂对 H^+ 离子的亲和力比其他阳离子小，弱酸性阳离子交换树脂对 H^+ 离子的亲和力比其他阳离子大。

若实验条件相同，在强碱性离子交换树脂上，阴离子亲和力的顺序一般为：柠檬酸根离子 $> SO_4^{2-} > C_2O_4^{2-} > I^- > NO_3^- > CrO_4^{2-} > Br^- > CN^- > Cl^- > HCOO^- > OH^- > CH_3COO^-$。

在弱碱性离子交换树脂上，阴离子亲和力的顺序为：$OH^- > SO_4^{2-} > CrO_4^{2-} >$ 柠檬酸根离子 $>$ 酒石酸根离子 $> NO_3^- > AsO_4^{3-} > PO_4^{3-} > MoO_4^{2-} > CH_3COO^-$。

③ 亲和力与溶液的组成有关。如果溶液中含有配位剂，使金属离子形成不带电荷或带有负电荷的配合物，则金属离子在阳离子交换树脂上的亲和力将受到很大的影响。配合物越稳定，则影响越严重。相反，若形成配合阴离子，却很容易与阴离子交换树

脂形成交换。例如，在 1mol/L 的 HCl 溶液中，钴主要以 Co^{2+} 和 $CoCl^+$ 形式存在，能与阳离子交换树脂交换，而不能与阴离子交换树脂进行交换；而在 $8 \sim 9mol/L$ 的 HCl 溶液中，其存在形式是以氯配合阴离子为主，很容易与阴离子交换树脂进行交换。

由于树脂对离子的亲和力存在差异，进行离子交换时，就有一定的选择性。如果溶液中离子的浓度相同，则亲和力大的离子先被交换，亲和力小的离子后被交换。当选用适当的洗脱剂进行洗脱时，后被交换上去的离子就先被洗脱下来，从而使各种离子得以分离。

第二节　离子的交换分离过程

离子交换分离一般都是在垂直的交换柱上进行的。以 NaCl 溶液通过磺酸型的氢式阳离子交换树脂为例。当 NaCl 溶液流入交换柱时，首先与它接触的上层树脂中的 H^+ 被 Na^+ 交换：

$$R—SO_3H + Na^+ \Longleftrightarrow R—SO_3Na + H^+$$

继续流入 NaCl 溶液，Na^+ 不断和下层树脂中的 H^+ 交换。

当溶液中同时存在几种不同的阳离子时，则亲和力大的离子首先被交换，亲和力小的离子后被交换。继续流入试液，已被交换的亲和力小的离子还会被亲和力大的离子交换出来，然后再与下层的离子交换树脂进行交换。

如果含有相同浓度的 Na^+ 和 Ca^{2+} 溶液通过交换柱，首先发生下列交换反应：

$$2R—SO_3H + Ca^{2+} \Longleftrightarrow (R—SO_3)_2Ca + 2H^+$$

流在最前面的溶液中的 Ca^{2+} 浓度显著降低，越往下 Ca^{2+} 浓度越低，当 Ca^{2+} 浓度降到一定程度时，Na^+ 开始被交换：

$$R—SO_3H + Na^+ \Longleftrightarrow R—SO_3Na + H^+$$

但是继续流入溶液的 Ca^{2+} 与 $R—SO_3Na$ 接触时，又将 Na^+ 交换下来：

$$2R—SO_3Na + Ca^{2+} \Longleftrightarrow (R—SO_3)_2Ca + 2Na^+$$

交换下来的 Na^+ 马上又和下层的树脂完成交换。所以带相同电荷的混合离子通过交换柱时，每一种离子都集中在柱的某一区域，亲和力大的离子所处区域稍上一些，亲和力小的离子所处区域稍下一些，但是并未完全分离。两种离子所处区域之间部分是相互交混的，称为交界层。离子的亲和力越接近，交界层越宽，离子之间交叉混合得越厉害。

第三节　离子交换分离的操作方法

离子交换分离法包括静态离子交换法和动态离子交换法。

一、静态离子交换法

静态法将处理好的交换树脂放于样品溶液中，或搅拌或静止，反应一段时间后分离。该法简便易行，但分离效率低，常用于离子交换现象的研究。

　　静态离子交换法在某些情况下有其一定的优越性。如测定石膏中的三氧化硫，若用动态离子交换法，必须首先将 $CaSO_4$ 完全溶解，然后再通过交换柱进行交换，而静态法是将树脂与石膏放在水中一起搅拌，由于树脂对 Ca^{2+} 的交换作用，因而 $CaSO_4$ 随着离子交换反应的进行很快溶解，并迅速达到平衡：

$$CaSO_4 \rightleftharpoons Ca^{2+} + SO_4^{2-}$$
$$2R{-}SO_3H + Ca^{2+} \rightleftharpoons (R{-}SO_3)_2Ca + 2H^+$$

　　在上述情况下，用静态法操作简便、快速，比动态法优越。

　　由于离子交换是可逆反应，所以开始交换时溶液 H^+ 的浓度很小，因而正向交换反应进行得很迅速。但随着交换反应的进行，溶液中 H^+ 浓度迅速增大，开始产生逆向反应，交换速度逐渐减慢，使离子交换反应不能进行完全。而溶液中 H^+ 浓度对交换反应影响的程度，因各种阳离子交换树脂酸性基团性能的不同而有显著的差别。如前所述，$R{-}SO_3H$ 型阳离子交换树脂可在较低的 pH 条件下使用。因此，在静态离子交换法中，如以测定被置换出来的 H^+ 计算试样中某一组分的含量时，选用 $R{-}SO_3H$ 型强酸性阳离子交换树脂是必要的。

　　增加树脂的用量有助于离子交换正向反应的进行。由于树脂结构、性能以及操作条件的不同，许多静态交换法使用的树脂量相差很大。在一般情况下，树脂的实际用量多为理论量的 3～4 倍。

二、动态离子交换法

　　动态离子交换法是将树脂颗粒装填在交换柱上，在交换过程中，使含某离子 B 的交换溶液不断地流经离子交换柱（图 1-10-1）内的树脂层（或称交换层），离子交换作用自上而下一层层地依次进行。在交换作用进行到一定时间后，上面一段树脂已全部被交换，下面一段树脂完全未被交换，而在交界层一段中的树脂，部分已交换，部分未交换。当溶液继续通过交换柱时，由于上面一段不再发生交换反应，故溶液中 B 的浓度仍保持原来值；而当溶液流至交界层时，因其中有未被交换的树脂，则交换作用开始在这里发生，溶液中 B 离子的浓度渐渐降低；当溶液流至交界层底部时已全部被交换，B 离子浓度等于零。

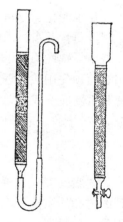

图 1-10-1　离子交换柱

　　如果此后继续通入交换溶液，随着交换反应的不断进行，交界层亦不断地向下移动。最后，交界层的底部到达了交换柱内树脂的底部（即交换层的底部）。从交换作用开始直至这一点时为止，交换溶液中被交换的 B 离子全部被交换，在流出液中其浓度等于零。

　　在动态交换中，洗脱过程是交换过程的逆反应。当淋洗液不断地流经交换柱时，已被交换的阳（或阴）离子不断地被洗脱下来。如交换过程那样，洗脱过程也是自上而下渐次进行的。开始时从柱的上端洗脱下来的阳（或阴）离子，到交换柱下端又可以再度被交换。因此，在最初的流出液中，被洗脱离子的浓度等于零。而在不断进行淋洗的情况下，被洗脱离子的浓度逐渐增高，至达最高浓度后，又渐渐降低。如以 c 代表流出液中被洗脱的离子浓度，以 V 代表淋洗液的体积，其淋洗曲线如图 1-10-2 所示。对于某种离子的洗脱效率，与淋洗液的浓度、流速以及树脂的性能等因素有关。

在实验室用离子交换法制备纯水，以及将测定石膏及水泥中三氧化硫时用过的树脂进行再生，一般都选用动态交换法，这是因为动态交换的效率远比静态法高。

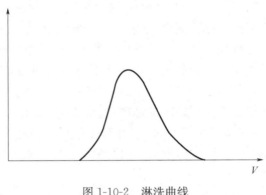

图 1-10-2 淋洗曲线

第四节 离子交换树脂的处理与再生

在水泥化学分析中，广泛应用强酸性阳离子交换树脂，以静态或静-动态离子交换法测定石膏及水泥中的三氧化硫。在制备纯水的装置中，除强酸性阳离子交换树脂外，还需用强碱性阴离子交换树脂。强酸性阳离子交换树脂出厂时一般为 Na 型，所以在使用时须预先用酸处理成 H 型。用过的盐型树脂（主要是 Ca 型），也须用酸进行再生，使其重新转变成 H 型以继续使用。树脂的处理（或再生），通常使用盐酸，酸的浓度一般为（1+3）～（1+4）。用酸处理（或再生）时的反应为：

$$R - SO_3Na + H^+ \rightleftharpoons R - SO_3H + Na^+$$
$$(R - SO_3)_2Ca + 2H^+ \rightleftharpoons 2R - SO_3H + Ca^{2+}$$

树脂处理（或再生）的方法，有静态法和动态法两种。但静态法的效果较差，得到的树脂的质量不稳定，且耗酸量较大，很不经济，所以通常多采用动态法。盐酸的用量，一般为全部树脂所需理论量的 3～4 倍。欲处理（或再生）500g732 苯乙烯型强酸性阳离子交换树脂，若以 1+3 的盐酸进行处理，理论耗酸量为 375mL，而实际耗酸量则为 1125～1500mL。

如为干燥树脂，应预先用水浸泡 7～8h 或过夜，使树脂的网眼结构为水所充满，这样在用酸淋洗时，即可迅速地进行交换反应。盐酸淋洗液流动的方向，一般是自上而下地顺洗，通常很少采用逆洗的方式。因为逆洗，在柱内容易产生涡流，使树脂的交换效率降低，特别是在流速较快的情况下更是如此。但当以盐酸溶液淋洗完了之后，用水淋洗时，树脂的体积又显著地膨胀，如再进行顺洗，交换柱有被树脂胀破的危险

（玻璃交换柱）。并且由于树脂的急剧膨胀使压降增大，当有悬浮物存在时，甚至造成树脂层的闭塞现象。因此，用水淋洗应采取逆洗方式。这样可使柱内积压比较结实的树脂层得以松动，调整了树脂的充填状态，并使树脂中的悬浮物溢流除去。淋洗的速度，用酸淋洗时以不超过 10mL/min 为宜；用水逆洗一般为 10～20mL/min，直至流出液中 Cl^- 的反应消失为止（用 $AgNO_3$ 溶液检验）。如淋洗的速度太快，会使淋洗效果降低，淋洗液的耗量亦因之增大。

用盐酸溶液（1+3 或 1+4）处理 500g 磺酸型强酸性阳离子交换树脂，当流出液体积达 700mL 时，其浓度已达 2mol/L 以上，因此应予保留，以供下次处理树脂时继续使用。

强碱性阴离子交换树脂，出厂时多为 Cl 型，使用时常以氢氧化钠溶液（100g/L）将其转化成 OH 型，其反应为：

$$R-N(CH_3)_3Cl + OH^- \rightleftharpoons R-N(CH_3)_3OH + Cl^-$$

氢氧化钠溶液的用量，一般为全部树脂所需理论用量的 3 倍以上，流速为 5～10mL/min。

用水逆洗的流速为 10～20mL/min，直至流出液无 Cl^- 反应和 pH 值为 7～8。如果应用离子交换法制备纯水，应根据所用交换柱的大小适当增大通入的酸、碱和用水淋洗的流速。但应注意，在处理（或再生）树脂时所用盐酸、氢氧化钠与水的纯度，同样都会影响制取纯水的质量。因此，在制备纯水时，应使用纯水和分析纯的酸和碱试剂。

第十一章　实验误差及数据处理

当对物质的特性值进行测量时，其目的是准确地测定被测量值，特别是有关被测组分含量的值。但由于测定用的仪器和工具的限制、测试方法的不完善、分析操作和测试环境的变化、测试人员本身的技术水平及经验的影响，实际上并不能绝对准确地得到它的真实值，而只能对其作出相对准确的估计，这种矛盾是使用误差的概念加以解决的。

第一节　测量基本术语及其概念

一、误差

（一）绝对误差和相对误差

测量值总是带有误差的，如将误差从测量值中减去，则可获得真值。误差是测定结果与真值之差，即

$$\varepsilon = x - \mu$$

式中，ε 为测量误差，简称误差；x 为测量值；μ 为被测量的真值。误差的单位与测量值的单位应相同。

此外，测量中还常常用到相对误差的概念，其定义为

$$相对误差 = \frac{\varepsilon}{\mu} \times 100\%$$

为了能与相对误差相区别，ε 可被称为绝对误差。显然，误差的概念是和真值相联系的，但真值仅仅是一个理想的概念。所谓被测量的真值是指一个量在被观测时，该量本身所具有的真实大小。在实际测量中，总是在不知道被测量的真值时才开始测量的，真值一般来说是不知道的，所以选择真值的最佳估计值以及确定该估计值的误差就是数据处理中的首要问题。

随着测量工作的精密度和准确度的提高，可使测量值逐步趋近于真值，如我们在标准物质研制中把多家实验室的测定结果汇总后的标准值作为该标准物质的真值。误差越小，表示测量值与真值越接近，准确度越高；误差越大，则表示准确度越低。同时误差也有正负号，测量值大于真值时误差为正，表示结果偏高；反之，误差为负时，表示结果偏低。

（二）误差的分类

按照误差的性质和产生的原因，通常可将误差分为三类：系统误差、偶然误差（或随机误差）和过失误差。

1. 系统误差（可测误差）

系统误差是指在重复性条件下对同一被测量进行无限多次测量所得结果的平均值与被测量的真值之差。如同真值一样，系统误差及其原因不能完全获知，误差的绝对值和符号保持恒定，或在条件改变时，按某一确定的规律变化。系统误差是由于某些比较确定的原因而引起的，它对分析结果的影响比较固定，即误差的正负常是一定的，其大小也有一定的规律性。在重复测量的情况下，它有重复出现的性质。同时其大小往往可以测出，误差的符号偏向同一方向，即具有单向性。因此，可以通过实验，对系统误差进行校正或设法消除其中一部分或全部。化学分析中产生系统误差的原因有如下几种：

① 方法误差。这种误差是由于分析方法不够完善而引起的，即使仔细操作也不能克服。例如滴定分析中所使用的指示剂不恰当，使得滴定终点与理论终点不相符；滴定反应进行得不够完全或不够迅速；有副反应发生等。

方法误差是系统误差中最严重的一种。要消除方法误差，根本的途径是设法找出产生误差的原因，针对存在的问题对方法加以改善。例如，用称量分析法测定二氧化硅的含量时，由于硅酸沉淀的吸附作用，灼烧后的二氧化硅中会含有少量的金属氧化物，使得测定结果偏高。针对这个原因，可以先在铂坩埚中将硅酸灼烧成二氧化硅后称量，然后再加硫酸和氢氟酸，除尽四氟化硅后再次灼烧，称量得到金属氧化物的质量，两次质量之差即为二氧化硅的质量。

② 仪器和试剂不纯引起的误差。仪器误差来源于仪器本身不够精确，例如砝码的标示值和真实值不一致；滴定管或移液管等容量仪器的刻度值不准确等。试剂误差来源于试剂不纯，如所用试剂或蒸馏水含有杂质或含有被测物质或干扰物质，使分析结果偏高或偏低。

③ 操作误差。一般指由于分析人员经验不足、操作不熟练、实际的操作与准确操作稍有出入等所引起的误差。例如，滴定速度太快，滴定管读数过早；对颜色变化的观察不够正确；洗涤沉淀时洗涤过分或不充分，灼烧温度不够或太高；仪器操作不当等。此类误差在同样操作时也会重复出现，但不允许用修正的方法去校准。初学者应该注意多加练习，以取得一定的经验，克服操作误差。

④ 环境效应误差。在仪器分析中，环境因素的改变常会影响到仪器和实验人员的测量，从而产生误差。例如温度的改变、照明度的改变、磁场的改变等。由于这些条件的变化常会影响到测定条件与仪器校准时不一致，从而带来测量误差。改善的方法是控制测量时的实验条件，使之保持恒定，并与仪器校准时的实验条件相同。

系统误差可以粗略地估计到，并可采取适当措施减小误差。例如对所用仪器进行校正；作空白试验加以扣除等。为了核对测定方法的准确度，通常可以用标准样品，用分析未知物的方法进行同样的分析，测得的结果与标准样品的已知结果进行比较，可以看出所采用的分析方法的准确度。对那些原因不能完全确定的但其值又足够大的系统误差，在计算测量的总误差时予以估计并和其他误差进行合成。试图通过增加测量次数来减少系统误差是徒劳的。

2. 随机误差（偶然误差）

随机误差是测量结果与在重复性条件下对同一被测量进行无限多次测量所得结果的平均值之差，是在实际测量条件下，多次测量同一量时，误差的绝对值和符号以不可预定方式变化着的误差。随机误差不是由于一定的原因，而是由于多种可变的原因所引起的，因此是偶然性的，不能控制的，有时正，有时负，有时大，有时小，所以随机误差又称不定误差。例如称量时，分析天平感量是 0.1mg，几次称量同一物体，质量之间读数彼此有 0.1mg 的差别，这是难免的。同理，滴定管读数彼此常会相差 ±0.1mL。测量人员对各份试样处理时的微小差别，都能使最后的结果在一定的范围内波动。由于定量分析的步骤较多，这一类难以控制的，找不出确定原因的偶然性因素比一般简单测量要多，因此更难免有偶然误差。

大量的生产实践和科学实验说明，当人们对一个量进行重复足够多次的测量，然后把所得结果进行统计，就可以发现，随机误差具有如下的规律：正误差和负误差出现的概率相等，各种大小误差出现的概率遵循着统计分布规律。例如，遵从正态分布的误差具有以下几个特点：

① 单峰性：绝对值小的误差出现的概率比绝对值大的误差出现的概率大；

② 对称性：正误差和负误差出现的概率大体相同；

③ 有界性：绝对值很大的误差出现的概率近于零。亦即误差有一定的实际限度；

④ 抵偿性：在实际测量条件下对同一量的测量，其误差的算术平均值随着测量次数的增加亦趋于零。

因此，在消除引起系统误差的所有因素后，多次测量的算术平均值最接近真实值。

3. 过失误差

过失误差是指工作中的差错，主要是由于操作人员的疏忽或不按规范正确操作等引起。例如器皿不洁净，读错刻度值，看错砝码，记录错误，加错试剂，计算错误，漏加溶液，试样玷污等。此类误差属于不应有的过失，无规则可寻，只要提高警惕，细心操作，过失误差就可以避免。在分析工作中，必须养成严格遵守操作规程、耐心细致地进行实验的良好习惯，培养实事求是、严肃认真、一丝不苟的科学态度。若发现错误的测定结果，应予剔除，不能用于计算平均值。

二、准确度

测量准确度是测定结果与被测量真值之间的一致程度。它说明测定的可靠性，用绝对误差或相对误差来量度。

实际上用误差的大小来量度不准确度时，误差值愈大，说明测定愈不准确，即准确度愈低；反之，误差愈小，就意味着测定愈准确，或者说，测定的准确度愈高。

例 1 标定某亚铁溶液的浓度时，在 0.1mg 感量的分析天平上称得基准重铬酸钾的质量为 0.2076g，如其真实质量为 0.2077g，则：

$$绝对误差 = 0.2076g - 0.2077g = -0.0001g$$

$$相对误差 = \frac{-0.0001}{0.2077} \times 100\% = -0.05\%$$

例 2　称得另一物质的质量为 2.2076，该物质的真实质量为 2.2077g，则：

$$绝对误差＝2.2076g－2.2077g＝－0.0001g$$

$$相对误差＝\frac{-0.0001}{2.2077} \times 100\% ＝－0.005\%$$

由此可知，两次称量的绝对误差虽然相同，均为－0.0001g，但这个误差在真实值中所占的百分数（相对误差）却不一样。也就是说，同样的绝对误差，当被测量的值较大时，相对误差较小，测定的准确度也就比较高。因此，用相对误差来表示各种情况下测定结果的准确度更为确切。

三、精密度与偏差

精密度是指多次平行测定结果彼此互相接近的程度。精密度的高低用偏差（d）来衡量。偏差是指某次测量结果与多次平行测定结果平均值的差值。

$$d = x_i - \overline{x}$$

式中，$\overline{x} = \frac{1}{n}\sum_{i=1}^{n} x_i$ 为多次平行测定结果的平均值。偏差大小可用来衡量不精密程度，偏差愈大，即愈不精密，说明分析测定值彼此间不接近，或者说精密度低；偏差愈小，即愈精密，分析测定值彼此间愈接近，或者说精密度高。偏差不计正负号。

为了更好地反映分析方法的精密度，当平行测量次数不多时，常用平均偏差（$\overline{d}$）和相对平均偏差（$\overline{d}_r$）表示。绝对平均偏差是将各次测定值绝对偏差的绝对值之和被测定次数除得到的数值，简称平均偏差。

$$\overline{d} = \frac{1}{n}\sum_{i=1}^{n} |x_i - \overline{x}|$$

相对平均偏差是平均偏差在测得平均值中所占的百分数，如下式所示。

$$\overline{d}_r = \frac{\overline{d}}{x} \times 100\%$$

用平均偏差表示精密度，方法虽简单，但当测定所得数据的分散程度较大时，从平均偏差不能看出精密度的好坏。用统计方法处理数据时，广泛采用标准偏差来衡量数据的分散程度。

标准偏差是指样本中个别测定的偏差平方值的总和除以测定次数减 1 后的开方值，也称为均方根偏差，以 s 表示：

$$s = \sqrt{\frac{\sum_{i=1}^{n}(x_i - \overline{x})^2}{n-1}}$$

标准偏差小，表示测定结果的重现性好，即各测定值之间比较接近，精密度高。

四、精密度与准确度的关系

从以上讨论可知，系统误差是定量分析中误差的主要来源，可影响分析结果的准确度；偶然误差影响分析结果的精密度。准确度是表示测定结果与真实值相符的程度；精密度则表示测定测试结果的重复性。由于真实值是不知道的，因此常根据测定结果的精密度来衡量分析结果的好坏，但是精密度高的测定结果不一定准确度高。

例3 A、B、C三位化验员，测定同一种已知铜质量分数为59.39％的黄铜标准物质中铜含量，各分析四次，测定结果如表1-11-1所示。

表1-11-1 铜的测定结果

化验员	A	B	C
测定结果/％	59.22	59.35	59.38
	59.19	59.29	59.42
	59.17	59.30	59.40
	59.20	59.18	59.41
平均值/％	59.19	59.28	59.40

从三位情况来看，A的分析精度较高，说明偶然误差小，但平均值与真实值相差较大，故准确度低，说明系统误差大；B的分析结果精密度不高，准确度也不高，说明系统差和偶然误差都很大；C的系统误差和偶然误差都很小，精密度和准确度都高。

由此例可看出，精密度是保证准确度的先决条件，只有在精密度比较高的前提下，才能保证分析结果的可靠性。因此在分析时，必须用一份组成相近的标准样品，同时操作，以获得或接近标准结果来说明分析结果的准确度。若精密度很差，说明所测结果不可靠，当然其准确度也不高，虽然由于测定次数多可能使正负偏差相互抵消，但已失去衡量准确度的前提。因此，我们在评价分析结果的时候，还必须将系统误差和偶然误差的影响结合起来考虑，从而得到精密度好、准确度也好的分析结果。

五、不确定度

不确定度是指由于测量误差的存在，对被测量值的不能肯定的程度。反过来，也表明该结果的可信赖程度。它是测量结果质量的指标。不确定度的值即为各测量值距离平均值的最大距离。

$$不确定度 = \max\{|x_i - \overline{x}|, i = 1, 2, \cdots n\}$$

不确定度越小，所测结果与被测量的真值越接近，质量越高，水平越高，其使用价值就越高；不确定度越大，测量结果的质量越低，水平越低，其使用价值也越低。测量不确定度是目前对于误差分析的最新理解和阐述，以前用测量误差来表述，现在更准确地定义为测量不准确度，它合理表征了测量值的分散性。

第二节 分析结果的数据处理

一、有效数字

1. 有效数字的记录

在分析测试中，为了得到准确的分析结果，不仅要准确地测量，而且要正确地记录和计算。因为记录的数字不仅表示数量的大小，而且反映测量的精确程度。所谓有效数字就是在测量中所能得到的有实际意义的数字。它通常包括全部准确数字和一位不确定的数字。有效数字的保留位数与测量方法及仪器准确度有关。例如，用普通分析天平称量时，由于仪器性能的限制，称量数据只能读到小数点后第四位，称量的误差为±0.0001g。设称出的质量为10.2356g，则此数的前五位是确定的，最后一位是不确定的数字，因此共有六位有效数字。

有效数字中"0"有双重含义。数字中间的"0"，如1003中"00"都是有效数字。数字前边的"0"，当用"0"来定位，即用"0"来表示小数点的位置时，它就不是有效数字，这与量的使用有关，例如0.00154m变为1.54mm，前面三个"0"全消失了，故有效数字实际上只有三位。数字后边的"0"，尤其是小数点后的"0"，如1.50中"0"是有效数字，即1.50是三位有效数字。又如25000，很难说"0"是否为有效数字，这时最好用指数表示。25000若写成$2.50×10^4$，则表示3位有效数字，若写成$2.5×10^4$，则表示是二位有效数字。

2. 有效数字运算规则

① 记录测量所得的数据时，只允许保留一位可疑数字，不允许增加位数，也不允许减少位数。例如，称量一个坩埚，先用药物天平称量，所得数据应记作17.2g，因为药物天平的感量为0.1g，这个数据表示坩埚质量在（17.2±0.1）g之间。再用万分之一天平称量同一坩埚，所得数据应记作17.2456g，这表示前五位数字都是确切的，可靠的，称为可靠数字，只有末位数字因天平的感量是0.1mg，所以"6"是估计得到的，不那么可靠，称可疑数字。

② 在运算中弃去多余数字时（数字修约），一律以"四舍六入五成双"为原则，即"四要舍，六要上；五前单数要进一，五前双数全舍光"，而不是"四舍五入"。

其规则如下：

a. 拟舍弃数字的最左一位数字小于5时，则舍去，保留其余各位数字不变。

b. 拟舍弃数字的最左一位数字大于5，则进一，即保留数字的末位数字加1。

c. 拟舍弃数字的最左一位数字为5，且其后有非0数字时进一，即保留数字的末位数字加1。

d. 拟舍弃数字的最左一位数字为5，且其后无数值或皆为0时，若所保留的末位数字为奇数（1，3，5，7，9）则进一，即保留数字的末位数字加1；若所保留的末位数字为偶数（0，2，4，6，8），则舍去。

e. 负数修约时，先将它的绝对值按上述规定进行修约，然后在所得值前面加上负号

例如，将下列数据修约为四位有效数字：

$$0.21334→0.2133$$

$$0.21336→0.2134$$

$$0.21335→0.2134$$

$$0.21345→0.2134$$

$$0.213451 \rightarrow 0.2135$$

在修约有效数字时，应在确定修约间隔或指定修约位数后一次修约获得结果，不得多次对该数字进行分次修约。例如，将如将 0.153346 修约至四位小数时，应为 0.1533，而不得先修约为 0.15335，再修约为 0.1534。

③ 在加减运算时，应以参加运算的各数据中绝对误差最大（即小数点后位数最少）的数据为标准，决定结果（和或差）的有效位数。如将 0.0121、25.64 及 1.0578 三数相加，三个数据中，绝对误差最大的是 25.64，应以它为依据，先修约，再计算。结果为：$0.01 + 25.64 + 1.06 = 26.71$。

④ 在乘除运算中，应以参加运算的各数据中相对误差最大（即有效数字位数最少）的数据为依据依据，决定结果（积或商）的有效位数。中间算式中可多保留一位。遇到个位数为 8 或 9 时，可以多算一位有效数字。如 9.13，实际上虽只有三位，但在计算有效数字时，可作为四位计算。

例如，求 $0.0121 \times 25.64 \times 1.05782$ 的乘积是多少？

解：在这组数据中，0.0121 的相对误差最大，应以它为标准先进行修约，再计算：

$$0.0121 \times 25.6 \times 1.06 = 0.328$$

或先多保留一位有效数字，算完后再修约一次。如 $0.0121 \times 25.64 \times 1.058 = 0.3282$，修约为 0.328。

⑤ 在所有计算式中，常取 π、e 的数值，以及 $\sqrt{2}$、$\frac{1}{3}$ 等系数的有效数字位数，可以认为无限制，即在计算中根据需要决定写几位。

⑥ pH、$\lg K_a$ 等对数数值的有效数字位数，仅取决于小数部分。在对数计算中，所取对数位数应与真数的有效数字位数相等。例如 pH = 4.30，则 $c_{H^+} = 5.0 \times 10^{-5}$ mol·L^{-1}；$K_a = 1.8 \times 10^{-5}$，则 $pK_a = 4.74$。

⑦ 大多数情况下，表示绝对误差时，结果取一位有效数字，最多取两位。

⑧ 对于组分含量大于 10% 的测定，一般要求分析结果有四位有效数字；对于组分含量在 1%～10% 的测定，一般要求结果有三位有效数字；对于组分含量小于 1% 的测定，一般只要求两位有效数字。

二、有效数字在分析实践中的应用

1. 正确地记录数据

例如，在万分之一分析天平上称得某物质质量为 0.2500g，不能记录成 0.250g 或 0.25g；在滴定管上读取溶液的体积为 24.00mL，不能记录为 24mL 或 24.0mL。

2. 正确地选取试样量

按公式：$\qquad$ 称样精确度 $= \dfrac{\text{天平灵敏度}}{\text{试样的质量}}$

如所用的天平的灵敏度为 0.0001g，要求称样的精确度为 0.1% 时，则：

试样的质量 = 0.0001/0.001 = 0.1000g

即称样量不得少于 0.1000g。如用此天平称取 1g 以上的试样，若要求称样的精确度仍为 0.1%，则此时称量精确至 $1g×0.1\%=0.001g$，即符合要求。

在水泥生产检验的实际工作中，对某些低含量组分的单项测定（如 SO_3、f-CaO 等），称样精确度的要求可放宽。例如，水泥中的 SO_3 含量一般在 3% 左右，如果称样量为 0.5g，要求测定的绝对误差为 0.1%，即相对误差为 3.3%，在此情况下，如不考虑其他操作环节的误差，则称样量精确至 $3.3\%×0.5=0.0165g$ 即可，而一般精确至 5mg 则完全能够满足测定精确度的要求。

3. 确定滴定需用的最小体积

已知：
$$滴定精确度 = \frac{滴定的最大误差(mL)}{滴定需用的最小体积(mL)}$$

在滴定过程中，不可避免地会有半滴到一滴（0.02～0.04mL）的误差，假如要求滴定的精确度为 0.1%，则滴定所需用的最小体积为：

$$V = \frac{0.02}{0.1\%}mL = 20mL$$

因此，供滴定的试样量应保证标准溶液的消耗量大于 20mL。

所以，在一般容量分析中，根据滴定管刻度所能达到的精确度，滴定时标准滴定溶液的用量在不少于 20.00mL 的情况下，就可以适应一般常量分析对精确度的要求。

第三节 提高分析结果准确度的方法

在分析测试过程中不可避免地存在误差，要想得到准确的分析结果，必须设法避免在分析过程中带来的各种误差。下面结合实际情况简单地介绍几种方法。

一、选择合适的分析方法

不同分析方法的灵敏度和准确度是不同的，在实际工作中要根据具体情况和要求来选择合适的分析方法。化学分析法的灵敏度虽然不高，但是相对于仪器分析而言，准确度高，适于高含量组分的测定，通常能获得比较准确的分析结果（相对误差≤0.2%）。仪器分析方法相对于化学分析而言，灵敏度高，绝对误差小，但准确度低，适于低含量组分的测定，能满足微量或痕量组分测定准确度的要求。另外，选择分析方法时还应考虑共存物质的干扰。

二、减小测量误差

为了保证分析测试结果的准确度，必须尽量减小测量误差。例如，一般分析天平称量的绝对误差为 ±0.0001g，采用递减法称量两次，为使称量时相对误差≤0.1%，称样量必须≥0.2g。又如，在滴定分析中，一般滴定管可有 ±0.01mL 的绝对误差，在一次滴定中需要读数两次。为了滴定时相对误差≤0.1%，消耗滴定剂的体积就需≥20mL。

需要说明的是，不同的分析方法准确度要求不同，应根据具体情况控制各测量步骤的误差，使测量的准确度与分析方法的准确度相适应。例如，用滴定分析法进行分析，其相对误差≤0.1%，则称取 0.2g 样品时，应读取至 0.0001g；用分光光度法测定微量组分，方法的相对误差为 2%，若称取 0.5g 试样，试样的称量误差小于 0.5g×2%＝0.01g 即可，没有必要像滴定分析法那样强调精确至±0.0001g。

三、减小随机误差

根据随机误差的分布规律，在消除系统误差的前提下，平行测定次数越多，其平均值越接近真实值。因此，增加平行次数可减小随机误差的影响。但测定次数过多，工作量加大，随机误差减小不大。在实际工作中，一般分析测试平行测定三四次即可满足精密度要求。

四、消除测量过程中的系统误差

系统误差产生的原因是多方面的，可根据具体情况采用不同的方法来检验和消除系统误差。

1. 与经典方法进行比较

将所建方法与公认经典方法对同一试样进行测量并比较，以判断该方法的可行性。若所建方法不够完善，应进一步优化或测出校正值以消除方法误差。这在新方法研究中经常采用。

2. 校准仪器

对天平、移液管、滴定管、容量瓶等计量、容量器皿及测量仪器进行校准，可以减免仪器误差。

3. 对照试验

对照试验是检查分析过程中有无系统误差的有效方法。其步骤是：用已知含量（标准值）的标准样品，按所选的测定方法，以同样的实验条件进行分析，求得测定方法的校正值（标准样品的标准值与标准样品分析结果的比值），用以评价所选方法有无系统误差，或直接引入系统误差进行校正：

$$校正后试样中某组分含量 = 试样中某组分测得含量 \times \frac{标准样品中某组分已知含量}{标准样品中某组分测得含量}$$

4. 回收试验

当采用所建方法测出试样中某组分含量，可在几份相同试样（$n \geqslant 5$）中加入适量被测组分的纯品，以相同条件进行测定，按下式计算回收率：

$$回收率(\%) = \frac{加入纯品后测得量 - 加入纯品前测得量}{纯品加入量} \times 100\%$$

回收率越接近 100%，系统误差越小，方法准确度越高。回收试验常在微量组分分析中应用。

5. 空白试验

空白试验是指在不加入试样的条件下，按与测定试样相同的条件和步骤进行分析实验，所得结果称为空白值。从试样的分析结果中扣除此空白值，即可消除由试剂及实验器皿等引入的杂质所造成的误差。空白值不宜过大，否则，应通过提纯试剂或改用其他器皿等途径减小空白值。

第二篇 各类试样化学分析方法

第一章 分析样品的制备方法

化学分析要求分析结果具有较高的精密度和准确度，这个要求必须以所提供的试样（少量）能充分代表整批物料（大量）为前提。换句话说，分析试样的化学成分，应能确实代表整批物料的平均成分。否则，分析结果再准确，也毫无意义。矿石中各种化学成分的分布通常是不均匀的，特别是当整批物料中存有各种大、小块与粉末时更是如此。要取得一个有代表性的样品，就须将整批样品粉碎并混匀。这在实际上是不可能的。我们只能从整批物料中，按科学方法选取一小部分能代表其平均组成的样品来进行处理，这部分样品叫做实验室样品。由实验室样品经过反复破碎、缩分，最后过筛而制得的用于分析的样品叫做试样，用以进行测定所称取一定量的试样叫做试料。

实验一 实验室样品的采集

从矿山上采取实验室样品进行化学分析的目的，是为了掌握整个矿山的化学成分的变化情况，为编制矿山网和制定开采计划提供必要和充分的化学分析数据。

水泥厂矿山取样一般采用刻槽、钻孔或沿矿山开采面分格取样的方法。刻槽法取样应垂直于矿层的延伸方向，沟间距离视矿层成分的不均匀程度而定，一般在 $50\sim 80m$ 之间。在沟槽中的取点，一般每隔 $1m$ 取一样品。于矿山开采面上取样，通常在每 $1m^2$ 面积上取一个样品。为了了解矿层在矿山内部的分布及其化学成分，则采用钻孔的方法取样。

选取黏土矿的实验室样品时，要特别注意原料的均匀性，根据它的均匀性来决定取样沟道及方法。当有夹层砂时，应在矿层走向的垂直方向每隔 $1m$ 左右取一个样品。在一般情况下，则根据黏土层的厚度进行分层取样。取样沟道之间的距离约为 $10\sim 25m$。

由于各个矿山生成条件的不同，各水泥厂的矿山取样方法也不可能一致，应根据矿层分布的情况、矿层不均匀性以及矿山的大小来制定采样方法。

在水泥生产过程中，按生产流程对原料、生料、熟料及水泥等进行一环扣一环的生产控制，是决定工厂正常生产和保证产品质量的关键。而在各个环节上正确取样及随后的化学分析，在水泥生产控制中，起着十分重要的作用。

因为物料是连续运送的，当物料成分不均匀时，把每隔一定时间取的样品作为实验室样品，往往是不可靠的。所以，采取一定时间内实验室样品的最合理的方法是连续取样。目前在水泥生产过程中的许多工序上，都采用了自动连续取样设备来采取平均样品，以代替人工定时取样的方法。

通常所选取的实验室样品的质量都很大，必须经过逐次破碎和缩分。缩分样品的最低可靠质量，大体上与其最大颗粒直径的平方成正比关系：

$$Q = Kd^2$$

式中　Q——样品的最低可靠质量，kg；

　　　d——样品中最大颗粒直径，mm；

　　　K——根据矿石特性而确定的经验系数。

表 2-1-1 为根据矿石均匀程度而列出的 K 的经验值。表中的 K 值，不能概括所有情况，在必要时可用试验方法来确定。

表 2-1-1　K 的经验值

矿石均匀程度	K 值
较均匀的	0.1～0.3
不均匀的	0.4～0.6
很不均匀的	0.7～1.0

例：选取某较均匀的矿石样品时，其中最大颗粒直径约 10mm，设 K 值为 0.4，问：①原始样品应选取多少千克？②若送实验室的样品约需 100g，此样品最粗颗的直径应不超过多少毫米？

解：原始样品的最低可靠质量为：

$$Q = 0.4 \times 10^2 = 40 \ (\text{kg})$$

送实验室的样品最大直径为：

$$d = \sqrt{Q/K} = \sqrt{0.1/0.4} \approx 0.2 \ (\text{mm})$$

实验二　实验室样品的制备

从上节例题可以看出，最初选取的实验室样品质量很大，而实验室需要的试样质量较小。为了使试样仍能代表整批物料的组成，必须将实验室样品逐级进行破碎（或磨细）、混匀和缩分。现就这些操作方法，简略介绍如下。

一、样品的烘干

如果样品过于潮湿，致使粉碎、研细与过筛发生困难（如发生粘结、堵塞现象），就必须先将样品干燥，然后进行处理。

如系大量的样品，可在空气中干燥，即把样品放在胶合板、塑料布或洁净的混凝土地面上，摊成一个薄层，并经常翻动。这样在室温下放置几天之后，使其逐渐风干。

如系小量样品，可放入烘箱中干燥。一般应在 105～110℃温度下进行。对易分解的样品，如煤粉、含结晶水的石膏等，应在较低的温度下（55℃左右）烘干。而铝土矿、锰矿等吸水能力较强的样品，可在较高的温度下（120～130℃）烘干。

二、样品的破碎与磨细

样品的破碎一般用机械进行。没有机械设备时，也可用人工在钢板或硬质铁板上用铁锤砸碎，但不要让样品飞散。

通常先把实验室样品经 25mm 的筛子过筛，对较大的颗粒一般采用颚式粗碎机或在钢板上用铁锤粗碎。

如果样品的颗粒直径在 10mm 以下，可用轧辊式中碎机破碎或人工在钢板上用铁锤击碎。

细磨则在盘磨、球磨或在铁的或瓷的研钵中进行，再于玛瑙研钵（图 2-1-1）中研细，使样品全部通过 0.080mm 方孔筛。

图 2-1-1　玛瑙研钵

在水泥生产过程中取得的实验室样品，若为出磨物料，如混合生料、煤粉、水泥等，一般不再进行研磨，经混匀与缩分之后，即可作为试样直接送实验室进行化学分析。

三、样品的混匀

为了使分析样品具有代表性，必须把样品充分混匀。由于在同一个样品中往往含有几种密度、硬度等物理性贡相差较大的矿物组分存在，有的脆性较大易于破碎．有的硬度较大则不易破碎；就密度而言，密度高的矿物相对集中在下层，密度低的则相对集中在上层，所以在缩分之前，如不加以充分的混匀，缩分后的样品，就不会具有充分的代表性。

大批（如几百千克）样品的混匀，多采用铁铲混匀法与环锥混匀法。所谓铁铲混匀法，即用铁铲将实验室样品从原来的一堆，堆成另一堆，把样品混匀。环锥法是先将样品用铲子堆成一个规则的圆锥体，然后用木板或金属板从锥顶插入，以锥体轴为中心将板转动，把圆锥体分成一个环形（环形的直径要比锥体直径大两倍左右），再用铲子沿环的外线或内线将样品重新堆成圆锥体。应注意使每一铲子的样品，都必须准确地撒在锥体的顶部。如此反复进行二、三次，即可将样品混匀。

较少量的样品（如 20kg 以下），可用掀角法进行混匀。即将样品放在光滑的塑料布上，提起塑料布的一角使样品滚到对角，然后提起相对的一角，使样品滚回来。如此进行 3～4 次之后，将样品留在塑料布的中央。再用另外两个对角如此反复进行 3～4 次，使样品充分混匀。此外，在实验室中对少量的样品，也可用分样器混匀。

四、样品的缩分

用任何一种方法将样品混匀之后，即可进行缩分。一般缩分样品的方法有锥形四分法、挖取法和用分样器缩分法三种。

（一）锥形四分法

将混匀的样品堆成圆锥体，然后用铲子或木板将锥顶压平，使成为截锥体。通过圆心分或四等份，去掉任一相对两等份，再将剩下的两等份堆成圆锥体（图 2-1-2）。如此重复进行，直至缩分到所需数量为止。

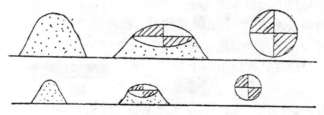

图 2-1-2　锥形四分法

（二）挖取法（正方形法）

将混匀的样品铺成正方形或长方形的均匀薄层，先以直尺划分成若干个小正方形。用小铲将每一定间隔的小正方形中的样品全部取出（图 2-1-3）。然后放在一起再进行混匀。通常在缩减小量的样品或缩分到最后的分析样品时，常用此法。

（三）分样器缩分法

分样器有许多种，最简单的是槽形分样器（图 2-1-4）。分样器中有数个左右交替的用隔板分开的小槽（一般不少于 10 个，而且必须是偶数），在下面的两侧分别放有承接样品的样槽。将样品倒入分样器中后，样品即从两侧流入两边的样槽内，于是把样品均匀分成两等份。

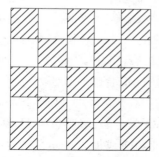

图 2-1-3　挖取法（正方形法）

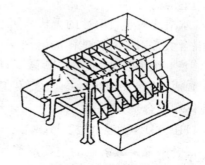

图 2-1-4　槽形分样器

缩分样品的最大颗粒直径不应大于格槽宽度的 1/2～1/3，用分样器可不需预先混匀样品即可进行缩分。

五、样品制备的注意事项

在破碎、磨细样品前，应将所有的设备如机器中的颚板、轧辊、磨盘或钢板、铁锤以及研钵等用刷子刷净，不应有其他样品粉末残留。玛瑙研钵或细筛则用软毛刷刷净。如有条件，可用压缩空气或电吹风机吹除残留在碎样器上的矿粉。

碎样时应尽量防止样品小块或粉末飞散。如果偶尔跳出大颗粒，仍须拣回继续粉碎。

在过筛时，如有筛余，那怕是很小一个颗粒也不应弃去，仍须继续粉碎至全部过筛为止，以免使分析结果失去对原样的代表性。

在破碎或磨细过程中，因破碎器的磨损而使样品中铁的含量增加，所以最好使用锰钢制的磨盘、轧辊或颚板等。必要时可用瓷研钵或玛瑙研钵把样品反复磨细，将此未进入金属铁的样品与上述样品进行平行分析，而加以校正。在一般情况下，如实验室样品中没有金属铁或磁铁成分存在，可用磁石吸除由破碎器进入样品中的铁。

制备好的试样应保存在磨口的试样瓶中，必要时用胶封好，以免化学组成及水分含量发生变化，同时应在试样瓶上贴上标签，编号并登记试样名称、产地、送样单位及收样日期等。

试样都要保存一定时间，工厂中通常把原料、燃料或其他物料的试样一直保存到不用这种物料时为止。如为控制工艺过程的取样，至少要保存到该批产品出厂时为止。

实验三　样品的分解

除液体和气体试样采集后直接进行分析或固体中用于干法分析（如光电直读光谱仪、X-射线荧光光谱仪和差热分析仪）之外，其他固体试样通常均须将试样分解，使其被测成分完全成为溶液状态，然后才能进行分析。因此，试样分解是分析过程的重要步骤，对制定快速、准确的分析方法，取得可靠的分析结果意义重大。分解试样的方法一般有两种：溶解和熔融。

采用适当的溶剂将试样溶解后制成溶液的方法称为溶解法，常用的溶剂有水、酸和碱等。水溶法对于可溶性的无机盐可直接用蒸馏水溶解制成溶液；酸溶法中多种无机酸及混合酸常用做溶解试样的溶剂，利用这些酸的酸性、氧化性及配位性使被测组分转入溶液，常用无机酸有：盐酸（HCl）、硝酸（HNO_3）、硫酸（H_2SO_4）、磷酸（H_3PO_4）、高氯酸（$HClO_4$）、氢氟酸（HF）。常用的混合酸有：王水（HNO_3 与 HCl 按 1：3 体积混合）、逆王水（HNO_3 与 HCl 按 3：1 体积混合）、HF＋H_2SO_4＋$HClO_4$ 混合酸、HF＋HNO_3 混合酸、H_2SO_4＋H_2O_2＋H_2O 混合酸、HNO_3＋H_2SO_4＋$HClO_4$（少量）混合酸等。碱溶法的主要溶剂为 NaOH、KOH 或加入少量的 Na_2O_2、K_2O_2，常用来溶解两性金属，如铝、锌及其合金以及它们的氢氧化物或氧化物，也可用于溶解酸性氧化物如 MoO_3、WO_3 等。

对于硅酸盐矿物通常采用酸溶和熔融的方法。

I　用酸分解

硅酸盐能否为酸所分解，主要取决于其中二氧化硅含量与碱性氧化物含量之比。其比值愈大，则愈不易为酸所分解；反之，碱性氧化物的含量愈高，并且碱性愈强，则此硅酸盐愈易为酸分解，甚至可溶于水。如硅酸钠可溶于水，硅酸钙不溶于水而溶于酸，硅酸铝则不能为酸完全溶解。

分解硅酸盐通常选用盐酸、硝酸、高氯酸、磷酸及氢氟酸等。在系统分析中，常以盐酸分解试样，而硝酸、硫酸等应用较少。尤其在用重量法测定二氧化硅时，若用硝酸分解试样，在蒸发干涸过程中，很容易形成难溶性的碱式盐；用硫酸分解试样，则易形成溶解度很小的或几乎不溶解的碱土金属硫酸盐。

磷酸在 200～300℃（通常在 250℃左右）是一种强有力的溶剂，对一般不能被盐酸、硫酸分解的硅酸盐、硅铝酸盐、铁矿石等矿物具有很强的溶解能力。但磷酸溶解只适用于作某些元素的单项测定，如铁矿石、混合生料中铁的快速测定。在系统分析中，有大量的磷酸存在是不适宜的。

此外，分解某些矿物或对某种元素进行单独测定，有时也还用到硫酸、硝酸或高氯酸。如用硫酸分解铬铁矿测定其中的铬；以硫酸或高氯酸分解某些钛硅酸盐；用硝酸或高氯酸分解某些铅硅酸盐等。

对于一些较难分解的硅酸盐，常使用混合酸，如盐酸与硫酸、盐酸与硝酸、磷酸与硫酸、氢氟酸与硫酸、氢氟酸与高氯酸等。

绝大多数硅酸盐矿物，都能被氢氟酸-硫酸所分解，只有少数矿物不能完全分解，但此类矿物在水泥工业中很少用到。

用氢氟酸和硫酸分解试样的目的，通常是为了测定除二氧化硅以外的其他组分，如铁、铝、锰、钛、磷以及碱金属等。用氢氟酸和硫酸分解样品时，在加热情况下二氧化硅成四氟化硅而挥发。如果样品中含有钛、锆、钽、铌等元素，也能与氟生成挥发性的化合物，因而在下一步测定这些元素时，所得结果将不是它们的全部含量。但有硫酸存在时，上述反应即不会发生。所以在分析含钛或锆、钽、铌等含量较高的试样时，适当地多加一些硫酸是必要的。

若试样中的碱土金属含量较高，用氢氟酸分解时，为避免生成难溶的碱土金属硫酸盐，以高氯酸代替硫酸是适宜的。

在以氢氟酸处理硅酸盐试样的过程中，只要氢氟酸溶液保持一定的体积，则硅酸仍将以氟硅酸的形式保留在溶液中。根据这一原理，可于聚四氟乙烯坩埚中，用氢氟酸和硝酸分解试样，控制溶解温度在 200℃以下，并使氢氟酸保持一定的体积，这样，硅酸就不致呈 SiF_4 状态挥发掉，从而可用氟硅酸钾容量法测定试样中二氧化硅的含量。

用氢氟酸和硫酸处理样品时，须在通风效率较高的通风橱中进行，因为氢氟酸蒸气具有强烈的刺激性。加氢氟酸时要用塑料量筒，并应戴上胶皮手套，以避免氢氟酸误落在皮肤上引起严重的化学灼伤。

分解样品时的温度不宜过高，一般在微热的电热板（或砂浴）上进行，否则容易使试样从坩埚中溅出。在整个分解过程中，应不时用白金丝轻轻搅动坩埚内的物质，以使作用完全，并可防止由于底部局部过热而发生溅出现象；同时，并可检查试详分解得是否完全。如在搅拌时感觉有未被分解的颗粒，应将坩埚取下，放冷后再加入数毫升氢氟酸重新蒸发。

蒸发时必须把氟全部除去。因为有氟存在将对下一步铝、钛等元素的测定产生干扰。为此，通常需要蒸发至硫酸酐的白烟冒尽。在一般情况下，用氢氟酸蒸发的操作需进行两次。

在上述蒸发操作结束之后，残渣用水浸出并加酸溶解；也可用碳酸钠或焦硫酸钾熔融后，然后用水和酸提取并溶解熔融物，再进行其他各项的测定。

Ⅱ 用熔融或半熔（烧结）法分解

作熔融硅酸盐矿物用的熔剂很多。除氧化硼之外，一般多为碱金属的化合物，其中有氢氧化物、过氧化物、碳酸盐、硼酸盐及焦硫酸盐等。如前所述，用这些熔剂进行熔融的目的，是把不能为酸所直接分解的矿物岩石借熔融的方法使碱金属氧化物的比值增加，然后才能为酸所分解。

在选择熔剂时，需根据分析样品的组分和各组分之间的相对含量、对分析的不同要求以及其他各种条件来考虑。譬如，在某种情况下，仅需把样品进行分解；而在另一种情况下，则要把样品中某种组分进行氧化；或者是在分解试样的同时，又要氧化某种或几种组分。有时用某种熔剂熔融只适于测定某种组分而不适于在同一份试料中进行其他组分的测定等。因此，哪些样品应采用什么熔剂，很难作出具体的规定。

现将硅酸盐分析中常用的一些熔剂和它们的性质，以及在分解过程中所起的作用等简述如下。

一、用碳酸钠作熔剂

碳酸钠是分析大多数硅酸盐以及其他矿物最常用的重要熔剂之一。作熔剂用的一般是分析纯或优级纯的无水碳酸钠。用碳酸钠分解试样，不仅操作方便，而且对系统分析中 SiO_2、Fe_2O_3、Al_2O_3、TiO_2、MnO、CaO、MgO 等的测定，不会引起不必要的麻烦。

碳酸钠是一种碱性熔剂，适用于熔融酸性矿物。当硅酸盐与碳酸钠一起熔融时，硅酸盐便被分解为硅酸钠、铝酸钠、锰酸钠等复杂的混合物。熔融物用酸处理时，则分解为相应的盐类并析出硅酸。用碳酸钠作熔剂，通常是在铂坩埚中进行熔融或半熔（烧结）。

（一）使用铂坩埚熔融

碳酸钠的熔点为 851℃。在铂坩埚中熔融试样，通常于 950～1000℃ 的温度下进行。熔剂的加入量和熔融所需的时间，在硅酸盐分析中一般加 4～6 倍的碳酸钠，熔融 30～40min 即可。比较难熔（如含铝较高）的样品，可加 6～10 倍碳酸钠，熔融时间也需适当延长。

试样中如含有某些能被还原的物质，还原后会损坏铂坩埚，故应在充分的氧化气氛中进行，否则，还原后的物质（如还原后的铁）与铂作用而生成一种紫褐色的薄层。试样中如含有碳或硫化物等物质时，应在熔融之前将试样小心灼烧．使其充分氧化。如果这类物质含量较高，应先在瓷坩埚中灼烧，然后在铂坩埚中进行熔融。

对含铁较高的铁矿石，应先在烧杯中用盐酸处理试样，使绝大部分铁溶解，然后把滤出的不溶残渣再用碳酸钠熔融。

当熔融物冷却后，如果呈蓝绿色，或在用水浸取时呈玫瑰色．则表明样品中有锰存在。如有铬存在，由于在熔融时形成铬酸钠而熔融物将呈黄色。锰和铬同时存在时，铬的黄色将被锰的颜色所掩蔽，如此试样中含有较多的锰或铬，当熔融物用盐酸溶解时，由于锰酸被盐酸还原成 Mn^{2+}，而铬酸则被还原成 Cr^{3+}，同时 HCl 被氧化生成氯气，氯与铂起强烈的作用，使铂成为氯铂酸而转入溶液中，因此，对这类试样不能直接用盐酸在铂坩埚中浸取熔融物。同样，三氯化铁也能显著地与铂起类似的作用。

当坩埚中的熔融物全部浸出之后，应检查一下坩埚内部是否有被侵蚀的现象。试样中铁的含量较高时，尤其是其中的铁以亚铁形式存在时，常常会出现紫褐色或甚至成黑色的薄层。即使是高价铁，如果在熔融时氧化气氛不足，铁也会被还原，同样会形成这种紫褐色的薄层。有时这种现象可能不太明显，但将空坩埚灼烧之后，就可以明显地看到。此时应往坩埚中加入少许稀盐酸，并稍加热，以洗掉粘附在坩埚壁上的铁，洗液与主液合并。然后将空坩埚灼烧一次。如未洗净，必须再用盐酸或进一步以焦硫酸钾熔融处理。如不加注意，往往会由此造成铁的分析结果产生偏低的现象。

（二）使用铂坩埚半熔（烧结）

用碳酸钠半熔（烧结）法分解试样，一般用试料质量的 0.6～1 倍的碳酸钠，可同样使某些样品达到完全分解的目的。在水泥厂中，对水泥生料、石灰石等试样的分析，采用氯化铵称量分析法测定二氧化硅的系统分析方法时，基本上都用半熔法分解试样。

为使试样较快地分解完全，应先将试料在铂坩埚中于 950～1000℃ 的温度下灼烧10min，然后加研细的无水碳酸钠在同样温度下灼烧 10min。

半熔法的特点不仅是比一般的熔融方法快，而且所得的半熔物很容易从坩埚中脱出，并可避免铂坩埚受到损害。

二、用碳酸钾作熔剂

碳酸钾也是一种碱性熔剂，熔点为 891℃。一般在称量分析法的系统分析中，很少采用碳酸钾作为熔剂，因其吸湿性较强，同时钾盐被沉淀吸附的倾向要比钠盐大，不容易把它从沉淀中洗净。但用碳酸钾熔融后的熔块要比碳酸钠的熔块易于溶解，所以在某些情况下有时也用到它。

在水泥厂中，用氟硅酸钾容量法测定水泥生料、石灰石等样品中的二氧化硅时，常以碳酸钾作熔剂，用烧结法分解试样；测定黏土、煤灰、火山灰等试样中的二氧化硅时，多用碳酸钾熔融法分解试样。

三、用焦硫酸钾作熔剂

焦硫酸钾是一种酸性熔剂，适于熔融金属氧化物，熔融后变成金属的硫酸盐。这种熔剂对酸性矿物的作用很小，一般的硅酸盐矿物很少用这种熔剂进行熔融。

在硅酸盐分析中，焦硫酸钾主要用来分解在分析过程中所得到的已氧化过的物质或已灼烧过的混合氧化物，来测定其中某些组分。

用焦硫酸钾作熔剂，既可在铂坩埚中熔融，也可在瓷坩埚中熔融。在熔融过程中，除了二价铁易被氧化外，其他如二价锰、三价铬等都不能被氧化。

在近 300℃ 时，$K_2S_2O_7$ 开始熔化，达 450℃ 时则开始分解出 SO_3，所以在熔解时适当调节温度以便尽量使 SO_3 少挥发，这是非常重要的。因为温度过高，SO_3 尚来不及与被分解的物质起反应就已挥发掉，而焦硫酸钾则变成不起分解作用的 K_2SO_4。另外，在高温下长时间熔融，也会使钛、锆、铬等元素形成难溶性的盐类。同时，如在铂坩埚中进行熔融，则熔融的时间愈长，铂坩埚所受的侵蚀也愈大，通常每熔融一次约损失 1mg 左右的铂。

在熔融赋一开始时。应在小火焰上加热，以防熔融物溅出。待气泡停止冒出后，再逐渐将温度升高到 450℃左右（这时坩埚底部呈暗红色），直至坩埚内熔融物呈透明状态，分解即趋完全。

在浸取熔融物时，温度最好在 70℃左右。温度过高，TiO^{2+} 易水解形成不溶性的偏钛酸（H_2TiO_3）。所以通常使用 70℃左右的 5％硫酸的热溶液来浸取熔融物。

四、用过氧化钠作熔剂

过氧化钠是一种强碱性和强氧化性的熔剂，适用于铁的氧化物、钛矿石、铬矿的分解，尤其适用于 Cr、S、P、V、W、Mo 等的测定。熔融时发生剧烈的氧化作用，使样品中低价化合物氧化。如熔融硫化物、砷化物时，硫被氧化成硫酸盐；砷被氧化成砷酸盐。同时，用过氧化钠熔融，可使某些元素互相分离，如熔融后用水提取时，铝、铬、钒、硫等进入溶液；铁、钛、钙、镁等成为不溶性残渣而分离出来。

由于过氧化钠具有强烈的侵蚀作用，所以绝对不允许在高温下于铂坩埚中熔融，而只能在镍、银或铁的坩埚中进行。熔融后将有较多的镍、银或铁等金属被侵蚀下来，因而在系统分析中，必须考虑这些离子的干扰。

如欲用过氧化钠分解试样，只能在铂坩埚中进行烧结，条件如下：0.5～1g 试样加 2g 过氧化钠，搅拌后在 500℃马弗炉炉门处预热 2min，然后在（500±10）℃的马弗炉内加热 30min。冷却后，烧结块不应粘在铂坩埚壁上。如有粘附，则将加热温度降低 10℃；如烧结不好，则将加热温度提高 10℃。烧结块放入装有 150mL 冷水的 400mL 烧杯中，溶解后加 50mL 浓盐酸将溶液酸化。

五、用氢氧化钠（钾）作熔剂

氢氧化钠和氢氧化钾都是强碱性熔剂，适用于硅含量高的样品，而对铝含量高的样品则往往不能分解完全。目前，采用这种熔剂，在镍或银的坩埚中熔融水泥生料、石灰石、黏土、铁矿石、粉煤灰等样品，制成澄清透明的试样溶液，以氧硅酸钾容量法测定二氧化硅或在不分离硅酸的条件下进行铁、钛、铝、钙、镁等元素的测定。由于方法简单、快速，在生产上迅速得到推广使用。

对于亚铁含量较高或含有还原性物质的样品，如以铂坩埚用碳酸钠或碳酸钾进行熔融，则样品中的铁很容易与铂熔合形成铁-铂合金，这不仅使铂坩埚受到侵蚀，并且由于造成铁的损失，常常导致分析结果显著偏低。而用银坩埚以氢氧化钠或氢氧化钾熔融样品时，因为银与铁较难熔合，所以可使铁的测定得到可靠的结果，这也是用银坩埚熔融样品的另一显著的优点。对硫、磷、氟等元素进行单独测定时，也常用氢氧化钠或氢氧化钾作熔剂。

在水泥分析中，以氟硅酸钾容量法在单独称样中测定二氧化硅时，多以氢氧化钾为熔剂，熔融在镍或银坩埚中进行。如果要在同一份试料中分别测定硅、铁、铝、钛、钙、镁等元素，为避免 Ni^{2+} 对滴定的干扰，最好在银坩埚中熔样。此时一般采用氢氧化钠作熔剂，因为氢氧化钾的吸水性和挥发性都比较强，当熔融的温度较高时，氢氧化钾容易逸出，以酸分解后的溶液常呈现浑浊现象。而用氢氧化钠作熔剂时，温度可高达750℃，熔融过程比较稳定，以酸分解后容易得到澄清透明的溶液，对一般的水泥原料均能达到一次熔融完全，不留残渣。虽然在高温时，银坩埚的侵蚀较为严重，但一个坩埚经上百次使用后，仍可继续使用。

氢氧化钠熔剂的加入量，通常为试料质量的 $10\sim20$ 倍。熔融时的温度，以650℃左右为宜。熔样的具体条件，应根据样品的实际情况，参照表 2-1-2 所列的条件灵活掌握。

表 2-1-2　氢氧化钠熔样条件

试样名称	试样质量 /g	熔剂量 /g	熔融温度 /℃	保温时间 /min	备　　注
黏土类	0.5	$7\sim8$	650	20	加酸分解后，溶液清澈
煤灰	0.5	$7\sim8$	$650\sim750$	30	加酸分解后，溶液清澈
铁矿石	0.3	10	750	40 以上	加酸分解后，有时仍有少量不溶残渣，可急需加酸溶解
石灰石	$0.7\sim0.8$	$6\sim8$	$600\sim650$	20	加酸分解后，溶液清澈

银的熔点较低（960.5℃），镍的熔点虽在1400℃以上，但在温度很高的空气中易被氧化，所以在用银或镍的坩埚熔融时，都不应直接在火焰上加热。银和镍坩埚的最大优点，是对强碱性物质（如 Na_2O_2、$NaOH$、KOH）具有极强的抗腐蚀能力，其弱点是不耐酸。所以在浸取熔融物时，只宜先用水把熔融物浸出，然后加酸分解。如需用酸洗涤坩埚，也只能用稀酸，并且所用的量和洗涤的次数，都不宜过多。

六、用硼砂作熔剂

硼砂（$Na_2B_4O_7$）也是有效的熔剂之一。单独使用时由于熔剂的黏度太高，不易使试样在熔剂中均匀地分散；同时熔融后的熔块，用酸分解亦非常缓慢，故通常是把硼砂与碳酸钠（钾）混合在一起（$1+1\sim1+3$）应用。它主要用于难分解的矿物，如铬铁矿、高铝样品（刚玉类）、尖晶石、锆石等的分析中。如果试样中含有易挥发性组分，熔融时可能会损失掉一部分。

熔融用的硼砂应为无水硼砂，否则应预先脱水。为此，将含结晶水的硼砂放在瓷蒸发皿或白金皿中，先在低温加热，然后在 $700\sim800$℃加热熔化（无水硼砂的熔点为740℃）。冷却后变成无色玻璃状物质，稍能吸水，研碎后应放在磨口瓶中保存。

熔融在铂坩埚中进行。通常在喷灯上熔融 $30\sim40$min，即可将样品分解完全。

在用比色法测定二氧化硅或锰时，以碳酸钠-硼砂混合熔剂进行熔融（碳酸钠与硼砂的质量比为 $2+1\sim3+1$），可避免胶体硅酸析出。

七、用偏硼酸锂作熔剂

偏硼酸锂也是一种碱性较强的熔剂，可用于分解多种矿物（包括很多难熔矿物）。

由于熔样速度快，大多数试样仅需数分钟即可熔融分解完全。所制得的试样溶液，可进行包括钾、钠在内的各项元素的测定。由于这些优点，现已受到普遍的重视。其不足之处是试样分解后很难提取，试剂价格也比较昂贵，因而在实际应用上受到一定的限制。

用碳酸锂和硼酸的混合熔剂熔融，亦可得到同样的效果。

熔融应在铂坩埚中进行，熔剂的用量一般不宜过多，以免引起铂坩埚的损耗，同时可节省昂贵的试剂。

第二章　试剂的配制与标定

实验一　普通试剂的配制

普通试剂包括一般酸、碱、盐溶液，指示剂溶液，缓冲溶液，显色剂溶液，萃取剂溶液，掩蔽剂溶液及其他溶液。其浓度多采用下述几种方式表示：

（1）体积比（$V_1 + V_2$）：将体积为 V_1 的市售浓溶液与体积为 V_2 的溶剂（除指明者外，一般为水）相混合。

（2）质量浓度（a g/L）：将 a g 固体溶质溶于溶剂（常为水）后制成 1L 溶液。为方便起见，通常用溶剂的体积近似代表溶液的体积。故"制成 1L 溶液"常近似为"溶于 1L 试剂中"。如使用含结晶水的化合物，则在配制方法中予以指明。

此外，间或用到体积分数（φ）或物质的量浓度 c（mol/L）。

在此后的分析方法叙述中，除个别试剂外，普通试剂溶液一般只注明溶液的浓度，而不一一注出编号。

一、酸溶液的配制

［1.1］盐酸（1+1）：将浓盐酸以同体积水稀释。

［1.2］盐酸（1+2）：将 1 体积浓盐酸以 2 体积水稀释。

［1.3］盐酸（1+4）：将 1 体积浓盐酸以 4 体积水稀释。

［1.4］盐酸（1+5）：将 1 体积浓盐酸以 5 体积水稀释。

［1.5］盐酸（1+9）：将 1 体积浓盐酸以 9 体积水稀释。

［1.6］盐酸（3+97）：将 3 体积浓盐酸以 97 体积水稀释。

［1.7］盐酸（2mol/L）：将 17mL 盐酸稀释至 100mL。

［1.8］硝酸（1+6）：将 1 体积硝酸以 6 体积水稀释。

［1.9］硝酸（1+l0）：将 1 体积浓硝酸以 10 体积水稀释。

［1.10］硝酸（1+20）：将 1 体积浓硝酸以 20 体积水稀释。

［1.11］硝酸（1+40）：将 1 体积浓硝酸以 40 体积水稀释。

［1.12］硝酸（1mol/L）：将 60mL 浓硝酸加水稀释至 1L。

［1.13］硫酸（1+1）：将浓硫酸缓缓注入同体积水中。

注：将浓硫酸用水稀释时，一定不能将水注入硫酸中，而应将浓硫酸沿烧杯壁缓缓注入水中，并加强搅拌。如果将水注入浓硫酸中，会使酸液溅出，导致烫伤事故。

［1.14］硫酸（1+3）：将 1 体积浓硫酸缓缓注入 3 体积水中。

［1.15］硫酸（1+4）：将 1 体积浓硫酸缓缓注入 4 体积水中。

［1.16］硫酸（5+95）：将 5 体积浓硫酸缓缓注入 95 体积水中。

［1.17］磷酸（1+1）：将浓磷酸以同体积水稀释。

［1.18］硫-磷混合酸：将 150mL 硫酸缓缓注入 500mL 水中，冷却后加入 150mL 磷酸，再加水稀释至 1L。

［1.19］草酸溶液（50g/L）：将 50g 草酸溶于 1L 水中（必要时过滤）。

［1.20］甲酸（1+1）：将市售甲酸以同体积水稀释。

［1.21］乙酸（$\varphi=10\%$）：将 10mL 冰乙酸加水稀释至 100mL。

［1.22］乙酸（1+9）：将 1 体积冰乙酸以 9 体积水稀释。

［1.23］含钙乙酸溶液：称取 1.50g 碳酸钙置于 400mL 烧杯中，盖上表面皿，加入约 100mL 乙酸溶液（1+9），微沸，驱尽二氧化碳，冷却至室温后，用乙酸溶液（1+9）稀释至 500mL，摇匀。

［1.24］硼酸溶液（10g/L）：将 10g 硼酸溶于 1L 水中。

［1.25］硼酸溶液（25g/L）：将 25g 硼酸溶于 lL 水中。

［1.26］硼酸溶液（50g/L）：将 50g 硼酸溶于 1L 水中。

二、碱溶液的配制

［2.1］氨水（1+1）：将浓氨水以同体积水稀释。

［2.2］氨水（1+2）：将 1 体积浓氨水以 2 体积水稀释。

［2.3］氨水（1+5）：将 1 体积浓氨水以 5 体积水稀释。

［2.4］氨水（1+9）：将 1 体积浓氨水以 9 体积水稀释。

［2.5］氢氧化钾溶液（10g/L）：将 10g 氢氧化钾溶于 1L 水中。

［2.6］氢氧化钾溶液（200g/L）：将 200g 氢氧化钾溶于 1L 水中。

［2.7］氢氧化钠溶液（80g/L）：将 80g 氢氧化钠溶于 1L 水中。

［2.8］氢氧化钠溶液（100g/L）：将 100g 氢氧化钠溶于 1L 水中。

［2.9］氢氧化钠溶液（150g/L）：将 150g 氢氧化钠溶于 1L 水中。

［2.10］氢氧化钠溶液（200g/L）：将 200g 氢氧化钠溶于 1L 水中。

［2.11］氢氧化钠溶液（0.5mol/L）：将 20g 氢氧化钠溶于 1L 水中。

［2.12］氢氧化钠溶液（1mol/L）：将 40g 氢氧化钠溶于 1L 水中。

［2.13］氢氧化钠溶液（2mol/L）：将 80g 氢氧化钠溶于 1L 水中。

三、盐溶液的配制

［3.1］氟化钾溶液（150g/L）：将 15g 氟化钾（$KF \cdot 2H_2O$）放在塑料杯中，溶于 50mL 水中，用水稀释至 100mL，贮存于塑料瓶中。

［3.2］氟化钾溶液（20g/L）：将 20g 氟化钾（$KF \cdot 2H_2O$）溶于 1000mL 水中，贮存于塑料瓶中。

［3.3］氯化钾溶液（50g/L）：将 50g 氯化钾溶于 1L 水中。

［3.4］氯化钾-乙醇溶液（50g/L）：将 50g 氯化钾溶于 500mL 水中，用 95% 乙醇稀释至 1L。

［3.5］硫酸铜溶液（100g/L）：称取 10g $CuSO_4 \cdot 5H_2O$ 溶于 100mL 水中。

〔3.6〕硫酸铜溶液（4g/L）：将 0.4g $CuSO_4$ 加少许硫酸（1+1）及水溶解后稀释至 100mL。

〔3.7〕硝酸铵溶液（20g/L）：将 20g 硝酸铵溶于 1L 水中，以甲基红为指示剂，用氨水（1+1）中和至呈微碱性反应。

〔3.8〕硝酸铵溶液（10g/L）：将 10g 硝酸铵溶于 1L 水中，以甲基红为指示剂，用氨水（1+1）中和至呈微碱性反应。

〔3.9〕硝酸铵溶液（350g/L）：将 35g 硝酸铵溶于 100mL 水中，以甲基红为指示剂，用氨水（1+1）中和至呈微碱性反应。

〔3.10〕草酸铵溶液（1g/L）：将 1g 草酸铵溶于水中并稀释至 1L。

〔3.11〕碳酸铵溶液（100g/L）：将 10g 碳酸铵溶于 100mL 水中（使用时配制）。

〔3.12〕磷酸氢二铵溶液（100g/L）：将 100g 磷酸氢二铵溶于 1L 水中。

〔3.13〕二氯化锡溶液（50g/L）：将 5g 二氯化锡（$SnCl_2 \cdot 2H_2O$）加热溶解于 40mL 盐酸（1+1）中，冷却后加水稀释至 100mL，加数粒高纯锡。

〔3.14〕二氯化锡-磷酸溶液（50g/L）：将 1000mL 磷酸放在烧杯中，在通风橱中于电炉上加热脱水至溶液体积缩减至 850～900mL 时，关闭电炉。待溶液温度降至 100℃以下时，加入 50g 二氯化锡（$SnCl_2 \cdot 2H_2O$），继续加热至溶液透明，且无大气泡冒出时为止（此溶液的使用期一般以不超过二周为宜）。

〔3.15〕二氯化锡-盐酸溶液（50g/L）：称取 5g 二氯化锡（$SnCl_2 \cdot 2H_2O$），放在烧杯中，加入 100mL 盐酸（1+1），在通风橱中于电炉上慢慢加热至溶解，冷却后使用（此溶液的使用期一般以不超过二周为宜）。

〔3.16〕氨性硫酸锌溶液（100g/L）：将 100g 硫酸锌（$ZnSO_4 \cdot 7H_2O$）溶于 300mL 水及 700mL 氨水中，静置一昼夜后使用（必要时过滤）。

〔3.17〕氯化铵溶液（20g/L）：将 2g 氯化铵溶于 100mL 水中，以甲基红为指示剂，用氨水（1+1）中和至呈微碱性反应。

〔3.18〕氯化钡溶液（100g/L）：将 100g 氯化钡溶于 1L 水中，过滤后使用。

〔3.19〕硝酸铵-硝酸溶液：将 20mL 硝酸用水稀释至 1L，然后加入 50g 硝酸铵，溶解后摇匀。

〔3.20〕硝酸钾溶液（10g/L）：将 10g 硝酸钾溶解于事先已煮沸过并已冷却的 1L 水中。

〔3.21〕三氯化铝溶液（50g/L）：将 9g 结晶三氯化铝（$AlCl_3 \cdot 6H_2O$）溶于 100mL 水中。

〔3.22〕碳酸钠溶液（20g/L）：将 2g 无水碳酸钠溶于 100mL 水中。

〔3.23〕碳酸钠溶液（1g/L）：将 0.1g 无水碳酸钠溶于 100mL 水中。

〔3.24〕三氯化钛溶液（$\varphi = 1.5\%$）：量取 10mL 市售三氯化钛，用盐酸（1+4）稀释至 100mL，加入少量石油醚，使之浮在三氯化钛溶液表面上，用以隔绝空气，防止氯化钛被空气氧化。

〔3.25〕钨酸钠（Na_2WO_4）溶液（100g/L）：称取 10g 钨酸钠溶于适量水中（若浑浊则过滤），加入 2～5mL 浓磷酸，加水稀释至 100mL。

［3.26］饱和氯化钠密封液：将350g氯化钠溶于1L水中，过滤后加4～5滴2g/L甲基红指示剂溶液，以数滴硫酸（1+1）酸化，然后通入二氧化碳使其饱和。

［3.27］氟化铵溶液（100g/L）：称取10g氟化铵溶于100mL水中，贮存于塑料瓶中。

［3.28］氟化铵溶液（5g/L）：称取5g氟化铵溶于1L水中，贮存于塑料瓶中。

［3.29］锶溶液（50g/L）：称取152.2g氯化锶（$SrCl_2 \cdot 6H_2O$）置于烧杯中，加适量水溶解，用水稀释至1L。

［3.30］铯溶液（50g/L）：称取63.4g光谱纯氯化铯（$CsCl$）置于烧杯中，加适量水溶解后，用水稀释至1L。

［3.31］乙酸铵溶液（100g/L）：称取100g乙酸铵溶于1L水中。

［3.32］乙酸钠溶液（1mol/L）：称取82g乙酸钠溶于1L水中。

［3.33］硝酸银溶液（10g/L）：将1g硝酸银溶于90mL水中，加入5～10mL硝酸，贮存于棕色瓶中。

［3.34］10g/L铬酸钡溶液：称取10.00g分析纯铬酸钡于500mL烧杯中，加约100mL水润湿，加入60mL盐酸（1+1），加热至微沸，待试剂完全溶解后，取下加水至约900mL，用盐酸（1+1）和氨水（1+1）调节溶液pH值为1.0～1.5（用精密pH试纸检验），移入1L容量瓶中，用水稀释至标线，摇匀。

［3.35］基体溶液：称取0.85g分析纯三氧化二铁于400mL烧杯中，加入200mL盐酸（1+1），在电炉上微热使之溶解（盖表面皿）。另外称取21.42g分析纯碳酸钙于1000mL烧杯中，加100mL水润湿后，将上述溶好的三氧化二铁溶液缓慢注入其中至碳酸钙完全溶解。加入250mL氨水（1+2），再加入盐酸（1+2）至氢氧化铁沉淀刚好消失。稀释至约900mL。用盐酸（1+1）和氨水（1+1）调节溶液pH值在1.0～1.5之间（用精密pH试纸检验）。转移至1000mL容量瓶中，稀释至标线，摇匀。此溶液每毫升含氧化钙12mg，三氧化二铁0.85mg。

［3.36］钼酸铵-柠檬酸溶液：

甲：溶解54g硝酸铵，52.6g柠檬酸和68g钼酸铵于1360mL水中；

乙：将253mL硝酸与310mL水混合。

然后将甲溶液徐徐倾入乙溶液中，再加数滴100g/L磷酸氢二铵溶液（或少许滤纸浆），混匀后加热煮沸5～10min。放置过夜使其充分澄清，倾析过滤后使用。

［3.37］盐酸-过氧化氢溶液：将0.5mL30%的过氧化氢与100mL盐酸（1+3）混合。

［3.38］硝酸钠溶液（2mol/L）：将170g硝酸钠溶于1L水中。

［3.39］六次甲基四胺溶液（200g/L）：称取200g六次甲基四胺（$C_6H_{12}N_4$）于烧杯中，加水溶解，用水稀释至1L。

［3.40］硫氰化铵溶液（50g/L）：将50g硫氰化铵（NH_4SCN）溶于水中，加水稀释至1L。

［3.41］三氯化铁溶液（50g/L）：将50g三氯化铁溶于水中，用水稀释至1L。配制时不能加热，以免铁盐水解。

四、指示剂溶液的配制

〔4.1〕酚酞指示剂溶液（10g/L）：将 1g 酚酞溶于 100mL 乙醇中。

〔4.2〕甲基红指示剂溶液（2g/L）：将 0.2g 甲基红溶于 100mL 乙醇中。

〔4.3〕甲基橙指示剂溶液（2g/L）：将 0.2g 甲基橙溶于 100mL 水中。

〔4.4〕溴酚蓝指示剂溶液（1g/L）：将 0.1g 溴酚蓝溶于 100mL 20％乙醇中。

〔4.5〕溴酚蓝指示剂溶液（2g/L）：将 0.2g 溴酚蓝溶于 100mL 20％乙醇中。

〔4.6〕PAN 指示剂溶液（2g/L）：将 0.2g PAN〔名称为 1-（2-吡啶偶氮）-2-萘酚〕溶于 100mL 乙醇中。

〔4.7〕半二甲酚橙指示剂溶液（5g/L）：将 0.5g 半二甲酚橙溶于 100mL 水中。

〔4.8〕磺基水杨酸钠指示剂溶液（100g/L）：将 10g 磺基水杨酸钠溶于 100mL 水中。

〔4.9〕对硝基酚指示剂溶液（5g/L）：将 0.5g 对硝基酚溶于 100mL 乙醇中。

〔4.10〕茜素磺酸钠指示剂溶液（1g/L）：将 0.1g 茜素磺酸钠溶于 100mL 水中。

〔4.11〕偶氮胂 M 指示剂溶液（1.5g/L）：将 0.15g 偶氮胂 M 溶于 100mL 水中。

〔4.12〕二苯偶氮碳酰肼（10g/L）：将 1g 二苯偶氮碳酰肼溶于 100mL 乙醇（95％）中。

〔4.13〕甲基百里香酚蓝指示剂（MTB）：将 1g 甲基百里香酚蓝与 20g 已于 105～110℃烘过的硝酸钾混合研细，贮存于磨口瓶中。

〔4.14〕钙黄绿素-甲基百里香酚蓝-酚酞（1＋1＋0.2）混合指示剂（简称 CMP 混合指示剂）：准确称取 1g 钙黄绿素，1g 甲基百里香酚蓝，0.2g 酚酞，与 50g 已在 105～110℃烘干过的硝酸钾混合研细，贮存于磨口瓶中。

〔4.15〕酸性铬蓝 K-萘酚绿 B（1＋2.5）混合指示剂：称取 1g 酸性铬蓝 K，2.5g 萘酚绿 B，与 50g 已在 105～110℃烘干过的硝酸钾混合研细，贮存于磨口瓶中。

〔4.16〕溴甲酚绿-甲基红混合指示剂溶液：将 3 体积 1g/L 溴甲酚绿乙醇溶液与 1 体积 2g/L 甲基红乙醇溶液混合。

〔4.17〕二苯胺磺酸钠指示剂溶液（10g/L）：将 1g 二苯胺磺酸钠溶于 100mL 水中，加 5～6 滴硫酸（1＋1）。此溶液随用随配，以免日久失效。

〔4.18〕淀粉溶液（10g/L）：将 1g 淀粉置于少许水中，搅成糊状后，注入 100mL 沸水中，煮沸数分钟，待溶液澄清后，吸取上部清液使用。

〔4.19〕钡试剂溶液（5g/L）：将 0.5g 钡试剂〔即 2，7-双（邻-磺苯基偶氮）变色酸〕溶于 100mL 水中。

〔4.20〕甲基红-溴甲酚绿混合指示剂：将 0.05g 甲基红与 0.05g 溴甲酚绿溶于约 50mL 无水乙醇中，用无水乙醇稀释至 100mL。

〔4.21〕铁铵矾指示剂溶液（200g/L）：将 20g 铁铵矾〔$NH_4Fe(SO_4)_2 \cdot 12H_2O$〕溶于 100mL 的 1mol/L 硝酸中。

〔4.22〕二甲酚橙指示剂溶液（2g/L）：称取 0.2g 二甲酚橙溶于 100mL 水中。

〔4.23〕钙指示剂：称取 1g 钙指示剂（或钙试剂羧酸钠盐）与 50g 已于 105～110℃烘干的氯化钠研细，混匀，贮于磨口瓶中。

[4.24] 铬黑 T 指示剂：称取 1g 铬黑 T 与 50g 预先于 105～110℃烘干的氯化钠研细，混匀，贮存磨口瓶中。

五、缓冲溶液的配制

[5.1] 乙酸-乙酸钠缓冲溶液（pH3.0）：将 3.2g 无水乙酸钠溶于水中，加入 120mL 冰乙酸，然后加水稀释至 1L，摇匀（用 pH 计或精密 pH 试纸检验）。

[5.2] 乙酸-乙酸钠缓冲溶液（pH4.3）：将 42.3g 无水乙酸钠溶于水中，加入 80mL 冰乙酸，然后加水稀释至 1L，摇匀（用 pH 计或精密 pH 试纸检验）。

[5.3] 乙酸-乙酸钠缓冲溶液（pH5.0）：将 160g 无水乙酸钠溶于水中，加入 60mL 冰乙酸，然后加水稀释至 1L，摇匀（用 pH 计或精密 pH 试纸检验）。

[5.4] 乙酸-乙酸钠缓冲溶液（pH6.0）：将 200g 无水乙酸钠溶于 500mL 水中，加入 20mL 冰乙酸，然后用水稀释至 1L（用 pH 计或精密 pH 试纸检验）。

[5.5] 氨-氯化铵缓冲溶液（pH10）：将 67.5g 氯化铵溶于水中，加 570mL 氨水，然后用水稀释至 1L。

[5.6] 六次甲基四胺缓冲溶液（pH5.7）：将 250g 六次甲基四胺（$C_6H_{12}N_4$）溶于水中，加入 40mL 盐酸，然后用水稀释至 1L（用 pH 计或精密 pH 试纸检验）。

[5.7] 柠檬酸钠配位缓冲溶液（pH6.0）：将 294.1g 柠檬酸钠溶于水中，用盐酸（1+1）和 80g/L 氢氧化钠溶液调整溶液的 pH 至 6.0，然后加水稀释至 1L。

[5.8] 三乙醇胺-盐酸缓冲溶液（pH6.8）：将 152mL 三乙醇胺溶于约 600mL 水中，加入 170mL 盐酸（1+1），用水稀释至 1L。然后用盐酸（1+1）和三乙醇胺调节溶液 pH 至 6.8（用精密 pH 试纸或 pH 计检验）。

[5.9] 氯乙酸缓冲溶液（pH3.5）：将 9.5g 氯乙酸（$CH_2ClCOOH$）和 2g 氢氧化钠溶于 100mL 水中。

[5.10] 苯二甲酸氢钾缓冲溶液（pH2.5）：将 250mL 0.2mol/L 苯二甲酸氢钾（40.85g 苯二甲酸氢钾用水溶解后稀释至 1 升），与 363mL 0.1mol/L 盐酸混合后，加水稀释至 1L（用精密 pH 试纸或 pH 计检验）。

六、显色剂溶液的配制

[6.1] 铬天青 S 溶液（CAS）（0.5g/L）：将 0.5g 铬天青 S 溶于 1L 乙醇（1+9）中。

[6.2] 邻菲罗啉溶液（10g/L）：将 2g 邻菲罗啉溶于 200mL 水中，过滤，用盐酸（1+20）调整溶液的 pH 至 2 后使用。用时配制。

[6.3] 钼酸铵溶液（50g/L）：将 5g 钼酸铵 [$(NH_4)_6Mo_7O_{24} \cdot 4H_2O$] 溶于 100mL 水中，放置 24h，过滤后使用。

[6.4] 二安替比林甲烷溶液（30g/L）：将 15g 二安替比林甲烷溶于 500mL 的 1mol/L 盐酸中，过滤后使用。

[6.5] 钼蓝显色剂：将 20g 草酸、15g 硫酸亚铁铵溶于 1L 的 1.5mol/L 硫酸溶液中。

[6.6] 钼酸铵-钒酸铵显色剂

甲：将 25g 钼酸铵溶于约 150mL 水中，加热至 60℃，待溶解后（必要时过滤），用水稀释至 250mL，加入 2mL 硝酸。

乙：将 0.75g 钒酸铵（NH_4VO_3）溶于 125mL 水中，加热至 60℃，待溶解后冷却，加入 125mL 硝酸（1+3）。

将甲、乙两种溶液混合，再加入 37.5mL 硝酸，混匀后贮存于棕色玻璃瓶中。

七、萃取剂溶液的配制

[7.1] 甘油无水乙醇溶液：将 220mL 甘油放入 500mL 干燥的烧杯中，在有石棉网的电炉上加热，于不断搅拌下分次加入 30mL 硝酸锶，直至溶解，然后在 160～170℃下加热 2～3h（甘油在加热后易变成微黄色，但对试验无影响）。取下，冷却至 60～70℃后将其倒入 1L 无水乙醇中，加 0.05g 酚酞指示剂，混匀，以 0.01mol/L 氢氧化钠无水乙醇溶液中和至微红色。

[7.2] 铜铁试剂溶液（60g/L）：将 6g 铜铁试剂溶于 100mL 水中（必要时过滤，随用随配）。

[7.3] 乙二醇：含水量小于 0.5%（体积分数）。每升乙二醇中加入 5mL 甲基红-溴甲酚绿混合指示剂溶液（见 [4.20]）。

[7.4] 乙二醇-乙醇溶液（2+1）：将 1000mL 乙二醇与 500mL 无水乙醇混合，加入 0.06g 酚酞，摇匀。用 0.0lmol/L 氢氧化钠无水乙醇标准滴定溶液中和至微红色，贮存于干燥的玻璃磨口瓶中，密闭，勿使其吸收空气中的水汽。临用时配制。

[7.5] 正丁醇-三氯甲烷萃取液：将 1 体积正丁醇与 3 体积三氯甲烷混合，摇匀。

八、掩蔽剂溶液的配制

[8.1] 三乙醇胺（1+2）：将 1 体积三乙醇胺以 2 体积水稀释。

[8.2] 酒石酸钾钠溶液（100g/L）：将 10g 酒石酸钾钠溶于 100mL 水中。

[8.3] 苦杏仁酸溶液（50g/L）：将 50g 苦杏仁酸（苯羟乙酸）[$C_6H_5 \cdot CH(OH)COOH$] 溶于 1L 热水中，用氨水（1+1）调节 pH 至约 4（用 pH 试纸检验）。

[8.4] 抗坏血酸溶液（10g/L）：将 1g 抗坏血酸溶于 100mL 水中，过滤后使用（用时配制）。

[8.5] 盐酸羟胺-盐酸溶液（50g/L）：将 5g 盐酸羟胺溶于 50mL 水中，再加 50mL 盐酸（1+1），摇匀。

[8.6] 锌-EDTA 溶液：称取 1.276g 氧化锌于 250mL 烧杯中，加 100mL 水，6mL 盐酸（1+1），加热溶解；另称取 5.58g EDTA（二钠盐）于 500mL 烧杯中，加 200mL 水及 5mL 氨水（1+1），加热溶解。将两溶液混合，用盐酸（1+1）和氨水（1+1）调节 pH 至 5 左右，移入 1000mL 容量瓶中，以水稀释至标线，摇匀。

九、其他试剂的配制

[9.1] 铜-EDTA 溶液：按 0.015mol/LEDTA 标准滴定溶液与 0.015mol/L 硫酸铜标准滴定溶液的体积比（见试剂配制 [10.13]），准确配制成等物质的量比的混合溶液。

　　[9.2] 过氧化氢-盐酸溶液：将 0.5mL 30％过氧化氢与 100mL 盐酸（1+3）混合。

　　[9.3] 蔗糖溶液（20g/L）：将 2g 蔗糖溶于 100mL 水中。

　　[9.4] 动物胶溶液（10g/L）：将 1g 纯动物胶放入加热至 70～80℃的 100mL 水中，搅拌使之溶解（使用时配制）。

　　[9.5] 过氧化氢（1+1）：将市售过氧化氢（30％）以等体积的水稀释，贮存于塑料瓶中。

　　[9.6] 过氧化氢（3％）：将 100mL 30％过氧化氢用水稀释至 1L，贮存于塑料瓶中。

　　[9.7] 过氧化氢（0.3％）：将 10mL 30％过氧化氢用水稀释至 1L，贮存于塑料瓶中。

　　[9.8] 阳离子交换树脂：001×7（旧型号为 732）苯乙烯型强酸性阳离子交换树脂（1×12）。

　　[9.9] 碳酸钠-硼砂（2+1）混合熔剂：将 2 份质量的无水碳酸钠与 1 份质量的无水硼砂混匀研细，贮存于磨口瓶中。

　　[9.10] 碳酸钾-硼砂（1+1）混合熔剂：将 1 份质量的无水碳酸钠与 1 份质量的无水硼砂混匀研细，贮存于磨口瓶中。

　　[9.11] 硼酸锂：称取 75g 优级纯碳酸锂和 125g 优级纯硼酸，于玛瑙研钵中混匀，转移至瓷蒸发皿中．置于 400℃高温炉中，灼烧 2h。取出，冷却至室温后，在玛瑙研钵中研细，贮存于塑料瓶中。

　　[9.12] 石墨粉-石英粉-三氧化二铁（2+1+1）混合熔剂：将 20g 石墨（或活性炭）粉、10g 石英粉、10g 三氧化二铁混合研细。

　　[9.13] 艾士卡混合熔剂：将 2 份质量的无水碳酸钠与 1 份质量的氧化镁混合，研磨均匀。

　　[9.14] 无水乙醇：含量不低于 99.5％（体积分数）。

实验二　标准滴定溶液的配制与标定

　　滴定分析是化学分析中一个重要组成部分，是将已知浓度的标准滴定溶液滴定到待测物的溶液中，直到待测组分恰好完全反应，然后根据标准滴定溶液的浓度和所消耗的体积，算出待测组分的含量，计算公式为 $c_1 \times V_1 = c_2 \times V_2$。滴定分析中必须使用标准滴定溶液，最后通过标准滴定溶液的浓度和用量来计算待测组分的含量，可见标准滴定溶液在滴定分析中是非常重要的，是滴定分析的基础。因此要正确地配制标准滴定溶液，准确地标定标准滴定溶液的浓度以及对标准滴定溶液进行妥善保存，这对于提高滴定分析的准确度有非常重大的意义。

　　标准滴定溶液的定义：用于滴定分析的已知准确浓度的溶液称为标准滴定溶液。

　　标准滴定溶液按用途可分为以下几类：酸碱滴定用；氧化还原反应用；沉淀滴定用；配位滴定用；有机功能团测定用。

标准滴定溶液的配制方法有：直接法和间接法。

直接法：准确称取一定量的物质，溶解后，在容量瓶内稀释到一定体积，然后计算出该溶液的准确浓度。用直接法配制标准滴定溶液的物质，必须具备下列条件：物质必须要有足够的纯度，即含量大于 99.9％；物质的组成与化学式完全相符，若含结晶水，其含量与化学式相符；化学性质稳定。

间接法：有些试剂纯度达不到要求或容易吸水，只能粗略称取或量取一定量的物质或溶液配制成接近于所需浓度的溶液。因其准确浓度还是未知的，必须用基准物质或另一种物质的标准滴定溶液来测定它们的准确浓度，这种确定浓度的操作，称为标定。

标准溶液的标定方法：直接标定法和间接标定法。

直接标定法：用适当的基准试剂来准确地标定相应的标准溶液的浓度。因为其浓度直接来自基准试剂，所以准确度较高，为首选的方法。

间接标定法：有一部分标准溶液，选不到合适的基准试剂，只能用其他已知浓度的溶液来标定。因为它经过二次标定，所以这种方法的系统误差比直接法要大些。

基准试剂：用于标定标准溶液的试剂就是基准试剂，基准试剂要具备下列条件：

（1）易获得、易精制、易干燥、易溶于水或稀酸稀碱溶液；

（2）稳定性好，不易吸水，不吸收二氧化碳，不被空气氧化，干燥时不分解，便于精确称量和长期保存；

（3）纯度高，杂质含量不超过 0.01％；

（4）标定过程符合化学反应的要求，反应快速，并按化学反应式定量完成，无副反应或可逆反应；

（5）具有较大的摩尔质量，标定时称样量大，从而减少因称量造成的误差。

标准滴定溶液的存放规定：

（1）标识规范；要标明名称、浓度（要用小写 c）、单位、标定日期、有效期、标定人。

（2）在常温（15～25℃）下保存时间一般不超过两个月，当溶液出现浑浊、沉淀、颜色变化时应重新标定。

标准滴定溶液的浓度表示方法：均以物质的量浓度（mol/L）表示，凡未注明物质的量的基本单元者，皆以分子式所示物质为基本单元。

常用标准滴定溶液的配制与标定示例。

［10.1］0.2500mol/L 氢氧化钠标准滴定溶液：将 100g 氢氧化钠溶于 10L 水中，充分摇匀，贮存在带胶塞的硬质玻璃瓶或塑料瓶中[①]。

标定方法：准确称取约 1g 苯二甲酸氢钾[②]，置于 400mL 烧杯中，加入约 150mL 新煮沸过并已用氢氧化钠溶液中和至酚酞呈微红色的冷水，搅拌使其溶解。然后加入 2～3 滴 10g/L 酚酞指示剂溶液，用配好的氢氧化钠标准滴定溶液滴定至微红色。

注：①氢氧化钠溶液容易吸收空气中的二氧化碳，应在瓶口上连接一盛有钠石灰的洗气瓶，以免在使用过程中二氧化碳侵入而影响其浓度。

②苯二甲酸氢钾不易吸水，故在使用时一般可不必干燥。如无苯二甲酸氢钾，可用碳酸钠或碳酸钙先标定配制好的盐酸溶液的浓度，然后再用盐酸来标定氢氧化钠溶液的浓度。

氢氧化钠标准滴定溶液的浓度按下式计算：

$$c(\text{NaOH}) = \frac{m \times 1000}{V \times 204.2}$$

式中　　$c(\text{NaOH})$——氢氧化钠标准滴定溶液的浓度，mol/L；

　　　　　m——苯二甲酸氢钾的质量，g；

　　　　　V——滴定时消耗氢氧化钠标准滴定溶液的体积，mL；

　　　　204.2——苯二甲酸氢钾的摩尔质量，g/mol。

浓度的调整：工厂化验室中为便于计算，常把配制好的初始溶液的浓度调整至一准确数值（在此为 0.2500mol/L）。调整前需另配制一部分 1～2mol/L 的氢氧化钠溶液，然后按下述方法进行调整。

1）经标定后，若初始溶液浓度大于 0.2500mol/L，按下式计算稀释时需添加的水量：

$$V_\text{水} = \frac{(c_1 - c)V_\text{总}}{c}$$

式中　　$V_\text{水}$——需要添加的水量，mL；

　　　　　c_1——初始溶液的浓度，mol/L；

　　　　　c——要求的溶液浓度（0.2500mol/L）；

　　　　　$V_\text{总}$——初始溶液的总体积，mL。

2）经标定后，若初始溶液的浓度小于 0.2500mol/L，则按下式计算需加入已知浓度（1～2mol/L）的氢氧化钠溶液的体积：

$$V(\text{NaOH}) = \frac{(c - c_1)\,V_\text{总}}{c_2 - c}$$

式中　　$V(\text{NaOH})$——需添加已知浓度的氢氧化钠溶液的体积，mL；

　　　　　c_2——添加的已知浓度氢氧化钠溶液的浓度，mol/L；

　　　　　c_1、c——同前式。

经调整后的溶液需再标定一次。如仍不符合要求，应再行调整，直至达到要求。

[10.2] 0.15mol/L 氢氧化钠标准滴定溶液：将 60g 氢氧化钠溶于 10L 水中，充分摇匀后贮存于带胶塞（装有钠石灰干燥管）的硬质玻璃瓶或塑料瓶中。

标定方法：准确称取约 0.6g 苯二甲酸氢钾，按 0.2500mol/L 氢氧化钠标准滴定溶液（[10.1]）的标定方法标定其浓度，并进而按下式计算其对二氧化硅的滴定度：

$$T_{\text{SiO}_2} = c(\text{NaOH}) \times 15.02 = \frac{m \times 15.02 \times 1000}{V \times 204.2}$$

式中　　T_{SiO_2}——每毫升氢氧化钠标准滴定溶液相当于二氧化硅的毫克数，mg/mL；

　　　　　m——称取的苯二甲酸氢钾的质量，g；

　　　　　V——滴定时消耗氢氧化钠标准滴定溶液的体积，mL；

　　　　15.02——（1/4 SiO_2）的摩尔质量，g/mol；

　　　　204.2——苯二甲酸氢钾的摩尔质量，g/mol。

[10.3] 0.06mol/L 氢氧化钠标准滴定溶液：将 24g 氢氧化钠溶于 10L 水中，充分摇匀后贮存于带胶塞（装有钠石灰干燥管）的硬质玻璃瓶或塑料瓶中。

标定方法：准确称取约 0.3g 苯二甲酸氢钾，按 0.2500mol/L 氢氧化钠标准滴定溶液（［10.1］）的标定方法标定其浓度，并进而按下式计算其对三氧化硫的滴定度：

$$T_{SO_3} = c(NaOH) \times 40.03 = \frac{m \times 40.03 \times 1000}{V \times 204.2}$$

式中　T_{SO_3}——每毫升氢氧化钠标准滴定溶液相当于三氧化硫的毫克数，mg/mL；

　　　　m——称取的苯二甲酸氢钾的质量，g；

　　　　V——标定时消耗的氢氧化钠标准滴定溶液的体积，mL；

　　40.03——（1/2 SO₃）的摩尔质量，g/mol；

　　204.2——苯二甲酸氢钾的摩尔质量，g/mol。

［10.4］0.05mol/L 氢氧化钠标准滴定溶液：将 20g 氢氧化钠溶于 10L 水中，充分摇匀后贮存于带胶塞（装有钠石灰干燥管）的硬质玻璃瓶或塑料瓶中。称取 0.2g 苯二甲酸氢钾按 0.2500mol/L 氢氧化钾标准滴定溶液（见［10.1］）的标定方法标定其浓度（用于燃烧法测定明矾石中的三氧化硫时，氢氧化钠标准滴定溶液的浓度应以相应的标准试样或硫酸钙试剂在测定条件下进行标定）。

［10.5］0.04mol/L 氢氧化钠标准滴定溶液：将 1.6g 氢氧化钠溶于 1L 水中，充分摇匀后，贮存塑料瓶中。

标定方法：称取 0.2g 苯二甲酸氢钾，置于 300mL 烧杯中，按 0.2500mol/L 氢氧化钠标准滴定溶液（见［10.1］）的标定方法标定其浓度，并进而按下式计算其对氟的滴定度 T_F：

$$T_F = \frac{m \times 19 \times 1000}{V \times 204.2}$$

式中　T_F——每毫升氢氧化钠标准滴定溶液相当于氟的毫克数，mg/mL；

　　　　m——称取的苯二甲酸氢钾的质量，g；

　　　　V——标定时消耗氢氧化钠标准滴定溶液的体积，mL；

　　　19——氟（F）的摩尔质量，g/mol；

　　204.2——苯二甲酸氢钾的摩尔质量，g/mol。

［10.6］0.5000mol/L 盐酸标准滴定溶液：将 420mL 盐酸注入 9660mL 水中，充分摇匀。

标定方法：

1）用已知浓度的氢氧化钠标准滴定溶液标定

准确吸取 10.00mL 配制好的盐酸初始溶液，注入 400mL 烧杯中，加入约 150mL 煮沸过的蒸馏水和 2～3 滴 10g/L 酚酞指示剂溶液，用已知浓度的氢氧化钠标准滴定溶液滴定至微红色出现。

盐酸标准滴定溶液的浓度按下式计算：

$$c = \frac{c_1 V_1}{10.00}$$

式中　10.00——吸取盐酸标准滴定溶液的体积，mL；

　　　　c——盐酸标准滴定溶液的浓度，mol/L；

　　　　c_1——已知氢氧化钠标准滴定溶液的浓度，mol/L；

V_1 ——滴定时消耗氢氧化钠标准滴定溶液的体积，mL。

2）用无水碳酸钠标定

准确称取约 0.4g 已在 130℃ 下烘干 2～3h 的碳酸钠，置于 300mL 烧杯中，加 100mL 水使其完全溶解。然后加入 2～3 滴 1g/L 甲基橙指示剂溶液，用配制好的盐酸初始溶液滴定至溶液由黄色转变为橙红色。将溶液加热至沸，并保持微沸 3min，然后将烧杯放在冷水中冷却至室温。如此时橙红色变成黄色，再用盐酸初始溶液滴定至出现稳定的橙红色为止。

盐酸标准滴定溶液的浓度按下式计算：

$$c = \frac{m \times 1000}{V \times 53.0}$$

式中 53.0——（1/2Na₂CO₃）的摩尔质量，g/mol；

c ——盐酸标准滴定溶液的浓度，rnol/L；

m ——称取碳酸钠的质量，g；

V ——滴定时消耗盐酸标准滴定溶液的体积，mL。

在工厂化验室中如欲把其浓度准确调整为 0.5000mol/L，则按照 0.2500mol/L 氢氧化钠标准滴定溶液（见［10.1］）的调整方法，用水或已知浓度为 2～3mol/L 的盐酸溶液进行调整。

［10.7］0.1mol/L 盐酸标准滴定溶液：将 84mL 盐酸注入 9996mL 水中，充分摇匀。用已知浓度的氢氧化钠标准滴定溶液或无水碳酸钠标定其浓度。

盐酸标准滴定溶液对氧化钙滴定度的标定（乙二醇法测定游离氧化钙时使用）：

取一定量碳酸钙（CaCO₃，基准试剂）置于铂（或瓷）坩埚中，在 950～1000℃ 下灼烧至恒量，从中称取 0.04～0.05g 氧化钙，置于干燥的内装一搅拌子的 200mL 锥形瓶中，加入 40mL 乙二醇（见［7.3］），盖紧锥形瓶，用力摇荡，在 65～70℃ 水浴上加热 30min，每隔 5min 摇荡一次（也可用机械连续振荡代替）。用安有合适孔隙干滤纸的烧结玻璃过滤漏斗抽气过滤。如果过滤速度慢，应在烧结玻璃过滤漏斗上紧密塞一个带有钠石灰管的橡皮塞。用无水乙醇仔细洗涤锥形瓶和沉淀共三次，每次用量 10mL，卸下滤液瓶，用 0.1mol/L 盐酸标准滴定溶液滴定至溶液颜色由褐色变为橙色。

盐酸标准滴定溶液对氧化钙的滴定度按下式计算：

$$T_{CaO} = \frac{m \times 1000}{V}$$

式中 T_{CaO} ——每毫升盐酸标准滴定溶液相当于氧化钙的毫克数，mg/mL；

V ——滴定时消耗盐酸标准滴定溶液的体积，mL；

m ——氧化钙的质量，g。

［10.8］0.05mol/L 盐酸标准滴定溶液：将 42mL 盐酸注入 10038mL 水中，充分摇匀，用已知浓度的氢氧化钠标准滴定溶液或无水碳酸钠标定其浓度。

［10.9］碳酸钙基准（标准滴定）溶液（每毫升约含 2.4mg 碳酸钙）：准确称取约 0.6g 已于 105～110℃ 烘干 2h 的碳酸钙，置于 400mL 烧杯中，加入约 100mL 水，盖上表面皿，沿杯口滴加盐酸（1+1）至碳酸钙全部溶解后，加热煮沸数分钟。将溶液冷却至室温，移入 250mL 容量瓶中，用水稀释至标线，摇匀。

[10.10] 0.015mol/L EDTA 标准滴定溶液：称取 5.6g 乙二胺四乙酸二钠（简称 EDTA）置于烧杯中，加约 200mL 水，加热溶解，过滤，用水稀释至 1L。

标定方法：吸取 25mL 碳酸钙基准溶液（见 [10.9]），放入 400mL 烧杯中，用水稀释至约 200mL。加入适量的钙黄绿素-甲基百里酚蓝-酚酞（1＋1＋0.2）混合指示剂（或甲基百里香酚蓝指示剂），在搅拌下滴加 200g/L 氢氧化钾溶液至出现绿色荧光后再过量 5～6mL（如用甲基百里香酚蓝指示剂，在滴加 200g/L 氢氧化钾溶液至呈蓝色后再过量 0.5～1mL），以 0.015mol/L EDTA 标准滴定溶液滴定至绿色荧光消失并转变为粉红色（如用甲基百里香酚蓝为指示剂，则滴定至蓝色消失）为止。

EDTA 标准滴定溶液对 Fe_2O_3、Al_2O_3、TiO_2、CaO、MgO、MnO、BaO、CaF_2 的滴定度按下述公式计算：

$$T_{Fe_2O_3} = \frac{25C}{V} \times \frac{M_{Fe_2O_3}}{2M_{CaCO_3}} = \frac{25C}{V} \times 0.7977$$

$$T_{Al_2O_3} = \frac{25C}{V} \times \frac{M_{Al_2O_3}}{2M_{CaCO_3}} = \frac{25C}{V} \times 0.5094$$

$$T_{TiO_2} = \frac{25C}{V} \times \frac{M_{TiO_2}}{2M_{CaCO_3}} = \frac{25C}{V} \times 0.7983$$

$$T_{CaO} = \frac{25C}{V} \times \frac{M_{CaO}}{2M_{CaCO_3}} = \frac{25C}{V} \times 0.5603$$

$$T_{MgO} = \frac{25C}{V} \times \frac{M_{MgO}}{2M_{CaCO_3}} = \frac{25C}{V} \times 0.4027$$

$$T_{MnO} = \frac{25C}{V} \times \frac{M_{MnO}}{2M_{CaCO_3}} = \frac{25C}{V} \times 0.7088$$

$$T_{BaO} = \frac{25C}{V} \times \frac{M_{BaO}}{2M_{CaCO_3}} = \frac{25C}{V} \times 1.5319$$

$$T_{CaF_2} = \frac{25C}{V} \times \frac{M_{CaF_2}}{2M_{CaCO_3}} = \frac{25C}{V} \times 0.7800$$

式中　T_A——每毫升 EDTA 标准滴定溶液相当于下标物质 A 毫克数，mg/mL；

M_A——下标物质 A 的摩尔质量，g/mol；

C——碳酸钙基准溶液的质量浓度，mg/mL；

25——吸取碳酸钙基准溶液的体积，mL；

V——标定时消耗 EDTA 标准滴定溶液的体积，mL。

EDTA 标准滴定溶液与碳酸钙标准滴定溶液（[见 10.9]）的体积比（K）按下式计算：

$$K = V/25$$

式中　V、25 的含义同上。

[10.11] 0.05mol/L EDTA 标准滴定溶液：将 18.6g 乙二胺四乙酸二钠溶于水中，加热溶解，过滤，用水稀释至 1L。用碳酸钙基准溶液（见 [10.9]）按 0.015mol/L EDTA 标准滴定溶液的标定方法（见 [10.10]）标定其对三氧化二铝的滴定度。

[10.12] 0.015mol/L EGTA 标准滴定溶液：称取 5.7g 乙二醇二乙醚二胺四乙酸（简称 EGTA），置于烧杯中，加 50mL 水及 10mL 200g/L 氢氧化钠溶液，加热溶解后

用水稀释至 1L，摇匀。用碳酸钙基准溶液（见［10.9］）按 0.015mol/L EDTA 标准滴定溶液的标定方法（见［10.10］）标定其对氧化钙的滴定度。

［10.13］0.015mol/L 硫酸铜标准滴定溶液：称取 3.7g 硫酸铜（$CuSO_4 \cdot 5H_2O$）溶于水中，加 4~5 滴硫酸（1+1），用水稀释至 1L，摇匀。

EDTA 标准滴定溶液与硫酸铜标准滴定溶液体积比的测定：从滴定管缓慢放出 10~15mL（V_1）0.015mol/L EDTA 标准滴定溶液于 400mL 烧杯中，用水稀释至约 200mL，加 15mL 乙酸-乙酸钠缓冲溶液（pH4.3），加热至沸，取下稍冷，加 5~6 滴 2g/L PAN 指示剂溶液，以硫酸铜标准滴定溶液滴定至亮紫色，消耗 V_2 mL。EDTA 标准滴定溶液与硫酸铜标准滴定溶液的体积比（K）按下式计算：

$$K = V_1/V_2$$

［10.14］0.015mol/L 硝酸铋标准滴定溶液：称取 7.3g 硝酸铋［$Bi(NO_3)_3 \cdot 5H_2O$］溶于 1L 0.3mol/L 硝酸中。

EDTA 标准滴定溶液与硝酸铋标准滴定溶液体积比的测定：从滴定管中缓慢放出 5~10mL（V_1）0.015mol/L EDTA 标准滴定溶液于 300mL 烧杯中，加水稀释至约 150mL，用硝酸及氨水（1+1）调整溶液 pH 值至 1~1.5。加入 2 滴 5g/L 半二甲酚橙指示剂溶液，用硝酸铋标准滴定溶液滴定至红色，消耗 V_2 mL。EDTA 标准滴定溶液与硝酸铋标准滴定溶液的体积比 K 按下式计算：

$$K = V_1/V_2$$

［10.15］0.03mol/L EDTA 标准滴定溶液：将 11.2g 乙二胺四乙酸二钠置于烧杯中，加 200~300mL 水，加热溶解，过滤，加水稀释至 1L。用碳酸钙基准溶液（见［10.9］）按 0.015mol/L EDTA 标准滴定溶液的标定方法（见［10.10］），标定其对三氧化二铝的滴定度及其与 0.015mol/L 硫酸铜标准滴定溶液（见［10.13］）的体积比 K。

［10.16］0.025mol/L EDTA 标准滴定溶液：将 9.3g 乙二胺四乙酸二钠置于烧杯中，加 200~300mL 水，加热溶解，过滤，加水稀释至 1L。用［10.10］的方法标定其对三氧化二铝的滴定度及其与 0.015mol/L 硫酸铜标准滴定溶液（见［10.13］）的体积比 K。

［10.17］0.008mol/L EDTA 标准滴定溶液：将 3.0g 乙二胺四乙酸二钠置于烧杯中，加 200~300mL 水，加热溶解，加水稀释至 1L。用［10.10］的方法标定其浓度：

$$c = \frac{c_1 V_1}{100.09 \times V} \text{（mol/L）}$$

式中　100.09——碳酸钙的摩尔质量，g/mol；

　　　　c_1——碳酸钙基准溶液（见［10.9］）的浓度，mg/mL；

　　　　V_1——吸取碳酸钙基准溶液的体积，mL；

　　　　V——标定时消耗 0.008mol/L EDTA 标准滴定溶液的体积，mL。

［10.18］0.015mol/L 乙酸铅标准滴定溶液：称取 5.7g 乙酸铅［$Pb(CH_3COO)_2 \cdot 3H_2O$］溶于水中，加 5mL 冰乙酸，用水稀释至 1L，摇匀。

EDTA 标准滴定溶液与乙酸铅标准滴定溶液体积比的测定：从滴定管缓慢放出 10~

15mL（V_1）0.015mol/L EDTA 标准滴定溶液于 300mL 烧杯中，用水稀释至约 150mL，加入 10mL 乙酸-乙酸钠缓冲溶液（pH6）及 7～8 滴 5g/L 半二甲酚橙指示剂溶液，用 0.015mol/L 乙酸铅标准滴定溶液滴定至红色，消耗 V_2 mL。EDTA 标准滴定溶液与乙酸铅标准滴定溶液的体积比（K）按下式计算：

$$K = V_1/V_2$$

〔10.19〕0.05mol/L 乙酸铅标准滴定溶液：称取 19g 乙酸铅 $[Pb(CH_3COO)_2 \cdot 3H_2O]$ 溶于水中，加 5mL 冰乙酸，用水稀释至 1L，摇匀。0.05mol/L EDTA 标准滴定溶液与 0.05mol/L 乙酸铅标准滴定溶液的体积比的测定，与〔10.18〕相同。

〔10.20〕重铬酸钾标准滴定溶液 $[c(1/6K_2Cr_2O_7) = 0.025mol/L]$：准确称取 1.2258g 已在 150～170℃烘干 2h 的重铬酸钾（二次结晶或基准试剂），溶于 150～200mL 水中，然后移入 1000mL 容量瓶中，加水稀释至标线，摇匀。

〔10.21〕碘酸钾标准滴定溶液 $[c(1/6KIO_3) = 0.03mol/L]$：准确称取 1.07g 左右的碘酸钾，溶于 200mL 新煮沸过的冷水中，加入 1g 氢氧化钠及 11.67g 碘化钾，溶解后以同样的水稀释至 1L，摇匀后贮存于棕色瓶中。

碘酸钾标准滴定溶液的浓度按下式计算：

$$c = \frac{m}{35.6667}$$

式中　35.6667——（1/6KIO$_3$）的摩尔质量，g/mol；

　　　　c——碘酸钾标准滴定溶液的浓度（基本单元为 1/6KIO$_3$），mol/L；

　　　　m——碘酸钾的质量，g。

碘酸钾标准滴定溶液对三氧化硫的滴定度按下式计算：

$$T_{SO_3} = c(1/6KIO_3) \times 40.03$$

式中　T_{SO_3}——每毫升碘酸钾标准滴定溶液 $[c(1/6KIO_3) = 0.03mol/L]$ 相当于三氧化硫的毫克数；

$c(1/6KIO_3)$——碘酸钾标准滴定溶液的浓度，mol/L；

　　　40.03——（1/2SO$_3$）的摩尔质量，g/mol。

〔10.22〕硫代硫酸钠标准滴定溶液 $[c(Na_2S_2O_3) = 0.05mol/L]$：将 12.4g 硫代硫酸钠（$Na_2S_2O_3 \cdot 5H_2O$）溶于新煮沸过的冷水中，加 0.1g 碳酸钠（防止溶液分解），并用同样的水稀释至 1L，贮存于棕色瓶中，静置数天后使用。使用时须 5～7d 标定一次。

标定方法：准确称取 0.03～0.04g 碘酸钾，置于 300mL 烧杯中，加入 50～60mL 水使其溶解。然后加 10mL 硫酸（1+4），在搅拌下加入 2g 碘化钾，静置 5min，用水稀释至 150mL 左右，以硫代硫酸钠标准滴定溶液滴定至淡黄色后，加入 1～2mL 1g/L 淀粉溶液，并继续滴定至蓝色消失为止。

硫代硫酸钠标准滴定溶液的浓度按下式计算：

$$c = \frac{m \times 1000}{V \times 35.67}$$

式中　c——硫代硫酸钠标准滴定溶液的浓度，mol/L；

　　　　m——称取碘酸钾的质量，g；

V——滴定时消耗硫代硫酸钠标准滴定溶液的体积，mL；

35.67——（1/6KIO₃）的摩尔质量，g/mol；

[10.23] 硫代硫酸钠标准滴定溶液 $[c(Na_2S_2O_3)=0.03mol/L]$：称取7.5g硫代硫酸钠（$Na_2S_2O_3 \cdot 5H_2O$），用新煮沸过的冷水溶解，然后加入0.1g碳酸钠，并用同样的水稀释至1L，贮存于棕色瓶中，静置数天后使用。

硫代硫酸钠标准滴定溶液 $[c(Na_2S_2O_3)=0.03mol/L]$ 与碘酸钾标准滴定溶液 $[c(1/6KIO_3)=0.03mol/L]$ 体积比的测定：

吸取20mL碘酸钾标准滴定溶液 $[c(1/6KIO_3)=0.03mol/L]$，放入250mL锥形瓶中，加入50mL水，6mL磷酸（1+1），塞上瓶塞，摇动1min，用少量水冲洗瓶塞与瓶壁，以硫代硫酸钠标准滴定溶液 $[c(Na_2S_2O_3)=0.03mol/L]$ 滴定至溶液变为淡黄色时，加入1~2mL 1g/L淀粉溶液，并继续滴定至溶液蓝色消失。

硫代硫酸钠标准滴定溶液 $[c(Na_2S_2O_3)=0.03mol/L]$ 与碘酸钾标准滴定溶液 $[c(1/6KIO_3)=0.03mol/L]$ 的体积比（K）按下式计算：

$$K=V_1/V_2$$

式中　K——每毫升硫代硫酸钠标准滴定溶液相当于碘酸钾标准滴定溶液的毫升数；

V_1——碘酸钾标准滴定溶液的体积，mL；

V_2——滴定时消耗代硫酸钠标准滴定溶液的体积，mL。

[10.24] 0.1mol/L苯甲酸无水乙醇标准滴定溶液：将苯甲酸（C_6H_5COOH）置于硅胶干燥器中干燥24h后，称取12.3g溶于1L无水乙醇中，贮存在带胶塞（装有硅胶干燥管）的玻璃瓶内。

标定方法：准确称取0.04~0.05g氧化钙（将高纯试剂碳酸钙在950~1000℃下灼烧至恒量），置于150mL干燥的锥形瓶中，加入15mL甘油无水乙醇溶液（见[7.2]），装上回流冷凝器，在有石棉网的电炉上加热煮沸，至溶液呈深红色后取下锥形瓶，立即以0.1mol/L苯甲酸无水乙醇标准滴定溶液滴定至微红色消失。再将冷凝器装上，继续加热煮沸至够红色出现，再取下滴定。如此反复操作，直至在加热10min后不再出现微红色为止。

苯甲酸无水乙醇标准滴定溶液对氧化钙的滴定度按下式计算：

$$T_{CaO}=\frac{m \times 1000}{V}$$

式中　T_{CaO}——每毫升苯甲酸无水乙醇标准滴定溶液相当于氧化钙的毫克数，mg/mL；

m——氧化钙的质量，g；

V——滴定时消耗0.1mol/L苯甲酸无水乙醇标准滴定溶液的总体积，mL。

[10.25] 氯化钡标准滴定溶液（每毫升相当于2mg三氧化硫）：称取6.1022g氯化钡（$BaCl_2 \cdot 2H_2O$），加水溶解后移入1000mL容量瓶中，用水稀释至标线，摇匀。

[10.26] 硫酸标准滴定溶液 $[c(1/2H_2SO_4)=0.05mol/L]$：将1.5mL硫酸缓慢地注入100mL水中，并用水稀释至1L（此溶液每毫升相当于2mg三氧化硫）。

氯化钡标准滴定溶液与硫酸标准滴定溶液体积比的测定：从滴定管缓慢放出10mL

c（$1/2H_2SO_4$）$= 0.05mol/L$ 的硫酸标准滴定溶液于 300mL 烧杯中，用水稀释至 100mL。加 3～4 滴 5g/L 钡试剂溶液（见［4.19］），在搅拌下滴加氯化钡标准滴定溶液 2～3mL，然后加入 30mL 95%（体积分数）乙醇，继续用氯化钡标准滴定溶液滴定至溶液由酒红色变至蓝色，并过量 1～2mL，然后再用 c（$1/2H_2SO_4$）$= 0.05mol/L$ 的硫酸标准滴定溶液滴定至溶液呈现紫红色为止。

氯化钡标准滴定溶液与硫酸标准滴定溶液的体积比（K）按下式计算：

$$K = V_1/V_2$$

式中　K——每毫升硫酸标准滴定溶液相当于氯化钡标准滴定溶液的毫升数；

　　　V_1——消耗氯化钡标准滴定溶液的体积，mL；

　　　V_2——消耗硫酸标准滴定溶液的体积，mL。

［10.27］0.001mol/L 硝酸汞标准滴定溶液：称取 0.34g 硝酸汞［$Hg(NO_3)_2 \cdot 1/2H_2O$］，溶于 10mL 0.5mol/L 硝酸中，移入 1L 容量瓶中，用水稀释至标线，摇匀。

［10.28］0.005mol/L 硝酸汞标准滴定溶液：称取 1.67g 硝酸汞［$Hg(NO_3)_2 \cdot 1/2H_2O$］，溶于 10mL 0.5mol/L 硝酸中，移入 1L 容量瓶中，用水稀释至标线，摇匀。

硝酸汞标准滴定溶液标定方法：用微量滴定管准确加入含 0.20mg（或 1.40mg）氯的氯标准溶液（见［11.11］）于 50mL 锥形瓶中，加入 20mL 乙醇（95%）及数滴 0.5mol/L 氢氧化钠溶液至溶液呈蓝色，然后滴入 0.5mol/L 硝酸至溶液刚好变黄，再过量 1 滴（pH 约为 3.5），加入 10 滴 10g/L 二苯偶氮碳酰肼指示剂溶液（见［4.12］），用 0.001mol/L（或 0.005mol/L）硝酸汞标准滴定溶液滴定至出现樱桃红色。同时进行空白试验。

硝酸汞标准溶液对氯的滴定度按下式计算：

$$T_{Cl} = \frac{0.20}{V_1 - V_0} \text{ 或 } T_{Cl} = \frac{1.40}{V_1 - V_0}$$

式中　T_{Cl}——每毫升硝酸汞标准滴定溶液相当于氯的毫克数，mg/mL；

　　　V_1——标定时消耗硝酸汞标准滴定溶液的体积，mL；

　　　V_0——空白试验消耗硝酸汞标准滴定溶液的体积，mL。

［10.29］0.05mol/L 硝酸银标准滴定溶液：称取 8.50g 硝酸银，用少量水溶解后，加 3～5mL 硝酸，再加水稀释至 1L，贮存在棕色瓶中。

［10.30］0.05mol/L 硫氰酸铵标准滴定溶液：称取 4g 硫氰酸铵（NH_4CNS），用少量水溶解后稀释至 1L。

硝酸银标准滴定溶液与硫氰酸铵标准滴定溶液体积比的测定：自滴定管中准确放出 20mL 0.05mol/L 硝酸银标准滴定溶液（见［10.29］）至 250mL 烧杯中，加入 20mL 1mol/L 硝酸溶液及 4mL 200g/L 铁铵矾指示剂溶液，然后加水稀释至 150mL，在搅拌下以 0.05mol/L 硫氰酸铵标准滴定溶液滴定至呈现稳定的淡红色为止。

硝酸银标准滴定溶液与硫氰酸铵标准滴定溶液的体积比（K）按下式计算：

$$K = 20/V$$

式中　K——每毫升硫氰酸铵标准滴定溶液相当于硝酸银标准滴定溶液的毫升数；

　　　20——硝酸银标准滴定溶液的体积，mL；

V——滴定时消耗硫氰酸铵标准滴定溶液的体积，mL。

硝酸银标准滴定溶液对氯的滴定度的标定：用移液管吸取 25mL 0.05mol/L 氯化钠标准溶液（见［11.12］），放入 250mL 烧杯中，加入 20mL 1mol/L 硝酸溶液，然后自滴定管中滴加 30mL 0.05mol/L 硝酸银标准滴定溶液（见［10.29］），再加水稀释至约 150mL。加 4mL 200g/L 铁铵矾指示剂溶液，在不断地搅拌下以 0.05mol/L 硫氰酸铵标准滴定溶液滴定，至溶液呈现稳定的淡红色为止。

硝酸银标准滴定溶液对氯的滴定度按下式计算：

$$T_{Cl} = \frac{c_1 V_1 \times 35.45}{V_2 - K V_3}$$

式中　T_{Cl}——每毫升硝酸银标准滴定溶液相当于氯的毫克数，mg/mL；

　　　c_1——氯化钠标准溶液的浓度，mol/L；

　　　V_1——氯化钠标准溶液的体积，mL；

　　　V_2——硝酸银标准滴定溶液的体积，mL；

　　　V_3——滴定时消耗硫氰酸铵标准滴定溶液的体积，mL；

　　　K——每毫升硫氰酸铵标准滴定溶液相当于硝酸银标准滴定溶液的毫升数；

　　35.45——氯的摩尔质量，g/mol。

［10.31］0.01mol/L 硝酸镧标准滴定溶液：称取 4.33g 硝酸镧［La（NO$_3$）$_3$ · 6 H$_2$O］溶于水后，移入 1000mL 容量瓶中，加水稀释至标线，摇匀。

硝酸镧标准滴定溶液浓度的标定：吸取 25mL 硝酸镧标准滴定溶液放入 400mL 烧杯中，用水稀释至约 200mL，加入 10mL 三乙醇胺-盐酸缓冲溶液（pH6.8）及 3～5 滴偶氮胂 M 指示剂（1.5g/L），以 0.008mol/L EDTA 标准滴定溶液滴定至溶液由蓝绿色转变为稳定的紫红色，即为终点。

硝酸镧标准滴定溶液对氟的滴定度按下式计算：

$$T_F = \frac{V \times c \times 19 \times 3}{25}$$

式中　T_F——每毫升硝酸镧标准滴定溶液相当于氟的毫克数，mg/mL；

　　　V——滴定时消耗 EDTA 标准滴定溶液的体积，mL；

　　　c——EDTA 标准滴定溶液的浓度，mol/L；

　　　19——氟的摩尔质量，g/mol；

　　　25——吸取硝酸镧标准滴定溶液的体积，mL。

EDTA 标准滴定溶液与硝酸镧标准滴定溶液的体积比 K_1 和 K_2 的标定：吸取 5.00mL 硝酸镧标准滴定溶液，放入 100mL 锥形瓶中，用水稀释至约 40mL，加入 5mL 三乙醇胺-盐酸缓冲溶液（pH6.8）及 2～3 滴偶氮胂 M 指示剂（1.5g/L），用 0.008mol/L EDTA 标准滴定溶液滴定至溶液由蓝绿色转变为稳定的紫红色即为终点。记下此时消耗 EDTA 标准滴定溶液的体积（V_0）。再加入 1～3mL EDTA 标准滴定溶液，并读取 EDTA 标准滴定溶液的总体积（V_1）。然后用硝酸镧标准滴定溶液缓慢滴定至溶液由紫红色变为蓝色，记下硝酸镧标准滴定溶液的体积（V_2）。

EDTA 标准滴定溶液与硝酸镧标准滴定溶液的体积比 K_1 和 K_2 按下式计算：

$$K_1 = \frac{5}{V_0}$$

$$K_2 = \frac{5+V_2}{V_1}$$

式中　K_1、K_2——每毫升 EDTA 标准滴定溶液相当于硝酸镧标准滴定溶液的毫升数。其中 K_1 用于 EDTA 标准滴定溶液的直接滴定；K_2 用于硝酸镧标准滴定溶液的返滴定；

$\quad\quad\quad\;V_0$——滴定至红色终点时消耗 EDTA 标准滴定溶液体积，mL；

$\quad\quad\quad\;V_1$——加入 EDTA 标准滴定溶液的总体积，mL；

$\quad\quad\quad\;V_2$——返滴定时消耗硝酸镧标准滴定溶液的体积，mL。

[10.32] 0.01mol/L EDTA 标准滴定溶液：称取 3.7gEDTA（乙二胺四乙酸二钠，$C_{10}H_{14}N_2O_8Na_2 \cdot 2H_2O$）于烧杯中，加入约 200mL 水，加热溶解，用水稀释至 1L。

EDTA 标准滴定溶液（0.01mol/L）的标定：移取 10.00mL 氧化钙标准溶液（1.00mg/mL）于 300mL 烧杯中，加约 150mL 水，滴加氢氧化钾溶液（200g/L）调节 pH 值近似为 12 后，再过量 2mL。加入适量的 CMP 混合指示剂，用 EDTA 标准滴定溶液滴定至绿色荧光完全消失并呈现红色。

EDTA 标准滴定溶液的浓度 c（EDTA）以 mol/L 表示，按下式计算，保留四位有效数字：

$$c(\text{EDTA}) = \frac{m}{V \times 56.08}$$

式中　c(EDTA)——EDTA 标准滴定溶液的浓度，mol/L；

$\quad\quad\quad\;V$——滴定时消耗 EDTA 标准滴定溶液的体积，mL；

$\quad\quad\quad\;m$——氧化钙的毫克数，mg；

$\quad\quad\;56.08$——氧化钙的摩尔质量，g/mol。

[10.33] 0.01mol/L 乙酸锌标准滴定溶液：称取 2.1g 乙酸锌 [$Zn(CH_3COO)_2 \cdot 2H_2O$] 于烧杯中，加入少量水及 2mL 乙酸，移入 1L 容量瓶中，用水稀释至标线，摇匀。

乙酸锌标准滴定溶液与 EDTA 标准滴定溶液体积比的测定：移取 10.00mL EDTA 标准滴定溶液（0.01mol/L）于 300mL 烧杯中，加约 150mL 水，再加 5mL 六次甲基四胺溶液（200g/L），此时溶液 pH 应为 5.5～5.8，再加入 3～4 滴二甲酚橙指示剂溶液（2g/L），用乙酸锌标准滴定溶液（0.01mol/L）滴定至溶液由黄色变为玫瑰红色。

乙酸锌标准滴定溶液与 EDTA 标准滴定溶液的体积比（K）按下式计算：

$$K = 10/V$$

式中　K——每毫升乙酸锌标准滴定溶液相当于 EDTA 标准滴定溶液的毫升数；

$\quad\quad\;10$——移取 EDTA 标准滴定溶液的体积，mL；

$\quad\quad\quad\;V$——滴定时消耗乙酸锌标准滴定溶液的体积，mL。

实验三　标准溶液的配制

[11.1] 二氧化硅标准溶液（每毫升含 0.1mg 二氧化硅）：准确称取 0.1000g 优级纯二氧化硅，放入铂坩埚中，加 4g 无水碳酸钠，于 1000℃ 下熔融至透明后再继续于高温下熔融 2～3min（不宜过长）。冷却后，用热水将熔融物浸出于盛有 500mL 水的烧杯中，待全部溶解后，移入 1L 容量瓶中。冷却至室温后，加水稀释至标线，摇匀后移入干燥塑料瓶中，保存备用。

[11.2] 三氧化二铁标准溶液（每毫升相当于 0.1mg 三氧化二铁）：准确称取 0.6039g 优级纯铁铵矾 $[(NH_4)_2SO_4 \cdot Fe_2(SO_4)_3 \cdot 24H_2O]$，置于 100mL 烧杯中，加 20mL 盐酸（1＋1），溶解后移入 1L 容量瓶中，用水稀释至标线，摇匀。

[11.3] 三氧化二铁标准溶液（每毫升相当于 0.1mg 三氧化二铁）：准确称取 0.1000g 已于 950℃ 灼烧 1h 的光谱纯三氧化二铁，置于 300mL 烧杯中，加入 50mL 水，30mL 盐酸（1＋1），2mL 硝酸。低温加热至全部溶解，冷却后移入 1L 容量瓶中，用水稀释至标线，摇匀。

三氧化二铁标准溶液（0.02mg/mL）：准确移取 100.00mL 上述三氧化二铁标准溶液放入 500mL 容量瓶中，用水稀释至标线，摇匀。

[11.4] 三氧化二铝标准溶液（每毫升相当于 $2\mu g$ 三氧化二铝）：准确称取 0.1058g 光谱纯铝片（纯度高于 99.99%），放于 300mL 烧杯中，加入 40mL 盐酸（1＋1）和少量二氯化汞溶液（约相当于 $0.2mgHgCl_2$），加入 60mL 水，加热，至铝片完全溶解后，将溶液冷却至室温，移入 500mL 容量瓶中，用水稀释至标线，摇匀。此溶液为每毫升相当于 0.4mg 三氧化二铝。

吸取 10mL 上述溶液（相当于 4mg 三氧化二铝），放入 2000mL 容量瓶中，加 33mL 盐酸（1＋1），用水稀释至标线，摇匀。此溶液为每毫升相当于 $2\mu g$ 三氧化二铝。

[11.5] 三氧化二铝标准溶液（每毫升相当于 $5\mu g$ 三氧化二铝）：准确称取 0.1058g 金属铝（纯度高于 99.9%）于塑料杯中，加 50mL 200g/L 氢氧化钠溶液，在水浴上加热溶解，冷却。加盐酸（1＋1）至呈酸性后再过量 20mL，在水浴上加热至溶液澄清，冷却。移入 1000mL 容量瓶中，以水稀释至标线，摇匀。此溶液每毫升相当于含三氧化二铝 $200\mu g$。

吸取 25mL 上述溶液，放入 1000mL 容量瓶中，加 20mL 盐酸（1＋1），以水稀释至标线，摇匀。此溶液每毫升相当于含三氧化二铝 $5\mu g$。

[11.6] 氧化镁标准溶液（每毫升相当于 $50\mu g$ 氧化镁）：准确称取 1.000g 已于 600℃ 灼烧 1.5h 的光谱纯氧化镁，置于 250mL 烧杯中，加入 50mL 水，缓慢加入 20mL 盐酸（1＋1），低温加热至全部溶解，冷却后移入 1000mL 容量瓶中，用水稀释至标线，摇匀，此溶液每毫升相当于 1mg 氧化镁。

准确吸取 25mL 上述溶液（相当于 25mg 氧化镁），放入 500mL 容量瓶中，用水稀释至标线，摇匀。此溶液每毫升相当于 $50\mu g$ 氧化镁。

[11.7] 氧化亚锰标准溶液（每毫升相当于 50μg 氧化亚锰）：准确称取 0.5376g 光谱纯四氧化三锰，置于 400mL 烧杯中，加入 100mL 水，12mL 盐酸（1+1）和 6 滴过氧化氢，加热溶解后，冷却，移入 1000mL 容量瓶中，用水稀释至标线，摇匀。此溶液每毫升相当于 0.5mg 氧化亚锰。

吸取 100mL 上述溶液（相当于 50mg 氧化亚锰），放入 1000mL 容量瓶中，用水稀释至标线，摇匀。此溶液每毫升相当于 50μg 氧化亚锰。

或：称取 0.119g 优级纯硫酸锰（$MnSO_4 \cdot H_2O$）置于 300mL 烧杯中，加适量水溶解后，加约 1mL 硫酸（1+1），移入 1000mL 容量瓶中，加水稀释至标线，摇匀。此溶液每毫升相当于 50μg 氧化亚锰。

[11.8] 氧化钾标准溶液（每毫升相当于 50μg 氧化钾）：准确称取 0.791g 已于 130～150℃ 烘过 2h 的优级纯氯化钾，置于烧杯中，加适量水溶解后，移入 1000mL 容量瓶中，用水稀释至标线，摇匀，贮存于塑料瓶中。此溶液每毫升相当于氧化钾 500μg。

准确移取 100mL 上述溶液，注入 1000mL 容量瓶中，用水稀释至标线，摇匀，贮存于塑料瓶中。此标准溶液每毫升相当于 50μg 氧化钾。

[11.9] 氧化钠标准溶液（每毫升相当于 50μg 氧化钠）：准确称取 0.943g 已于 130～150℃ 烘过 2h 的优级纯氯化钠，加入适量水溶解后，移入 1000mL 容量瓶中，用水稀释至标线，摇匀，贮存于塑料瓶中。此溶液每毫升相当于氧化钠 500μg。

准确吸取 100mL 上述溶液，注入 1000mL 容量瓶中，用水稀释至标线，摇匀，贮存于塑料瓶中。此标准溶液每毫升相当于 50μg 氧化钠。

[11.10] 氧化钾、氧化钠标准溶液（每毫升相当于氧化钾、氧化钠各 0.5mg）：准确称取已在 130～150℃ 烘干 2h 的 0.791g 优级纯氯化钾及 0.943g 氯化钠，置于烧杯中加水溶解后，移入 1L 容量瓶中，用水稀释至刻度，摇匀。

[11.11] 氯标准溶液（每毫升相当于 0.04mg 氯）：准确称取 0.3297g 预先已在 130～150℃ 烘干 2h 的优级纯氯化钠，置于烧杯中，加少量水溶解后移入 1L 容量瓶内，用水稀释至标线，摇匀。此溶液为每毫升相当于 0.2mg 氯。

吸取 200mL 上述溶液，放入 1L 容量瓶中，加水稀释至标线，摇匀。此溶液为每毫升相当于 0.04mg 氯。

[11.12] 0.05mol/L 氯化钠标准溶液：准确称取 2.922g 已于 100～130℃ 下烘干 2h 的优级纯氯化钠，置于烧杯中，加少量水溶解后移入 1L 容量瓶中，加水稀释至标线，摇匀。

[11.13] 三氧化硫标准溶液：准确称取 0.4435g 已在 105℃ 下烘干 2h 的优级纯硫酸钠（Na_2SO_4）于 300mL 烧杯中，加水溶解，转移至 500mL 容量瓶中，以水稀释至标线，摇匀。此溶液为每毫升相当于 0.5mg 三氧化硫。

[11.14] 氟标准溶液（每毫升相当于 0.001，0.005，0.010，0.025mg 氟）：准确称取 0.2763g 预先已在 500℃ 灼烧 10min 或在 120℃ 烘干 2h 的优级纯氟化钠（NaF），加水溶解后移入 500mL 容量瓶中，用水稀释至标线，摇匀。然后将溶液转移至干燥塑料瓶中，保存备用。每毫升此溶液含 0.25mg 氟。

吸取 50mL 上述 0.25mg/mL 氟溶液，放入 500mL 容量瓶中，用水稀释至标线，摇匀，转移至干燥塑料瓶中保存。每毫升此溶液含 0.025mg 氟（即 $25\mu g$）。分别吸取上述 0.025mg/mL 氟溶液 10，50 和 100mL 各放入 250mL 容量瓶中，用水稀释至标线，摇匀。分别贮于干燥塑料瓶中。每毫升溶液中分别含 0.001，0.005 和 0.010mg 氟（即 1，5 和 $10\mu g$）。

[11.15] 五氧化二磷标准溶液（每毫升相当于 0.10mg 五氧化二磷）：准确称取 0.1861g 优级纯磷酸氢二铵 $[(NH_4)_2HPO_4]$ 溶于适量水中，移入 1000mL 容量瓶中，用水稀释至标线，摇匀。

或：五氧化二磷标准溶液（0.10mg/mL）：准确称取 0.1917g 预先经 105～110℃ 烘干 2h 的磷酸二氢钾（KH_2PO_4，基准试剂）溶于水中，移入 1L 容量瓶中，用水稀释至标线，摇匀。

[11.16] 二氧化钛标准溶液（每毫升相当于 0.05mg 二氧化钛）：称取 0.025g 预先经 800～950℃ 灼烧过的二氧化钛（TiO_2，光谱纯试剂）置于铂坩埚中，加入 2g 焦硫酸钾，在 500～600℃ 熔融至透明。放冷后，用 20mL 热硫酸（1+1）浸取熔块于预先盛有 80mL 硫酸（1+1）的烧杯中，并加热至 50～60℃ 使熔块完全溶解。然后将溶液冷却至室温，移入 500mL 容量瓶中，用水稀释至标线，摇匀。

[11.17] 氯化钠标准溶液（每毫升相当于 0.005，0.010，0.025，0.050mg 氯）：准确称取 0.1649g 预先已在 130～150℃ 烘干 2h 的氯化钠，置于烧杯中，加少量水溶解后移入 1L 容量瓶中，用水稀释至标线，摇匀。此溶液为每毫升相当于 0.1mg 氯。

分别吸取 5，10，25，50mL 上述溶液，分别放入 100mL 容量瓶中，加水稀释至标线，摇匀。此四种溶液每毫升分别相当于 0.005，0.010，0.025，0.050mg 氯。

[11.18] 二氧化钛标准溶液（0.10mg/mL）：准确称取 0.1000g 预先经 800～950℃ 灼烧 1h 的二氧化钛（TiO_2，光谱纯试剂）于铂坩埚中，加约 3g 焦硫酸钾，在 500～600℃ 熔融至透明。放冷后，用 20mL 热硫酸（1+1）浸取熔块于预先盛有 80mL 硫酸（1+1）的烧杯中，并加热至 50～60℃ 使熔块完全，然后将溶液冷却至室温，移入 1L 容量瓶中。用水稀释至标线，摇匀。

[11.19] 二氧化钛标准溶液（0.010mg/mL）：移取 100.00mL 二氧化钛标准溶液（0.10mg/mL）于 1L 容量瓶中，用水稀释至标线，摇匀。

第三章　水泥原材料的化验与检测

实验一　黏土的化学分析

黏土是硅酸盐工业的重要原料之一，水泥生产所用黏土是普通常见的黏土，其化学成分大致如下：

SiO_2	Al_2O_3	Fe_2O_3	CaO	MgO	R_2O
50%~69%	11%~25%	5%左右	5%左右	3%左右	4%左右

陶瓷所用黏土是有特殊要求的，往往要求铝含量高，铁含量很低。

在水泥、陶瓷生产中，黏土分析通常以容量分析为主。经典的分析方法常常因为操作繁复，分析时间长，难以在生产中应用，但在某些特定情况下，如制备标准物质及作精确分析时，仍然使用。本实验采用如下方法（此方法也适用于高岭土、膨润土、火山灰、粉煤灰等原料的化学成分分析）。

一、实验目的

1. 了解黏土各化学成分测定的原理。
2. 掌握黏土化学成分测定的方法。

二、实验器材

1. 箱式电阻炉：最高使用温度不低于 1000℃。
2. 电热鼓风干燥箱：能使温度控制在（105±5）℃。
3. 电子天平：称量 100g，感量 0.1mg。
4. 分析纯氢氧化钠、氯化钾、盐酸、硝酸、乙醇。
5. 氟化钾溶液（150g/L）。
6. 氟化钾溶液（20g/L）
7. 氯化钾溶液（50g/L）。
8. 氯化钾-乙醇溶液（50g/L）。
9. 氨水（1+1）。
10. 乙酸-乙酸钠缓冲溶液（pH4.3）。
11. 三乙醇胺溶液（1+2）。
12. 氢氧化钾溶液（200g/L）。
13. 氨-氯化铵缓冲溶液（pH10）。
14. 苦杏仁酸溶液（50g/L）。

15. 酒石酸钾钠溶液（100g/L）。

16. 氢氧化钠标准滴定溶液（0.15mol/L）。

17. 硫酸铜标准滴定溶液（0.015mol/L）。

18. EDTA 标准滴定溶液（0.015mol/L）。

19. 酚酞指示剂溶液（10g/L）。

20. 磺基水杨酸钠指示剂溶液（100g/L）。

21. PAN 指示剂溶液（2g/L）。

22. CMP 混合指示剂。

23. 酸性铬蓝 K-萘酚绿 B（1+2.5）混合指示剂。

24. 其他：银坩埚、容量瓶、干燥器、酸碱滴定管等。

三、实验步骤

1. 试样溶液的制备

（1）方法：氢氧化钠熔融分解试样。

（2）测定步骤

准确称取约 0.5g 已在 105～110℃烘过 2h 的试样置于银坩埚中，加入 7～8g 氢氧化钠，盖上坩埚盖（应留一定缝隙）。放入已升温至 400℃的高温炉中，继续升温至 650～700℃后，保温 20min（中间可摇动熔融物一次）。取出坩埚，冷却后，放入盛有 100mL 热水的烧杯中，盖上表面皿，适当加热，待熔融物完全浸出后取出坩埚，用热水和盐酸（1+5）洗净坩埚及盖，洗液并入烧杯中。然后一次加入 25mL 盐酸，立即用玻璃棒搅拌，加入数滴硝酸，加热煮沸，将所得澄清溶液冷却至室温后，移入 250mL 容量瓶中，用水稀释至标线，摇匀。此溶液可供测定硅、铝、铁、钙、镁之用。

（3）注意事项

黏土因吸水性强，称样应采取差减法，即在称量盘上称取试样后，立即倒入银坩埚内，可轻轻敲击称量盘，但不要用毛刷刷称量盘，然后再称量空盘，两次质量之差即为试样的质量。

2. 二氧化硅的测定

（1）测定基本原理

氟硅酸钾容量法测定二氧化硅是依据硅酸在有过量的氟离子和钾离子存在下的强酸性溶液中，能与氟离子作用形成氟硅酸离子 $[SiF_6]^{2-}$，并进而与钾离子作用生成氟硅酸钾（K_2SiF_6）沉淀。该沉淀在热水中水解并相应生成等物质的量的氢氟酸，因而可用氢氧化钠溶液进行滴定，借以求得样品中的二氧化硅含量。其反应方程式如下：

$$SiO_3^{2-} + 6F^- + 6H^+ \Longrightarrow SiF_6^{2-} + 6H_2O$$

$$SiF_6^{2-} + 2K^+ \Longrightarrow K_2SiF \downarrow$$

$$K_2SiF_6 + 3H_2O \Longrightarrow KF + H_2SiO_3 + 4HF$$

$$HF + NaOH \Longrightarrow NaF + H_2O$$

（2）测定步骤

吸取 50mL 上述制备好的试样溶液，放入 300mL 塑料杯中，加入 10mL 硝酸，冷却片刻。然后加入 10mL 氟化钾溶液（150g/L），搅拌，再加入体氯化钾，搅拌并压碎不溶颗粒，直至饱和。冷却，并静置 15min。用快速滤纸过滤，塑料杯与沉淀用氯化钾溶液（50g/L）洗涤 2～3 次。将滤纸连同沉淀置于原塑料杯中，沿杯壁加入 10mL 氯化钾-乙醇溶液（50g/L）及 1mL 酚酞指示剂溶液（10g/L），用氢氧化钠溶液（0.15mol/L）中和未洗净的酸，仔细搅动滤纸并随之擦洗杯壁，直至酚酞变红（不记读数）。然后加入 200mL 沸水（沸水应预先用氢氧化钠溶液中和至酚酞呈微红色），以氢氧化钠标准滴定溶液（0.15mol/L）滴定至微红色（记下读数）。

（3）试样中二氧化硅的质量分数按下式计算：

$$w(SiO_2) = \frac{T_{SiO_2} \times V \times 5}{m \times 1000} \times 100\%$$

式中　T_{SiO_2}——每毫升氢氧化钠标准滴定溶液相当于二氧化硅的毫克数，mg/mL；

　　　　V——滴定时消耗氢氧化钠标准滴定溶液的体积，mL；

　　　　5——全部试样溶液与所分取试样溶液的体积比；

　　　　m——试料的质量，g。

（4）二氧化硅测定过程中应注意的事项

① 从上述反应方程可看出，要使反应进行完全，首先应把不溶性二氧化硅转变为可溶性的硅酸，其次要保证溶液有足够的酸度，还必须有足够过量的氟和钾离子存在。

② 分解试样用所用酸的类型。分解试样最好使用硝酸，因为用硝酸分解样品不易析出硅酸凝胶，同时还可减少铝离子的干扰。

③ 溶液酸度的控制。溶液的酸度应保持在此 3mol/L 左右，过低易形成其他盐类的氟化物沉淀而干扰测定，但酸量过多会给沉淀的洗涤与中和残余酸的操作带来麻烦。

④ 溶液体积的控制。氟硅酸钾沉淀与否，和溶液体积的关系不是太大，一般在 80mL 以内均可得到正确的结果。但在实际操作中，保持在 50mL 左右比较适宜。

⑤ 氯化钾加入量的控制。一般应加至饱和。特别是当夏天室温较高，溶液体积较大，以及在先加硝酸后加氟化钾的情况下，氯化钾的加入量一定要达到饱和。否则，沉淀不易完全，易导致测定结果偏低。

⑥ 沉淀放置的时间的控制。氟硅酸钾属于立方晶系的晶体沉淀，因此在沉淀后应放置 10min 左右，使晶体形成较大的颗粒，便于过滤和洗涤。但洗涤后的沉淀在滤纸上放置的时间对测定结果无影响。

⑦ 对于滤纸和沉淀上未曾洗尽酸的处理。通常是以 5％的氯化钾-50％乙醇为介质，用氢氧化钠溶液中和至酚酞变红。这一操作的关键在于快速，并在此时及以前控制温度在 30℃以下，温度高，氟硅酸钾易水解，使结果偏低。

⑧ 滴定所用的指示剂的品种。通常用酚酞，但也可采用麝香酚蓝-酚红混合指示剂。

3. 三氧化二铁的测定

（1）测定基本原理（EDTA-配位滴定法）

用 EDTA 滴定 Fe^{3+}，一般以磺基水杨酸或其钠盐为指示剂，在溶液酸度为 pH1.5～2、温度为 60~70℃ 的条件下进行。在上述条件下,磺基水杨酸与 Fe^{3+} 配位成紫红色的配合物,能为 EDTA 所取代。其反应方程式如下:

指示剂显色反应:

$$Fe^{3+} + HIn^- \rightleftharpoons FeIn^+ + H^+$$

$$\text{(无色)} \qquad \text{(紫红色)}$$

滴定主反应:

$$Fe^{3+} + H_2Y^{2-} \rightleftharpoons FeY^- + 2H^+$$

终点时指示剂的变色反应:

$$H_2Y^{2-} + FeIn^+ \rightleftharpoons FeY^- + HIn^- + H^+$$

$$\text{(紫红色)} \qquad \text{(黄色)} \text{(无色)}$$

(2) 测定步骤

吸取 50mL 上述制备好的试样溶液,放入 300mL 烧杯中。加水稀释至 100mL,用氨水 (1+1) 调整溶液的 pH 值至 1.8~2.0 (以精密 pH 试纸检验)。将溶液加热至 70℃ 左右,加 10 滴磺基水杨酸钠指示剂溶液 (100g/L),在不断搅拌下用 EDTA 标准滴定溶液 (0.015mol/L) 缓慢滴定至呈亮黄色 (终点时溶液温度应在 60℃ 左右)。

(3) 试样中三氧化二铁的质量分数按下式计算:

$$w(Fe_2O_3) = \frac{T_{Fe_2O_3} \times V \times 5}{m \times 1000} \times 100\%$$

式中　$T_{Fe_2O_3}$——每毫升 EDTA 标准滴定溶液相当于三氧化二铁的毫克数,mg/mL;

V——滴定时消耗的 EDTA 标准滴定溶液体积数,mL;

10——全部试样溶液与所分取试样溶液的体积比;

m——试料的质量,g。

(4) 测定过程中应注意的事项

① 测定铁时除应正确掌握溶液的酸度和温度外,还应注意使溶液中的 Fe^{2+} 全部氧化成 Fe^{3+},在测定之前应加硝酸将其完全氧化成高铁 Fe^{3+},否则由于与 EDTA 的络合能力弱,将使测定结果偏低。

② 滴定之前溶液 pH 值的调节,可采用一种简便的方法,即首先向溶液中加入磺基水杨酸钠指示剂,用氨水 (1+1) 调节溶液出现橘红色 (pH>4),然后加盐酸 (1+1) 至溶液刚刚变成紫红色,再继续滴加 8~9 滴,此时溶液的 pH 值一般在 1.6~1.8 的范围内。用这种方法调节溶液的 pH 值,不仅操作简单,而且相当准确。

③ 由于 Fe^{3+} 与 EDTA 的配位反应较慢,故在近终点时要充分搅拌,缓慢滴定,并使终点前溶液的温度以不低于 60℃ 为宜。

④ 滴定终点的颜色一般因铁含量的高低而不同。若铁的含量较低,终点时的颜色应以紫红色消失为准;若铁的含量较高,终点时溶液可能出现亮黄色,但还应以紫红色消失为准。

4. 三氧化二铝、二氧化钛的测定

(1) 测定原理 (EDTA-苦杏仁酸置换-铜盐返滴定法)

在测定完铁后的溶液中,加入对 Al^{3+} 过量的 EDTA 标准滴定溶液 (一般过量 10~

15mL），加热至 70～80℃，调整溶液的 pH 值至 3.8～4.0，将溶液煮沸 1～2min。然后以 PAN 为指示剂，用铜盐标准滴定溶液返滴剩余的 EDTA。在此条件下，溶液中的少量钛也能与 EDTA 定量地配位。因而所测结果为铝、钛的合量。其配位反应式如下：

$$Al^{3+} + H_2Y^{2-} \Longrightarrow FeY^- + 2H^+$$

$$TiO^{2+} + H_2Y^{2-} \Longrightarrow TiOY^{2-} + 2H^+$$

用铜盐返滴定过剩 ETDA 的反应为：

$$Cu^{2+} + H_2Y^{2-} \Longrightarrow 2H^+ + CuY^{2-}$$
$$（过量）\qquad\qquad （绿色）$$

终点时指示剂的变色反应：

$$Cu^{2+} + PAN \Longrightarrow Cu\text{-}PAN$$
$$（红色）$$

（2）测定步骤

在上述滴定铁后的溶液中，加入 EDTA 标准滴定溶液（0.015mol/L）至过量 10～15mL（对铝＋钛合量而言），加水稀释至约 200mL。将溶液加热至 70～80℃后，加 15mL 乙酸-乙酸钠缓冲溶液（pH4.3），煮沸 1～2min。取下，稍冷，加 5～6 滴 PAN 指示剂溶液（2g/L），以硫酸铜标准滴定溶液（0.015mol/L）滴定至亮紫色（此时消耗硫酸铜标准滴定溶液的体积记为 V_1）。然后向溶液中加入 15mL 苦杏仁酸溶液（50g/L），并加热煮沸 1～2min。取下冷至 50℃左右，加入 5mL 乙醇（$\varphi = 95\%$），2 滴 PAN 指示剂溶液（2g/L），再以硫酸铜标准滴定溶液滴定至亮紫色（此时所消耗硫酸铜标准滴定溶液的体积记为 V_2）。

（3）试样中三氧化二铝、二氧化钛的质量分数按下式计算：

$$w(Al_2O_3) = \frac{T_{Al_2O_3}[V - (V_1 - V_2)K] \times 5}{m \times 1000} \times 100\%$$

$$w(TiO_2) = \frac{T_{TiO_2} \times V_2 \times K \times 5}{m \times 1000} \times 100\%$$

式中　$T_{Al_2O_3}$——每毫升 EDTA 标准滴定溶液相当于氧化铝的毫克数，mg/mL；

　　　T_{TiO_2}——每毫升 EDTA 标准滴定溶液相当于氧化钛的毫克数，mg/mL；

　　　K——每毫升硫酸铜标准滴定溶液相当于 EDTA 标准滴定溶液的毫升数；

　　　V——加入 EDTA 标准滴定溶液的体积，mL；

　　　V_1——苦杏仁酸置换前，消耗的硫酸铜标准滴定溶液的体积，mL；

　　　V_2——苦杏仁酸置换后，消耗的硫酸铜标准滴定溶液的体积，mL；

　　　5——全部试样溶液与所分取试样溶液的体积比；

　　　m——试料的质量，g。

（4）测定过程中应注意的事项

① 滴定终点的颜色，与过剩 EDTA 和所加 PAN 指示剂的量有关。如溶液中剩余 EDTA 的量较大或 PAN 指示剂的量较少，则绿色 CuY^{2-} 配合物的色调较深，终点为蓝紫色或蓝色；如 EDTA 过量较少或 PAN 指示剂的量较大，相对之下 Cu-PAN 红色配合物的色调就比较明显，则终点基本上是红色。但终点时颜色的变化，均有明显的突跃，对测定结果都无影响。

② EDTA 对 Al^{3+} 的过量范围，如 EDTA 和 Cu^{2+} 的浓度为 0.015～0.02mol/L 时，

以过量 10～15mL EDTA 为适宜。

③ 在用 EDTA 滴定完 Fe^{3+} 的溶液中加入过量的 EDTA 之后，应将溶液加热到 70～80℃再调整溶液的 pH 值至 3.8～4.0，这样可以使溶液中的少量 TiO^{2+} 和大部分 Al^{3+} 与 EDTA 配位，防止 TiO^{2+} 及 Al^{3+} 的水解。

④ PAN 指示剂本身以及 Cu-PAN 红色配合物在水中的溶解度都很小，为增大其溶解度以获得敏锐的终点，最简便的办法是在热的溶液中进行滴定。如果溶液的温度低于 60℃，则滴定终点颜色的变化就不明显。加入乙醇或甲醇可提高 PAN 和 Cu-PAN 配合物的溶解度，但这样在日常的例行生产控制中是很不经济的。

⑤ 在用苦杏仁酸置换的返滴法测定黏土中的钛时，若滴定时溶液温度较高（如＞80℃），则终点时褪色较快，往往导致钛的测定结果偏高，而在 50℃左右时进行滴定，褪色速度大为减慢。但当溶液温度降低后，由于 PAN 指示剂以及 PAN-Cu 配合物在水中的溶解度亦随之降低，使滴定得不到鲜明的终点。加入乙醇可增大两者的溶解度，从而使滴定终点得以改善。

5. 氧化钙的测定

（1）方法：EDTA 配位滴定法

（2）分析步骤

吸取 25mL 试样溶液，放入 400mL 烧杯中。加 15mL 氟化钾溶液（20g/L），搅拌并放置 2min 以上。用水稀释至约 200mL，加入 5mL 三乙醇胺（1＋2）及适量的 CMP 混合指示剂，在搅拌下加入氢氧化钾溶液（200g/L）至出现绿色荧光后再过量 6～7mL（此时溶液的 pH 值应在 13 以上）。用 EDTA 标准滴定溶液（0.015mol/L）滴定至绿色荧光消失并转变为粉红色，消耗的体积记为 V_1。

（3）试样中氧化钙的质量分数按下式计算：

$$w(CaO) = \frac{T_{Cao} \times V_1 \times 10}{m \times 1000} \times 100\%$$

式中　T_{CaO}——每毫升 EDTA 标准滴定溶液相当于氧化钙的毫克数，mg/mL；

V_1——滴定时消耗的 EDTA 标准滴定溶液的体积，mL；

10——全部试样溶液与所分取试样溶液的体积比；

m——试料的质量，g。

6. 氧化镁的测定

（1）方法：EDTA 配位滴定法。

（2）分析步骤

吸取 25mL 试样溶液，放入 400mL 烧杯中。加 15mL 氟化钾溶液（20g/L），搅拌并放置 2min 以上。用水稀释至 200mL，加入 1mL 酒石酸钾钠溶液（100g/L）及 5mL 三乙醇胺（1＋2），搅拌，然后加入 25mL 氨-氯化铵缓冲溶液（pH10）及适量的酸性铬蓝 K-萘酚绿 B 混合指示剂，用 EDTA 标准滴定溶液（0.015mol/L）滴定（近终点时应缓慢滴定）至溶液呈纯蓝色，消耗的体积记为 V_2。此为滴定钙、镁合量。

（3）试样中氧化镁的质量分数按下式计算：

$$w(MgO) = \frac{T_{MgO}(V_2 - V_1) \times 10}{m \times 1000} \times 100\%$$

式中　T_{MgO}——每毫升 EDTA 标准滴定溶液相当于氧化镁的毫克数，mg/mL；

　　　V_2——滴定钙、镁合量时消耗的 EDTA 标准滴定溶液的体积，mL；

　　　V_1——滴定钙时消耗的 EDTA 标准滴定溶液的体积，mL；

　　　10——全部试样溶液与所分取试样溶液的体积比；

　　　m——试料的质量，g。

7. 附着水分的测定

（1）测定步骤

准确称取 1～2g 试样，放入预先已烘干至恒量的称量瓶中，置于 105～110℃的烘箱中（称量瓶在烘箱中应敞开盖）烘 2h。取出，加盖（但不应盖得太紧），放在干燥器中冷却至室温。将称量瓶紧密盖紧，称量。如此再入烘箱中烘 1h。用同样方法冷却、称量，至达恒量为止。

（2）试样中附着水分的质量分数按下式计算：

$$w(H_2O) = \frac{m - m_1}{m} \times 100\%$$

式中　$w(H_2O)$——试样中附着水分的质量分数，%；

　　　m——烘干前试料的质量，g；

　　　m_1——烘干后试料的质量，g。

8. 烧失量的测定

（1）试验原理

试样在（950±25）℃的高温炉中灼烧，驱除水分和二氧化碳，同时将存在的易氧化元素氧化。

（2）测定步骤

准确称取约 1g 已在 105～110℃烘干过的试样，放入已灼烧至恒量的瓷坩埚中。置于高温炉中，从低温升起，在 950～1000℃的高温下灼烧 30min。取出，置于干燥器中冷却，称量。如此反复灼烧，直至恒量。

（3）试样中烧失量的质量分数按下式计算：

$$w(LOI) = \frac{m - m_1}{m} \times 100\%$$

式中　m——灼烧前试料的质量，g；

　　　m_1——灼烧后试料的质量，g。

（4）测定过程中应注意的事项

在干燥器中的冷却时间，前后要一致。冷却时间一般为 20～30min，应依室温的高低酌量增减。

四、思考题

1. 黏土试样称量时应采用什么方法？为什么？

2. 粉煤灰试样采用本方法分析时应注意什么？

3. 黏土烧失量测定前如何将空的瓷坩埚灼烧至恒量？

实验二 石灰石的化学分析

石灰石是水泥生产的主要原料之一，其主要成分为碳酸钙（$CaCO_3$）。石灰石由于经常含有不同的杂质而呈白色、淡黄色或褐色。常见的杂质有硅石、黏土、碳酸镁、氧化铁等。用于水泥原料的石灰石，其成分一般介于以下范围：

SiO_2	0.2%～10%	Al_2O_3	0.2%～2.5%
Fe_2O_3	0.1%～2%	CaO	45%～53%
MgO	0.1%～2.5%	烧失量	36%～43%

一、实验目的

1. 了解石灰石的品种等级在水泥生产中的作用。
2. 掌握石灰石各成分测定方法。

二、实验器材

1. 箱式电阻炉：最高使用温度不低于1000℃。
2. 电热鼓风干燥箱：能使温度控制在（105±5）℃。
3. 电子天平：称量100g，感量0.1mg。
4. 分析纯氢氧化钠、氯化钾、碳酸钾、盐酸、硝酸。
5. 盐酸（1+5）。
6. 硝酸（1+20）。
7. 氟化钾溶液（150g/L）。
8. 氯化钾溶液（50g/L）。
9. 氯化钾-乙醇溶液（50g/L）。
10. 氨水（1+1）。
11. 乙酸-乙酸钠缓冲溶液（pH4.3）。
12. 三乙醇胺溶液（1+2）。
13. 氢氧化钾溶液（200g/L）。
14. 氨-氯化铵缓冲溶液（pH10）。
15. 氢氧化钠标准滴定溶液（0.05mol/L）。
16. 硫酸铜标准滴定溶液（0.015mol/L）。
17. EDTA标准滴定溶液（0.015mol/L）。
18. 酚酞指示剂溶液（10g/L）。
19. 磺基水杨酸钠指示剂溶液（100g/L）。
20. PAN指示剂溶液（2g/L）。
21. CMP混合指示剂。
22. 酸性铬蓝K-萘酚绿B（1+2.5）混合指示剂。

23. 其他：铂坩埚、银坩埚、容量瓶、酸碱滴定管等。

三、测定步骤

1. 滴定铁、铝、钙、镁试样溶液的制备

（1）方法：氢氧化钠熔融分析试样。

（2）分析步骤

准确称取约 0.5g 已在 105～110℃烘过的试样，置于预先已熔有 3g 氢氧化钠的银坩埚中，再用 1g 氢氧化钠覆盖在上面。盖上坩埚盖（应留有一定缝隙），置于 600～650℃的高温炉中熔融 20min。取出坩埚，冷却后，将坩埚连同熔融物一起放入预先已盛有约 100mL 热水（不要太热）的 300mL 烧杯中。摇动烧杯，使熔块溶解。用玻璃棒将坩埚取出，并用少量水和盐酸（1＋5）将其洗净，洗液并入烧杯中。然后一次加入 15mL 盐酸，搅拌，使熔融物完全溶解，加入数滴硝酸，加热至沸，将溶液冷却至室温后，移入 250mL 容量瓶中，用水稀释至标线，摇匀，此溶液（A）可供测定铁、铝、钙、镁之用。

2. 三氧化二铁的测定

（1）方法：EDTA 配位滴定法。

（2）测定步骤

吸取 100mL 上述制备好的试样溶液 A，放入 300mL 烧杯中，用氨水（1＋1）调整溶液的 pH 值至 2.0（以精密 pH 试纸检验）。将溶液加热至 70℃左右，加 10 滴磺基水杨酸钠指示剂溶液（100g/L），在不断搅拌下用 EDTA 标准滴定溶液（0.015mol/L）缓慢滴定至亮黄色（终点时溶液温度应在 60℃左右）。

（3）试样中三氧化二铁的质量分数按下式计算：

$$w(\text{Fe}_2\text{O}_3) = \frac{T_{\text{Fe}_2\text{O}_3} \times V \times 2.5}{m \times 1000} \times 100\%$$

式中　$T_{\text{Fe}_2\text{O}_3}$——每毫升 EDTA 标准滴定溶液相当于三氧化二铁的毫克数，mg/mL；

V——滴定时消耗的 EDTA 标准滴定溶液体积，mL；

2.5——全部试样溶液与所分取试样溶液的体积比；

m——试料的质量，g。

3. 三氧化二铝的测定

（1）方法：EDTA-铜盐返滴定法。

（2）测定步骤

在上述滴定铁后的溶液中，加入 10～15mL 的 EDTA 标准滴定溶液（0.015mol/L），其体积记为 V_1，然后加水稀释至约 200mL。将溶液加热至 70～80℃后，加 15mL 乙酸-乙酸钠缓冲溶液（pH4.3），煮沸 1～2min。取下，稍冷，加 5～6 滴 PAN 指示剂溶液（2g/L），以硫酸铜标准滴定溶液（0.015mol/L）滴定至亮紫色，其体积记为 V_2。

试样中三氧化二铝的质量分数按下式计算：

$$w(\text{Al}_2\text{O}_3) = \frac{T_{\text{Al}_2\text{O}_3}(V_1 - KV_2) \times 2.5}{m \times 1000} \times 100\%$$

式中　$T_{Al_2O_3}$——每毫升 EDTA 标准滴定溶液相当于氧化铝的毫克数，mg/mL；

　　　K——每毫升硫酸铜标准滴定溶液相当于 EDTA 标准滴定溶液的毫升数；

　　　V_1——加入 EDTA 标准滴定溶液的体积，mL；

　　　V_2——滴定时消耗的硫酸铜标准滴定溶液的体积，mL；

　　　2.5——全部试样溶液与所分取试样溶液的体积比；

　　　m——试料的质量，g。

（3）注意事项

因为石灰石中钛的含量一般极少，在计算三氧化二铝的质量分数时，其影响可忽略不计。

4. 氧化钙的测定

（1）测定原理

Ca^{2+} 与 EDTA 在 pH8～13 时能定量配位形成无色内配合物 CaY^{2-}，配合物的稳定常数为 $K_{CaY}=10^{10.69}$。由于配合物不很稳定，故以 EDTA 滴定钙只能在碱性溶液中进行。在 pH8～9 滴定时易受 Mg^{2+} 干扰，所以一般在 pH＞12.5 的溶液中进行滴定。

（2）测定步骤

吸取 25mL 上述制备好的试样溶液（A），放入 400mL 烧杯中，用水稀释至约 250mL，加入 3mL 三乙醇胺（1＋2）及适量的 CMP 混合指示剂，在搅拌下加入氢氧化钾溶液（200g/L）至出现绿色荧光后再过量 3～5mL（此时溶液的 pH 值应在 13 以上）。用 EDTA 标准滴定溶液（0.015mol/L）滴定至绿色荧光消失并转变为粉红色（耗量为 V_1）。

（3）试样中氧化钙的质量分数按下式计算：

$$w(CaO)=\frac{T_{CaO}\times V_1\times 10}{m\times 1000}\times 100\%$$

式中　T_{CaO}——每毫升 EDTA 标准滴定溶液相当于氧化钙的毫克数，mg/mL；

　　　V_1——滴定时消耗的 EDTA 标准滴定溶液的体积，mL；

　　　10——全部试样溶液与所分取试样溶液的体积比；

　　　m——试料的质量，g。

（4）测定过程中应注意的事项

① 溶液 pH 值的调节。测定时应将溶液用氢氧化钾调到稳定的蓝色，然后再过量 3mL，此时溶液的 pH 值大约在 12.8 左右。

② 当试样中 Mg^{2+} 的含量较高时，由于生成的氢氧化镁沉淀吸附了少量 Ca^{2+}，终点时易返色，测定结果相应偏低。为了避免这一现象，在调节溶液的 pH 值时，可采用滴加而不是一次加入 KOH 溶液，使 $Mg(OH)_2$ 沉淀缓慢地形成，则可减少其对 Ca^{2+} 的吸附作用。

5. 氧化镁的测定

（1）测定原理

用配位滴定测定镁，目前广泛采用差减法。即在一份溶液中于 pH10 用 EDTA 滴定钙、镁合量，而在另一份溶液中于 pH＞12.5 用 EDTA 滴定钙，镁的含量是从钙、镁合量中减去钙后而求得的。

（2）测定步骤

吸取 25mL 上述制备好的试样溶液（A），放入 400mL 烧杯中，用水稀释至 250mL，加入 3mL 三乙醇胺（1+2），搅拌，然后加入 20mL 氨-氯化铵缓冲溶液（pH10）及适量的酸性铬蓝 K-萘酚绿 B 混合指示剂，用 EDTA 标准滴定溶液（0.015mol/L）滴定（近终点应缓慢滴定）至溶液呈纯蓝色（耗量 V_2）。此为滴定钙、镁合量。

（3）试样中氧化镁的质量分数按下式计算：

$$w(MgO) = \frac{T_{MgO}(V_2-V_1)\times 10}{m\times 1000}\times 100\%$$

式中　T_{MgO}——每毫升 EDTA 标准滴定溶液相当于氧化镁的毫克数，mg/mL；

V_2——滴定钙、镁合量时消耗的 EDTA 标准滴定溶液的体积，mL；

V_1——滴定钙时消耗的 EDTA 标准滴定溶液的体积，mL；

10——全部试样溶液与所分取试样溶液的体积比；

m——试料的质量，g。

（4）测定过程中应注意的问题

① 由于测定钙镁合量是在不分离硅、铁、铝、钛、锰的情况下进行的，因此要获得准确的结果，就必须采取相应的措施来消除上述共存离子的干扰。硅酸的干扰可在溶液中加入适量的氟化钾进行掩蔽，铁和铝离子的干扰可在溶液中加入三乙醇胺和酒石酸钾钠来混合掩蔽。

② 掩蔽剂量的确定。在 pH10 用 EDTA 滴定钙、镁，如取 50mg 试样，滴定体积为 250mL 左右时，为消除试样溶液中的其他共存离子的干扰所加的掩蔽剂的量，对于一般硅酸盐生、熟料及其原材料分析，加 1~2mL10%酒石酸及 5mL 三乙醇胺已足够。

③ 滴定速度的控制。测定氧化镁时的滴定速度不宜过快，因过快易滴定过量，同时，滴定终时应加强溶液的搅拌。

6. 二氧化硅的测定

（1）方法：碳酸钾熔融分解试样

（2）测定步骤

准确称取约 0.5g 已在 105~110℃烘干过的石灰石试样，置于铂坩埚中，在 950~1000℃的温度下灼烧 3~5min。将坩埚放冷，加 1~1.5g 研细的无水碳酸钾，用细玻璃棒混匀，盖上坩埚盖，再于 950~1000℃的温度下熔融 10min。放冷后，用少量热水将熔融物浸出，倒入 300mL 塑料杯中，坩埚以少量稀硝酸（1+20）和水洗净。加入 10mL 氟化钾溶液（150g/L），盖上表面皿，从杯口一次加入 15mL 硝酸，以少量水冲洗表面皿及杯壁。冷却后，加入固体氯化钾，搅拌并压碎未溶颗粒，直至饱和，冷却并静置 15min。以快速滤纸过滤，塑料杯与沉淀用 50g/L 氯化钾溶液洗涤 2~3 次，将滤纸连同沉淀一起置于原塑料杯中，沿杯壁加入 10mL50g/L 氯化钾-乙醇溶液及 1mL 酚酞指示剂溶液（10g/L），用氢氧化钠标准滴定溶液（0.05mol/L）中和未洗尽的酸，仔细搅动滤纸并随之擦洗杯壁，直至溶液呈红色（不记读数）。然后加入 200mL 沸水（沸水应预先以酚酞为指示剂，用氢氧化钠标准滴定溶液中和至呈微红色），以氢氧化钠标准滴定溶液（0.05mol/L）滴定至微红色（记下读数）。

（3）试样中二氧化硅的质量分数按下式计算：

$$w(\text{SiO}_2) = \frac{T_{\text{SiO}_2} \times V}{m \times 1000} \times 100\%$$

式中　　T_{SiO_2}——每毫升氢氧化钠标准滴定溶液相当于二氧化硅的毫克数，mg/mL；

　　　　V——滴定时消耗氢氧化钠标准滴定溶液的体积，mL；

　　　　m——试料的质量，g。

（4）注意事项

① 二氧化硅的测定也可用镍坩埚-氢氧化钾熔样，步骤如下：准确称取约 0.5g 已在 105～110℃烘干过的试样，置于预先已熔有 2g 氢氧化钾的镍坩埚中，再用 1g 氢氧化钾覆盖在上面。盖上坩埚盖（留有少许缝隙），于 500～600℃的温度下熔融 20min。将坩埚放冷，然后用水将熔融物提取至 300mL 塑料杯中，坩埚及盖用少许稀硝酸（1＋20）和水洗净（此时溶液的体积应在 40mL 左右）。加入 10mL 氟化钾溶液（150g/L），搅拌，然后一次加入 15mL 硝酸。冷却后，加入固体氯化钾，搅拌并压碎未溶颗粒，直至饱和，冷却并静置 15min。以下分析步骤与上法相同。

② 由于石灰石中二氧化硅含量一般都较低，滴定钙时加氟化钾与不加氟化钾的测定结果完全一致，因此可不加氟化钾。如试样中二氧化硅含量超过 5%，可在吸取 25mL 试样溶液后，加入 5mL 氟化钾溶液（20g/L），搅拌后放置 2min 以上，再加水稀释至 150mL，以消除硅酸对滴定的干扰。

7. 附着水分及烧失量测定

同黏土化学分析。

四、思考题

1. 石灰石是水泥生产的重要原料之一，在工厂实际生产中其氧化钙及氧化镁含量通常在什么范围内？

2. 石灰石是水泥生产的重要原料，也是水泥生产企业 CO_2 气体产生及排放的重要源头，谈谈目前水泥生产企业是如何低降 CO_2 气体排放的？

实验三　铁矿石的化学分析

制造水泥用的铁矿石，主要用来调整配料中的铁成分。因此，各种高铁原料都可用来代替，如赤铁矿（Fe_2O_3），黄铁矿（FeS_2），以及硫酸制造工业的废渣硫酸渣（以 Fe_2O_3 为主）等。

一、实验目的

1. 了解铁矿石在水泥生产中的作用。

2. 掌握铁矿石各成分测定方法。

二、实验器材

1. 箱式电阻炉：最高使用温度不低于 1000℃。
2. 电热鼓风干燥箱：能使温度控制在（105±5）℃。
3. 电子天平：称量 100g，感量 0.1mg。
4. 分析纯氢氧化钠、氯化钾、盐酸、硝酸。
5. 盐酸（1+1）、（1+5）。
6. 氟化钾溶液（150g/L）。
7. 氟化钾溶液（20g/L）。
8. 氟化铵溶液（100g/L）。
9. 氯化钾溶液（50g/L）。
10. 氯化钾-乙醇溶液（50g/L）。
11. 氨水（1+1）。
12. 乙酸-乙酸钠缓冲溶液（pH4.3）。
13. 乙酸-乙酸钠缓冲溶液（pH6.0）。
14. 三乙醇胺溶液（1+2）。
15. 氢氧化钾溶液（200g/L）。
16. 氨-氯化铵缓冲溶液（pH10）。
17. 苦杏仁酸溶液（50g/L）。
18. 酒石酸钾钠溶液（100g/L）。
19. 氢氧化钠标准滴定溶液（0.15mol/L）。
20. 硫酸铜标准滴定溶液（0.015mol/L）。
21. EDTA 标准滴定溶液（0.015mol/L）。
22. 乙酸铅标准滴定溶液（0.015mol/L）。
23. 硝酸铋标准滴定溶液（0.015mol/L）。
24. 酚酞指示剂溶液（10g/L）。
25. 半二甲酚橙指示剂溶液（5g/L）。
26. 磺基水杨酸钠指示剂溶液（100g/L）。
27. PAN 指示剂溶液（2g/L）。
28. CMP 混合指示剂。
29. 酸性铬蓝 K-萘酚绿 B（1+2.5）混合指示剂。
30. 其他：银坩埚、容量瓶、干燥器、酸碱滴定管等。

三、测定步骤

1. 二氧化硅的测定

（1）方法：氟硅酸钾容量法

（2）测定步骤

① 准确称取约 0.3g 已在 105～110℃烘干过的试样，置于银坩埚中，在 700～750℃

的高温炉中灼烧 20～30min，取出，放冷。加入 10g 氢氧化钠，盖上坩埚盖（应留有一定缝隙）。再置于 750℃ 的高温炉内熔融 30～40min（中间可摇动熔融物 1～2 次）。取出坩埚，冷却后，将坩埚置于盛有 150mL 热水的烧杯中，盖上表面皿，加热，待熔融物完全浸出后，取出坩埚，用水和盐酸（1+5）洗净坩埚及盖，洗液并入烧杯中。然后向烧杯中加入 5mL 盐酸（1+1）及 20mL 硝酸，搅拌，盖上表面皿，加热煮沸。待溶液澄清后，冷却至室温，移入 250mL 容量瓶中，加水稀释至标线，摇匀。此溶液（A）可供测定二氧化硅、三氧化二铁、三氧化二铝、二氧化钛、氧化钙、氧化镁以及氧化亚锰之用。

② 吸取上述试样溶液（A）50mL，放入 300mL 塑料杯中，加入 10～15mL 硝酸，冷却。加入 10mL 氟化钾溶液（150g/L），搅拌，加固体氯化钾，搅拌并压碎未溶颗粒，直至饱和。冷却并静止 15min。用快速滤纸过滤，塑料杯与沉淀用氯化钾溶液（50g/L）洗涤 2～3 次。将滤纸连同沉淀置于原塑料杯中，沿杯壁加入 10mL 的 50g/L 氯化钾-乙醇溶液及 1mL 的 10g/L 酚酞指示剂溶液，用氢氧化钠标准滴定溶液（0.15mol/L）中和未洗净的酸，仔细搅动滤纸并随之擦洗杯壁，直至酚酞变红（不记读数）。然后加入 200mL 沸水（沸水应预先用以酚酞为指示剂，用氢氧化钠溶液中和至呈微红色），以氢氧化钠标准滴定溶液（0.15mol/L）滴定至微红色（记下读数）。

（3）试样中二氧化硅的质量分数按下式计算：

$$w(\text{SiO}_2) = \frac{T_{\text{SiO}_2} \times V \times 5}{m \times 1000} \times 100\%$$

式中　T_{SiO_2}——每毫升氢氧化钠标准滴定溶液相当于二氧化硅的毫克数，mg/mL；

　　　　V——滴定时消耗氢氧化钠标准滴定溶液的体积，mL；

　　　　5——全部试样溶液与所分取试样溶液的体积比；

　　　　m——试料的质量，g。

（4）注意事项

试样经熔融溶解后，有时还会在溶液底部存有少量黑色残渣，此时可将上面清液先转移至容量瓶中，于残渣上面加入 1mL 浓硝酸，3mL 浓盐酸，于小电炉上缓慢加热，用玻璃棒轻轻压碎快状物，直至全部溶解。继续蒸发掉多余的酸，以水溶解残渣，合并至原溶液中。

2. 三氧化二铁的测定

（1）方法：EDTA-铋盐回滴定法。

（2）实验步骤

吸取 25mL 上述制备好的试样溶液（A），放入 400mL 烧杯中，加水稀释至 200mL，用氨水（1+1）调整溶液的 pH 值至 1.0～1.5（以酸度计或精密 pH 试纸检验）。加 2 滴磺基水杨酸钠指示剂溶液（100g/L），在不断搅拌下用 EDTA 标准滴定溶液（0.015mol/L）滴定至紫红色消失后，再过量 1～2mL，搅拌并放置 1min。然后加入 2～3 滴半二甲酚橙指示剂溶液（5g/L），用硝酸铋标准滴定溶液（0.015mol/L）滴定至溶液由黄色变为橙红色。

（3）试样中三氧化二铁的质量分数按下式计算：

$$w(\mathrm{Fe_2O_3}) = \frac{T_{\mathrm{Fe_2O_3}}\ (V_1 - KV_2)\ \times 10}{m \times 1000} \times 100\%$$

式中　$T_{\mathrm{Fe_2O_3}}$——每毫升 EDTA 标准滴定溶液相当于三氧化二铁的毫克数，mg/mL；

　　　　V_1——滴定时消耗的 EDTA 标准滴定溶液的体积，mL；

　　　　V_2——滴定时消耗硝酸铋标准滴定溶液的体积，mL；

　　　　K——每毫升硝酸铋标准滴定溶液相当于 EDTA 标准滴定溶液的体积；

　　　　10——全部试样溶液与所分取试样溶液的体积比；

　　　　m——试料的质量，g。

3. 三氧化二铝测定

（1）方法：EDTA-氟化铵置换-铅盐返滴定法。

（2）测定步骤

在上述滴定铁后的溶液中，加入 15mL 苦杏仁酸溶液（50g/L），然后加入 EDTA 标准滴定溶液（0.015mol/L）至过量 10～15mL（对铁、铝而言），用氨水（1+1）调整溶液的 pH 值至 4 左右（以精密 pH 试纸检验）。然后将溶液加热至 70～80℃，再加入 10mL 乙酸-乙酸钠缓冲溶液（pH6），并加热煮沸 3～5min。取下，冷至室温，加 7～8 滴半二甲酚橙指示剂溶液（5g/L），以乙酸铅标准滴定溶液（0.015mol/L）滴定至溶液由黄色变为橙红色（不记读数）。然后立即向溶液中加入 10mL 氟化铵溶液（100g/L），并加热煮沸 1～2min。取下，冷至室温，补加 2～3 滴半二甲酚橙指示剂溶液（5g/L），然后再以乙酸铅标准滴定溶液（0.015mol/L）滴定至溶液由黄色变为橙红色（记下读数）。

（3）试样中三氧化二铝的质量分数按下式计算：

$$w(\mathrm{Al_2O_3}) = \frac{T_{\mathrm{Al_2O_3}} \times V \times K \times 10}{m \times 1000} = 100\%$$

式中　$T_{\mathrm{Al_2O_3}}$——每毫升 EDTA 标准滴定溶液相当于氧化铝的毫克数，mg/mL；

　　　　K——每毫升乙酸铅标准滴定溶液相当于 EDTA 标准滴定溶液的毫升数；

　　　　V——用氟化铵溶液置换后滴定时消耗乙酸铅标准滴定溶液的体积，mL；

　　　　V_2——滴定时消耗的硫酸铜标准滴定溶液的体积，mL；

　　　　10——全部试样溶液与所分取试样溶液的体积比；

　　　　m——试料的质量，g。

（4）注意事项

第一次滴定后，立即加入氟化铵溶液。否则，痕量的钛会与半二甲酚橙指示剂配位，形成稳定的橙红色配合物，影响第二次滴定。

4. 三氧化二铝、二氧化钛测定

（1）方法：EDTA-苦杏仁酸置换-铜盐返滴定法。

（2）测定步骤

吸取 25mL 上述制备好的试样溶液（A），放入 300mL 烧杯中，加水稀释至 100mL，加入 EDTA 标准滴定溶液（0.015mol/L）至过量 10～15mL（对铁、铝、钛总量而言），加热至 70～80℃后，用氨水（1+1）调整溶液的 pH 值至 3.5～4.0。然后加入 15mL 乙酸-乙酸钠缓冲溶液（pH4.3），继续加热煮沸 1～2min。取下，稍冷，加

5~6 滴 PAN 指示剂溶液（2g/L），以硫酸铜标准滴定溶液（0.015mol/L）滴定至亮紫色（此时所消耗硫酸铜标准滴定溶液的体积记为 V_1）。然后向溶液中加入 15mL 的苦杏仁酸溶液（50g/L），并加热煮沸 1~2min。取下，稍冷，补加 1~2 滴 PAN 指示剂溶液（2g/L），再以硫酸铜标准滴定溶液（0.015mol/L）滴定至亮紫色（此时所消耗硫酸铜标准滴定溶液的体积记为 V_2）。

（3）试样中三氧化二铝、二氧化钛的质量分数按下式计算：

$$w(Al_2O_3) = \frac{T_{Al_2O_3}\ [V - V_{Fe} -\ (V_1 + V_2)\ K]\ \times 10}{m \times 1000} \times 100\%$$

$$w(TiO_2) = \frac{T_{TiO_2} \times V_2 \times K \times 10}{m \times 1000} \times 100\%$$

式中　$T_{Al_2O_3}$——每毫升 EDTA 标准滴定溶液相当于氧化铝的毫克数，mg/mL；

　　　T_{TiO_2}——每毫升 EDTA 标准滴定溶液相当于氧化钛的毫克数，mg/mL；

　　　V——加入 EDTA 标准滴定溶液的毫升数，mL；

　　　V_{Fe}——滴定铁时实际消耗 EDTA 标准滴定溶液的体积，mL；

　　　V_1——苦杏仁酸置换前，消耗的硫酸铜标准滴定溶液的体积，mL；

　　　V_2——苦杏仁酸置换后，消耗的硫酸铜标准滴定溶液的体积，mL；

　　　K——每毫升硫酸铜标准滴定溶液相当于 EDTA 标准滴定溶液的毫升数；

　　　10——全部试样溶液与所分取试样溶液的体积比；

　　　m——试料的质量，g。

5. 氧化钙测定

（1）方法：EDTA 配位滴定法。

（2）测定步骤

吸取 25mL 上述制备的试样溶液（A），放入 400mL 烧杯中，加 5mL 氟化钾溶液（20g/L），搅拌并放置 2min 以上，然后用水稀释至约 200mL。加入 10mL 三乙醇胺（1+2）及适量的 CMP 混合指示剂，在搅拌下加入氢氧化钾溶液（200g/L）至出现绿色荧光后再过量 5~6mL（此时溶液的 pH 值应在 13 以上），用 EDTA 标准滴定溶液（0.015mol/L）滴定至绿色荧光消失并转变为粉红色（消耗体积为 V_1）。

（3）试样中氧化钙的质量分数按下式计算：

$$w(CaO) = \frac{T_{CaO}V_1 \times 10}{m \times 1000} \times 100\%$$

式中　T_{CaO}——每毫升 EDTA 标准滴定溶液相当于氧化钙的毫克数，mg/mL；

　　　V_1——滴定时消耗的 EDTA 标准滴定溶液的体积，mL；

　　　10——全部试样溶液与所分取试样溶液的体积比；

　　　m——试料的质量，g。

（4）注意事项

如吸取分离二氧化硅后的试样溶液，则此时不必加氟化钾溶液。

6. 氧化镁测定

（1）方法：EDTA 配位滴定法

（2）测定步骤

吸取 25mL 上述制备的试样溶液（A），放入 400mL 烧杯中。用水稀释至 200mL，加入 2mL 的 100g/L 酒石酸钾钠溶液及 10mL 三乙醇胺（1＋2），搅拌，然后加入 25mL 氨-氯化铵缓冲溶液（pH10）及适量的酸性铬蓝 K-萘酚绿 B 混合指示剂，用 EDTA 标准滴定溶液（0.015mol/L）滴定（近终点应缓慢滴定）至溶液呈纯蓝色（消耗体积 V_2）。此为滴定钙、镁合量。

（3）试样中氧化镁的质量分数按下式计算：

$$w(MgO) = \frac{T_{MgO} \times (V_2 - V_1) \times 10}{m \times 1000} \times 100\%$$

式中　T_{MgO}——每毫升 EDTA 标准滴定溶液相当于氧化镁的毫克数，mg/mL；

　　　V_2——滴定钙、镁合量时消耗的 EDTA 标准滴定溶液的体积，mL；

　　　V_1——滴定钙时消耗的 EDTA 标准滴定溶液的体积，mL；

　　　10——全部试样溶液与所分取试样溶液的体积比；

　　　m——试料的质量，g。

7. 附着水分测定

同黏土化学分析。

8. 烧失量测定

铁矿石中含有大量的三氧化二铁，一般还有氧化亚铁存在，特别是磁铁矿。铁矿石在高温下灼烧，失去水分和有机物，硫化物分解。灼烧的氧化条件不同，铁的氧化物会形成不同的状态，氧化亚铁在氧化气氛中灼烧，则氧化成三氧化二铁；而三氧化二铁在高温下（1000～1100℃）长时间灼烧也会分解：

$$6Fe_2O_3 = 4Fe_3O_4 + O_2$$

因此，铁矿石不宜反复灼烧，灼烧温度不宜超过 1000℃。一般铁矿石的烧失量往往不易测得一致的结果。

（1）测定步骤

准确称取约 1g 试样，放入已灼烧至恒量的瓷坩埚中。将坩埚置于高温炉中，从低温升起，在 950～1000℃的温度下灼烧 1h。取出，于干燥器中冷却至室温，称量。

（2）试样中烧失量的质量分数按下式计算：

$$w(LOI) = \frac{m - m_1}{m} \times 100\%$$

式中　m——灼烧前试料的质量，g；

　　　m_1——灼烧后试料的质量，g。

四、思考题

1. 测定铁矿石的烧失量时应注意什么问题？
2. 铁质原料在水泥生产中起什么作用？

实验四　萤石的化学分析

萤石又名氟石，主要组分是氟化钙（CaF_2），其次是碳酸盐及硫酸盐。二氧化硅的含量通常在 10％以下。

萤石分析，主要是测定氟化钙、氧化钙（碳酸钙及硫酸钙中的钙）和二氧化硅。有时也测定铁、铝、镁、烧失量等项目。萤石中氟的含量，一般用氟化钙的分析结果进行换算。

一、二氧化硅测定（氟硅酸钾容量法）

见本章实验三"石灰石化学分析"之一。

二、氧化钙测定（乙酸提取-EDTA 配位滴定法）

萤石中氧化钙的测定，是用 10％乙酸溶液处理试样，这时碳酸钙和硫酸钙能完全被乙酸所分解，而氟化钙则基本不溶。过滤后，在滤液中用 EDTA 配位滴定法进行测定钙，此为碳酸钙及硫酸钙中的钙含量。

准确称取约 0.25g 试样，置于 100mL 烧杯中。加入 10mL 10％乙酸溶液，盖上表面皿，放在水浴上加热 30min（每隔 5～7min 用玻棒搅拌 1 次）。取下烧杯，用密滤纸并加少许纸浆过滤，滤液收集于 400mL 烧杯中。用热水（不超过 20mL）洗涤烧杯及残渣数次，然后将滤纸及残渣放入原烧杯中，以供测定氟化钙用。

将烧杯中的溶液以水稀释至约 250mL，加 3mL 三乙醇胺（1＋2）及适量的甲基百里香酚蓝指示剂，在搅拌下加入 200g/L 氢氧化钾溶液至出现稳定的蓝色后再过量 3mL，然后用 0.015mol/L EDTA 标准滴定溶液滴定至蓝色消失（呈无色或淡灰色）。

试样中氧化钙的质量分数按下式计算

$$w(CaO) = \frac{T_{CaO} \times V}{m \times 1000} \times 100\% - 0.15\%$$

式中　　T_{CaO}——每毫升 EDTA 标准滴定溶液相当于氧化钙的毫克数，mg/mL；

　　　　V——滴定时消耗 EDTA 标准滴定溶液的体积，mL；

　　0.15％——氟化钙溶于乙酸的校正值（根据测定求得）；

　　　　m——试料的质量，g。

三、氟化钙测定

（一）硼酸、盐酸提取-EDTA 配位滴定法

在以上放有残渣及滤纸的烧杯中，加入 10mL 50g/L 硼酸溶液和 20mL 盐酸（1＋1）。盖上表面皿，加热煮沸 20min。用快速滤纸过滤，滤液收集于 250mL 容量瓶中。滤纸上的不溶残渣用热水洗涤 8～10 次。将溶液冷至室温后，加水稀释至标线，摇匀。

吸取 50mL 溶液，放入 400mL 烧杯中，用水稀释至约 250mL。加 3mL 三乙醇胺

（1+2）及适量的甲基百里香酚蓝指示剂，在搅拌下加入 200g/L 氢氧化钾溶液至出现稳定的蓝色后再过量 3mL，用 0.015mol/L EDTA 标准滴定溶液滴定至蓝色消失（呈无色或淡灰色）。

试样中氟化钙的质量分数按下式计算：

$$w(CaF_2) = \frac{T_{CaF_2} \times V \times 5}{m \times 1000} \times 100\% + 0.20\%$$

式中　　T_{CaF_2}——每毫升 EDTA 标准滴定溶液相当于氟化钙的毫克数，mg/mL；

　　　　　V——滴定时消耗 EDTA 标准滴定溶液的体积，mL；

　　　　　5——全部试样溶液与所分取试样溶液的体积比；

　　0.20%——氟化钙溶于乙酸的校正值；

　　　　　m——试料的质量，g。

（二）三氯化铝提取-EDTA 配位滴定法

在以上放有残渣及滤纸的烧杯中，加入 25mL 50g/L 三氯化铝溶液（见 [3.21]），用玻棒搅碎滤纸，在不断搅拌下煮沸 5～10min。盖上表面皿，再于水浴上继续加热 1～2h，经常搅拌，并加水以保持溶液原来的体积。然后以中速滤纸过滤，滤液收集于 250mL 容量瓶中。以热水洗涤，至氯根反应消失为止（用 10g/L 硝酸银溶液检验）。然后将溶液冷却至室温，加水稀释至标线，摇匀。

吸取 50mL 溶液，放入 400mL 烧杯中，用水稀释至约 250mL。然后依次加入 15mL 150g/L 蔗糖溶液、5mL 三乙醇胺（1+2）及适量的甲基百里香酚蓝指示剂。以下分析步骤及试样中氟化钙质量分数的计算，同硼酸、盐酸提取-EDTA 配位滴定法。

四、EDTA 配位滴定铁、铝、钙（总量）、镁的试样溶液的制备

准确称取约 50g 试样，放入铂皿中。加入 2mL 硫酸（1+1）及 5mL 氢氟酸，置于电热板上加热至三氧化硫白烟出现。然后再加入 2mL 硫酸（1+1），重新蒸发至三氧化硫白烟出现。将残渣用热水洗入 400mL 烧杯中，以 10mL 盐酸（1+1）及热水仔细洗净铂皿。再向烧杯中加入 15～20mL 盐酸（1+1），并加水稀释至约 150mL，然后将溶液加热煮沸 10～15min。再加 50mL 热水，搅拌，使残渣溶解。将溶液冷却至室温，移入 250mL 容量瓶中，加水稀释至标线，摇匀待用。

五、三氧化二铁测定

吸取 100mL 步骤四所配制好的试样溶液，放入 300mL 烧杯中，以氨水（1+1）调整溶液 pH 值至 1.8～2.0（用精密 pH 试纸检验）。将溶液加热至约 70℃，加 10 滴磺基水杨酸钠指示剂溶液（100g/L），以 0.015mol/L EDTA 标准滴定溶液缓慢地滴定至亮黄色（终点时溶液温度应在 60℃左右。

试样中三氧化二铁的质量分数按下式计算：

$$w(Fe_2O_3) = \frac{T_{Fe_2O_3} \times V \times 2.5}{m \times 1000} \times 100\%$$

式中　　$T_{Fe_2O_3}$——每毫升 EDTA 标准滴定溶液相当于三氧化二铁的毫克数，mg/mL；

V —— 滴定时消耗 EDTA 标准滴定溶液的体积，mL；

2.5 —— 全部试样溶液与所分取试样溶液的体积比；

m —— 试料的质量，g。

六、三氧化二铝测定

在前述滴定铁后的溶液中，加入 10～15mL 0.015mol/L EDTA 标准滴定溶液，然后用水稀释至约 200mL。将溶液加热至 70～80℃，加 15mL 乙酸-乙酸钠缓冲溶液（pH4.3），煮沸 1～2min。取下，稍冷。加 5～6 滴 2g/L PAN 指示剂溶液，以 0.015mol/L 硫酸铜标准滴定溶液滴定至亮紫色。

试样中三氧化二铝的质量分数按下式计算：

$$w(\mathrm{Al_2O_3}) = \frac{T_{\mathrm{Al_2O_3}}\ (V_1 - KV_2)\ \times 2.5}{m \times 1000} \times 100\%$$

式中 $T_{\mathrm{Al_2O_3}}$ —— 每毫升 EDTA 标准滴定溶液相当于三氧化二铝的毫克数，mg/mL；

V_1 —— 加入 EDTA 标准滴定溶液的体积，mL；

V_2 —— 滴定时消耗硫酸铜标准滴定溶液的体积，mL；

K —— 每毫升硫酸铜标准滴定溶液相当于 EDTA 标准滴定溶液的毫升数；

2.5 —— 全部试样溶液与所分取试样溶液的体积比；

m —— 试料的质量，g。

七、氧化钙测定（总量）

吸取 50mL 步骤四所配制好的试样溶液，放入 400mL 烧杯中，加水稀释至约 250mL。加 3mL。三乙醇胺（1+2）及适量的甲基百里香酚蓝指示剂，在搅拌下加入 200g/L 氢氧化钾溶液至出现稳定的蓝色后再过量 3mL，然后用 0.015mol/L EDTA 标准滴定溶液滴定至蓝色消失（呈无色或淡灰色）。

试样中氧化钙（总量）的质量分数按下式计算：

$$w(\mathrm{CaO}) = \frac{T_{\mathrm{CaO}}V_1 \times 5}{m \times 1000} \times 100\%$$

式中 T_{CaO} —— 每毫升 EDTA 标准滴定溶液相当于氧化钙的毫克数，mg/mL；

V_1 —— 滴定时消耗的 EDTA 标准滴定溶液的体积，mL；

5 —— 全部试样溶液与所分取试样溶液的体积比；

m —— 试料的质量，g。

八、氧化镁测定

吸取 50mL 步骤四所述配制好的试样溶液．放入 400mL 烧杯中，用水稀释至约 250mL。加 1mL，100g/L 酒石酸钾钠溶液，3mL 三乙醇胺（1+2），用氨水（1+1）调整溶液的 pH 至近 10（以 pH 试纸检验），然后加入 10mL 氮—氯化铵缓冲溶液（pH10）及适量的酸性铬蓝 K-萘酚绿 B 混合指示剂，以 0.015mol/L EDTA 标准滴定溶液清定至纯蓝色。

试样中氧化镁的质量分数按下式计算：

$$w(\text{MgO}) = \frac{T_{\text{MgO}} \times (V_2 - V_1) \times 5}{m \times 1000} \times 100\%$$

式中　　T_{MgO}——每毫升 EDTA 标准滴定溶液相当于氧化镁的毫克数，mg/mL；

$\qquad$ V_2——滴定钙、镁合量时消耗的 EDTA 标准滴定溶液的体积，mL；

$\qquad$ V_1——滴定钙时消耗的 EDTA 标准滴定溶液的体积，mL；

$\qquad$ 5——全部试样溶液与所分取试样溶液的体积比；

$\qquad$ m——试料的质量，g。

九、附着水分测定

见本章第一节"黏土分析"之十四。

十、烧失量测定

准确称取约 1g 试样，置于已灼烧恒量的瓷坩埚中，放在 750～800℃的高温炉中灼烧 1h。取出，置于干燥器中冷至室温后，称量。

试样中烧失量的质量分数按下式计算：

$$w(\text{LOI}) = \frac{m - m_1}{m} \times 100\%$$

式中　　m——灼烧前试料的质量，g；

$\qquad$ m_1——灼烧后试料的质量，g。

十一、思考题

1. 萤石在水泥生产过程中起什么作用？
2. 萤石的矿物特征及在其他建材行业中有何应用？

实验五　硅酸盐水泥熟料的化学分析

一、实验目的

1. 掌握水泥熟料化学成分测定的方法。
2. 通过熟料化学成分分析来验证生料配比组成。

二、实验器材

1. 电子天平：称量 100g，感量 0.1mg。
2. 烘干箱：可控制温度 105～110℃。
3. 电动磁力搅拌器。
4. 高温炉：可控制温度 950～1000℃。
5. 氟化钾溶液（150g/L）。

6. 氟化钾溶液（20g/L）。

7. 氯化钾溶液（50g/L）。

8. 氯化钾-乙醇溶液（50g/L）。

9. 氨水（1+1）。

10. 盐酸溶液（1+1）及（1+5）。

11. 乙酸-乙酸钠缓冲溶液（pH4.3）。

12. 三乙醇胺溶液（1+2）。

13. 氢氧化钾溶液（200g/L）。

14. 氨-氯化铵缓冲溶液（pH10）。

15. 苦杏仁酸溶液（50g/L）。

16. 酒石酸钾钠溶液（100g/L）。

17. 氢氧化钠标准滴定溶液（0.15mol/L）。

18. 硫酸铜标准滴定溶液（0.015mol/L）。

19. EDTA 标准滴定溶液（0.015mol/L）。

20. 酚酞指示剂溶液（10g/L）。

21. 磺基水杨酸钠指示剂溶液（100g/L）。

22. PAN 指示剂溶液（2g/L）。

23. CMP 混合指示剂。

24. 酸性铬蓝 K-萘酚绿 B（1+2.5）混合指示剂。

25. 分析纯氢氧化钠、氯化钾、盐酸、硝酸等。

26. 银或瓷坩埚：带盖，容量 15～30mL；滴定管、容量瓶、移液管、滤纸等。

三、测定步骤

1. 试样溶液的制备

（1）方法提要

以银坩埚-NaOH 熔融试样，然后以沸水和浓盐酸提取熔融物。由于大量 Cl^- 的存在，Ag^+ 主要形成 $[AgCl_2]^-$ 配位离子，防止了 AgCl 的沉淀。在大体积中，一次快速加入浓酸，使硅酸钠形成可溶性硅酸，防止硅酸的凝聚析出。因此，所得到的溶液是澄清透明的。

（2）分析步骤

称取约 0.5g 试样置于银坩埚中，加入 6～7g 氢氧化钠，在 650℃左右的马弗炉中熔融 15～20min，取出冷却，将坩埚放入已盛有 100mL 沸水的烧杯中，盖上表面皿，于电炉上加热。待熔块完全浸出后，取出坩埚，用热盐酸（1+5）和水洗净坩埚和盖，搅拌下一次加入 25mL 浓盐酸，加入 1mL 浓硝酸，加热至沸，冷却，转移至 250mL 容量瓶中，加水稀释至标线，摇匀。该试样溶液可供测定二氧化硅、三氧化二铁、三氧化二铝、氧化钙、氧化镁。

（3）注意事项

① 熔样需在带有温度控制器的马弗炉内进行，以便控制熔融温度。

② 熔块提取后，经酸化、煮沸，一般均能获得澄清溶液，但有时在底部也会出现海绵状沉淀，或在冷却、稀释过程中溶液变浑。这对以下各成分测定并无影响。

③ 溶块以水浸出后，呈强碱性，久放会对玻璃烧杯有一定的侵蚀，因此需及时酸化。

2. 二氧化硅的测定

（1）方法提要

在氟离子和钾离子的酸性溶液中，使硅酸形成氟硅酸钾沉淀，经过滤、洗涤、中和残余酸后，用热水使氟硅酸钾水解产生等物质量的 HF，然后以 NaOH 溶液滴定。

（2）分析步骤

吸取 50mL 上述已制备好的试样溶液置于 300mL 塑料杯中，加入 10～15mL 浓硝酸，冷却至室温，加入 10mL 氟化钾溶液（150g/L），搅拌，加入固体氯化钾，仔细搅拌至氯化钾饱和并有少量析出，并放置 15～20min，用中速滤纸过滤，塑料杯及沉淀用氯化钾溶液（50g/L）洗涤 3 次，将滤纸连同沉淀取下置于原塑料杯中，沿杯壁加入 10mL 氯化钾-乙醇溶液（50g/L）及 1mL 酚酞指示剂溶液（10g/L），用氢氧化钠溶液（0.15mol/L）中和未洗尽的酸，仔细挤压滤纸及沉淀直至酚酞变红（不用记氢氧化钠溶液消耗数），加入 200mL 沸水（煮沸并事先用氢氧化钠中和至酚酞变微红），搅拌，用氢氧化钠标准滴定溶液（0.15mol/L）滴定至微红色。

（3）试样中二氧化硅质量分数按下式计算：

$$w(\mathrm{SiO_2}) = \frac{T_{\mathrm{SiO_2}} \times V \times 5}{m \times 1000} \times 100\%$$

式中　　$T_{\mathrm{SiO_2}}$——每毫升氢氧化钠标准滴定溶液相当于二氧化硅的毫克数，mg/mL；

V——滴定时消耗氢氧化钠标准滴定溶液的体积，mL。

5——全部试样溶液与所分取试样溶液的体积比；

m——试料的质量，g。

（4）注意事项

① 在加入氯化钾时，一定要仔细搅拌，使其达到真正饱和析出。这是准确测定二氧化硅的关键。

② 氟化钾和氯化钾加入次序对测定结果并无影响。

③ 中和残余酸时，可将滤纸捣碎。

④ 在室温低于 30℃时，沉淀放置可不需冷却。室温高于 30℃时，沉淀放置时需冷却。

3. 三氧化二铁的测定

（1）方法提要

用 EDTA 配位滴定铁时，必须避免共存铝离子的干扰。控制 pH 值为 1.8～2.0，用 EDTA 直接滴定铁，铝基本上不影响测定。为加速铁的配位，溶液应加热至 60～70℃。

（2）分析步骤

吸取 25mL 已制备好的试样溶液于 300mL 烧杯中，用水稀释至约 100mL，以氨水（1+1）调节 pH 值至 1.8～2.0（用精密 pH 试纸检验），将溶液加热至 60～70℃，加入 10 滴磺基水杨酸钠溶液（100g/L），在不断搅拌下，用 EDTA 标准滴定溶液（0.015mol/L）缓慢滴定至溶液呈亮黄色。

（3）试样中三氧化二铁的质量分数按下式计算：

$$w(\text{Fe}_2\text{O}_3) = \frac{T_{\text{Fe}_2\text{O}_3} \times V \times 10}{m \times 1000} \times 100\%$$

式中　$T_{\text{Fe}_2\text{O}_3}$——每毫升 EDTA 标准滴定溶液相当于三氧化二铁的毫克数，mg/mL；

　　　　V——滴定时消耗的 EDTA 标准滴定溶液的体积，mL；

　　　　10——全部试样溶液与所分取试样溶液的体积比；

　　　　m——试料的质量，g。

（4）注意事项

用磺基水杨酸钠作指示剂，终点时将有少量铁残留于溶液中，但对低含量铁的测定影响不大，且这一方法已沿用多年，快速、简易，所以除了可用在水泥、生料、熟料中，还可用在黏土类样品中。但如为铁矿石一类样品，应用铋盐返滴定法。

4. 三氧化二铝和二氧化钛的测定

（1）方法提要

在 pH 值为 4 时，过量的 EDTA 可定量配位铝和钛，然后用铜盐返滴定剩余的 EDTA。再加入苦杏仁酸，将 EDTA-Ti 配合物中的钛取代配位，用铜盐溶液滴定释出的 EDTA。

（2）分析步骤

在滴定铁后的溶液中，加入 EDTA 标准滴定溶液（0.015mol/L）至过量 10～15mL（V）（对铝、钛合量而言），加热至 60～70℃，用氨水（1+1）调节溶液 pH 值至 3～3.5，加入 15mL 乙酸-乙酸钠缓冲溶液（pH4.3），煮沸 1～2min，取下稍冷，加入 4～5 滴 PAN 指示剂溶液（2g/L），用硫酸铜标准滴定溶液（0.015mol/L）滴定至溶液呈现亮紫色，记下消耗硫酸铜标准滴定溶液的体积（V_1）。然后加入 10mL 50g/L 苦杏仁酸溶液，继续煮沸 1min，补加 1 滴 PAN 指示剂溶液（2g/L），用硫酸铜标准滴定溶液滴定至溶液呈亮紫色，记下消耗的硫酸铜标准滴定溶液的体积（V_2）。

（3）试样中三氧化二铝的质量分数按下式计算：

$$w(\text{Al}_2\text{O}_3) = \frac{T_{\text{Al}_2\text{O}_3}[V - (V_1 + V_2)K] \times 10}{m \times 1000} \times 100\%$$

（4）试样中二氧化钛的质量分数按下式计算：

$$w(\text{TiO}_2) = \frac{T_{\text{TiO}_2} \times V_2 \times K \times 10}{m \times 1000} \times 100\%$$

式中　$T_{\text{Al}_2\text{O}_3}$——每毫升 EDTA 标准滴定溶液相当于氧化铝的毫克数，mg/mL；

　　　　T_{TiO_2}——每毫升 EDTA 标准滴定溶液相当于氧化钛的毫克数，mg/mL；

　　　　K——每毫升硫酸铜标准滴定溶液相当于 EDTA 标准滴定溶液的毫升数；

　　　　V——加入 EDTA 标准滴定溶液的体积，mL；

　　　　V_1——苦杏仁酸置换前，消耗的硫酸铜标准滴定溶液的体积，mL；

　　　　V_2——苦杏仁酸置换后，消耗的硫酸铜标准滴定溶液的体积，mL；

10——全部试样溶液与所分取试样溶液的体积比；

m——试料的质量，g。

（5）注意事项

① 以铜盐返滴定时，终点颜色与 EDTA 及指示剂的量有关，因此需作适当调整，以最后突变为亮紫色为宜。EDTA 过量 10～15mL 为宜，即返滴定硫酸铜溶液 [c(CuSO$_4$)＝0.015mol/L] 应大于 10mL。

② 苦杏仁酸置换钛，以钛含量不大于 2mg 为宜。

③ 当钛含量较低，生产中又不需要测定钛时，可不用苦杏仁酸置换，全以铝量计算亦可。

5. 氧化钙测定

（1）方法提要

在强碱性溶液中，硅酸与钙生成硅酸钙影响钙的测定，在酸性溶液中加入少量氟离子，可消除硅的干扰。

（2）分析步骤

吸取 25mL 上述已制备好的试样溶液于 300mL 烧杯中，加入 5～7mL 20g/L 氟化钾溶液，搅拌并放置 2min 以上，用水稀释至 200mL，加入 5mL 三乙醇胺（1＋2），搅拌，加入少许 CMP 指示剂，搅拌下加入 200g/L 氢氧化钾溶液至出现绿色荧光后再过量 5～8mL（pH13 以上），用 0.015mol/L 的 EDTA 标准滴定溶液滴定至溶液荧光消失并呈现红色。

（3）试样中氧化钙的质量分数按下式计算：

$$w(\text{CaO}) = \frac{T_{\text{CaO}} \times V_1 \times 10}{m \times 1000} \times 100\%$$

式中　　T_{CaO}——每毫升 EDTA 标准滴定溶液相当于氧化钙的毫克数，mg/mL；

V_1——滴定时消耗的 EDTA 标准滴定溶液的体积，mL；

10——全部试样溶液与所分取试样溶液的体积比；

m——试料的质量，g。

（4）注意事项

① 氟化钾溶液的加入量应视硅含量而定，按下述规定量加入较为适宜。

SiO$_2$	20g/L KF 溶液加入量
＞25mg	15mL
15～25mg	10mL
＜15mg	5～7mL
＜2mg	可不加

② 加入指示剂量不宜过多，否则终点变化不敏锐。

6. 氧化镁的测定

（1）分析步骤

吸取 25mL 已制备好的试样溶液于 300mL 烧杯中，稀释至 150～200mL，加 1mL 100g/L 酒石酸钾钠。5mL 三乙醇胺（1＋2），搅拌，加入 25mL 氨-氯化铵缓冲溶液

（pH10），再加入适量 K-B 指示剂，用 0.015mol/L EDTA 标准滴定溶液滴定至溶液呈纯蓝色。

（2）试样中氧化镁的质量分数按下式计算：

$$w(\mathrm{MgO}) = \frac{T_{\mathrm{MgO}}(V_2 - V_1) \times 10}{m \times 1000} \times 100\%$$

式中　　T_{MgO}——每毫升 EDTA 标准滴定溶液相当于氧化镁的毫克数，mg/mL；

V_2——滴定钙、镁合量时消耗的 EDTA 标准滴定溶液的体积，mL；

V_1——滴定钙时消耗的 EDTA 标准滴定溶液的毫升数，mL；

m——试料的质量，g。

（3）注意事项

酸性铬蓝 K 与萘酚绿 B 的配比视不同情况可适当调整，以取得明显终点为宜。

7. 其他组分的测定

烧失量、不溶物、三氧化硫、氧化钾和氧化钠、硫化物、游离钙的测定参见本章实验六"硅酸盐类水泥化学分析"。

四、思考题

1. 测定水泥熟料化学成分的目的是什么？
2. 水泥熟料中二氧化硅的其他分析方法及主要步骤是什么？

实验六　硅酸盐类水泥化学分析

本方法参照《水泥化学分析方法》（GB/T 176—2008）编写。

一、实验目的

1. 了解硅酸盐类水泥化学成分测定的原理。
2. 掌握硅酸盐类水泥各种化学成分测定的方法。

二、实验器材

1. 电子天平：称量 100g，感量 0.1mg。

2. 烘干箱：可控制温度 105～110℃。

3. 电动磁力搅拌器。

4. 高温炉：可控制温度 950～1000℃。

5. 分光光度计：可在 400～800nm 范围内测定溶液的吸光度，并带有 10mm 及 20mm 比色皿。

6. 火焰光度计：带有 768nm 及 589nm 的干涉滤光片。

7. 原子吸收光谱仪：带有铁、锰、镁、钾、钠等元素的空心阴极灯。

8. 酸度计：带有氟离子选择性电极及饱和氯化钾甘汞电极。

9. 测定硫化物及硫酸盐的仪器装置。

10. 盐酸溶液（1+1）、（1+2）、（1+10）、（3+97）。

11. 硝酸溶液（1+9）。

12. 硫酸溶液（1+1）、（1+2）、（5+95）。

13. 磷酸溶液（1+1）。

14. 氨水（1+1）。

15. 氢氧化钠溶液（10g/L）。

16. 三乙醇胺溶液（1+2）。

17. 乙醇溶液（95%）。

18. 钼酸铵溶液（50g/L）。

19. 碳酸铵溶液（100g/L）。

20. 明胶（20g/L）。

21. 淀粉溶液（10g/L）。

22. 氢氧化钾溶液（200g/L）。

23. 氯化锶溶液（50g/L）。

24. 氯化钡溶液（100g/L）

25. 无水乙酸钠缓冲溶液（pH3.0）。

26. 碳酸钠-硼酸混合熔剂（2+1）。

27. 甲基红指示剂溶液（2g/L）。

28. 磺基水杨酸钠指示剂溶液（100g/L）。

29. EDTA-Cu 溶液。

30. PAN 指示剂溶液（2g/L）。

31. 溴粉蓝指示剂溶液（2g/L）。

32. CMP 混合指示剂。

33. 抗坏血酸溶液（5g/L）。

34. 二安替比林甲烷溶液（30g/L）。

35. EDTA 标准滴定溶液（0.015mol/L）。

36. 碘酸钾标准滴定溶液（0.03mol/L）。

37. 硫代硫酸钠标准滴定溶液（0.03mol/L）。

38. 二氧化硅标准溶液（0.02mg/mL）。

39. 氧化镁标准溶液（0.02mg/mL）。

40. 氧化钾标准溶液（0.05mg/mL）。

41. 氧化钠标准溶液（0.05mg/mL）。

42. 一氧化锰标准溶液（0.05mg/mL）。

43. 分析纯氢氧化钠、无水碳酸钠、氯化铵、焦硫酸钾、高碘酸钾、氯化亚锡、焦硫酸钾、盐酸、硝酸、硫酸、高氯酸等。

44. 铂、银或瓷坩埚：带盖，容量 15～30mL；瓷蒸发皿：容量 150～200mL；滴定管、容量瓶、移液管、滤纸等。

三、测定步骤

1. 烧失量的测定

（1）方法提要

试样在（950±25）℃的高温炉中灼烧，驱除水分和二氧化碳，同时将存在的易氧化元素氧化。通常矿渣硅酸水泥应对由硫化物的氧化引起的烧失量的误差进行校正，而其他元素氧化引起的误差一般可忽略不计。

（2）分析步骤

称取约1g试样，精确至0.0001g，置于已灼烧恒量的瓷坩埚中，将盖斜置于坩埚上，放在高温炉内从低温开始逐渐升高温度，在（950±25）℃下灼烧15～20min，取出坩埚，置于干燥器中，冷却至室温，称量，反复灼烧，直至恒量。

（3）试样中烧失量的质量分数 w（LOI）按下式计算：

$$w(\text{LOI}) = \frac{m - m_1}{m} \times 100\%$$

式中　　m——试料的质量，g；

　　　　m_1——灼烧后试料的质量，g。

（4）矿渣硅酸盐水泥和掺入大量矿渣的其他水泥烧失量的校正

称取两份水泥试样，一份用来直接测定其中的三氧化硫含量；另一份则按测定烧失量的条件于（950±25）℃下灼烧15～20min，然后测定灼烧后的试样中的三氧化硫含量。

根据灼烧前后三氧化硫含量的变化，对矿渣硅酸盐水泥在灼烧过程中由于硫化物氧化引起烧失量的误差按下式进行校正：

$$w'(\text{LOI}) = w(\text{LOI}) + 0.8 \times (w_{后} - w_{前})$$

式中　　$w'(\text{LOI})$——校正后试样中烧失量的质量分数，％；

　　　　$w(\text{LOI})$——实际测定的烧失量的质量分数，％；

　　　　$w_{前}$——灼烧前试样中三氧化硫的质量分数，％；

　　　　$w_{后}$——灼烧后试样中三氧化硫的质量分数，％；

　　　　0.8——S^{2-}氧化为SO_4^{2-}时增加的氧与SO_3的摩尔质量比，即（4×16）/80＝0.8。

2. 不溶物测定

（1）方法提要

试样先以盐酸溶液处理，尽量避免可溶性二氧化硅的析出，滤出的不溶渣再以氢氧化钠溶液处理，进一步溶解可能已沉淀的痕量二氧化硅，以盐酸中和、过滤后，残渣经高温下灼烧后称量。

（2）分析步骤

称取约1g试样，精确至0.0001g，置于150mL烧杯中，加25mL水，搅拌使其分散。在不断搅拌下加入5mL盐酸，用平头玻璃棒压碎块状物使其分解完全（如有必要可将溶液稍稍加热几分钟），用近沸的热水稀释至50mL，盖上表面皿，将烧杯置于蒸汽水浴中加热15min。用中速滤纸过滤，用热水充分洗涤10次以上。

将残渣和滤纸一并移入原烧杯中，加入100mL近沸的氢氧化钠溶液（10g/L），盖上表面皿，将烧杯置于蒸汽水浴中加热 15min，加热期间搅动滤纸及残渣 2～3 次。取下烧杯，加入 1～2 滴甲基红指示剂溶液（2g/L），滴加盐酸（1+1）至溶液呈红色，再过量 8～10 滴。用中速定量滤纸过滤，用热的硝酸铵溶液（20g/L）充分洗涤 14 次以上。

将残渣和滤纸一并移入灼烧恒量的瓷坩埚中，灰化后在（950±25）℃的高温炉内灼烧 30min，取出坩埚，置于干燥器中，冷却至室温，称量，反复灼烧，直至恒量。

（3）试样中不溶物的质量分数按下式计算：

$$w(\mathrm{IR}) = \frac{m_3}{m_2} \times 100\%$$

式中　　m_2——试料的质量，g。

　　　　m_3——灼烧后不溶物的质量，g。

3. 二氧化硅测定

（1）方法提要

试样以无水碳酸钠烧结，盐酸溶解，加入固体氯化铵，于蒸汽水浴上加热蒸发，使硅酸凝聚。经过滤灼烧后称量。滤出的沉淀用氢氟酸处理后，失去的质量即为胶凝性二氧化硅含量，加上从滤液中比色回收的可溶性二氧化硅量即为总二氧化硅含量。

（2）分析步骤

① 胶凝性二氧化硅的测定（碳酸钠烧结-氯化铵称量分析法）。

称取约 0.5g 试样，精确至 0.0001g，置于铂坩埚中，将盖斜置于坩埚上，在 950～1000℃下灼烧 5min，取出坩埚，冷却。用玻璃棒仔细压碎块状物，加入（0.30±0.01）g 已磨细的无水碳酸钠，仔细混匀，再将坩埚置于 950～1000℃下灼烧 10min，取出坩埚，冷却。

将烧结块移入瓷蒸发皿中，加少量水润湿，用平头玻璃棒压碎块状物，盖上表面皿，从皿口慢慢加入 5mL 盐酸及 2～3 滴硝酸，待反应停止后取下表面皿，用平头玻璃棒压碎块状物使之分解完全，用热盐酸（1+1）清洗坩埚数次，洗液合并于蒸发皿中。将蒸发皿置于蒸汽水浴上，皿上放一玻璃三角架，再盖上表面皿。蒸发至糊状后，加入约 1g 氯化铵，充分搅匀，在蒸汽沸水浴上蒸发至干后继续蒸发 10～15min。蒸发期间用平头玻璃棒仔细搅拌并压碎大颗粒。

取下蒸发皿，加入 10～20mL 热盐酸（3+97），搅拌使可溶性盐类溶解。用中速定量滤纸过滤，用胶头扫棒擦洗玻璃棒及蒸发皿，用热盐酸（3+97）洗涤沉淀 3～4 次。然后用热水充分洗涤沉淀，直至检验无氯离子为止。滤液及洗液收集于 250mL 容量瓶中。

将沉淀连同滤纸一并移入铂坩埚中，将盖斜置于坩埚上，在电炉上干燥、灰化完全后，放入 950～1000℃的高温炉内灼烧 1h。取出坩埚，置于干燥器中，冷却至室温，称量，反复灼烧，直至恒量（m_5）。

向坩埚中慢慢加入数滴水润湿沉淀，加入 3 滴硫酸（1+4）和 10mL 氢氟酸，放入通风橱内电热板上缓慢加热，蒸发至干，升高温度继续加热至三氧化硫白烟完全驱尽。将坩埚放入 950～1000℃的高温炉内灼烧 30min。取出坩埚，置于干燥器中，冷却至室温，称量，反复灼烧，直至恒量（m_6）。

试样中胶凝性二氧化硅的质量分数按下式计算：

$$w(胶\ SiO_2) = \frac{m_5 - m_6}{m_4} \times 100\%$$

式中　m_5——灼烧后未经氢氟酸处理的沉淀及坩埚的质量，g。

　　　　m_6——用氢氟酸处理并经灼烧后的残渣及坩埚的质量，g。

　　　　m_4——试料的质量，g。

② 可溶性二氧化硅的测定（硅钼蓝分光光度法）。

在上述经过氢氟酸处理后得到的残渣中加入 0.5g 焦硫酸钾，熔融，熔块用热水和数滴盐酸（1＋1）溶解，溶液并入分离二氧化硅后得到的滤液和洗液中。用水稀释至标线，摇匀。此溶液 A 供滴定溶液中残留的可溶性二氧化硅、三氧化二铁、三氧化二铝、氧化钙、氧化镁、二氧化钛用。

从溶液 A 中吸取 25.00mL 放入 100mL 容量瓶中，用水稀释至 40mL，依次加入 5mL 盐酸（1＋10）、8mL 乙醇（95％）、6mL 钼酸铵溶液（50g/L），放置 30min 后，加入 20mL 盐酸（1＋1）、5mL 抗坏血酸溶液（5g/L），用水稀释至标线，摇匀。放置 1h 后，使用分光光度计，10mm 比色皿，以水作参比，于波长 660nm 处测定溶液的吸光度。在工作曲线上查出二氧化硅的含量（m_7）。

试样中可溶性二氧化硅的质量分数按下式计算：

$$w(可溶性\ SiO_2) = \frac{m_7 \times 250}{m_4 \times 25 \times 1000} \times 100\%$$

式中　m_7——按上述方法测定的 100mL 溶液中二氧化硅的含量，mg；

　　　　m_4——试料的质量，g。

（3）结果表示

$$w（总\ SiO_2）= w（胶凝\ SiO_2）+ w（可溶性\ SiO_2）$$

4. 三氧化二铁的测定

（1）方法提要

在 pH 1.8～2.0 及 60～70℃ 的溶液中，以磺基水杨酸钠为指示剂，用 EDTA 标准滴定溶液滴定。

（2）分析步骤

从溶液 A 中吸取 25.00mL 放入 300mL 烧杯中，加水稀释至约 100mL，用氨水（1＋1）和盐酸（1＋1）调节溶液 pH 值在 1.8～2.0 之间（用精密 pH 试纸或酸度计检验）。将溶液加热至 70℃，加入 10 滴磺基水杨酸钠指示剂溶液（100g/L），用 EDTA 标准滴定溶液（0.015mol/L）缓慢地滴定至亮黄色（终点时溶液温度应不低于 60℃，如终点前溶液溶液温度降至近 60℃ 时，应再加热到 65～70℃）。保留此溶液供测定三氧化二铝用。

（3）试样中三氧化二铁的质量分数按下式计算：

$$w(Fe_2O_3) = \frac{T_{Fe_2O_3} \times V \times 10}{m_4 \times 1000} \times 100\%$$

式中　　$T_{Fe_2O_3}$——每毫升 EDTA 标准滴定溶液相当于三氧化二铁的毫克数，mg/mL；

V——滴定时消耗的 EDTA 标准滴定溶液体积，mL；

10——全部试样溶液与所分取试样溶液的体积比；

m_4——试料的质量，g。

5. 三氧化二铝测定

（1）方法提要

将滴定铁后的溶液的 pH 值调节至 3.0，在煮沸下用 EDTA-铜和 PAN 为指示剂，用 EDTA 标准滴定溶液滴定。

（2）分析步骤

将测完铁的溶液加水稀释至约 200mL，加入 1～2 滴溴酚蓝指示剂溶液（2g/L），滴加氨水（1+1）至溶液出现蓝紫色，再滴加盐酸（1+1）至黄色，加入 15mL pH3.0 的无水乙酸钠缓冲溶液，加热煮沸并保持微沸 1min，加入 10 滴 EDTA-铜溶液及 2～3 滴 PAN 指示剂溶液（2g/L）。用 EDTA 标准滴定溶液（0.015mol/L）滴定至红色消失，继续煮沸，滴定，直至溶液经煮沸后红色不再出现并呈稳定的亮黄色为止。

（3）试样中三氧化二铝的质量分数按下式计算：

$$w(Al_2O_3) = \frac{T_{Al_2O_3} \times V_1 \times 10}{m_4 \times 1000} \times 100\%$$

式中　　$T_{Al_2O_3}$——每毫升 EDTA 标准滴定溶液相当于氧化铝的毫克数，mg/mL；

V_1——滴定时消耗 EDTA 标准滴定溶液的体积，mL；

10——全部试样溶液与所分取试样溶液的体积比；

m_4——试料的质量，g。

6. 氧化钙测定

（1）方法提要

在 pH13 以上强碱性溶液中，以三乙醇胺为掩蔽剂，用钙黄绿素-甲基百里香酚蓝-酚酞混合指示剂（简称 CMP 混合指示剂），用 EDTA 标准滴定溶液滴定。

（2）分析步骤

从溶液 A 中吸取 25.00mL 溶液放入 300mL 烧杯中，加水稀释至约 200mL，加入 5mL 三乙醇胺（1+2）及少许的钙黄绿素-甲基百里香酚蓝-酚酞混合指示剂，在搅拌下加入 200g/L 氢氧化钾溶液，至出现绿色荧光后再过量 5～8mL，此时溶液在 pH13 以上。用 EDTA 标准滴定溶液（0.015mol/L）滴定至绿色荧光完全消失并呈现红色。

（3）试样中氧化钙的质量分数按下式计算：

$$w(CaO) = \frac{T_{CaO} \times V_2 \times 10}{m_4 \times 1000} \times 100\%$$

式中　　T_{CaO}——每毫升 EDTA 标准滴定溶液相当于氧化钙的毫克数，mg/mL；

V_2——滴定时消耗的 EDTA 标准滴定溶液的体积，mL；

10——全部试样溶液与所分取试样溶液的体积比；

m_4——试料的质量，g。

7. 氧化镁测定（原子吸收光谱法）

（1）方法提要

以氢氟酸-高氯酸分解或用氢氧化钠熔融-盐酸分解试样的方法制备溶液，分取一定量的溶液，用锶盐消除硅、铝、钛等对镁的抑制干扰，在空气-乙炔火焰中，于波长285.2nm处测定吸光度。

（2）分析步骤

① 氢氟酸-高氯酸分解

称取约0.1g试样，精确至0.0001g，置于铂坩埚（或铂皿）中，用0.5～1mL水润湿，加入5～7mL氢氟酸和0.5mL高氯酸，放入通风橱的低温电热板上加热。近干时摇动铂坩埚以防溅失，待白色浓烟完全驱尽后，取下放冷。加入20mL盐酸（1+1），温热至溶液澄清，冷却后，转移到250mL容量瓶中，加入5mL氯化锶溶液（50g/L），用水稀释至标线，摇匀。此溶液B供原子吸收光谱法测定氧化镁、三氧化二铁、一氧化锰、氧化钾和氧化钠用。

② 氢氧化钠熔融-盐酸分解试样

称取约0.1g试样，精确至0.0001g，置于银坩埚中，加入3～4g氢氧化钠，盖上坩埚盖（留有缝隙），放入高温炉中，在750℃的高温下熔融10min，取出冷却，将坩埚放入已盛有100mL的沸水的300mL烧杯中，盖上表面皿，待熔融物完全浸出后（必要时适当加热），取出坩埚，用水冲洗坩埚和盖，搅拌下一次加入35mL盐酸（1+1），用热盐酸（1+9）洗净坩埚及盖，洗液并入烧杯中，将溶液加热煮沸。冷却后，移入250mL容量瓶中，用水稀释至标线，摇匀。此溶液C供原子吸收光谱法测定氧化镁、三氧化二铁、氧化锰、氧化钾和氧化钠用。

③ 氧化镁的测定

从溶液B或溶液C中吸取一定量的溶液放入容量瓶中（试样溶液的分取量及容量瓶的容积视氧化镁的含量而定），加入盐酸（1+1）及氯化锶溶液（50g/L），使测定溶液中盐酸的浓度为6%（体积分数），锶浓度为1mg/mL。用水稀释至标线，摇匀。用原子吸收光谱仪，在空气-乙炔火焰中，用镁空心阴极灯，于285.2nm处在与制备工作曲线相同的仪器条件下测定溶液的吸光度，在工作曲线上查出氧化镁的浓度（C）。

（3）试样中氧化镁的质量分数按下式计算：

$$w(\mathrm{MgO}) = \frac{C \times V_3 \times n}{m_8 \times 1000} \times 100\%$$

式中　　C——测定溶液中氧化镁的浓度，mg/mL；

　　　　V_3——测定溶液的体积，mL；

　　　　m_8——①或②中试料的质量，g；

　　　　n——全部试样溶液与所分取试样溶液的体积比。

8. 三氧化硫测定——硫酸钡称量分析法

（1）方法提要

在酸性溶液中，用氯化钡溶液沉淀硫酸盐，经过滤灼烧后，以硫酸钡形式称量。测定结果以三氧化硫计。

（2）分析步骤

称取约 0.5g 试样，精确至 0.0001g，置于 200mL 烧杯中，加入约 40mL 水，搅拌使试样完全分散，在搅拌下加入 10mL 盐酸（1＋1），用平头玻璃棒压碎块状物，加热煮沸并保持微沸（5±0.5）min，用中速滤纸过滤，用热水洗涤 10～12 次。滤液及洗液收集于 400mL 烧杯中，加水稀释至约 250mL，玻璃棒底部压一小片定量滤纸，盖上表面皿，加热煮沸，在微沸下从杯口缓慢逐滴加入 10mL 热的氯化钡溶液（100g/L），继续煮沸 3min 以上使沉淀良好地形成，然后在常温下静置 12～24h 温热处静置至少 4h（仲裁分析应在常温下静置 12～24h），此时溶液的体积应保持在约 200mL。用慢速定量滤纸过滤。用温水洗涤，直至检验无氯离子为止。

将沉淀及滤纸一并移入已灼烧恒量的瓷坩埚中，灰化完后，放入在 800℃ 的高温炉内灼烧 30min，取出坩埚，置于干燥器中冷却至室温，称量。反复灼烧，直至恒量。

（3）试样中三氧化硫的质量分数按下式计算：

$$w(SO_3) = \frac{m_{10} \times 0.343}{m_9} \times 100\%$$

式中　　m_{10}——灼烧后沉淀的质量，g；

　　　　m_9——试料的质量，g；

　　0.343——硫酸钡对三氧化硫的换算系数。

9. 二氧化钛的测定

（1）方法提要

在酸性溶液中钛氧基离子（TiO^{2+}）与二安替比林甲烷生成黄色配合物，于波长 420nm 处测定其吸光度。用抗坏血酸消除三价铁离子的干扰。

（2）分析步骤

从溶液 A 中吸取 25.00mL 溶液放入 100mL 容量瓶中，加入 10mL 盐酸（1＋2）及 10mL 抗坏血酸溶液（5g/L），放置 5min。加入 5mL 乙醇（95％）、20mL 二安替比林甲烷溶液（30g/L），用水稀释至标线，摇匀，放置 40min 后，使用分光光度计，10mm 比色皿，以水作参比，于 420nm 处测定溶液的吸光度。在工作曲线上查出二氧化钛的含量（m_{11}）。

（3）试样中二氧化钛的质量分数按下式计算：

$$w(TiO_2) = \frac{m_{11} \times 10}{m_4 \times 1000} \times 100\%$$

式中　　m_{11}——100mL 测定溶液中二氧化钛的含量，mg；

　　　　m_4——试料的质量，g；

　　　　10——全部试样溶液与所分取试样溶液的体积比。

10. 一氧化锰的测定

（1）方法提要

在硫酸介质中，用高碘酸钾将锰氧化成高锰酸根离子，于波长 530nm 处测定溶液的吸光度。用磷酸掩蔽三价铁离子的干扰。

（2）分析步骤

称取约 0.5g 试样，精确至 0.0001g，置于铂坩埚中，加 3g 碳酸钠-硼砂（2＋1）混合熔剂，混匀，在 950～1000℃下熔融 10min，用坩埚钳夹持坩埚旋转，使熔融物均匀地附着于坩埚内壁，冷却后，将坩埚放入已盛有 50mL 硝酸（1＋9）及 100mL 硫酸（5＋95）并加热至微沸的 400mL 的烧杯中，并继续保持微沸状态，直至熔融物全部溶解。用水冲洗净坩埚及盖，用快速滤纸将溶液过滤至 250mL 容量瓶中，并用热水洗涤沉沉数次。将溶液冷却至室温后，用水稀释至标线，摇匀。此溶液为 D。

从溶液 D 中吸取 50.00mL 放入 150mL 烧杯中，依次加入 5mL 磷酸（1＋1）、10mL 硫酸（1＋1）及 0.5～1g 高碘酸钾，加热微沸 10～15min，至溶液达到最大的颜色深度，冷却至室温后，移入 100mL 容量瓶中，用水稀释至标线，摇匀。使用分光光度计，10mm 比色皿，以水作参比，于 530nm 处测定溶液的吸光度。在工作曲线上查出一氧化锰的含量（m_{13}）。

（3）试样中一氧化锰的质量分数按下式计算：

$$w(\text{MnO}) = \frac{m_{13} \times 5}{m_{12} \times 1000} \times 100\%$$

式中　m_{13}——100mL 测定溶液中一氧化锰的含量，mg；

　　　m_{12}——试料的质量，g；

　　　5——全部试样溶液与所分取试样溶液的体积比。

11. 氧化钾和氧化钠测定

（1）方法提要

试样经氢氟酸—硫酸蒸发处理除去硅，用热水浸取残渣。以氨水和碳酸铵分离铁、铝、钙、镁。滤液中的钾、钠用火焰光度计进行测定。

（2）分析步骤

称取约 0.2g 试样，精确至 0.0001g，置于铂皿中，加入少量水润湿，加入 5～7mL 氢氟酸及 15～20 滴硫酸（1＋1），放入通风橱内低温电热板上加热，近干时摇动铂皿，以防溅失。待氢氟酸驱尽后逐渐升高温度，继续将三氧化硫白烟驱尽。取下放冷，加入 40～50mL 热水，压碎残渣使其溶解，加入 1 滴甲基红指示剂溶液（2g/L），用氨水（1＋1）中和至黄色，再加入 10mL 碳酸铵溶液（100g/L），搅拌，然后放入通风橱内电热板上加热至沸后继续微沸 20～30min。用快速滤纸过滤，以热水洗涤，滤液及洗液盛于 100mL 容量瓶中，冷却至室温。用盐酸（1＋1）中和至溶液呈微红色，用水稀释至标线，摇匀。在火焰光度计上，按仪器使用规程进行测定。在工作曲线上分别查出氧化钾和氧化钠的含量（m_{15}）和（m_{16}）。

（3）试样中氧化钾和氧化钠的质量分数按下式计算：

$$w(\text{K}_2\text{O}) = \frac{m_{15}}{m_{14} \times 1000} \times 100\%$$

$$w(\text{Na}_2\text{O}) = \frac{m_{16}}{m_{14} \times 1000} \times 100\%$$

式中　m_{15}——100mL 测定溶液中氧化钾的含量，mg；

m_{16}——100mL 测定溶液中氧化钠的含量，mg；

m_{14}——试料的质量，g。

12. 硫化物的测定——碘量法

（1）方法提要

在还原条件下，试样用盐酸分解，产生的硫化氢收集于氨性硫酸锌溶液中，然后用碘量法测定，所用装置见图 2-3-1。如试样中除硫化物 S^{2-} 和硫酸盐外，还有其他状态硫存在时，将给测定造成误差。

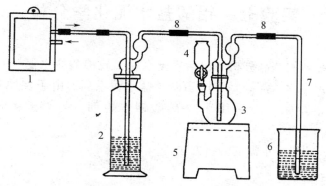

图 2-3-1　碘量法测定硫化物及硫酸盐仪器装置示意图

1—微型空气泵；2—洗气瓶（250mL），内盛 100mL 硫酸铜溶液（50g/L）；3—反应瓶（100mL）；

4—加液漏斗（20mL）；5—电炉（600W，与 1~2kVA 调压变压器相联接）；

6—吸收杯（400mL），内盛 300mL 水及 20mL 氨性硫酸锌溶液（100g/L）；

7—导气管；8—硅橡胶管

（2）分析步骤

使用规定的仪器装置。称取约 1g 试样，精确至 0.0001g，置于 100mL 的干燥反应瓶中，轻轻摇动使试样均匀地分散于反应瓶底部，加入 2g 固体氯化亚锡，按图 1—19 仪器装置图连接各部件。由分液漏斗向反应瓶中加入 20mL 盐酸（1+1），迅速关闭活塞。开动空气泵，在保持通气速度为每秒钟 4~5 个气泡的条件下，加热反应瓶，当吸收杯中刚出现氯化铵白色烟雾时（一般约在加热后 5min 左右）停止加热，再继续通气 5min。

取下吸收杯，关闭空气泵，用水冲洗插入吸收液内的玻璃管，加入 10mL 明胶溶液（5g/L），用滴定管准确加入 5.00mL 的碘酸钾标准滴定溶液（0.03mol/L），在搅拌下一次性迅速加入 30mL 硫酸（1+2），用硫代硫酸钠标准滴定溶液（0.03mol/L）滴定至淡黄色，加入约 2mL 淀粉溶液（10g/L），再继续滴定至蓝色消失。

（3）试样中硫化物硫的质量分数按下式计算：

$$w(S) = \frac{T_S \times (V_4 - KV_5)}{m_{17} \times 1000} \times 100\%$$

式中　T_S——每毫升碘酸钾标准滴定溶液相当于硫的毫克数，mg/mL；

V_4——加入碘酸钾标准滴定溶液的体积，mL；

V_5——滴定时消耗硫代硫酸钠标准滴定溶液的体积，mL；

K ——每毫升硫代硫酸钠标准滴定溶液相当于碘酸钾标准滴定溶液的毫升数；

m_{17} ——试料的质量，g。

四、思考题

1. 在用碘量法测定水泥中硫化物硫时，哪些状态的硫会给测定造成误差？
2. 测定胶凝性二氧化硅时的注意事项是什么？

实验七 铝酸盐水泥化学分析

铝酸盐水泥系列的产品分析（包括矾土水泥、硫铝酸盐水泥、明矾石膨张水泥、双快水泥及铝酸钙耐火水泥等）不同于硅酸盐水泥系列。由于在原料中掺入了部分矾土，因而试料的熔融一般采用硼砂-碳酸钾作熔剂。与矾土水泥生料分析大致相同。

本实验重点介绍矾土水泥的分析方法。

一、实验目的

1. 了解铝酸盐类水泥化学成分测定的原理。
2. 掌握铝酸盐类各种水泥化学成分测定的方法。

二、实验器材

1. 箱式电阻炉：最高使用温度不低于 1000℃。
2. 电热鼓风干燥箱：能使温度控制在（105±5）℃。
3. 电子天平：称量 100g，感量 0.1mg。
4. 分光光度计：可在 400～700nm 范围内测定溶液的吸光度，并带有 10mm 及 20mm 比色皿。
5. 火焰光度计：带有 768nm 及 589nm 的干涉滤光片。
6. 酸度计：带有氟离子选择性电极及饱和氯化钾甘汞电极。
7. 分析纯碳酸钾、氯化钾、硼砂、盐酸、硝酸、硫酸、氢氟酸、三氯甲烷等。
8. 盐酸溶液（1+1）、（1+3）、（1+11）。
9. 硝酸溶液（1+1）、（1+6）。
10. 过氧化氢溶液（30%）。
11. 硫酸溶液（1+1）。
12. 氨水（1+2）。
13. 氢氧化钠溶液（80g/L）。
14. 三乙醇胺溶液（1+2）。
15. 氟化钾溶液（150g/L）。
16. 氟化钾溶液（20g/L）。

17. 氯化钾溶液（50g/L）。

18. 氯化钾-乙醇溶液（50g/L）。

19. 钼酸铵溶液（50g/L）。

20. 乙酸铵溶液（100g/L）。

21. 碳酸铵溶液（100g/L）。

22. 氢氧化钾溶液（200g/L）。

23. 氯化钡溶液（100g/L）。

24. 乙酸-乙酸钠缓冲溶液（pH4.3）。

25. 乙酸-乙酸钠缓冲溶液（pH4.0）。

26. 酒石酸钾钠溶液（100g/L）。

27. 氨-氯化铵缓冲溶液（pH10）。

28. 柠檬酸钠配位缓冲溶液（pH6.0）。

29. 碳酸钾-硼酸混合熔剂（1+1）。

30. 甲基红指示剂溶液（2g/L）。

31. 酚酞指示剂溶液（10g/L）。

32. 磺基水杨酸钠指示剂溶液（100g/L）。

33. 半二甲酚橙指示剂溶液（5g/L）。

34. 茜素磺酸钠指示剂溶液（5g/L）。

35. PAN 指示剂溶液（2g/L）。

36. CMP 混合指示剂。

37. 酸性铬蓝 K-萘酚绿 B 混合指示剂（1:2.5）。

38. 抗坏血酸溶液（10g/L）。

39. 邻菲罗啉溶液（10g/L）。

40. 二安替比林甲烷（30g/L）。

41. EDTA 标准滴定溶液（0.015mol/L）。

42. EDTA 标准滴定溶液（0.025mol/L）。

43. 硝酸铋标准滴定溶液（0.015mol/L）。

44. 硫酸铜标准滴定溶液（0.015mol/L）。

45. 乙酸铅标准滴定溶液（0.015mol/L）。

46. 氢氧化钠标准滴定溶液（0.15mol/L）。

47. 二氧化硅标准溶液（0.10mg/mL）。

48. 三氧化二铁标准溶液（0.1mg/mL）。

49. 二氧化钛标准溶液（0.05mg/mL）。

50. 氧化钾标准溶液（0.5mg/mL）。

51. 氧化钠标准溶液（0.5mg/mL）。

52. 氟标准溶液（每毫升相当于 0.001，0.005，0.010，0.025mg 氟）。

53. 铂、银或瓷坩埚：带盖，容量 15～30mL；干燥器、分液漏斗、滴定管、容量瓶、移液管、滤纸等。

三、测定步骤

1. 试样溶液的制备

称取 0.5g 试样，置于铂坩埚中，加 3g 碳酸钾-硼砂（1+1）混合熔剂，混匀，再以 1g 熔剂擦洗玻璃棒，并铺于试样表面。盖上坩埚盖，从低温开始逐渐升高温度，至气泡停止发生后，在 950～1000℃ 下继续熔融 3～5min。然后用坩埚钳夹持坩埚旋转，使熔融物均匀地附着于坩埚内壁。冷却至室温后，将坩埚及盖一并放入已加热至微沸的盛有 100mL 硝酸溶液（1+6）的 300mL 烧杯中，并继续保持微沸状态，直至熔融物完全溶解。用水洗净坩埚及盖，然后将溶液冷却至室温，移入 250mL 容量瓶中，加水稀释至标线，摇匀。此溶液可供测定二氧化硅、三氧化二铁、三氧化二铝、二氧化钛、氧化钙、氧化镁之用。

2. 二氧化硅测定（硅钼蓝比色法）

（1）测定步骤

① 工作曲线的绘制：准确移取 0，1.00，2.00，3.00，4.00mL 二氧化硅标准溶液（0.10mg/mL），分别放入 100mL 容量瓶中，用水稀释至标线，摇匀后吸取 10mL 溶液（视二氧化硅含量而定）放入 100mL 容量瓶中，用水稀释至约 40mL。加入 5mL 盐酸（1+11）、8mL 95％乙醇、6mL 50g/L 钼酸铵溶液，按下述试验温度，放置不同的时间：

温度（℃）	放置时间（min）
10～20	30
20～30	10～20
30～35	5～20

沸水中振摇 30s 后，立即以流水冷却。然后加 20mL 盐酸（1+1）、5mL 5g/L 抗坏血酸溶液，用水稀释至际线，摇匀。放置 1h 后，用 721 型分光光度计或类似性能的仪器，以水作参比，使用 10mm 比色皿，在波长 660nm 处测定溶液的吸光度。然后由测得的吸光度绘制工作曲线。

② 吸取 10mL 试样溶液，放入 100mL 容量瓶中，用水稀释至约 40mL。以下步骤同工作曲线的绘制。

（2）结果计算

试样中二氧化硅的质量分数按下式计算：

$$w(SiO_2) = \frac{C \times 25}{m \times 1000} \times 100\%$$

式中　C ——在工作曲线上查得每 100mL 被测定溶液中二氧化硅的含量，mg；

　　　m ——试料的质量，g；

　　　25——全部试样溶液与所分取试样溶液的体积比。

3. 二氧化硅测定（单独称样氟硅酸钾容量法）

（1）测定步骤

称取 0.2～0.3g 试样置于铂坩埚中，加入 2g 无水碳酸钾，混匀。盖上坩埚盖，于

1000℃左右熔融 5~10min。冷却后，用热水将熔融物浸出于塑料杯中，洗净坩埚及盖（控制溶液体积不大于 50mL），盖上表皿，向杯中加入 15mL 硝酸，冷却至室温。加入 10mL150g/L 氟化钾溶液，在搅拌下加氯化钾至刚饱和。放置 15min，以中速滤纸过滤。塑料杯与沉淀用 50g/L 氯化钾溶液洗涤 2~3 次，将沉淀连同滤纸一起放入原塑料杯中，加入 10mL 50g/L 氯化钾-乙醇溶液及 10 滴 10g/L 酚酞指示剂溶液，用 0.15mol/L 氢氧化钠标准滴定溶液中和未洗尽的酸，仔细搅动滤纸并随之擦洗杯壁，直至溶液呈红色。然后加入 200mL 沸水（已事先用氢氧化钠标准滴定溶液中和至酚酞呈微红色），以 0.15mol/L 氢氧化钠标准滴定溶液滴定至微红色。

（2）结果计算

试样中二氧化硅的质量分数按下式计算：

$$w(\mathrm{SiO_2}) = \frac{T_{\mathrm{SiO_2}} \times V}{m \times 1000} \times 100\%$$

式中　$T_{\mathrm{SiO_2}}$——每毫升氢氧化钠标准滴定溶液相当于二氧化硅的毫克数，mg/mL；

V——滴定时消耗氢氧化钠标准滴定溶液的体积，mL；

m——试料的质量，g。

4. 三氧化二测定（邻菲罗啉比色法）

（1）测定步骤

① 三氧化二铁比色工作曲线的绘制：准确移取 0，1.00，2.00，3.00，4.00mL 三氧化二铁标准溶液（每毫升相当于 0.1mg 三氧化二铁）分别放入 100mL 容量瓶中，用水稀释至约 50mL。加入 5mL10g/L 抗坏血酸溶液，放置 5min，再加 5mL 10g/L 邻菲罗啉溶液，2mL 100g/L 乙酸铵溶液。在不低于 20℃放置 30min 后，用水稀释至标线，摇匀。用 721 型分光光度计或类似性能的仪器，以水作参比，使用 10mm 比色皿，在波长 510nm 处测定溶液的吸光度。然后由测得的吸光度与比色溶液浓度的关系绘制工作曲线。

② 吸取 5mL 试样溶液（视三氧化二铁含量而定），放入 100mL 容量瓶中，用水稀释至约 50mL。以下操作步骤同工作曲线的绘制。

（2）结果计算

试样中三氧化二铁的质量分数按下式计算：

$$w(\mathrm{Fe_2O_3}) = \frac{C \times 50}{m \times 1000} \times 100$$

式中　C——在工作曲线上查得每 100mL 被测定溶液中三氧化二铁的含量，mg；

m——试料的质量，g；

50——全部试样溶液与所分取试样溶液的体积比。

5. 三氧化二铁测定（EDTA-铋盐回滴定法）

（1）测定步骤

吸取 25mL 试样溶液，放入 300mL 烧杯中，加水稀释至 100mL 左右。以硝酸（1+1）与氨水（1+2）调节溶液 pH 为 1.3~1.5（用精密试纸检验）。加入 2 滴 100g/L 磺基水杨酸钠指示剂溶液，在不断搅拌下用 10mL 滴定管滴加 0.015mol/L EDTA 标准滴定溶液，至红色消失后再过量 1～2mL，搅拌并放置 1min。加入 2 滴 5g/L 半二甲酚橙指示剂溶液，立即用 10mL 滴定管以 0.015mol/L 硝酸铋标准滴定溶液滴定至红色。

（2）结果计算

试样中三氧化二铁的质量分数按下式计算：

$$w(Fe_2O_3) = \frac{T_{Fe_2O_3} \ (V - K_1V_1) \times 10}{m \times 1000} \times 100$$

式中　$T_{Fe_2O_3}$——每毫升 EDTA 标准滴定溶液相当于三氧化二铁的毫克数，mg/mL；

　　　　V——滴定时消耗的 EDTA 标准滴定溶液的体积，mL；

　　　　V_1——滴定时消耗硝酸铋标准滴定溶液的体积，mL；

　　　　K_1——每毫升硝酸铋标准滴定溶液相当于 EDTA 标准滴定溶液的毫升数；

　　　　10——全部试样溶液与所分取试样溶液的体积比；

　　　　m——试料的质量，g。

6. 二氧化钛测定（二安替比林甲烷比色法）

（1）测定步骤

① 二氧化钛比色工作曲线的绘制：准确移取 0，1.00，2.00，3.00，4.00，5.00，6.00mL 二氧化钛标准溶液（每毫升相当于 0.05mg 二氧化钛）分别放入 100mL 容量瓶中，加入 5mL 盐酸（1+1）、10mL 10g/L 抗坏血酸溶液、20mL 30g/L 二安替比林甲烷溶液，用水稀释至标线，摇匀。放置 40min 后，用 721 型分光光度计或类似性能的仪器，以水作参比，使用 10mm 比色皿，在波长 440mm 处测定溶液的吸光度。由测得的吸光度绘制工作曲线。

② 吸取 10mL 试样溶液（视二氧化钛含量而定），放入 100mL 容量瓶中，加入 5mL 盐酸（1+l）、10mL 10g/L 抗坏血酸溶液，放置 5min，再加 20mL 30g/L 二安替比林甲烷溶液。用水稀释至标线，摇匀。放置 40min 后，用 721 型分光光度计或类似性能的仪器，以水作参比，使用 10mm 比色皿，在波长 440nm 处测定溶液的吸光度。由测得的吸光度，从工作曲线查得二氧化钛的毫克数。

（2）结果计算

试样中二氧化钛的质量分数按下式计算：

$$w(TiO_2) = \frac{C \times 25}{m \times 1000} \times 100\%$$

式中　C——在工作曲线上查得每 100mL 被测定溶液中二氧化钛的含量，mg；

　　　　V——试料的质量，g；

　　　　25——全部试样溶液与所分取试样溶液的体积比。

7. 二氧化钛测定（EDTA-铋盐返滴定法）

（1）测定步骤

在滴定铁后的溶液中，加入 0.2～0.5mL 0.015mol/L EDTA 标准滴定溶液，在 20℃左右，加入 5 滴 30% 过氧化氢，立即在不断搅拌下用 10mL 滴定管继续滴加 0.015mol/L EDTA 标准滴定溶液，至呈现稳定的黄色后再过量 1～2mL，放置 3min。加入 1～2 滴 5g/L 半二甲酚橙指示剂溶液，用 10mL 滴定管以 0.015mol/L 硝酸铋标准滴定溶液滴定至橙红色。

（2）结果计算

试样中二氧化钛的质量分数按下式计算：

$$w(TiO_2) = \frac{T_{TiO_2}(V - K_1 V_1) \times 10}{m \times 1000} \times 100\%$$

式中　　T_{TiO_2}——每毫升 EDTA 标准滴定溶液相当于二氧化钛的毫克数，mg/mL；

　　　　V——加入 EDTA 标准滴定溶液的总体积，mL；

　　　　V_1——滴定时消耗硝酸铋标准滴定溶液的体积，mL；

　　　　K_1——每毫升硝酸铋标准滴定溶液相当于 EDTA 标准滴定溶液的毫升数；

　　　　m——试料的质量，g；

　　　　10——全部试样溶液与所分取试样溶液的体积比。

8. 三氧化二铝测定（铜铁试剂、三氯甲烷萃取分离-配位滴定法）

（1）测定步骤

吸取 25mL 试样溶液，放入 100mL 分液漏斗中，加 5mL 盐酸，摇匀。加入 5mL 60g/L 铜铁试剂溶液（见［7.2］）及 15mL 三氯甲烷，塞紧漏斗塞，激烈振荡 1min。静置，待分层后，小心松动塞子，减除漏斗内压力，然后将三氯甲烷层放掉。再加几滴 60g/L 铜铁试剂溶液于水相。若有黄色沉淀生成，则补加 3mL 60g/L 铜铁试剂溶液及 15mL 三氯甲烷，按上述步骤进行萃取分离；如无沉淀生成，则分别加入 10mL、5mL 三氯甲烷，同上步骤进行第二、第三次萃取分离。将水相转移至 400mL 烧杯中，用水洗净分液漏斗、塞子和颈部，控制试液体积约 150mL。加入 0.025mol/L EDTA 标准滴定溶液至过量 10mL 左右，滴加 10mL 氨水（1+1），加热至微沸，用氨水（1+1）调节溶液 pH 值为 3.5（以精密试纸检验），加入 15mL 乙酸-乙酸钠缓冲溶液（pH4.3），继续煮沸 3～5min。取下稍冷，加 5～6 滴 2g/L PAN 指示剂溶液，以 0.015mol/L 硫酸铜标准滴定溶液滴定至亮紫色。

（2）结果计算

试样中三氧化二铝的质量分数按下式计算：

$$w(Al_2O_3) = \frac{T_{Al_2O_3}(V - K_2 V_2) \times 10}{m \times 1000} \times 100\%$$

式中　　$T_{Al_2O_3}$——每毫升 EDTA 标准滴定溶液相当于三氧化二铝的毫克数，mg/mL；

　　　　V——加入 EDTA 标准滴定溶液的体积，mL；

　　　　V_2——滴定时消耗硫酸铜标准滴定溶液的体积，mL；

　　　　K_2——每毫升硫酸铜标准滴定溶液相当于 EDTA 标准滴定溶液的毫升数；

　　　　10——全部试样溶液与所分取试样溶液的体积比；

　　　　m——试料的质量，g。

9. 三氧化二铝测定（常温铅盐返滴定法）

（1）测定步骤

在测定完二氧化钛后的溶液中，加入 0.025mol/L EDTA 标准滴定溶液至过量 15mL。左右。然后在常温下（不低于20℃）用乙酸-乙酸钠缓冲溶液（pH4）调节溶液

pH 值至 3～3.5（以精密试纸检验），放置 10min。滴加氨水（1＋1）至溶液微呈淡紫色，再用硝酸（1＋1）中和至淡紫色消失（pH5.5～6.0）。补加 3～4 滴 5g/L 半二甲酚橙指示剂溶液．用 0.015mol/L 乙酸铅标准滴定溶液滴定至呈稳定的橙红色。

（2）结果计算

试样中三氧化二铝的质量分数按下式计算：

$$w(\text{Al}_2\text{O}_3) = \frac{T_{\text{Al}_2\text{O}_3}(V - K_3 V_3) \times 10}{m \times 1000} \times 100\%$$

式中　$T_{\text{Al}_2\text{O}_3}$——每毫升 EDTA 标准滴定溶液相当于三氧化二铝的毫克数，mg/mL；

　　　　V——加入 EDTA 标准滴定溶液的体积，mL；

　　　　V_3——滴定时消耗乙酸铅标准滴定溶液的体积。mL；

　　　　K_3——每毫升乙酸铅标准滴定溶液相当于 EDTA 标准滴定溶液的毫升数；

　　　　10——全部试样溶液与所分取试样溶液的体积比；

　　　　m——试料的质量，g。

10. 氧化钙测定（EDTA 配位滴定法）

（1）测定步骤

吸取 25mL 试样溶液，放入 400mL 烧杯中，加 5mL 盐酸（1＋1）及 15mL 20g/L 氟化钾溶液，放置 2min 以上，然后用水稀释至约 200mL。加 10mL 三乙醇胺（1＋2）及适量的 CMP 混合指示剂，在搅拌下滴加 200g/L 氢氧化钾溶液至出现绿色荧光后再过量 7～8mL（溶液 pH＞13），用 0.015mol/L EDTA 标准滴定溶液滴定至绿色荧光消失并呈现红色。

（2）结果计算

试样中氧化钙的质量分数按下式计算：

$$w(\text{CaO}) = \frac{T_{\text{CaO}} \times V_1 \times 10}{m \times 1000} \times 100\%$$

式中　T_{CaO}——每毫升 EDTA 标准滴定溶液相当于氧化钙的毫克数；

　　　　V_1——滴定时消耗 EDTA 标准滴定溶液的体积，mL；

　　　　m——试料的质量，g；

　　　　10——全部试样溶液与所分取试样溶液的体积比。

11. 氧化镁测定（EDTA 配位滴定法）

（1）测定步骤

吸取 25mL 试样溶液，放入 400mL 烧杯中，加 15mL 20g/L 氟化钾溶液，用水稀释至约 200mL。加入 2mL 100g/L 酒石酸钾钠溶液、10mL 三乙醇胺（1＋2），以氨水（1＋1）调节溶液 pH 值为 9～10（用精密试纸检验），然后加入 20mL 氨-氯化铵缓冲溶液（pH10）及适量的酸性铬蓝 K-萘酚绿 B（1＋2.5）混合指示剂，用 0.015mol/L EDTA 标准滴定溶液滴定，近终点时应缓慢滴定至纯蓝色。

（2）结果计算

试样中氧化镁的质量分数按下式计算：

$$w(\mathrm{MgO}) = \frac{T_{\mathrm{MgO}}(V_2 - V_1) \times 10}{m \times 1000} \times 100\%$$

式中　T_{MgO}——每毫升 EDTA 标准滴定溶液相当于氧化镁的毫克数，mg/mL；

　　　V_2——滴定钙镁总量时消耗 EDTA 标准滴定溶液的体积，mL；

　　　V_1——滴定钙时消耗 EDTA 标准滴定溶液的体积，mL；

　　　m——试料的质量，g；

　　　10——全部试样溶液与所分取试样溶液的体积比。

12. 烧失量测定

（1）测定步骤

称取 1g 试样，精确至 0.0001g，置于已灼烧恒量的瓷坩埚中，将盖斜置于坩埚上，放在高温炉内从低温开始逐渐升高温度，于 950～1000℃下灼烧 30～40min。取出坩埚，置于干燥器中冷却至室温，称量。如此反复灼烧，直至恒量。

（2）结果计算

试样中烧失量的质量分数按下式计算：

$$w(\mathrm{LOI}) = \frac{m - m_1}{m} \times 100\%$$

式中　m——灼烧前试料的质量，g；

　　　m_1——灼烧后试料的质量，g。

13. 不溶物测定

（1）测定步骤

称取 1g 试样，放入 300mL。烧杯中，加入 100L 盐酸（1+3），用平头玻璃棒压碎块状物。然后加热至沸，并在不停的搅拌下微沸 5min。取下，加少量滤纸浆，以慢速定量滤纸过滤，用热水洗涤至氯根反应消失为止（用硝酸银溶液检验），滤液供测定三氧化硫用。将残渣及滤纸一并放入已恒量的瓷坩埚中，灰化，于 950～1000℃ 灼烧 30min。取出坩埚，置于干燥器中冷却至室温称量。如此反复灼烧，直至恒量。

（2）结果计算

试样中不溶物的质量分数按下式计算：

$$w(\mathrm{IR}) = \frac{m_1}{m} \times 100\%$$

式中　m_1——灼烧后试料的质量，g；

　　　m——灼烧前试料的质量，g。

14. 三氧化硫测定（硫酸钡称量分析法）

（1）测定步骤

称取 0.5g 试样，放入 300mL 烧杯中，加入 50mL 盐酸（1+3），用玻璃棒压碎块状物，然后将溶液加热至沸，并在不停地搅拌下煮沸 5min。取下，加少量滤纸浆，以慢速滤纸过滤，用热水洗涤至氯根反应消失为止（用硝酸银溶液检验）。调整试液体积至约 170mL，加 2～3 滴 2g/L 甲基红指示剂溶液，在搅拌下滴加氨水（1+1）至溶液刚出现沉淀。然后滴加盐酸（1+1）至沉淀消失（溶液呈现红色），再加入 10mL 盐酸

（1+1）。将溶液加热至沸。在搅拌下滴加 15mL100g/L 氯化钡溶液，再将溶液煮沸数分钟，然后置于温热处静置 4h。用慢速定量滤纸过滤，并以温水洗涤至氯根反应消失为止（用硝酸银溶液检验）。将沉淀及滤纸一并移入已灼烧恒量的瓷坩埚中；灰化后，在 800℃ 的高温炉内灼烧 30min。取出坩埚，置于干燥器中冷却至室温，称量。如此反复灼烧，直至恒量。

（2）结果计算

试样中三氧化硫的质量分数按下式计算：

$$w(SO_3) = \frac{m_1 \times 0.343}{m} \times 100\%$$

式中　m_1——灼烧后沉淀的质量，g；

　　　m——试样质量，g。

　　0.343——$BaSO_4$ 对 SO_3 的换算系数。

15. 氧化钾、氧化钠测定（火焰光度法）

（1）测定步骤

① 氧化钾、氧化钠工作曲线的绘制：准确移取 1.00，2.00，4.00，6.00，8.00，10.00，12.00mL 的氧化钾、氧化钠标准溶液分别放入 100mL 容量瓶中，稀释至标线，摇匀。分别用火焰光度计按仪器使用规程进行测定，然后由测得的检流计读数与溶液浓度的关系，分别绘制氧化钾与氧化钠的工作曲线。

② 称取 0.2g 试样，精确至 0.0001g，置于铂（或黄金）皿中，用少量水润湿。加入 15～20 滴硫酸（1+1）及 5～10mL 氢氟酸，置于低温电热板上蒸发。近干时摇动铂皿，以防溅失。待氢氟酸驱尽后，逐渐升高温度，将三氧化硫的白烟赶尽。取下，放冷。加入约 50mL 热水，并将残渣压碎使其溶解。加 1 滴 2g/L 甲基红指示剂溶液，用氨水（1+1）中和至黄色，再加入 10mL 100g/L 碳酸铵溶液，搅拌，置于电热板上加热 20～30min。用快速滤纸过滤，以热水洗涤，滤液及洗液盛于 100mL 容量瓶中。冷却至室温后，以盐酸（1+1）中和至溶液呈微红色，然后用水稀释至标线，摇匀，用火焰光度计按仪器使用规程进行测定。由测得的检流汁读数，从工作曲线查得氧化钾、氧化钠的毫克数。

（2）结果计算

试样中氯化钾及氧化钠的质量分数按下式计算：

$$w(K_2O) = \frac{C_1}{m \times 1000} \times 100\%$$

$$w(Na_2O) = \frac{C_2}{m \times 1000} \times 100\%$$

式中　C_1——在工作曲线上查得每 100mL 被测定溶液中氧化钾的含量，mg；

　　　C_2——在工作曲线上查得每 100mL 被测定溶液中氧化钠的含量，mg；

　　　m——试料的质量，g。

16. 氟测定（离子选择性电极法）

（1）测定步骤

① 氟工作曲线的绘制：准确移取每毫升含有 1，5，10 μg 氟的标准溶液各 10mL

分别放入 50mL 烧杯中。准确加入 10mL 1mol/L柠檬酸钠配位缓冲溶液（pH＝6.0），放入一支磁力搅拌子，插入氟离子选择电极和饱和氯化钾甘汞电极。搅拌 10min，静置 1min 后，用酸度计或离子计测量溶液的平衡电位，然后由测得的电位值与氟浓度的关系，在半对数坐标纸上绘制工作曲线。

② 称取 0.1g 试样，置于 250mL 烧杯中。加入 5mL 水使试样分散，然后加入 5mL 盐酸（1＋1），加热至微沸并保持 1～2min。用水稀释至约 150mL，冷却至室温。加入 5 滴 1g/L 茜素磺酸钠指示剂溶液，以盐酸（1＋1）和 80g/L 氢氧化钠溶液调节溶液颜色刚变为紫红色（应防止氢氧化铝沉淀生成），移入 250mL 容量瓶中，用水稀释至标线，摇匀。吸取 10mL 清液（必要时干过滤）于 50mL 烧杯中。准确加入 10mL 1mol/L柠檬酸钠配位缓冲溶液（pH6.0），放入搅拌子，插入氟离子选择电极和饱和氯化钾甘汞电极。搅拌 10min 并静置 1min 后，用酸度计或离子计测量溶液的平衡电位。由测得的电位值，从工作曲线查得氟的微克数。

（2）结果计算

试样中氟的质量分数按下式计算：

$$w(F) = \frac{C \times 250}{m \times 1000 \times 1000} \times 100\%$$

式中　C——在工作曲线上查得每毫升试样溶液中氟的含量，μg；

　　　250——试样溶液的总体积，mL；

　　　m——试料的质量，g。

四、思考题

1. 使用火焰光度计时应注意哪些事项？
2. 使用氟离子选择性电极时应注意哪些问题？

实验八　水泥中三氧化硫含量的测定

水泥中的三氧化硫（SO_3）是由石膏、熟料（特别是以石膏作矿化剂煅烧的熟料）或混合材料引入，在水泥制造时加入适量石膏可以调节凝结时间，还具有增强、减缩等作用。制造膨胀水泥时，石膏还是一种膨胀组分，赋予水泥以膨胀等性能。但水泥中的三氧化硫含量过多，却会导致水泥体积安定性不良等问题。因此，在水泥生产过程中必须严格控制水泥中的三氧化硫含量。

由于水泥中石膏的存在形态及其性质不同，测定水泥中三氧化硫的方法有很多种，如硫酸钡称量分析法、离子交换法、磷酸溶样-氯化亚锡还原-碘量滴定法、燃烧法（与全硫的测定相同）、分光光度法、离子交换分离-EDTA 配位滴定法等。目前多采用硫酸钡称量分析法、离子交换法、磷酸溶样-氯化亚锡还原-碘量滴定法（碘量法）进行测定。本实验采用硫酸钡称量分析法、离子交换法测定三氧化硫含量。

Ⅰ 硫酸钡称量分析法

硫酸钡称量分析法不仅在准确性方面，而且在适应性和测量范围方面都优于其他方法。但其最大缺点是手续繁琐、费时。

一、实验目的

1. 了解硫酸钡称量分析法测定 SO_3 的原理及方法；
2. 测定水泥中 SO_3 的含量。

二、基本原理

硫酸钡称量分析法是通过氯化钡与硫酸根离子结合成难溶的硫酸钡沉淀，以硫酸钡的质量折算水泥中的三氧化硫含量。

由于在磨制水泥中，需加入一定量石膏，加入量的多少主要反映在水泥中 SO_4^{2-} 离子的质量上。所以可采用 $BaCl_2$ 作沉淀剂，用盐酸分解，控制溶液酸度在 $0.2 \sim 0.4 mol/L$，用 $BaCl_2$ 沉淀 SO_4^{2-} 离子，生成 $BaSO_4$ 沉淀。$BaSO_4$ 的溶解度很小（其 $K_{sp} = 1.1 \times 10^{-10}$），其化学性质非常稳定，灼烧后的组成与分子式符合。反应式为：

$$Ba^{2+} + SO_4^{2-} =\!\!=\!\!= BaSO_4 \downarrow （白色）$$

三、实验器材

1. 电子天平：称量 100g，感量 0.0001g。
2. 磁力搅拌器：$200 \sim 300 r/min$。
3. 高温箱式电阻炉：800℃。
4. 盐酸溶液（1+1）。
5. 氯化钡溶液：（100g/L）。
6. 硝酸银溶液：10g/L。
7. 其他：盘式电炉、坩埚、烧杯、量筒、干燥器、快速定性滤纸、过滤漏斗等。

四、实验步骤

1. 准确称取约 0.5g 水泥试样，置于 300mL 烧杯中，加入 $30 \sim 40mL$ 水及 10mL 盐酸溶液（1+1），加热至微沸，并保持微沸 5min，用中速滤纸过滤，用热水洗涤 $10 \sim 12$ 次，滤液及洗液收集于 400mL 烧杯中，加水稀释至 250mL，玻璃棒底部压一小片定量滤纸，盖上表面皿，加热煮沸，在微沸下从杯口缓慢滴加 10mL 热的氯化钡溶液，继续煮 3min 以上使沉淀良好地形成，然后在常温下静止 $12 \sim 24h$ 或温热处静止至少 4h（此溶液体积应保持在 200mL），用慢速定量滤纸过滤，以温水洗涤，直至无氯根反应为止（用硝酸银溶液检验）。

2. 将沉淀及滤纸一并移入已灼烧至恒量的瓷坩埚中，灰化后，在 800℃ 的高温炉中灼烧 30min。

3. 取出坩埚，置于干燥器中冷却至室温，称量。如此反复灼烧，直至恒量。

五、实验结果计算与分析

1. 试样中三氧化硫的质量分数按下式计算：

$$w(SO_3) = \frac{m_1 \times 0.343}{m} \times 100\%$$

式中　m_1 ——灼烧后沉淀的质量，g；

　　　m ——试料的质量，g；

　0.343——硫酸钡对 SO_3 的换算系数。

2. 两次测量的绝对误差应在 0.15% 以内。如果超出此范围时，需进行第三次测定，所得结果与前两次或任一次测定结果之差符合以上规定时，则取其平均值作为测定结果。否则应查找原因，重新按上述规定进行分析。

3. 用空白试验数值对三氧化硫测定结果加以校正。

六、思考题

1. 在过滤沉淀操作时应注意的事项是什么？

2. 能否提高沉淀在高温炉中的灼烧温度？为什么？

Ⅱ　离子交换法

离子交换法是采用强酸性阳离子交换树脂与硫酸钙进行离子交换，生成硫酸，用氢氧化钠标准滴定溶液滴定生成的硫酸，从而推算出三氧化硫的含量。按操作方法不同，又可分为静态离子交换法和动态离子交换法。将过量的离子交换树脂放在交换溶液中搅拌，待交换反应达平衡后，滤出树脂，这种交换方法称为静态离子交换法。使交换溶液不断流过交换柱内的离子交换树脂，在流动过程中进行离子交换，此法称为动态离子交换法。离子交换法属快速方法。二次静态离子交换法还被列为 GB 176《水泥化学分析方法》中测定三氧化硫的代用方法之一。实践表明，它对掺加二水石膏的水泥是适用的。然而不少工厂使用硬石膏、混合石膏（二水石膏与硬石膏的混合物）作缓凝剂，由于硬石膏溶解速度较慢，静态离子交换反应往往不够完全，使分析结果偏低。用动态法虽能提高离子交换率，但分离手续将增加，时间也较长。此外，使用含氟、氯、磷的石膏（如工业副产石膏、盐田石膏等）或含有其他可被交换盐类的石膏作缓凝剂，以及使用萤石和石膏作复合矿化剂时，水泥中将含 F^-、PO_4^{3-}、Cl^- 等离子，它们在交换时生成相应的酸，使三氧化硫分析结果偏高。因此，离子交换法的适应性较窄。

一、实验目的

1. 了解离子交换法测定 SO_3 的原理。

2. 掌握离子交换法测定 SO_3 的方法。

二、实验原理

水泥中的三氧化硫主要来自石膏。在强酸性阳离子交换树脂 $R-SO_3 \cdot H$ 的作用下，石膏在水中迅速溶解，离解成 Ca^{2+} 和 SO_4^{2-} 离子，Ca^{2+} 离子迅速与树脂酸性基团的 H^+ 离子进行交换，析出 H^+ 离子，直至石膏全部溶解，其离子交换反应式为：

$$CaSO_4 （固体） \Longleftrightarrow Ca^{2+} + SO_4^{2-}$$
$$+$$
$$2(R-SO_3 \cdot H)$$
$$\Updownarrow$$
$$(R-SO_3)_2 \cdot Ca + 2H^+$$

或：
$$CaSO_4 + 2(R-SO_3 \cdot H) \Longleftrightarrow (R-SO_3)_2 Ca + H_2SO_4$$

在石膏与树脂发生离子交换的同时，水泥中的 C_3S 等矿物将水解，生成氢氧化钙与硅酸：

$$3CaO \cdot SiO_2 + nH_2O \longrightarrow Ca(OH)_2 + SiO_2 \cdot nH_2O$$

所得 $Ca(OH)_2$，一部分与树脂发生离子交换，另一部分与 H_2SO_4 作用，生成 $CaSO_4$，再与树脂交换，反应式为：

$$Ca(OH)_2 + 2(R-SO_3 \cdot H) \Longleftrightarrow (R-SO_3)_2 Ca + 2H_2O$$
$$Ca(OH)_2 + H_2SO_4 \longrightarrow CaSO_4 + 2H_2O$$
$$CaSO_4 + 2(R-SO_3 \cdot H) \Longleftrightarrow (R-SO_3)_2 Ca + H_2SO_4$$

由此可见，熟料矿物水解的产物参与离子交换达到平衡时，并不影响石膏与树脂进行交换生成的 H_2SO_4 量，但使树脂消耗量增加，同时溶液中硅酸含量增多，使溶液 pH 值减小，用 NaOH 滴定滤液时，所用指示剂必须与进入溶液的硅酸量相适应。

当石膏全部溶解后，将树脂及残渣滤除所得滤液，由于 C_3S 等水解的影响，使其中尚含 $Ca(OH)_2$ 和 $CaSO_4$。为使存在于滤液中的 $Ca(OH)_2$ 中和，并使滤液中尚未转化的 $CaSO_4$ 全部转化为等物质的量的 H_2SO_4，必须在滤除树脂和残渣后的滤液中再加入树脂进行第二次交换，溶液中生成与 $CaSO_4$ 等物质的量的 H_2SO_4，然后滤除树脂，用已知浓度的氢氧化钠标准滴定溶液滴定生成的硫酸，根据消耗氢氧化钠标准滴定溶液的体积，计算试样中的三氧化硫质量分数。

$$2NaOH + H_2SO_4 \longrightarrow Na_2SO_4 + 2H_2O$$

在强酸性阳离子交换树脂中，若含钠型树脂时，它提供交换的阳离子为 Na^+，与石膏交换的结果将生成 Na_2SO_4，使交换产物 H_2SO_4 的量减少，由 NaOH 溶液滴定计算得到的 SO_3 含量偏低。强酸性阳离子交换树脂出厂时一般为钠型，使用时须预先用酸处理成氢型。用过的树脂（主要是钙型）也须用酸进行再生，使其重新转变为氢型以便继续使用。

三、实验器材

1. 电子天平：称量 100g，感量 0.1mg。
2. 磁力搅拌器：$200 \sim 300r/min$。
3. 离子交换柱：长约 70cm，直径 5cm。

4. 氢氧化钠标准滴定溶液：0.05mol/L。

5. 酚酞指示剂溶液（10g/L）。

6. 硝酸银溶液：（10g/L）

7. H 型 732 苯乙烯型强酸性阳离子交换树脂（1×12）或类似性能的树脂。

8. 其他：烧杯、量筒、快速定性滤纸、过滤漏斗、磁铁、玛瑙研钵等。

四、实验步骤

1. 试样和试剂的制备

（1）水泥试样的制备

熟料磨细后，用磁铁吸除样品中的铁屑，装入带有磨口塞的广口玻璃瓶中，瓶口应密封。试样质量不得少于 200g。

分析前将试样混合均匀，以四分法缩减至 25g，然后取出 5g 左右放在玛瑙研钵中研磨至全部通过 0.080mm 方孔筛，再将样品混合均匀。贮存在带有磨口塞的小广口瓶中，放在干燥器内备用。

（2）交换树脂的处理

将 250g 732 苯乙烯型强酸性阳离子交换树脂（1×12）用 250mL 乙醇（95%）浸泡过夜。然后倾除乙醇，再用水浸泡 6～8h。将树脂装入离子交换柱（直径约 5cm，长约 70cm）中，用 1500mL 盐酸溶液（3mol/L）以 5mL/min 的流速进行淋洗，然后用蒸馏水逆洗交换柱中的树脂，直至流出液中的氯离子反应消失为止（用硝酸银溶液检验）。将树脂倒出，用布氏漏斗以抽气泵或抽气管抽滤，然后储存于广口瓶中备用。树脂在放置过程中将析出游离酸，会使测定结果偏高，故使用时应再用水清洗数次。

树脂的再生处理：将用过的带有水泥残渣的树脂放入烧杯中，用水冲洗数次以除去水泥残渣。将树脂浸泡在稀盐酸中。当积至一定数量后倾出其中夹带的残渣，再按钠型树脂转变为 H 型树脂的方法进行再生。

2. 分析步骤

（1）准确称取 0.5g 试样，置于 100mL 烧杯中（预先放入 2g 树脂、10mL 热水及一根封闭的磁力搅拌棒）。摇动烧杯使试样分散，加入 40mL 沸水，立即置于磁力搅拌器上搅拌 2min。取下，以快速定性滤纸过滤。用热水洗涤树脂与残渣 2～3 次（每次洗涤用水不超过 15mL）。滤液及洗液收集于预先放置 2g 树脂及一根封闭的磁力搅拌棒的 150mL 烧杯中。保存滤纸上的树脂，以备再生。

（2）将烧杯再置于磁力搅拌器上搅拌 3min，取下，以快速定性滤纸将溶液过滤于 300mL 烧杯中，用热水倾泻洗涤 4～5 次（尽量不把树脂倾出），保存树脂，供下次分析时第一次交换用。

（3）向溶液中加入 7～8 滴酚酞指示剂溶液，用 0.05mol/L 氢氧化钠标准滴定溶液滴定至微红色。

五、实验结果与分析

试样中三氧化硫的质量分数按下式计算：

$$w(\mathrm{SO_3}) = \frac{T_{\mathrm{SO_3}} \times V}{m \times 1000} \times 100\%$$

式中　　$T_{\mathrm{SO_3}}$——每毫升氢氧化钠标准滴定溶液相当于三氧化硫的毫克数，mg/mL；

　　　　V——滴定时消耗氢氧化钠标准滴定溶液的体积，mL；

　　　　m——试料的质量，g。

六、注意事项

1. 应注意所用氢型树脂一定要确保其中不含有其他的盐型树脂（如 Na 型），以免交换过程中产生下述反应：

$$\mathrm{CaSO_4 + 2(R\text{-}SO_3 \cdot Na) \Longleftrightarrow (R\text{-}SO_3)_2Ca + Na_2SO_4}$$

生成的硫酸钠为中性盐，滴定时不与氢氧化钠反应，从而导致结果偏低。为此，在处理树脂时，不应使用静态交换法，而必须使用动态交换法，这样才能确保获得纯的氢型树脂。

2. 已处理好的氢型树脂在放置的过程中，往往会逐渐析出游离酸。因此，在使用之前应将所用的树脂以水洗净，不然会由此而给分析结果造成可观的偏高误差。

3. 应用离子交换法测定水泥中的三氧化硫时，重要的是必须把试样中的硫酸钙完全提取到溶液中。当水泥中的石膏是硬石膏或混合石膏时，由于有些（不是全部）硬石膏溶解速度较慢，用本方法测定时因离子交换时间较短，在此期间往往不能完全提取到溶液中去，使测定结果偏低。可适当延长搅拌时间，也可适当增加树脂的用量，以及将试样研磨得更细一些。

4. 由于 $\mathrm{F^-}$、$\mathrm{Cl^-}$、$\mathrm{PO_4^{3-}}$ 在交换反应中生成酸性物质，将与 NaOH 反应，使滴定结果偏高，故本方法对含有 $\mathrm{F^-}$、$\mathrm{Cl^-}$、$\mathrm{PO_4^{3-}}$ 等工业副产品石膏及氟铝酸盐矿物的水泥是不适用的。但可以将离子交换后的溶液再用硫酸钡称量法（控制溶液的酸度在 0.2～0.4mol/L 之间）测定三氧化硫，可简化分析手续。

七、思考题

1. 用称量分析法测定水泥中的 $\mathrm{SO_3}$ 含量时，为什么要加热和陈化处理？

2. 用称量分析法测定水泥中的 $\mathrm{SO_3}$ 含量时，为什么要将溶液酸度定为 0.2～0.4mol/L？

3. 用离子交换法测定水泥中的 $\mathrm{SO_3}$ 含量时，为什么要在滤除残渣所得的滤液中第二次加入树脂进行交换？

4. 称量分析法、离子交换法的优缺点各是什么？

实验九　水泥不溶物含量的测定

一、实验目的

掌握水泥中不溶物含量的测定方法。

二、实验原理

试样先以盐酸溶液处理，尽量避免可溶性二氧化硅的析出，滤出的不溶残渣再以氢氧化钠溶液处理，进一步溶解可能已沉淀的痕量二氧化硅，经盐酸中和，过滤后，残渣经灼烧后称量。

三、实验器材

1. 箱式电阻炉：最高使用温度不低于 1000℃。
2. 电热鼓风干燥箱：能使温度控制在（105±5）℃。
3. 电子天平：称量 100g，感量 0.1mg。
4. 分析纯氢氧化钠、硝酸铵、盐酸。
5. 氢氧化钠溶液（10g/L）。
6. 盐酸溶液（1+1）。
7. 硝酸铵溶液（20g/L）。
8. 甲基红指示剂溶液（2g/L）。
9. 其他：烧杯、中速定量滤纸、干燥器等。

四、分析步骤

1. 称取约 1g 试样（m），精确至 0.0001g，置于 150mL 烧杯中，加 25mL 水，搅拌使试样完全分散，在不断搅拌下加入 5mL 盐酸，用平头玻璃棒压碎块状物使其分解完全（必要时可将溶液稍稍加温几分钟）。用近沸的水稀释至 50mL，盖上表面皿，将烧杯置于蒸汽浴中加热 15min。用中速定量滤纸过滤，用热水充分洗涤 10 次以上。

2. 将残渣和滤纸一并移入原烧杯中，加入 100mL 近沸的 10g/L 氢氧化钠溶液，盖上表面皿，置于蒸汽浴中加热 15min，加热期间搅动滤纸及残渣 2～3 次。取下烧杯，加入 1～2 滴 2g/L 甲基红指示剂溶液，滴加盐酸（1+1）至溶液呈红色，再过量 8～10 滴。用中定量速滤纸过滤，用热的 20g/L 硝酸铵溶液充分洗涤至少 14 次。

3. 将残渣和滤纸一并移入已灼烧恒量的瓷坩埚中，灰化后在（950±25℃）的高温炉内灼烧 30min。取出坩埚，置于干燥器中冷却至室温，称量。反复灼烧，直至恒量。

五、结果计算与表示

试样中不溶物的质量分数按式下式计算：

$$w(\text{IR}) = \frac{m_1}{m} \times 100\%$$

式中　$w(\text{IR})$ ——不溶物的质量分数，%；

　　　m_1 ——灼烧后不溶物的质量，g；

　　　m ——试料的质量，g。

六、思考题

1. 哪些水泥需要测定不溶物含量？
2. 结合水泥熟料煅烧，不溶物含量过高说明了什么？

实验十　水泥中氯离子含量的测定

一、实验目的

1. 了解水泥中氯离子含量的控制标准及存在的危害性。
2. 掌握用磷酸蒸馏-汞盐滴定法测定水泥中氯离子含量。

二、实验方法

磷酸蒸馏-汞盐滴定法

三、实验原理

用规定的蒸馏装置在 $250 \sim 260 \,℃$ 温度条件下，以过氧化氢和磷酸分解试样，以净化空气做载体，蒸馏分离氯离子，用稀硝酸作吸收液。在 pH3.5 左右，以二苯偶氮碳酰肼为指示剂，用硝酸汞标准滴定溶液滴定。

四、实验器材

1. 氯离子测定仪（图 2-3-2）。
2. 电热鼓风干燥箱：能使温度控制在 $(105 \pm 5)\,℃$。
3. 电子天平：称量 100g，感量 0.1mg。
4. 硝酸、磷酸、无水乙醇。
5. 硝酸溶液（0.5mol/L）。
6. 氢氧化钠溶液（0.5mol/L）。
7. 溴酚蓝指示剂溶液（2g/L）。
8. 氯标准溶液（0.200mg/mL）。
9. 硝酸汞标准滴定溶液（0.001mol/L）。

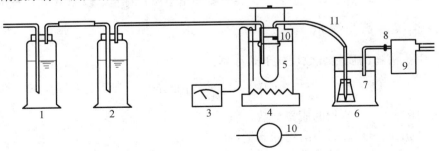

图 2-3-2　测氯蒸馏装置

1—洗气瓶（250mL），内盛 0.1mol/L 硝酸银溶液；2—洗气瓶（250mL），内盛水；3—控温仪（可控温≥300℃）；4—加热炉；5—石英蒸馏管（内径 20mm，高 200mm），以磨口帽连接，进气管离底部约 5mm；6—抽气瓶（内径 70mm，高 120mm）；7—锥形瓶（50mL）；8—流速调节夹；9—小型电磁抽气泵；10—镍铬丝固定架（用于固定石英蒸馏管）；11—石英蒸馏管与锥形瓶之间的连接管

五、实验步骤

1. 向 50mL 锥形瓶中加入约 3mL 水及 5 滴硝酸溶液（0.5mol/L），放在冷凝管下端用以承接蒸馏水，冷凝管下端的硅胶管插于锥形瓶的溶液中。

2. 称取约 0.3g 试样，精确至 0.0001g，置于已烘干的石英蒸馏管中，勿使试样粘附于管壁。

3. 向蒸馏管中加入 5～6 滴过氧化氢溶液，摇动使试样完全分散后加入 5mL 磷酸，套上磨口塞，摇动，待试样分解产生的二氧化碳气体大部分逸出后，将所示的仪器装置中的固定架套在石英蒸馏管上，并将其置于温度 250～260℃的测氯蒸馏装置炉膛内，迅速地以硅橡胶管连接好蒸馏管的进出口部分（先连出气管，后连进气管），盖上炉盖。

4. 开动气泵，调节气流速度在 100～200mL/min，蒸馏 10～15min 后关闭气泵，拆下连接管，取出蒸馏管置于试管架内。

5. 用乙醇吹洗冷凝管及其下端，洗液收集于锥形瓶内（乙醇用量约为 15mL）。由冷凝管下部取出承接蒸馏液的锥形瓶，向其中加入 1～2 滴 2g/L 溴酚蓝指示剂溶液，用 0.5mol/L 氢氧化钠溶液调节至溶液呈蓝色，然后用 0.5mol/L 硝酸调节至溶液刚好变黄，再过量 1 滴，加入 10 滴 10g/L 二苯偶氮碳酰肼指示剂溶液，用 0.001mol/L 硝酸汞标准滴定溶液滴定至紫红色出现。记录滴定所用硝酸汞标准滴定溶液的体积 V_1。

氯离子含量为 0.02%～1%时，蒸馏时间应为 15～20min；用 0.005mol/L 硝酸汞标准滴定溶液进行滴定。

不加入试样按上述步骤进行空白试验，记录空白滴定所用硝酸汞标准滴定溶液的体积 V_2。

六、实验结果计算

试样中氯离子的质量分数按下式计算：

$$w(\text{Cl}) = \frac{T_{\text{Cl}}(V_1 - V_2)}{m \times 1000} \times 100\%$$

式中　$w(\text{Cl})$ ——氯离子的质量分数，%；

　　　T_{Cl} ——硝酸汞标准滴定溶液对氯离子的滴定度，mg/mL；

　　　V_1 ——滴定时消耗硝酸汞标准滴定溶液的体积，mL；

　　　V_2 ——空白试验消耗硝酸汞标准滴定溶液的体积，mL；

　　　m ——试料的质量，g。

七、思考题

1. 水泥中氯离子含量的其他测定方法及其原理是什么？
2. 结合工程实际谈谈水泥中氯离子含量为什么不宜过高？

实验十一　水泥中碱含量的测定

一、实验原理

试样经氢氟酸-硫酸蒸发处理去除硅，用热水浸取残渣，以氨水和碳酸铵分离铁、铝、钙、镁。滤液中的钾、钠用火焰光度计进行测定。

二、实验器材

1. 火焰光度计。
2. 氢氟酸。
3. 硫酸（1+1）。
4. 盐酸（1+1）。
5. 氨水（1+1）。
6. 甲基红指示剂溶液（2g/L）。
7. 碳酸铵溶液（100g/L）。
8. 氧化钾标准溶液（1mg/mL）。
9. 氧化钠标准溶液（1mg/mL）。
10. 氧化钾、氧化钠系列混合标准溶液（1～10μg/mL）。

三、实验步骤

1. 根据样品中氧化钾和氧化钠的含量准确称取试样 0.1～0.5g（通常含量大于 0.5％者，取 0.1～0.2g；小于 0.5％者，取 0.2～0.5g）于铂皿中，精确至 0.0001g，用少量水润湿，加入 5～7mL 氢氟酸和 15～20 滴硫酸（1+1），放入通风橱内低温电热板上加热，近干时摇动铂皿，以防溅失，待氢氟酸驱尽后逐渐升高温度，继续将三氧化硫白烟驱尽，取下却冷。加入 40～50mL 热水，压碎残渣使其溶解，加入 1 滴 2g/L 甲基红指示剂溶液，用氨水（1+1）中和至黄色，再加入 10mL 的 100g/L 碳酸铵溶液，搅拌，然后放入通风橱内电热板上加热至沸并继续微沸 20～30min。用快速滤纸过滤，以热水充分洗涤，滤液及洗液收集于 100mL 容量瓶中，冷却至室温。用盐酸（1+1）中和至溶液呈微红色，用水稀释至标线，摇匀。

2. 将火焰光度计按仪器使用规程调整到工作状态，分别使用钾滤光片（波长 767nm）测定氧化钾、钠滤光片（波长 589nm）测定氧化钠。将试样溶液喷雾，读取检流计读数（D）。

3. 从氧化钾，氧化钠系列混合标准溶液中选取比试样浓度溶液略小的标准溶液进行喷雾，读取检流计读数（D_1）；再选取比试样溶液浓度略大的标准溶液进行喷雾，读取检流计读数（D_2）。

四、实验结果计算

试样中氧化钾和氧化钠的质量分数按下式计算：

$w(K_2O)$ 或 $w(Na_2O)$ $=0.0250\left[C_1+\left(C_2-C_1\right)\left(D-D_1\right)/\left(D_2-D_1\right)\right]/m$

式中　C_1——比试样溶液浓度略小的标准溶液浓度，$\mu g/mL$；

　　　C_2——比试样溶液浓度略大的标准溶液浓度，$\mu g/mL$；

　　　m——试料的质量，g。

五、思考题

1. 水泥中的碱含量是如计算的？

2. 水泥中的碱含量是如何规定的？结合工程实际谈谈水泥中碱含量过高有什么危害？

实验十二　水泥中混合材料（粉煤灰）掺加量的测定

粉煤灰是火力发电厂燃烧煤粉时从烟气中收集下来的微细烟灰，属火山灰质材料。由于其比表面积较其他火山灰质混合材大，加之用粉煤灰配制的水泥比其他火山灰水泥干缩性小、抗裂性好、和易性好等特点，因此，粉煤灰作为水泥混合材的开发和利用，愈来愈受到众多厂家的青睐，尤其是中小型水泥企业。在生产过程中对掺入水泥中粉煤灰的含量进行检验和控制，是保证水泥产品性能和质量的一项重要措施。

一、实验目的

测定水泥中火山灰质混合材料或粉煤灰（以下简称混合材料）掺加量。

二、实验原理

水泥试样用盐酸溶液处理后，火山灰质混合材料或粉煤灰组分基本上不溶解，而其他组分则基本上溶解。

根据它们三者酸不溶物含量的区别，计算出水泥中火山灰质混合材料或粉煤灰的掺加量。该法参考 GB/T 12961—2007，适用于掺加单一火山灰质混合材料或粉煤灰的普通硅酸盐水泥、火山灰质硅酸盐水泥、粉煤灰硅酸盐水泥和矿渣硅酸盐水泥中火山灰质混合材料或粉煤灰掺加量的测定（注：掺入水泥中的火山质混合材料、粉煤灰应分别符合 GB2847、GB1596 的规定）。

三、实验器材

1. 电子天平：称量 100g，感量 0.1mg。

2. 烘干箱：可控制温度 105～110℃。

3. 电动磁力搅拌器。

4. 高温炉：可控制温度 950～1000℃。

5. 盐酸。

6. 盐酸溶液（1+2）。

7. 硝酸银溶液（10g/L）。

8. 待测水泥及火山灰质混合材料或粉煤灰试样。各试样应具有代表性和均匀性，制备好后分别装入密封瓶中，供分析用。

四、实验步骤

1. 水泥酸不溶物的测定

（1）分析步骤

① 准确称取 0.5g 水泥试样，精确到 0.1mg，置于 200mL 干燥烧杯中。加入 80mL 水，然后放入一根磁力搅拌子，在磁力搅拌器上，于（10±2）℃的温度下搅拌 5min，使试样完全分散。然后加入 40mL（10±2）℃盐酸溶液（1+2），置于磁力搅拌器上搅拌 25min [搅拌过程中需保持溶液温度在（10±2）℃]。用预先在（105±5）℃下烘干至恒量的玻璃砂芯漏斗抽气过滤。用水洗涤不溶渣 6 次，用乙醇洗涤 2 次。

② 将玻璃砂芯漏斗放入（105±5）℃烘箱中，烘干 40min 以上。取出后置于干燥器中，冷却至室温，称量。如此反复烘干，直至恒量。

（2）水泥酸不溶物的质量分数按下式计算：

$$R_1 = \frac{m_2 - m_1}{m_3} \times 100\%$$

式中　R_1——水泥酸不溶物的质量分数，%；

　　　m_1——玻璃砂芯漏斗的质量，g；

　　　m_2——玻璃砂芯漏斗和不溶残渣质量，g；

　　　m_3——水泥试料的质量，g。

所得结果应表示至二位小数。

2. 混合材料酸不溶物的测定

（1）分析步骤

准确称取 0.25g 已在 105~110℃烘干过 2h 的混合材料试样，精确至 0.1mg，置于 200mL 干燥烧杯中。按上述第 1 步骤进行测定。

（2）混合材料酸不溶物的质量分数按下式计算：

$$R_2 = \frac{m_5 - m_4}{m_6} \times 100\%$$

式中　R_2——混合材料的酸不溶物质量分数，%；

　　　m_4——玻璃砂芯漏斗的质量，g；

　　　m_5——玻璃砂芯漏斗和不溶残渣质量，g；

　　　m_6——混合材料试料的质量，g。

所得结果应表示至二位小数。

五、实验结果与分析

1. 水泥中混合材料掺加量 P 按下式计算：

$$P = \frac{R_1 - R_3}{R_2 - R_3} \times 100\%$$

式中　　P——水泥中火山灰质混合材料或粉煤灰的掺加量,％;

　　　R_1——水泥酸不溶物的质量分数,％;

　　　R_2——混合材料酸不溶物的质量分数,％;

　　　R_3——硅酸盐水泥（P·Ⅰ）酸不溶物的质量分数,％。

2. 所得结果应表示至一位小数。

3. 分析结果及允许差如表 2-3-1 所示。

表 2-3-1　分析结果的允许差（绝对值）

测定项目		同一实验室的允许差/%	不同实验室的允许差/%
火山灰质混合材料或粉煤灰组分掺加量	≤20	0.8	1.0
	>20	1.0	1.5

4. 同一分析人员采用本方法同一试样时应分别进行两次测定，所得结果应符合同一实验室的允许差规定。如超出允许范围，须进行第三次测定，所得分析结果与前任一次分析结果之差符合允许差规定时，则取其平均值。

5. 同一试验室的两名分析人员，采用本方法对同一试样分别进行分析时，所得分析结果之差应符合同一实验室允许差规定。如超出允许范围，经第三者验证后与前两者任一分析结果之差符合允许差规定时，则取其平均值。

6. 两个试验室的分析人员采用本方法对同一试样分别进行分析时，所得分析结果之差应符合不同实验室允许差规定。如有争议，应由国家指定的检验机关按标准进行仲裁分析，以仲裁结果为准。

六、思考题

1. 为什么要进行水泥中火山灰质混合材料或粉煤灰掺入量的测定？

2. 火山灰质混合材料或粉煤灰掺入量的测定原理是什么？

3. 水泥中火山灰质混合材料或粉煤灰掺入量的测定结果为什么要规定允许差？

第四章 混凝土用原材料的化验与检测

实验一 细集料中有机物含量的测定

混凝土用细集料主要为砂子，根据建筑用砂标准 GB/T 14684—2001 要求，混凝土用砂有害物质含量试验应合格，砂中有机物含量过高会影响混凝土的凝结性能，并降低混凝土的强度。

一、实验目的

1. 了解砂子有机物含量对混凝土性能的影响。
2. 掌握砂子有机物含量的测定方法。

二、实验器材

1. 天平：称量 1000g、感量 0.1g 及称量 100g、感量 0.01g 各一台。
2. 量筒：10mL、100mL、250mL、1000mL。
3. 方孔筛：孔径为 4.75mm 的筛一只。
4. 试剂：氢氧化钠、鞣酸、乙醇、蒸馏水。
5. 标准溶液：取 2g 鞣酸溶解于 98mL 浓度为 10％的乙醇溶液中（无水乙醇 10mL 加蒸馏水 90mL）即得所需的鞣酸溶液。然后取该溶液 25mL 注入 975mL 浓度为 30g/L 的氢氧化钠溶液中（3g 氢氧化钠溶于 97mL 蒸馏水中），加塞后剧烈摇动，静置 24h 即得标准溶液。
6. 其他：烧杯、玻璃棒、移液管等。

三、实验步骤

1. 按砂子的取样规定，从料堆上取不少于 2kg 试样，并将试样缩分至约 500g，风干后，筛除大于 4.75mm 的颗粒，备用。
2. 向 250mL 量筒中装入风干试样至 130mL 刻度处，然后注入浓度为 30g/L 的氢氧化钠溶液至 200mL 刻度处，加塞后剧烈摇动，静置 24h。
3. 比较试样上部溶液和标准溶液的颜色。盛装标准溶液与盛装试样的量筒大小应一致。

四、试验结果评定

试样上部的溶液颜色浅于标准溶液颜色时，则表示试样有机物含量合格；若两种溶液的颜色接近，应把试样连同上部溶液一起倒入烧杯中，放在 60～70℃的水浴中，加热 2～3h，然后再与标准溶液比较，如试样溶液颜色浅于标准溶液，认为有机物含量合格；若深于标准溶液，则应配制成水泥砂浆作进一步试验。即将一份原试样用 30g/L 氢氧化钠溶液洗除有机质，再用清水淋洗干净，与另一份原试样分别按相同的配合比按 GB/T 17671 的规定制成水泥砂浆，测定 28d 的抗压强度。当原试样制成的水泥砂浆强度不低于洗除有机物后试样制成的水泥砂浆强度的 95％时，则认为有机物含量合格。

五、思考题

砂中有机物含量过高对砂浆强度有何影响？

实验二　细集料中硫化物和硫酸盐含量的测定

一、实验目的

1. 了解砂子中硫化物和硫酸盐含量对混凝土性能的影响。
2. 掌握砂子中硫化物和硫酸盐含量的测定方法。

二、实验器材

1. 鼓风干燥箱：能使温度控制在（105±5）℃。
2. 天平：称量 100g，感量为 0.001g。
3. 高温炉：最高温度 1000℃。
4. 粉磨钵或破碎机。
5. 方孔筛：孔径为 75μm 的筛一只。
6. 中速定量滤纸、慢速定量滤纸。
7. 干燥器、瓷坩埚、搪瓷盘、毛刷、烧杯、量筒等。
8. 氯化钡溶液（100g/L）：将 5g 氯化钡溶于 50mL 蒸馏水中。
9. 盐酸溶液（1＋1）：将浓盐酸与同体积的蒸馏水混合。
10. 硝酸银溶液（10g/L）：将 1g 硝酸银溶于 100mL 蒸馏水中，再加入 5～10mL 硝酸，存于棕色瓶中。

三、实验步骤

1. 按砂子的取样规定，从料堆上取不少于 0.6kg 试样，并将试样缩分至约 150g，置于干燥箱中于（105±5）℃下烘干至恒量，待冷却至室温后，粉磨全部通过 75μm 筛，成为粉状试样。再按四分法缩分至 30～40g，放在干燥箱中于（105±5）℃下烘干至恒量，待冷却至室温后备用。

2. 称取 1g 粉状试样，精确至 0.001g。将粉状试样倒入 300mL 烧杯中，加入 20～30mL 蒸馏水及 10mL 盐酸溶液，然后放在电炉上加热至微沸，并保持微沸 5min，使试样充分分解后取下，用中速滤纸过滤，用温水洗涤 10～12 次。

3. 加入蒸馏水调整滤液体积至 200mL，煮沸后，搅拌滴加 10mL 浓度为 100g/L

的氯化钡溶液，并将溶液煮沸数分钟，取下静置至少 4h（此时溶液体积应保持在 200mL），用慢速滤纸过滤，用温水洗涤至氯离子反应消失（用硝酸银溶液检验）。

4. 将沉淀物及滤纸一并移入已恒量的瓷坩埚内，灰化后在 800℃高温炉内灼烧 30min。取出瓷坩埚，在干燥器中冷却至室温后，称出试样质量，精确至 0.001g。如此反复灼烧，直至恒量。

四、实验结果计算与评定

试样中水溶性硫化物和硫酸盐的质量分数以 SO_3 计，按下式计算，精确至 0.1%：

$$w(SO_3) = \frac{m_2 \times 0.343}{m_1} \times 100\%$$

式中　　$w(SO_3)$——水溶性硫化物和硫酸盐含量，%；

$\qquad m_1$——称取粉状试料质量，g；

$\qquad m_2$——灼烧后沉淀物的质量，g；

$\qquad 0.343$——硫酸钡（$BaSO_4$）换算成 SO_3 的系数。

硫化物和硫酸盐含量取两次试验结果的算术平均值，精确至 0.1%。若两次试验结果之差大于 0.2%时，应重新试验。

采用修约值比较法进行评定。

五、思考题

砂中硫化物和硫酸盐含量过高对混凝土有何危害？

实验三　细集料中氯化物含量的测定

一、实验目的

1. 掌握砂子中氯化物含量的测定方法。
2. 了解各类砂子中氯化物含量控制标准。

二、实验器材

1. 电热鼓风干燥箱：能使温度控制在（105±5）℃。

2. 天平：称量 1000g，感量 0.1g。

3. 带塞磨口瓶：1L；三角烧瓶：300mL；移液管：50mL；酸滴定管：10mL 或 25mL，精度 0.1mL；容量瓶：500mL；烧杯：1000mL。

4. 滤纸、搪瓷盘、毛刷等。

5. 0.01mol/L 氯化钠标准溶液。

6. 0.01mol/L 硝酸银标准滴定溶液。

7. 铬酸钾指示剂溶液（50g/L）。

氯化钠、硝酸银及铬酸钾溶液的配制及标定方法参照 GB/T 601—2002、GB/T 602—2002 规定进行。

三、实验步骤

1. 按砂子的取样规定，从料堆上取不少于 4.4kg 试样，并将试样缩分至约 1100g，放入烘箱中于（105±5）℃下烘干至恒量，待冷却至室温后，分为大致相等的两份备用。

2. 称取 500g 试样，精确至 0.1g。将试样倒入磨口瓶中，用容量瓶量取 500mL 蒸馏水，注入磨口瓶，盖上塞子，摇动一次后，放置 2h，然后，每隔 5min 摇动一次，共摇动 3 次，使氯盐充分溶解。将磨口瓶上部已澄清的溶液过滤，然后用移液管吸取 50mL 滤液，注入到三角烧瓶中，再加入 1mL 铬酸钾指示剂溶液（50g/L），用 0.01mol/L 硝酸银标准滴定溶液滴定至呈现砖红色为终点。记录消耗的硝酸银标准滴定溶液的体积，精确至 1mL。

3. 空白试验：用移液管移取 50mL 蒸馏水注入三角瓶中，加入 1mL 铬酸钾指示剂溶液（50g/L），并用 0.01mol/L 硝酸银标准滴定溶液滴定至呈现砖红色为止，记录此时消耗的硝酸银标准滴定溶液的体积，精确至 0.1mL。

四、实验结果计算与评定

1. 按下式计算砂子中氯离子的质量分数：

$$w(\mathrm{Cl}^-) = \frac{c(V-V_0)M \times 10}{m \times 1000} \times 100\%$$

式中　　$w(\mathrm{Cl}^-)$——氯离子质量分数，精确至 0.01%；

c——硝酸银标准滴定溶液的实际浓度，mol/L；

V——样品滴定时消耗的硝酸银标准滴定溶液的体积，mL；

V_0——空白试验时消耗的硝酸银标准滴定溶液的体积，mL；

M——氯离子的摩尔质量，g/mol（M=35.5g/mol）；

10——全部试样溶液与所分取试样溶液的体积比；

m——试料的质量，g。

2. 氯离子的质量分数取两次试验结果的算术平均值，精确至 0.01%。

五、思考题

1. 氯离子测定过程中应注意哪些事项？
2. 氯化物含量过高，对混凝土性能有何影响？

实验四　粒化高炉矿渣化学分析

粒化高炉矿渣（以下简称矿渣）是冶金工业的副产品，是水泥工业的重要原料。随着商品混凝土技术的发展，矿渣被广泛用作混凝土的掺和料。

矿渣的化学成分很复杂，主要含有二氧化硅、三氧化二铝、氧化钙、三氧化二铁、氧化亚铁、氧化亚锰、氧化镁、二氧化钛、磷酸盐、硫化物等，有时还含有氟化物。由于炼铁高炉的性质及其原料成分不同，矿渣中各种化学成分的含量变动也很大。

由于矿渣的化学成分和性质不同，普通矿渣绝大部分能为酸所分解；而锰铁合金粒化高炉矿渣则不能完全溶解于酸，在进行分析时需预先用碱熔融。

矿渣的系统分析，可采用不分离锰和在分离锰后进行铁、铝、钙、镁等的测定，两种分析方法，均适用于低锰和高锰矿渣的分析。

一、实验目的

1. 了解粒化高炉矿渣各化学成分测定的原理。
2. 掌握粒化高炉矿渣化学成分的测定方法。

二、实验器材

1. 箱式电阻炉：最高使用温度不低于 1000℃。
2. 电热鼓风干燥箱：能使温度控制在（105±5）℃。
3. 电子天平：称量 100g，感量 0.1mg。
4. 分光光度计：722 型或类似性能仪器（配有氟离子选择电极和甘汞电极）。
5. 酸度计：PHS-2 型或类似性能的仪器。
6. 氧化亚铁测定装置。
7. 分析纯试剂：氢氧化钠、氯化钾、过硫酸铵、盐酸羟胺、碳酸钠、盐酸、硫酸、硝酸、氢氟酸、乙醇等。
8. 盐酸（1+1）、盐酸（1+2）、盐酸（1+5）、盐酸（3+97）。
9. 氨水（1+1）、氨水（1+2）。
10. 硫酸（1+3）。
11. 硫磷混合酸。
12. 氟化钾溶液（150g/L）。
13. 氟化钾溶液（20g/L）。
14. 氯化钾溶液（50g/L）。
15. 氯化钾-乙醇溶液（50g/L）。
16. 硝酸铵溶液（10g/L）、硝酸铵溶液（350g/L）。
17. 淀粉溶液（10g/L）。
18. 氯化铵溶液（20g/L）。
19. 氯化钡溶液（100g/L）。
20. 硝酸钾溶液（10g/L）。
21. 硝酸银溶液（10g/L）。
22. 钼酸铵-柠檬酸溶液。
23. 三乙醇胺溶液（1+2）。
24. 盐酸羟胺-盐酸溶液（50g/L）。

25. 盐酸-过氧化氢溶液。

26. 氢氧化钾溶液（200g/L）。

27. 氢氧化钠溶液（80g/L）。

28. 苦杏仁酸溶液（50g/L）。

29. 酒石酸钾钠溶液（100g/L）。

30. 铜-EDTA 溶液。

31. 乙酸-乙酸钠缓冲溶液（pH3.0）

32. 乙酸-乙酸钠缓冲溶液（pH4.3）。

33. 氨-氯化铵缓冲溶液（pH10）。

34. 柠檬酸钠配位缓冲溶液（pH6.0）。

35. 酚酞指示剂溶液（10g/L）。

36. 磺基水杨酸钠指示剂溶液（100g/L）。

37. PAN 指示剂溶液（2g/L）。

38. 溴酚蓝指示剂溶液（1g/L）。

39. 抗坏血酸溶液（10g/L）。

40. 二安替比林甲烷溶液（30g/L）。

41. 甲基红指示剂溶液（2g/L）。

42. 二苯胺磺酸钠指示剂溶液（10g/L）。

43. 茜素磺酸钠指示剂溶液（1g/L）。

44. CMP 混合指示剂。

45. 酸性铬蓝 K-萘酚绿 B（1+2.5）混合指示剂。

46. 氢氧化钠标准滴定溶液（0.15mol/L）。

47. 硫酸铜标准滴定溶液（0.015mol/L）。

48. EDTA 标准滴定溶液（0.015mol/L）。

49. 重铬酸钾标准滴定溶液 $[c(1/6K_2Cr_2O_7)=0.025mol/L]$。

50. 碘酸钾标准滴定溶液 $[c(1/6KIO_3)=0.03mol/L]$。

51. 硫代硫酸钠标准滴定溶液 $[c(Na_2S_2O_3)=0.03mol/L]$。

52. 盐酸标准滴定溶液（0.10mol/L）。

53. 二氧化钛标准溶液（0.05mg/mL）。

54. 氟标准溶液（每毫升相当于 0.001，0.005，0.010，0.025mg 氟）。

55. 其他：银坩埚、容量瓶、干燥器、酸碱滴定管等。

三、测定步骤

1. 试样溶液的制备

（1）方法：氢氧化钠熔融分解试样。

（2）测定步骤

准确称取约 0.5g 已在 105～110℃烘干过的试样，置于银坩埚中，放在已升温至 700℃的高温炉中灼烧 20min。取出，冷却至室温，加 5g 氢氧化钠，盖上坩埚盖（留有一定的缝隙），先在小电炉上加热至氢氧化钠熔化后，再置于 650～700℃的高温炉中熔融 20min。取出，放冷后，将坩埚放入盛有 150mL 热水的烧杯中，盖上表面皿，加热，待熔块完全浸出后，取出坩埚，并用少量盐酸（1+5）和热水洗净坩埚及盖。然后一次加入 20mL 盐酸，立即用玻璃棒搅拌，使熔融物完全溶解。加入 1mL 硝酸，加热煮沸 1～2min。将溶液冷却至室温，移入 250mL 容量瓶中，加水稀释至标线，摇匀。此试样溶液可供测定二氧化硅、三氧化二铁、三氧化二铝、二氧化钛、氧化亚锰、氧化钙、氧化镁之用。

2. 二氧化硅的测定

（1）方法：氟硅酸钾容量法。

（2）测定步骤

吸取 50mL 上述制备的试样溶液，放入 300mL 塑料杯中，加 10mL 硝酸及 10mL 150g/L 氟化钾溶液。用塑料棒搅拌。冷却，加固体氯化钾至饱和，并放置 10min。用快速滤纸过滤，塑料杯与沉淀用 50g/L 氯化钾溶液洗涤 2～3 次。然后将沉淀连同滤纸一起置于原塑料杯中，沿杯壁加入 10mL 50g/L 氯化钾-乙醇溶液及 1mL 10g/L 酚酞指示剂溶液，用 0.15mol/L 氢氧化钠标准滴定溶液中和未洗尽的酸，仔细搅动滤纸并随之擦洗杯壁，直至溶液呈红色。然后加入 200mL 沸水（此沸水预先用氢氧化钠溶液中和至酚酞呈微红色），以 0.15mol/L 氢氧化钠标准滴定溶液滴定至微红色。

（3）试验结果计算

试样中二氧化硅的质量分数按下式计算：

$$w(\mathrm{SiO_2}) = \frac{T_{\mathrm{SiO_2}} \times V \times 5}{m \times 1000} \times 100\%$$

式中　$T_{\mathrm{SiO_2}}$——每毫升氢氧化钠标准滴定溶液相当于二氧化硅的毫克数，mg/mL；

　　　　V——滴定时消耗氢氧化钠标准滴定溶液的体积，mL；

　　　　5——全部试样溶液与所分取试样溶液的体积比；

　　　　m——试料的质量，g。

3. 三氧化二铁的测定

（1）方法：EDTA 配位滴定法。

（2）分析步骤

吸取 50mL 上述配制的试样溶液，放入 300mL 烧杯中，加水稀释至约 100mL。用氨水（1+1）调节溶液的 pH 值至 2（甩精密 pH 试纸检验）。将溶液加热至约 70℃，加 10 滴 100g/L 磺基水杨酸钠指示剂溶液，用 0.015mol/L EDTA 标准滴定溶液缓慢地滴定至亮黄色[①]（终点时溶液温度应在 60℃左右）。

　　注：①如铁的含量很低，则终点时溶液的黄色很浅或无色。

（3）结果计算

试样中三氧化二铁的质量分数按下式计算：

$$w(\mathrm{Fe_2O_3}) = \frac{T_{\mathrm{Fe_2O_3}} \times V \times 5}{m \times 1000} \times 100\%$$

式中　$T_{\mathrm{Fe_2O_3}}$——每毫升 EDTA 标准滴定溶液相当于三氧化二铁的毫克数，mg/mL；

V——滴定时消耗 EDTA 标准滴定溶液的体积，mL；

5——全部试样溶液与所分取试样溶液的体积比；

m——试料的质量，g。

4. 三氧化二铝的测定

（1）方法：EDTA 配位滴定法。

（2）分析步骤

将上述测定铁后的溶液，用水稀释至约 200mL，加 1～2 滴 1g/L 溴酚蓝指示剂溶液，滴加氨水（1+2）至溶液出现蓝紫色，再滴加盐酸（1+2）至黄色。加入 15mL 乙酸-乙酸钠缓冲溶液（pH3），加热至微沸并保持 1min。然后加入 10 滴铜-EDTA 溶液及 2～3 滴 2g/L PAN 指示剂溶液，以 0.015mol/L EDTA 标准滴定溶液滴定至红色消失。继续煮沸，滴定，直至煮沸后红色不再出现，呈稳定的亮黄色为止。

（3）结果计算

试样中三氧化二铝的质量分数按下式计算：

$$w(\mathrm{Al_2O_3}) = \frac{T_{\mathrm{Al_2O_3}}V \times 5}{m \times 1000} \times 100\%$$

式中　$T_{\mathrm{Al_2O_3}}$——每毫升 EDTA 标准滴定溶液相当于氧化铝的毫克数，mg/mL；

V——加入 EDTA 标准滴定溶液的体积，mL；

5——全部试样溶液与所分取试样溶液的体积比；

m——试料的质量，g。

5. 二氧化钛的测定

（1）方法：二安替比林甲烷比色法。

（2）分析步骤

① 二氧化钛比色工作曲线的绘制

用滴定管向 7 个 100mL 容量瓶中分别放入 0，2.0，6.0，10.0，14.0，18.0，22.0mL 二氧化钛标准溶液（分别相当于 0，0.10，0.30，0.50，0.70，0.90，1.10mg 二氧化钛），依次加入 10mL 盐酸（1+2），10mL 10g/L 抗坏血酸溶液，20mL 30g/L 二安替比林甲烷溶液，然后用水稀释至标线，摇匀。放置 40min 后，用 721 型分光光度计或类似性能的仪器，以试剂空白作参比，使用 5mm 比色皿，在波长 420nm 处测定溶液的吸光度。然后按测得的吸光度与比色溶液浓度的关系，绘制工作曲线。

② 吸取 25mL 上述配制的试样溶液，放入 100mL 容量瓶中，加入 10mL 盐酸（1+2），10mL 10g/L 抗坏血酸溶液，放置 5min，再加入 20mL 30g/L 二安替比林甲烷溶液。以下分析步骤，同"工作曲线的绘制"。

（3）结果计算

试样中二氧化钛的质量分数按下式计算：

$$w(\mathrm{TiO_2}) = \frac{m_1 \times 10}{m \times 1000} \times 100\%$$

式中　m_1——在工作曲线上查得每 100mL 被测溶液中二氧化钛的含量，mg；

10——全部试样溶液与所分取试样溶液的体积比；

m ——试料的质量，g。

6. 氧化亚锰的测定

（1）方法：EDTA 配位滴定法。

（2）分析步骤

① 吸取 50mL 上述配制的试样溶液，放入 300mL 烧杯中，加水稀释至约 150mL，用氨水（1＋1）调整溶液 pH 至 2～2.5（用精密 pH 试纸检验）。加入 1g 过硫酸铵和少许纸浆，盖上表面皿，加热煮沸，待沉淀出现后，继续煮沸 3min。取下，静置片刻，以慢速滤纸过滤，用热水洗涤沉淀 8～10 次后，弃去滤液。

② 将原沉淀用的烧杯置于漏斗下，以热的盐酸-过氧化氢溶液将滤纸上的沉淀溶解，并以热水洗涤滤纸 8～10 次，然后弃去滤纸。

③ 用热的盐酸-过氧化氢溶液冲洗杯壁，再加水稀释至约 200mL。加 5mL 三乙醇胺（1＋2），在搅拌下用氨水（1＋1）调整溶液的 pH 至近 10 后，加入 10mL 氨-氯化铵缓冲溶液（pH10），再加 0.5～1g 盐酸羟胺，搅拌使其溶解。然后加入适量的酸性铬蓝 K-萘酚绿 B 混合指示剂，以 0.015mol/L EDTA 标准滴定溶液滴定至纯蓝色。

（3）结果计算

试样中氧化亚锰的质量分数按下式计算：

$$w(\text{MnO}) = \frac{T_{\text{MnO}} \times V_1 \times 5}{m \times 1000} \times 100\%$$

式中　T_{MnO} ——每毫升 EDTA 标准滴定溶液相当于氧化亚锰的毫克数，mg/mL；

　　　　V_1 ——滴定时消耗 EDTA 标准滴定溶液的体积，mL；

　　　　5 ——全部试样溶液与所分取试样溶液的体积比；

　　　　m ——试料的质量，g。

注：① 如试样中锰的含量很低，也可以用比色法进行测定。

　　② 如试样中锰的含量较高 $[w(\text{MnO}) > 7\%]$，则可吸取 25mL 试样溶液进行测定。

7. 氧化钙的测定

（1）方法：EDTA 配位滴定法。

（2）分析步骤

吸取 25mL 上述配制的试样溶液，放入 400mL 烧杯中，加 7mL 20g/L 氟化钾溶液，搅拌并放置 2min 以上。然后用水稀释至约 200mL，加入 5mL 三乙醇胺（1＋2）及少许 CMP 混合指示剂，在搅拌下加入 200g/L 氢氧化钾溶液至出现绿色荧光后，再过量 6～7mL（此时溶液的 pH 应在 13 以上），用 0.015mol/L EDTA 标准滴定溶液滴定至绿色荧光消失并转变为粉红色。

（3）结果计算

试样中氧化钙的质量分数按下式计算：

$$w(\text{CaO}) = \frac{T_{\text{CaO}} V_2 \times 10}{m \times 1000} \times 100\%$$

式中　T_{CaO} ——每毫升 EDTA 标准滴定溶液相当于氧化钙的毫克数，mg/mL；

　　　　V_2 ——滴定时消耗 EDTA 标准滴定溶液的体积，mL；

10——全部试样溶液与所分取试样溶液的体积比；

m ——试料的质量，g。

8. 氧化镁的测定

（1）方法：EDTA 配位滴定法。

（2）分析步骤

吸取 25mL 上述配制的试样溶液，放入 400mL 烧杯中，用水稀释至约 200mL，加入 1mL 100g/L 酒石酸钾钠溶液及 5mL 三乙醇胺（1+2），搅拌，加 20mL 氨-氯化铵缓冲溶液（pH10），加 1g 盐酸羟胺，搅拌使其溶解。然后加入适量的酸性铬蓝 K-萘酚绿 B 混合指示剂，用 0.015mol/L EDTA 标准滴定溶液滴定至纯蓝色。此为钙、镁、锰合量。

（2）结果计算

试样中氧化镁的质量分数按下式计算：

$$w(\text{MgO}) = \frac{T_{\text{MgO}}[V_3 - (V_1/2 + V_2) \times 10]}{m \times 1000} \times 100\%$$

式中　T_{MgO} ——每毫升 EDTA 标准滴定溶液相当于氧化镁的毫克数，mg/mL；

$\quad V_1$ ——滴定锰时消耗 EDTA 标准滴定溶液的体积，mL；

$\quad V_2$ ——滴定钙时消耗 EDTA 标准滴定溶液的体积，mL；

$\quad V_3$ ——滴定钙、镁、锰合量时消耗 EDTA 标准滴定溶液的体积，mL；

$\quad$ 10——全部试样溶液与所分取试样溶液的体积比；

$\quad m$ ——试料的质量，g。

9. 氧化亚锰的测定

（1）方法：过硫酸铵沉淀分离-EDTA 配位滴定法。

（2）分析步骤

① 准确称取约 0.5g 已在 105～110℃烘干过的试样，置于银坩埚中，放在已升温至 700℃的高温炉中灼烧 20min。取出，冷至室温，加 5g 氢氧化钠，盖上坩埚盖（留有一定的缝隙），先在小电炉上加热至氢氧化钠熔化后，再置于 650～700℃的高温炉中熔融 20min。取出，放冷后，将坩埚放入盛有 150mL 热水的烧杯中，盖上表面皿，加热，待熔块完全浸出后，取出坩埚，并用少量盐酸（1+5）和热水洗净坩埚及盖。然后一次加入 20mL 盐酸，立即用玻璃棒搅拌，使熔融物完全溶解。加入 0.5mL 硝酸，加热煮沸 1～2min。调整溶液体积至约 150mL，并用氨水（1+1）调整溶液 pH 至 2～2.5（用精密 pH 试纸检验）。加入 1g 过硫酸铵及少许纸浆，盖上表面皿，加热煮沸，待沉淀出现后再继续煮沸 3min。取下，静置片刻，以慢速滤纸过滤，滤液收集于 250mL 容量瓶中。用热水洗涤烧杯及沉淀 10～12 次，然后移开容量瓶，将原沉淀用的烧杯置于漏斗下，在滤纸上滴加 10mL 热的 50g/L 盐酸羟胺-盐酸溶液，以溶解沉淀，并用热盐酸（3+97）溶液洗涤滤纸 7～8 次，弃去滤纸。

② 以热盐酸（3+97）溶液冲洗杯壁，然后加 10～15 滴硝酸，煮沸 1～2min（以氧化 Fe^{2+} 及盐酸羟胺）。取下，在搅拌下滴加氨水（1+1）至出现浑浊后，加 2 滴 2g/L 甲基红指示剂溶液，继续滴加氨水（1+1），至溶液由红变黄后，再过量 2 滴。将溶液加热至沸，取下，待澄清后趁热用快速滤纸过滤，滤液收集于 400mL 烧杯中。用

热的 10g/L 硝酸铵溶液洗涤烧杯及沉淀 10～12 次。

③ 及时用热的盐酸（1+1）溶解滤纸上的沉淀，溶液并于原盛有分离锰后的滤液中。滤纸再以热的盐酸溶液（3+97）冲洗数次。弃去滤纸。

④ 将盛于 400mL 烧杯中的溶液用水稀释至约 200mL，加 0.5～1g 盐酸羟胺，搅拌使其溶解。用氨水（1+1）调整溶液的 pH 至近 10 后，加入 10mL 氨-氯化铵缓冲溶液（pH10）及适量的酸性铬蓝 K-萘酚绿 B 混合指示剂，用 0.015mol/L EDTA 标准滴定溶液滴定至纯蓝色。

（3）结果计算

试样中氧化亚锰的质量分数按下式计算：

$$w(\text{MnO}) = \frac{T_{\text{MnO}} \times V}{m \times 1000} \times 100\%$$

式中　T_{MnO}——每毫升 EDTA 标准滴定溶液相当于氧化亚锰的毫克数，mg/mL；

　　　V——滴定时消耗 EDTA 标准滴定溶液的体积，mL；

　　　m——试料的质量，g。

10. 氧化亚铁的测定

（1）方法提要

测定矿渣中的亚铁，是在隔绝空气（通二氧化碳）的条件下用硫酸分解试样，然后用重铬酸钾标准滴定溶液滴定，借以求得试样中氧化亚铁的质量分数。

（2）分析步骤

① 准确称取 1～1.5g 已在 105～110℃烘干过的试样，放入干燥的 300mL 锥形瓶中，加入 0.5～1g 碳酸钠，再加 20～30mL 新煮沸过的冷水。用双孔的胶塞塞紧，此塞的两孔中插有弯成直角的两支玻璃管，一支通入瓶底，与二氧化碳气体发生器（或二氧化碳钢瓶）相连接；另一支仅通到瓶塞下面（图 2-4-1）。

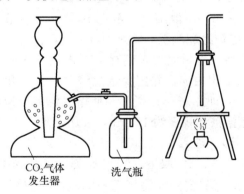

图 2-4-1　氧化亚铁的测定装置

如以盐酸与大理石（或方解石）在气体发生器中制取二氧化碳，为了除去二氧化碳气流中可能杂有的硫化氢气体，应使其预先通过盛有 50g/L 硫酸铜溶液的洗气瓶。

② 测定时，首先向锥形瓶内通入二氧化碳约 3min，将试样充分搅起，避免结块。然后将溶液加热至沸，并继续通入二氧化碳。取下瓶塞，注入 100mL 硫酸（1+3），

立刻再将瓶塞塞好。

③ 将锥形瓶内的溶液煮沸 30min 后，停止加热。在不停地通入二氧化碳的情况下，用冷水将溶液冷却。然后向锥形瓶中注入 100mL 冷水，加 15mL 硫-磷混合酸及 2 滴 10g/L 二苯胺磺酸钠指示剂溶液，用 c（$1/6K_2Cr_2O_7$）＝0.025mol/L 的重铬酸钾标准滴定溶液滴定至呈现蓝紫色即为终点。

（3）结果计算

试样中氧化亚铁的质量分数按下式计算：

$$w(\text{FeO}) = \frac{c \times V \times 71.85}{m \times 1000} \times 100\%$$

式中　71.85——氧化亚铁的摩尔质量，g/moL；

　　　c——以（$1/6K_2Cr_2O_7$）为基本单元的重铬酸钾标准滴定溶液的浓度，mol/L；

　　　V——滴定时消耗重铬酸钾标准滴定溶液的体积，mL；

　　　m——试料的质量，g。

11. 硫化物硫的测定

（1）方法：碘量法。

（2）分析步骤

准确称取约 0.2g 已在 105～110℃烘干过的试样，置于预先放有一根磁力搅拌棒的 250mL 锥形瓶中，加 10～15mL 水，在磁力搅拌器上搅拌（或用手工摇动），使试样充分分散。然后在搅拌下加入 20mL c（$1/6KIO_3$）＝0.03mol/L 碘酸钾标准滴定溶液，再继续搅拌（或摇动）半分钟。加入 6～7mL 磷酸（1+1），加塞，并在磁力搅拌器上搅拌（或摇动）1min。用少量水冲洗瓶塞与瓶壁，然后用 0.03mol/L 硫代硫酸钠标准滴定溶液滴定。当滴定至淡黄色时，加入 1～2mL 10g/L 淀粉溶液，并继续滴定至溶液的蓝色消失。

（3）结果计算

试样中硫化物硫的质量分数按下式计算：

$$w(\text{S}) = \frac{c(V_1 - KV_2) \times 16.03}{m \times 1000} \times 100\%$$

式中　16.03——（1/2S）的摩尔质量，g/mol；

　　　c——以（$1/6KIO_3$）为基本单元的碘酸钾标准滴定溶液的浓度，mol/L；

　　　V_1——加入碘酸钾标准滴定溶液的体积，mL；

　　　V_2——滴定时消耗硫代硫酸钠标准滴定溶液的体积，mL；

　　　K——每毫升硫代硫酸钠标准滴定溶液相当于碘酸钾标准滴定溶液的毫升数；

　　　m——试料的质量，g。

12. 三氧化硫的测定

（1）方法：硫酸钡称量分析法。

（2）分析步骤

准确称取约 1g 已在 105～110℃烘干过的试样，置于烧杯中，加水约 30mL，搅拌使试样分散。然后加入 20～30mL 盐酸（1+1），加热至沸，使试样充分溶解。取下，稍冷，滴加 2～3 滴甲基红指示剂溶液，然后以氨水（1＋1）中和至溶液变黄，并略有氨味。煮沸，立即取下，趁热过滤，滤液收集于 400mL 烧杯中，沉淀用 20g/L 氯化铵热溶液充分洗涤 7～8 次。将滤液及洗液体积调整至 200～250mL，滴加盐酸（1＋1）酸化，并过量 2mL。煮沸，滴加 10mL 热的 100g/L 氯化钡溶液，再煮沸数分钟后静置热处 2～3h。用慢速滤纸过滤，并用温水充分洗涤至氯离子反应消失为止（用 10g/L 硝酸银溶液检验）。

将沉淀及滤纸一并移入已灼烧恒量的瓷坩埚中，灰化，在 800℃ 的温度下灼烧 30min，取出，冷却，称量。如此反复灼烧，直至恒量。

（3）结果计算

试样中三氧化硫的质量分数按下式计算：

$$w(SO_3) = \frac{m_1 \times 0.343}{m} \times 100\%$$

式中　m_1——灼烧后沉淀的质量，g；

　　　m——试料的质量，g；

　　0.343——$BaSO_4$ 对 SO_3 的换算系数。

注：用本法测定的实际上是酸溶性硫酸盐中的三氧化硫。

13. 五氧化二磷的测定

（1）方法：磷钼酸铵容量分析法。

（2）分析步骤

准确称取约 0.5g 已在 105～110℃ 烘干过的试样，置于铂皿中，用少量水润湿。加 10 滴硝酸及 5～7mL 氢氟酸，放在低温电热板上加热挥发至近干（呈湿盐状态）。加 5mL 硝酸，再蒸发至近干。取下，加入 5mL 硝酸及 50～60mL 热水，加热煮沸，使可溶性盐类溶解。将溶液转移至 300mL 烧杯中，加入 30mL 350g/L 硝酸铵溶液，加热至近沸后，再加入 100mL 热的钼酸铵-柠檬酸溶液，并在搅拌下煮沸 2～3min。取下，静置 1h。用慢速滤纸过滤，沉淀以 10g/L 硝酸钾溶液倾泻洗涤 5～6 次，然后再将沉淀转移到滤纸上，继续洗涤至滤液不呈酸性反应为止。

将滤纸及沉淀一并移入原烧杯中，在不断搅拌下，从滴定管准确加入 0.15mol/L 氢氧化钠标准滴定溶液至黄色沉淀全部溶解后，再过量 2～3mL（记下读数 V）。用不含二氧化碳的水冲洗杯壁，然后加入数滴 10g/L 酚酞指示剂溶液，用 0.1mol/L 盐酸标准滴定溶液滴定过量的氢氧化钠至溶液的玫瑰红色消失为止（其耗量为 V_1）。

（3）结果计算

试样中五氧化二磷的质量分数按下式计算：

$$w(P_2O_5) = \frac{(cV - c_1V_1) \times 3.086}{m \times 1000} \times 100\%$$

式中　3.086——（$1/46\ P_2O_5$）的摩尔质量，g/mol；

　　　c——氢氧化钠标准滴定溶液的浓度，mol/L；

　　　V——加入氢氧化钠标准滴定溶液的体积，mL；

　　　c_1——盐酸标准滴定溶液的浓度，mol/L；

V_1 ——滴定时消耗盐酸标准滴定溶液的体积，mL；

m ——试料的质量，g。

14. 氟的测定

（1）方法：离子选择性电极法。

（2）分析步骤

分别移取每毫升含有 0.001，0.005，0.010，0.025mg 氟标准溶液各 10mL，放入置有一磁力搅拌棒的 50mL 烧杯中。准确加入 10mL 柠檬酸钠配位缓冲液（pH6.0），置于电磁搅拌器上，在溶液中插入氟离子选择电极和甘汞电极，开动电磁搅拌器进行搅拌，用 pHS-2 型酸度计或类似性能仪器，测量溶液的平衡电位（每间隔 1min 的两次电位读数之差小于 0.2mV），然后用单对数纸以对数坐标为氟的浓度、常数坐标为电位值，绘制工作曲线。

准确称取约 0.1g 试样，置于 250mL 烧杯中，加 5mL 水使试样分散，然后加入 5mL 盐酸（1+1），加热至微沸并保持 1～2min，使氟化钙充分溶解。冷却后，加入 5 滴 1g/L 茜素磺酸钠指示剂溶液，用盐酸（1+1）和 80g/L 氢氧化钠溶液调整溶液的酸度，加热，使溶液的颜色刚刚变为紫红色（应防止氢氧化铝沉淀生成），然后移入 250mL 容量瓶中，用水稀释至标线，摇匀。

吸取 10mL 上述试样溶液，放入置有一磁力搅拌棒的 50mL 烧杯中，以下分析步骤同"工作曲线的绘制"。

（3）结果计算

试样中氟的质量分数按下式计算：

$$w(\mathrm{F}) = \frac{C \times V}{m \times 1000} \times 100\%$$

式中　C ——在工作曲线上查得的氟的浓度，mg/mL；

V ——试样溶液稀释的总体积，mL；

m ——试料的质量，g。

四、思考题

1. 粒化高炉矿渣在水泥和混凝土生产过程中各起什么作用？
2. 粒化高炉矿渣依其主要氧化物含量的不同分为几类？

实验五　粉煤灰化学分析

粉煤灰是从燃煤的电厂锅炉烟气中收集到的细粉末，其颗粒多呈球形，表面光滑，色灰或淡。密度 1.95～2.4g/cm³，堆积密度 550～800kg/m³。

粉煤灰的主要化学成分为 SiO_2（占 45%～60%）、Al_2O_3（占 20%～30%）和 Fe_2O_3（占 5%～10%）。此外尚有一部分 CaO、MgO、K_2O、Na_2O、SO_3 和未燃炭等。在碱性条件下，粉煤灰中的 SiO_2 和 Al_2O_3 会与水泥水化生成的 $Ca(OH)_2$ 发生化学反应，

生成不溶性的水化硅酸钙和铝酸钙，但这种反应在常温下较慢。粉煤灰的这种活性是以火山灰活性指标表示的。它主要取决于粉煤灰的化学成分、玻璃体含量、细度、颗粒形状等。试验表明，以粉煤灰代替一部分水泥时，混凝土的早期强度会降低，但随着龄期的增加其强度不断增加。当龄期超过 3～6 个月时，其强度可大于或等于不掺粉煤灰的混凝土。同时，混凝土的抗化学侵蚀和抗渗性均有提高。又因粉煤灰颗粒大部分呈光滑的玻璃体，故可改善混凝土的和易性，减少混凝土的离析。

粉煤灰的矿物组成主要为硅铝玻璃体，呈实心或空心微细颗粒状。其中实心微细颗粒最细，表面光滑，是粉煤灰中需水量最小、活性最高的成分。粉煤灰还含有多孔玻璃体、玻璃体碎块、结晶体及未燃尽炭粒等。这些成分形体较大，颗粒粗糙，需水量较大，降低了火山灰活性，使粉煤灰品质下降。

一、实验目的

1. 了解粉煤灰各化学成分测定的原理。
2. 掌握粉煤灰各化学成分测定的方法。

二、实验器材

1. 箱式电阻炉：最高使用温度不低于 $1000℃$。
2. 电热鼓风干燥箱：能使温度控制在 $(105±5)℃$。
3. 电子天平：称量 $100g$，感量 $0.1mg$。
4. 分析纯氢氧化钠、氯化钾、盐酸、硝酸、乙醇。
5. 氟化钾溶液 $(150g/L)$。
6. 氟化钾溶液 $(20g/L)$。
7. 氯化钾溶液 $(50g/L)$。
8. 氯化钾-乙醇溶液 $(50g/L)$。
9. 氨水 $(1+1)$。
10. 乙酸-乙酸钠缓冲溶液 $(pH4.3)$。
11. 三乙醇胺溶液 $(1+2)$。
12. 氢氧化钾溶液 $(200g/L)$。
13. 氨-氯化铵缓冲溶液 $(pH10)$。
14. 苦杏仁酸溶液 $(50g/L)$。
15. 酒石酸钾钠溶液 $(100g/L)$。
16. 氢氧化钠标准滴定溶液 $(0.15mol/L)$。
17. 硫酸铜标准滴定溶液 $(0.015mol/L)$。
18. EDTA 标准滴定溶液 $(0.015mol/L)$。
19. 酚酞指示剂溶液 $(10g/L)$。
20. 磺基水杨酸钠指示剂溶液 $(100g/L)$。
21. PAN 指示剂溶液 $(2g/L)$。
22. CMP 混合指示剂。

23. 酸性铬蓝 K-萘酚绿 B（1+2.5）混合指示剂。

24. 其他：银坩埚、容量瓶、干燥器、酸碱滴定管等。

三、实验步骤

1. 试样溶液的制备

（1）方法：氢氧化钠熔融分解试样。

（2）测定步骤

准确称取约 0.5g 已在 105～110℃ 烘过 2h 的试样置于银坩埚中，放入高温炉中，从低温升起，在 600～650℃ 下保温 1h，取出，放冷后，加入 7～8g 氢氧化钠，盖上坩埚盖（应留有一定缝隙）。放入已升温至 400℃ 的高温炉中，继续升温至 650～700℃ 后，保温 20min（中间可摇动熔融物一次）。取出坩埚，冷却后，放入盛有 100mL 热水的烧杯中，盖上表面皿，适当加热，待熔融物完全浸出后取出坩埚，用热水和盐酸（1+5）洗净坩埚及盖，洗液并入烧杯中。然后一次加入 25mL 盐酸，立即用玻璃棒搅拌，加入数滴硝酸，加热煮沸，将所得澄清溶液冷却至室温后，移入 250mL 容量瓶中，用水稀释至标线，摇匀。此溶液可供测定硅、铝、铁、钙、镁之用。

2. 二氧化硅的测定

（1）测定步骤

吸取 50mL 上述制备好的试样溶液，放入 300mL 塑料杯中，加入 10mL 硝酸，冷却片刻。然后加入 10mL 氟化钾溶液（150g/L），搅拌，再加入固体氯化钾，搅拌并压碎不溶颗粒，直至饱和。冷却，并静置 15min。用快速滤纸过滤，塑料杯与沉淀用氯化钾溶液（50g/L）洗涤 2～3 次。将滤纸连同沉淀置于原塑料杯中，沿杯壁加入 10mL 氯化钾-乙醇溶液（50g/L）及 1mL 酚酞指示剂溶液（10g/L），用氢氧化钠溶液（0.15mol/L）中和未洗净的酸，仔细搅动滤纸并随之擦洗杯壁，直至酚酞变红（不记读数）。然后加入 200mL 沸水（沸水应预先用氢氧化钠溶液中和至酚酞呈微红色），以氢氧化钠标准滴定溶液（0.15mol/L）滴定至微红色（记下读数）。

（2）试样中二氧化硅的质量分数按下式计算：

$$w(SiO_2) = \frac{T_{SiO_2} \times V \times 5}{m \times 1000} \times 100\%$$

式中　T_{SiO_2}——每毫升氢氧化钠标准滴定溶液相当于二氧化硅的毫克数，mg/mL；

　　　V——滴定时消耗氢氧化钠标准滴定溶液的体积，mL；

　　　5——全部试样溶液与所分取试样溶液的体积比；

　　　m——试料的质量，g。

3. 三氧化二铁的测定

（1）测定步骤

吸取 50mL 上述制备好的试样溶液，放入 300mL 烧杯中。加水稀释至 100mL，用氨水（1+1）调整溶液的 pH 至 1.8～2.0（以精密 pH 试纸检验）。将溶液加热至 70℃ 左右，加 10 滴磺基水杨酸钠指示剂溶液（100g/L），在不断搅拌下用 EDTA 标准滴定溶液（0.015mol/L）缓慢滴定至呈亮黄色（终点时溶液温度应在60℃左右）。

(2) 试样中三氧化二铁的质量分数按下式计算：

$$w(Fe_2O_3) = \frac{T_{Fe_2O_3} \times V \times 5}{m \times 1000} \times 100\%$$

式中　$T_{Fe_2O_3}$——每毫升EDTA标准滴定溶液相当于三氧化二铁的毫克数，mg/mL；

　　　V——滴定时消耗EDTA标准滴定溶液的体积，mL；

　　　10——全部试样溶液与所分取试样溶液的体积比；

　　　m——试料的质量，g。

4. 三氧化二铝、二氧化钛的测定

(1) 测定步骤

在上述滴定铁后的溶液中，加入EDTA标准滴定溶液（0.015mol/L）至过量10~15mL（对铝、钛合量而言），加水稀释至约200mL。将溶液加热至70~80℃后，加15mL乙酸-乙酸钠缓冲溶液（pH4.3），煮沸1~2min。取下，稍冷，加5~6滴PAN指示剂溶液（2g/L），以硫酸铜标准滴定溶液（0.015mol/L）滴定至亮紫色（此时消耗硫酸铜标准滴定溶液的体积记为V_1）。然后向溶液中加入15mL苦杏仁酸溶液（50g/L），并加热煮沸1~2min。取下冷至50℃左右，加入5mL乙醇（95%），2滴PAN指示剂溶液（2g/L），再以硫酸铜标准滴定溶液滴定至亮紫色（此时所消耗硫酸铜标准滴定溶液的体积记为V_2）。

(2) 试样中三氧化二铝、二氧化钛的质量分数按下式计算：

$$w(Al_2O_3) = \frac{T_{Al_2O_3}[V-(V_1+V_2)K] \times 5}{m \times 1000} \times 100\%$$

$$w(TiO_2) = \frac{T_{TiO_2}[V-(V_1+V_2)K] \times 5}{m \times 1000} \times 100\%$$

式中　$T_{Al_2O_3}$——每毫升EDTA标准滴定溶液相当于三氧化二铝的毫克数，mg/mL；

　　　T_{TiO_2}——每毫升EDTA标准滴定溶液相当于二氧化钛的毫克数，mg/mL；

　　　K——每毫升硫酸铜标准滴定溶液相当于EDTA标准滴定溶液的毫升数；

　　　V——加入EDTA标准滴定溶液的体积，mL；

　　　V_1——苦杏仁酸置换前消耗硫酸铜标准滴定溶液的体积，mL；

　　　V_2——苦杏仁酸置换后消耗硫酸铜标准滴定溶液的体积，mL；

　　　5——全部试样溶液与所分取试样溶液的体积比；

　　　m——试料的质量，g。

5. 氧化钙的测定

(1) 分析步骤

吸取25mL试样溶液，放入400mL烧杯中。加15mL氟化钾溶液（20g/L），搅拌并放置2min以上。用水稀释至约200mL，加入5mL三乙醇胺（1+2）及适量的CMP混合指示剂，在搅拌下加入氢氧化钾溶液（200g/L）至出现绿色荧光后再过量6~7mL（此时溶液的pH应在13以上）。用EDTA标准滴定溶液（0.015mol/L）滴定至绿色荧光消失并转变为粉红色，消耗的体积记为V_1。

（2）试样中氧化钙的质量分数按下式计算：

$$w(CaO) = \frac{T_{CaO} \times V_1 \times 10}{m \times 1000} \times 100\%$$

式中　T_{CaO}——每毫升 EDTA 标准滴定溶液相当于氧化钙的毫克数，mg/mL；

V_1——滴定时消耗的 EDTA 标准滴定溶液的体积，mL；

10——全部试样溶液与所分取试样溶液的体积比；

m——试料的质量，g。

6. 氧化镁的测定

（1）分析步骤

吸取 25mL 试样溶液，放入 400mL 烧杯中。加 15mL 氟化钾溶液（20g/L），搅拌并放置 2min 以上。用水稀释至 200mL，加入 1mL 酒石酸钾钠溶液（100g/L）及 5mL 三乙醇胺（1+2），搅拌，然后加入 25mL 氨-氯化铵缓冲溶液（pH10）及适量的酸性铬蓝 K-萘酚绿 B 混合指示剂，用 EDTA 标准滴定溶液（0.015mol/L）滴定（近终点时应缓慢滴定）至溶液呈纯蓝色，消耗的体积记为 V_2。此为滴定钙、镁合量。

（2）试样中氧化镁的质量分数按下式计算：

$$w(MgO) = \frac{T_{MgO}(V_2 - V_1) \times 10}{m \times 1000} \times 100\%$$

式中　T_{MgO}——每毫升 EDTA 标准滴定溶液相当于氧化镁的毫克数，mg/mL；

V_2——滴定钙、镁合量时消耗的 EDTA 标准滴定溶液的体积，mL；

V_1——滴定钙时消耗的 EDTA 标准滴定溶液的体积，mL；

m——试料的质量，g。

7. 三氧化硫的测定

（1）准确称取约 0.5g 已在 105～110℃烘过 2h 的粉煤灰试样置于 300mL 烧杯中，加入 30～40mL 水及 10mL 盐酸溶液（1+1），加热至微沸，并保持微沸 5min，用中速滤纸过滤，用热水洗涤 10～12 次，滤液及洗液收集于 400mL 烧杯中，加水稀释至 250mL，用玻璃棒在烧杯底部压一小片定量滤纸，盖上表面皿，加热煮沸，在微沸下从杯口缓慢滴加 10mL 热的氯化钡溶液（10%），继续煮沸 3min 以上使沉淀良好地形成，然后在常温下静止 12～24h 或温热处静止至少 4h（此溶液体积应保持在 200mL）。用慢速定量滤纸过滤，以温水洗涤，直至无氯离子反应为止（用硝酸银溶液检验）；将沉淀及滤纸一并移入已灼烧至恒量的瓷坩埚中，灰化后，在 800℃的高温炉中灼烧 30min；取出坩埚，置于干燥器中冷却至室温，称量。如此反复灼烧，直至恒量。

（2）试样中三氧化硫的质量分数按下式计算：

$$w(SO_3) = \frac{m_1 \times 0.343}{m} \times 100\%$$

式中　m_1——灼烧后沉淀的质量，g；

m——试料的质量，g。

0.343——硫酸钡对 SO_3 的换算系数。

8. 氧化钾和氧化钠的测定

（1）方法提要

试样经氢氟酸-硫酸蒸发处理除去硅，用热水浸取残渣。以氨水和碳酸铵分离铁、铝、钙、镁。滤液中的钾、钠用火焰光度计测定。

（2）分析步骤

称取约 0.2g 试样，精确至 0.0001g，置于铂皿中，放入高温炉中，从低温升起，在 800～850℃下保温 1h，取出，放冷后，加入少量水润湿，加入 5～7mL 氢氟酸及 15～20 滴硫酸（1+1），放入通风橱内低温电热板上加热，近干时摇动铂皿，以防溅失。待氢氟酸驱尽后逐渐升高温度，继续将三氧化硫白烟驱尽。取下放冷，加入 40～50mL 热水，压碎残渣使其溶解，加入 1 滴甲基红指示剂溶液（2g/L），用氨水（1+1）中和至黄色，再加入 10mL 碳酸铵溶液（100g/L），搅拌，然后放入通风橱内电热板上加热至沸后继续微沸 20～30min。用快速滤纸过滤，以热水洗涤，滤液及洗液盛于 100mL 容量瓶中，冷却至室温。用盐酸（1+1）中和至溶液呈微红色，用水稀释至标线，摇匀。在火焰光度计上，按仪器使用规程进行测定。在工作曲线上分别查出氧化钾和氧化钠的含量（m_1）和（m_2）。

（3）试样中氧化钾和氧化钠的质量分数按下式计算：

$$w(K_2O) = \frac{m_1}{m \times 1000} \times 100\%$$

$$w(Na_2O) = \frac{m_2}{m \times 1000} \times 100\%$$

式中　　m_1 ——100mL 测定溶液中氧化钾的含量，mg；

　　　　m_2 ——100mL 测定溶液中氧化钠的含量，mg；

　　　　m ——试料的质量，g。

9. 附着水分的测定

（1）测定步骤

准确称取 1～2g 试样，放入预先已烘干至恒量的称量瓶中，置于 105～110℃ 的烘箱中（称量瓶在烘箱中应敞开盖）烘 2h。取出，加盖（但不应盖得太紧），放在干燥器中冷至室温。将称量瓶紧密盖紧，称量。如此再放入烘箱中烘 1h。用同样方法冷却、称量，至达恒量为止。

（2）试样中附着水分的质量分数按下式计算：

$$w(H_2O) = \frac{m - m_1}{m} \times 100\%$$

式中　　$w(H_2O)$ ——附着水分的质量分数，%；

　　　　m ——烘干前试料的质量，g；

　　　　m_1 ——烘干后试料的质量，g。

10. 烧失量的测定

（1）测定步骤

准确称取约 1g 已在 105～110℃烘干并磨细的试样，放入已灼烧至恒量的瓷坩埚中。置于高温炉中，从低温升起，在 950～1000℃的高温下灼烧 30min。取出，置于干燥器中冷却，称量。如此反复灼烧，直至恒量。

（2）试样中烧失量的质量分数按下式计算：

$$w(\text{LOI}) = \frac{m - m_1}{m} \times 100\%$$

式中　　m——灼烧前试料的质量，g；

　　　　m_1——灼烧后试料的质量，g。

四、思考题

1. 在采用氢氧化钠熔融法分解粉煤灰试样时应注意什么？
2. 对采用石灰石、石灰或氨水等方法脱硫产生的粉煤灰其成分如何分析？

实验六　钢渣化学分析

I　试样的制备

用于化学分析的钢渣样品应是具有代表性的均匀样品，将入磨粒度的钢渣采用四分法缩分至约 50～100g，粉碎研磨，过 0.080mm 方孔筛，将筛余物用磁铁吸取金属铁并舍弃．其余经研磨后使其全部通过 0.080mm，再用磁铁吸去样品中金属铁并舍弃，将剩余的钢渣充分混匀后装入带有磨口塞的瓶中保存，或装入试样袋后放入干燥器中保存。在进行化学分析时，先将试样在烘箱中于 105～110℃下烘 1h，取出在干燥器中冷至室温后再称量。

II　二氧化硅的测定

一、实验原理

试样以混合熔剂熔融、盐酸溶解，或直接以盐酸溶解，加入高氯酸加热至发烟使硅酸脱水；或在一定酸度和温度下，加入明胶促使硅酸凝聚成胶凝体沉淀，沉淀经过滤、灼烧、称量得到二氧化硅，然后用氢氟酸处理使硅以四氟化硅的形式逸出。氢氟酸处理前后的质量之差即为二氧化硅的质量。再用熔剂处理残渣，溶解于原滤液中，以硅钼蓝光度法测定滤液中残余的二氧化硅量，两者之和即为试样中二氧化硅的量。

二、实验器材

1. 箱式电阻炉：最高使用温度不低于 1200℃。
2. 电热鼓风干燥箱：能使温度控制在（105±5）℃。

3. 电子天平：称量 100g，感量 0.1mg。

4. 分光光度计。

5. 玛瑙、玻璃研钵。

6. 铂坩埚（容积 15～30mL）；瓷坩埚（容积 15～30mL、70mL 各一个）；裂解石墨坩埚（30mL）。

7. 无水碳酸钠、焦硫酸钾、硝酸、氢氟酸、硫酸、高氯酸、无水乙醇等。

8. 无水碳酸钠-硼酸混合溶剂（10＋7）。

9. 盐酸（1＋1）、盐酸（5＋95）、盐酸（1＋11）。

10. 硫氰化铵溶液（50g/L）。

11. 硝酸银溶液（17g/L）。

12. 明胶溶液（10g/L）。

13. 钼酸铵溶液（50g/L）。

14. 抗坏血酸溶液（5g/L）。

15. 二氧化硅标准溶液（0.02mg/mL）。

三、实验步骤

1. 高氯酸脱水称量分析法（仲裁法）

1）称取 0.50g 试料，精确至 0.0001g，置于裂解石墨坩埚或铂坩埚中，加 3g 无水碳酸钠-硼酸混合熔剂，混匀，再以 1g 混合熔剂覆盖其上。

2）将坩埚置于 70mL 瓷坩埚中，盖好盖，在 800～850℃箱式电阻炉中熔融 45～60min，取出冷却后，将熔块倒入烧杯中，用热水及热盐酸（5＋95）溶液洗净坩埚，溶液一并洗入烧杯中。加 20mL 盐酸（1＋1）和数滴硝酸，加热蒸发至约 20mL，加入 20mL 无水乙醇继续蒸发至约 20mL。加入 15～20mL 高氯酸，加热蒸发至冒高氯酸白烟 10～15min，取下，冷至室温，加 10mL 盐酸（1＋1），50mL 热水，搅拌使盐类溶解。

3）用慢速定量滤纸或双层中速定量滤纸过滤，用擦棒以热盐酸（5＋95）溶液擦洗玻棒及烧杯内壁，并洗沉淀 3～4 次至无铁离子为止〔用硫氰化铵溶液（50g/L）检验铁离子〕，再用热水洗涤沉淀 8～9 次至无氯离子为止〔用硝酸银溶液（17g/L）检验氯离子〕。

4）收集滤液及洗涤液于 250mL 容量瓶中待用。沉淀及滤纸放入已恒量的铂坩埚中，灰化，于 950～1000℃高温炉中灼烧 40～60min，取出，在干燥器中冷至室温，称量，反复灼烧，直至恒量。

5）加数滴水润湿 4）中（上一步）得到的二氧化硅，加 1～2 滴硫酸，5mL 氢氟酸，放置在通风柜内的电热板上缓慢蒸发至冒三氧化硫白烟，取下稍冷，再加 1～2mL 氢氟酸，继续加热至三氧化硫白烟完全逸尽，将坩埚放入 950～1000℃高温炉内灼烧 15min，取出，在干燥器中冷至室温，称量，反复灼烧，直至恒量。

6）如果试料中金属铁含量比较高，直接用酸溶法。

酸溶法：称取约 0.5g 试料，精确至 0.0001g，置于 400mL 烧杯中，加少量水使其分散，加 20mL 盐酸 (1+1) 并加数滴硝酸和 20mL 无水乙醇，加热蒸发至约 20mL。加入 15~20mL 高氯酸。加热蒸发至冒高氯酸白烟 10~15min，取下，冷至室温，加 10mL 盐酸 (1+1)，50mL 热水，搅拌使盐类溶解。以下操作按 3)、4)、5) 步的规定进行。

注：1. 用硫氰化铵溶液检验铁离子：按规定洗涤沉淀数次后，用数滴水洗漏斗下端，用少量水洗涤滤纸和沉淀，将滤渡收集在表面皿上，加 1~2 滴硫氰化铵溶液 (50g/L)，观察表面皿上溶液直至无红棕色出现为止。

2. 用硝酸银溶液检验氯离子：按规定洗涤沉淀数次后，用数滴水淋洗漏斗下端，用少量水洗涤滤纸和沉淀，将滤液收集在表面皿上，加 1~2 滴硝酸银溶液 (17g/L)，观察表面皿上的溶液是否浑浊。若浑浊，继续洗涤并定时检查，直至用硝酸银检验不再浑浊为止。

2. 明胶称量分析法

1) 称取试料 0.50g，精确至 0.0001g，置于裂解石墨坩埚或铂坩埚中，加 3g 无水碳酸钠-硼酸混合溶剂 (10+7))，混匀，再以 1g 混合熔剂覆盖其上。

2) 将坩埚置于 70mL 瓷坩埚中，盖好盖，在 800~850℃ 高温炉中熔融 45~60min，取出冷却后，将熔块倒入烧杯中，用热水及热盐酸溶液 (5+95) 洗净坩埚，溶液一并洗入烧杯中。加 20mL 盐酸 (1+1) 和数滴硝酸，加热蒸发至约 20mL，加入 20mL 无水乙醇加热浓缩至干。加 10mL 盐酸 (1+1)，加热至 70~80℃，加 10mL 明胶溶液 (10g/L)，剧烈搅拌 2min，于 70~80℃ 保温 8~10min，用热水冲洗表面皿及烧杯内壁，至溶液体积 30~40mL，搅拌使可溶性盐类溶解。

3) 以下操作按上面高氯酸脱水称量分析法的 3)、4)、5) 步的规定进行。

4) 试样中金属铁含量比较高时，应直接用酸溶法。

酸溶法：称取 0.5g 试料，精确至 0.0001g，置于 400mL 烧杯中，加少量水使其分散，加 20mL 盐酸 (1+1) 并加数滴硝酸和 20mL 无水乙醇，加热蒸发至约 20mL。加 10mL 盐酸 (1+1)，加热至 70~80℃，加 10mL 明胶溶液 (10g/L)。剧烈搅拌 2min，于 70~80℃ 保温 8~10min，用热水冲洗表面皿及烧杯内壁，至溶液体积为 30~40mL，搅拌使可溶性盐类溶解。以下操作按上面高氯酸脱水称量分析法的 3)、4)、5) 步的规定进行。

3. 滤液中二氯化硅的测定 (硅钼蓝分光光度法)

1) 工作曲线的绘制

吸取每毫升含有 0.02mg 二氧化硅的标准溶液 0.00mL，2.00mL，4.00mL，6.00mL，8.00mL，10.00mL 分别放入 100mL 容量瓶中，加水稀释至约 40mL，依次加入 5mL 盐酸 (1+11)、8mL 乙醇 (95%)、6mL 钼酸铵溶液 (50g/L)。放置 30min 后，加入 20mL 盐酸 (1+1)、5mL 抗坏血酸溶液 (5g/L)，用水稀释至标线，摇匀。放置 1h 后，使用分光光度计，10mm 比色皿，以水作参比，于波长 660nm 或 810nm 处测定溶液的吸光度。用测得的吸光度作为相对应的二氧化硅含量的函数，绘制工作曲线。

2) 试样溶液的制备

向按高氯酸脱水称量分析法的第 5) 步经氢氟酸处理后的残渣中加 1g 焦硫酸钾，

于 700℃熔融至透明状，稍冷后，将熔块用热水和数滴盐酸（1+1）浸出，合并于高氯酸脱水称量法的第 4）步保留的滤液中。用水稀释至标线，摇匀，此为溶液 A，供测定滤液中的可溶性二氧化硅、三氧化二铁、三氧化二铝、氧化钙、氧化镁用。

3）试液溶液的测定

从溶液 A 中吸取 25.00mL 溶液放入 100mL 容量瓶中，用水稀释至 40mL，依次加入 5mL 盐酸（1+11）、8mL 乙醇（95%）、6mL 钼酸铵溶液（50g/L），放置 30min 后加入 20mL 盐酸（1+1）、5mL 抗坏血酸溶液（5g/L），用水稀释至标线，摇匀。放置 1h 后，使用分光光度计，10mm 比色皿，以水作参比，于波长 660nm 或 810nm 处测定溶液的吸光度。在工作曲线上查出二氧化硅的含量。

四、实验结果计算

总的二氧化硅的质量分数由称量分析法测得结果与滤液中测定结果之和得出。

1. 试样中二氧化硅称量分析法的质量分数按下式计算：

$$w_1(SiO_2) = \frac{m_2 - m_3}{m_1} \times 100\%$$

式中　m_2 ——未经氢氟酸处理的沉淀及坩埚的质量，g；

　　　m_3 ——用氢氟酸处理并经灼烧后残渣及坩埚的质量，g；

　　　m_1 ——试料的质量，g。

2. 滤液中二氧化硅的质量分数按下式计算：

$$w_2(SiO_2) = \frac{m_4 \times V}{m_1 \times V_1 \times 1000} \times 100\%$$

式中　m_1 ——试料的质量，g；

　　　m_4 ——在工作曲线上查出的二氧化硅含量，mg；

　　　V ——试液的总体积，mL；

　　　V_1 ——测定时分取试验的体积，mL；

　　　1000——单位换算系数。

3. 试样中总的二氧化硅的质量分数为：

$$w(SiO_2) = w_1(SiO) + w_2(SiO_2)$$

Ⅲ　三氧化二铁的测定

一、实验原理

在 pH1.8~2.0 及 60~70℃的溶液中，以磺基水杨酸钠为指示剂，用 EDTA 标准溶液滴定。根据消耗的 EDTA 标准滴定溶液的体积计算三氧化二铁的含量。

二、实验器材

1. 氨水（1+1）。

2. 盐酸（1+1）。

3．氢氧化钾溶液（200g/L）。

4．钙黄绿素-甲基百里香酚蓝-酚酞混合指示剂（简称 CMP 混合指示剂）。

5．磺基水杨酸钠指示剂溶液（100g/L）。

6．EDTA 标准滴定溶液（0.015mol/L）。

三、实验步骤

吸取 25.00mL 溶液 A 于三角烧瓶中，加约 50mL 水，用氨水（1+1）和盐酸（1+1）调节溶液 pH 值为 1.8～2.0 之间（用精密 pH 试纸检验）。将溶液加热至 70℃，加 10 滴磺基水杨酸钠指示剂溶液（100g/L），用 [c（EDTA）＝0.015mol/L] EDTA 标准滴定溶液缓慢地滴定至溶液由紫红色变为无色或亮黄色（终点时溶液温度应不低于 60℃）。保留此溶液供测定三氧化二铝用。

四、计算结果

试样中三氧化二铁的质量分数按下式计算：

$$w(\text{Fe}_2\text{O}_3) = \frac{T_{\text{Fe}_2\text{O}_3} \times V_2}{m_1 \times \dfrac{V_1}{V} \times 1000} \times 100\% - \left[w(\text{FeO}) \times 1.1114\right]$$

式中 $T_{\text{Fe}_2\text{O}_3}$——每毫升 EDTA 标准滴定溶液相当于三氧化二铁的质量，mg/mL；

         V_2——滴定时消耗 EDTA 标准滴定溶液的体积，mL；

         m_1——试料的质量，g；

   1.1114——氧化亚铁换算成三氧化二铁的系数；

   $w(\text{FeO})$——氧化亚铁的质量分数；

     V——试样溶液的总体积，mL；

     V_1——测定时分取试样溶液的体积，mL。

Ⅳ 三氧化二铝的测定

一、实验原理

氧化锰含量在 0.5％以下的试样，用铜盐返滴定法或直接滴定法测定；氧化锰含量在 0.5％以上的试样，用直接滴定法或分离锰后再用铜盐返滴定法测定。通过标准滴定溶液消耗的体积可以算出三氧化二铝的含量。

1．直接滴定法：于滴定铁后的溶液中，调整 pH 至 3，将溶液煮沸后用 EDTA-铜溶液和 PAN 为指示剂，用 EDTA 标准滴定溶液滴定。通过消耗的 EDTA 标准滴定溶液的体积计算三氧化二铝的含量。

2．铜盐回滴法：在滴定铁后的溶液中，加入对铝过量的 EDTA 标准滴定溶液，于 pH3.8～4.0 条件下，以 PAN 为指示剂，用硫酸铜标准滴定溶液返滴定过量的 EDTA。通过消耗的硫酸铜标准滴定溶液计算三氧化二铝的含量。

二、实验器材

1. 氨水（1＋1）。

2. 盐酸（1＋1）。

3. 硫酸（1＋1）。

4. 硝酸铵溶液（20g/L）。

5. 氢氧化钾溶液（200g/L）。

6. 乙酸-乙酸钠缓冲溶液（pH3）。

7. 乙酸-乙酸钠缓冲溶液（pH4.3）。

8. 溴酚蓝指示剂溶液（2g/L）。

9. PAN 指示剂溶液（2g/L）。

10. 甲基红指示剂溶液（2g/L）。

11. 钙黄绿素-甲基百里香酚蓝-酚酞（1＋1＋0.2）混合指示剂（简称 CMP 混合指示剂）。

12. EDTA 标准滴定溶液（0.015mol/L）。

13. 硫酸铜标准滴定溶液（0.015mol/L）。

14. EDTA-铜溶液：按 0.015mol/L EDTA 标准滴定溶液与 0.015mol/L 硫酸铜标准滴定溶液的体积比，准确配制成等物质的混合溶液。

三、实验步骤

1. 直接滴定法

将上述实验Ⅲ中测定铁后的溶液用水稀释至约 150mL，加 1～2 滴溴酚蓝指示剂溶液（2g/L），滴加氨水（1＋1）至溶液出现蓝紫色，再滴加盐酸（1＋1）至黄色，加 10mL 乙酸-乙酸钠缓冲溶液（pH3），加热至微沸并保持 1min，取下，加 10 滴 EDTA-铜溶液及 5～6 滴 PAN 指示剂溶液（2g/L），用 0.015mol/L 的 EDTA 标准滴定溶液滴定至红色消失。加 4 滴氨水（1＋1），滴至红色消失，再加 4 滴氨水（1＋1），滴至红色消失为终点。滴定时溶液温度高于 90℃，记下消耗的 EDTA 标准滴定溶液的体积数。

2. 硫酸铜返滴定法

1) 氧化锰含量在 0.5％以下时

往上述实验Ⅲ中测定铁后的溶液中准确加入 0.015mol/L 的 EDTA 标准滴定溶液 10～20mL（视铝含量而定，一般加至 EDTA 标准滴定溶液过量 10mL 左右），用水稀释至 150～200mL。将溶液加热至 70～80℃后，加 5～6 滴氨水（1＋1），加 15mL 乙酸-乙酸钠缓冲溶液（pH4.3），煮沸 1～2min，取下稍冷，加入 8～10 滴 PAN 指示剂溶液（2g/L），用 0.015mol/L 的硫酸铜标准滴定溶液滴定至亮紫色为终点。

2) 氧化锰含量在 0.5％以上时

从溶液 A 中吸取 25.00mL 溶液放入 400mL 烧杯中，加水至 100mL，加热，加 3 滴甲基红指示剂溶液（2g/L），滴加氨水（1＋1）至溶液变黄，使铁、铝等沉淀完全为止，加热煮沸，过滤，以中和过的热硝酸铵溶液（20g/L）洗涤烧杯及沉淀5～8次。用热水吹洗沉淀至原烧杯中，滴加盐酸（1+1）至滤纸上，使沉淀完全溶解，并用热水洗净滤纸。加热水至烧杯中溶液体积约50mL，放电炉上加热使沉淀完全溶解，用氨水（1+1）调节pH至1.8～2.0。以下按上述实验Ⅲ和本实验中（氧化锰含量在0.5%以下时）中测定三氧化二铁及三氧化二铝的分析步骤进行。

四、结果计算

1. 直接滴定法

试样中三氧化二铝的质量分数按下式计算：

$$w(\mathrm{Al_2O_3}) = \frac{T_{\mathrm{Al_2O_3}} \times V_2}{m_1 \times \dfrac{V_1}{V} \times 1000} \times 100\%$$

式中　　$T_{\mathrm{Al_2O_3}}$——每毫升EDTA标准滴定溶液相当于氧化铝的毫克数，mg/mL；

V_2——滴定时消耗EDTA标准滴定溶液的体积，mL；

m_1——试料的质量，g；

V——试样溶液的总体积，mL；

V_1——测定时分取试样溶液的体积，mL；

1000——单位换算系数。

2. 硫酸铜返滴定法

试样中三氧化二铝的质量分数按下式计算：

$$w(\mathrm{Al_2O_3}) = \frac{T_{\mathrm{Al_2O_2}} \times (V_3 - V_4 \times K)}{m_1 \times \dfrac{V_1}{V} \times 1000} \times 100\%$$

式中　　$T_{\mathrm{Al_2O_3}}$——每毫升EDTA标准滴定溶液相当于三氧化二铝的质量，mg/mL；

V_3——加入EDTA标准滴定溶液的体积，mL；

V_4——滴定时消耗硫酸铜标准滴定溶液的体积，mL；

K——每毫升硫酸铜标准滴定溶液相当于EDTA标准滴定溶液的体积；

m_1——试料的质量，g；

V——试样溶液的总体积，mL；

V_1——测定时分取试样溶液的体积，mL；

1000——单位换算系数。

Ⅴ　氧化钙的测定

一、实验原理

在pH13以上强碱性溶液中，以钙黄绿素-甲基百里香酚蓝-酚酞混合指示剂，用EDTA标准滴定溶液滴定，溶液由绿色荧光消失至呈现红色为终点。通过消耗的ED-

TA 标准滴定溶液的体积计算氧化钙的含量。

二、实验器材

1. 过硫酸铵。
2. 氨水（1+1）。
3. 盐酸（1+1）。
4. 氯化铵溶液（200g/L）。
5. 氢氧化钾溶液（200g/L）。
6. 钙黄绿素-甲基百里香酚蓝-酚酞（1+1+0.2）混合指示剂（简称 CMP 混合指示剂）。
7. EDTA 标准滴定溶液（0.015mol/L）。

三、实验步骤

1. 试样溶液的制备

从溶液 A 中吸取 100mL 于 400mL 烧杯中，加少量水冲洗杯壁，加 10mL 氯化铵溶液（200g/L），滴加氨水（1+1）至铁、铝开始沉淀，再加 2～3mL 氨水（1+1），加 0.3～0.5g 过硫酸铵，充分搅拌，加热煮沸 3～5min，使锰沉淀完全，静置，待沉淀下沉后，趁热以快速定性滤纸过滤，以热水洗涤沉淀及滤纸至无氯离子为止，滤液及洗液收集于 250mL 容量瓶中。冷却后用水稀释至标线，摇匀，此为溶液 B，供测定氧化钙、氧化镁用。

2. 测定步骤

从溶液 B 中吸取 50.00mL 置于三角烧杯中，加水稀释至约 200mL，加少许钙黄绿素-甲基百里香酚蓝-酚酞混合指示剂，加 10～15mL 氢氧化钾溶液（200g/L），用 0.015mol/L 的 EDTA 标准滴定溶液滴定至绿色荧光消失并呈现红色为终点。

四、结果计算

试样中氧化钙的质量分数按下式计算：

$$w(\text{CaO}) = \frac{T_{\text{CaO}} \times V_4}{m_1 \times \dfrac{V_1}{V} \times \dfrac{V_3}{V_2} \times 1000} \times 100\%$$

式中　　T_{CaO}——每毫升 EDTA 标准滴定溶液相当于氧化钙的质量，mg/mL；

V_4——滴定时消耗 EDTA 标准滴定溶液的体积，mL；

m_1——试料的质量，g；

V——试样溶液的总体积，mL；

V_1——测定时分取试样溶液的体积，mL；

V_2——分取经过预处理定容后试样溶液的体积，mL；

V_3——测定时分取试样溶液的体积，mL；

1000——单位换算系数。

Ⅵ　氧化镁的测定

一、实验原理

在 pH10 的溶液中，用酸性铬蓝 K-萘酚绿 B 混合指示剂，以 EDTA 标准滴定溶液测定钙、镁合量，减去滴定钙时消耗的 EDTA 标准溶液的体积后，计算得出氧化镁的含量。

二、实验器材

1. 过硫酸铵。
2. 氨水（1＋1）。
3. 盐酸（1＋1）。
4. 氨-氯化铵缓冲溶液（pH10）。
5. 酸性铬蓝 K-萘酚绿 B（1＋2.5）混合指示剂。
6. EDTA 标准滴定溶液（0.015mol/L）。

三、实验步骤

从溶液 B 中吸取 50.00mL 置于三角烧杯中，加水约 50mL. 加 20mL 氨-氯化铵缓冲溶液（pH10），加少量酸性铬蓝 K-萘酚绿 B 混合指示剂，用 0.015mol/L 的 EDTA 标准滴定溶液滴定，近终点时应缓慢地滴定至纯蓝色为终点。

四、结果计算

试样中氧化镁的质量分数按下式计算：

$$w(\mathrm{MgO}) = \frac{T_{\mathrm{MgO}} \times (V_5 - V_4)}{m_1 \times \dfrac{V_1}{V} \times \dfrac{V_3}{V_2} \times 1000} \times 100\%$$

式中　　T_{MgO}——每毫升 EDTA 标准滴定溶液相当于氧化镁的质量，mg/mL；

　　　　V_5——滴定钙镁总量时消耗 EDTA 标准滴定溶液的体积，mL；

　　　　V_4——滴定时氧化钙时消耗 EDTA 标准滴定溶液的体积，mL；

　　　　m_1——试料的质量，g；

　　　　V——试样溶液的总体积，mL；

　　　　V_1——测定时分取试样溶液的体积，mL；

　　　　V_2——分取经过预处理定容后试样溶液的体积，mL；

　　　　V_3——测定时分取的试样溶液的体积，mL；

　　　　1000——单位换算系数。

Ⅶ　氧化亚铁的测定

一、实验原理

试样在隔绝空气的条件下，用盐酸和氟化钾溶解，生成的二氯化铁在硫磷混合酸存在下，以二苯胺磺酸钠为指示剂，用重铬酸钾标准滴定溶液滴定。通过重铬酸钾标准滴定溶液消耗的体积计算氧化亚铁的含量。

二、实验器材

1. 氟化钾、碳酸氢钠。

2. 盐酸（1+1）。

3. 硫-磷混合酸溶液：于 700mL 水中，边搅拌边加入 150mL 硫酸，冷却后加 150mL 磷酸，混匀。

4. 二苯胺磺酸钠指示剂溶液（2g/L）。

5. 重铬酸钾标准滴定溶液（0.02mol/L）。

6. 硫酸亚铁标准溶液（0.05mol/L）。

三、实验步骤

称取 0.5g 试料，精确至 0.0001g，置于干燥锥形瓶中，加 0.5g 氟化钾，0.5～1.0g 碳酸氢钠，25mL 盐酸（1+1），立即用玻璃漏斗盖上锥形瓶口，加热至试料全溶并浓缩至 8～10mL，取下玻璃漏斗，立即加水至 100mL，用橡皮塞塞上瓶口。流水冷却至室温。打开橡皮塞，用少量水冲洗橡皮塞及瓶内壁，加 15mL 硫-磷混合酸溶液，4～5 滴二苯胺磺酸钠指示剂溶液（2g/L），用重铬酸钾标准滴定溶液滴定至溶液呈稳定紫色。

四、结果计算

试样中氧化亚铁的质量分数按下式计算：

$$w(\text{FeO}) = \frac{c\left(\frac{1}{6}\text{K}_2\text{Cr}_2\text{O}_7\right) \times (V - V_0) \times 71.85}{m_1 \times 1000} \times 100\%$$

式中　　$c\left(\dfrac{1}{6}\text{K}_2\text{Cr}_2\text{O}_7\right)$——重铬酸钾标准滴定溶液的浓度，mol/L；

$\quad\quad\quad V$——滴定时消耗重铬酸钾标准滴定溶液的体积，mL；

$\quad\quad\quad V_0$——测定空白溶液所消耗的重铬酸钾标准滴定溶液的体积，mL；

$\quad\quad\quad m$——试料的质量，g；

$\quad\quad$71.85——FeO 的摩尔质量，g/moL；

$\quad\quad$1000——单位换算系数。

Ⅷ　氧化亚锰的测定

一、实验原理

试样用盐酸、硝酸分解后，加硫磷混合酸，在硫酸介质中，用高碘酸钾将锰氧化成高锰酸，用磷酸掩蔽三价铁离子的干扰，于波长 530nm 处测定溶液的吸光度，通过工作曲线计算氧化亚锰的含量。

二、实验器材

1. 分光光度计。
2. 高碘酸钾、硫酸锰、盐酸、硝酸。
3. 硫酸（1+1）。
4. 硫-磷混合酸（1+1）。
5. 氧化锰标准溶液（0.05mg/mL）：准确称取 0.1182g 硫酸亚锰（$MnSO_4 \cdot H_2O$），置于烧杯中，加水溶解，加 1mL 硫酸（1+1），移至 1000mL 容量瓶中，用水稀释至标线，摇匀。此标准溶液每毫升含有 0.05mg 氧化亚锰。

三、实验步骤

1. 工作曲线的绘制

吸取每毫升含有 0.05mg 氧化亚锰的标准溶液 0.00mL、2.00mL、6.00mL、10.00mL、14.00mL、20.00mL 分别放入 50mL 烧杯中，加 10mL 硫-磷混合酸（1+1），用水稀至约 50mL，加 0.3g 高碘酸钾，加热微沸 5～10min 至溶液达到最大颜色深度，冷至室温，移入 100mL 容量瓶中，用水稀释至标线，摇匀。使用分光光度计，10mm 比色皿，以水作参比，于波长 530nm 处测定溶液的吸光度。用测得的吸光度作为相对应的氧化亚锰含量的函数．绘制工作曲线。

2. 试样溶液的制备

称取 0.2g 试料，精确至 0.0001g，置于烧杯中，加少量水使其散开，加 10mL 盐酸，低温加热至无剧烈反应，加 5mL 硝酸继续加热并蒸发至 2～3mL，加 10mL 硫-磷混合酸（1+1），加热蒸发至冒三氧化硫白烟约 5min，取下冷却，加 30mL 水，加热使可溶盐类溶解，然后用中速滤纸过滤于另一烧杯中，用热水洗净烧杯，并洗涤沉淀 6～7 次，然后将溶液浓缩至 40～60mL。加 0.3g 高碘酸钾，加热微沸 5～10min 至溶液达到最大颜色深度，取下，冷至室温后移于 100mL 容量瓶中，用水稀至标线，摇匀。

3. 试样溶液的测定

用分光光度计，10mm 比色皿，以水作参比。于波长 530nm 处测定溶液的吸光度。随同试样操作测定空白溶液的吸光度。在工作曲线上查出氧化亚锰的含量。

四、结果计算

试样中氧化亚锰的质量分数按下式计算：

$$w(\text{MnO}) = \frac{m_2}{m_1 \times 1000} \times 100\%$$

式中　　m_2——比色测得 100mL 容量瓶中氧化亚锰的含量，mg；

　　　　m_1——试料的质量，g；

　　1000——单位换算系数。

Ⅸ　五氧化二磷的测定

一、实验原理

在硝酸溶液中，正磷酸盐与钒酸铵和钼酸铵作用生成可溶性的磷钒钼黄色配合物，用分光光度计，在波长 430nm 处测定其吸光度。

二、实验器材

1. 分光光度计。
2. 磷酸二氢钾、盐酸、硝酸。
3. 硝酸（1＋1）。
4. 钒钼酸铵溶液：称取 10g 钼酸铵溶于 100mL 水中，加热至 50～60℃，冷却。取 0.3g 钒酸铵溶于 50mL 水中，加 50mL 硝酸，冷却。在不断搅拌下，将钼酸铵溶液倒入钒酸铵溶液中，再加 18mL 硝酸，混匀。
5. 五氧化二磷标准溶液（0.1mg/mL）。

三、实验步骤

1. 工作曲线的绘制

吸取每毫升含有 0.1mg 五氧化二磷的标准溶液 0，1.00mL，2.00mL，3.00mL，4.00mL，5.00mL 分别移到 50mL 容量瓶中，依次加入 5rnL 硝酸（1＋1），用水稀释至近 40mL，加 10mL 钒钼酸铵溶液。用水稀释至标线，摇匀。放置 30min 后，使用分光光度计，30mm 比色皿，以试剂空白作参比，于波长 430nm 处测定溶液的吸光度。用测得的吸光度作为相对应的五氧化二磷含量的函数，绘制工作曲线。

2. 试样溶液的制备

称取约 0.2g 试样，精确至 0.0001g，置于烧杯中，用少量水润湿，加 10mL 盐酸，3mL 硝酸，低温加热溶解并蒸发至湿盐状，加 5mL 硝酸、30mL 水，加热溶解可溶盐，用中速定性滤纸过滤于 100mL 容量瓶中，用热水洗涤烧杯 3 次，洗涤沉淀 5～6 次，滤液冷至室温后用水稀释至标线，摇匀。

3. 试样溶液的测定

吸取上述溶液 10.00～20.00mL（视含量而定）于 50mL 容量瓶中，加 5mL 硝酸（1＋1），10mL 钒钼酸铵溶液，用水稀释至标线，摇匀。放置 30min 后，使用分光光度计，用 30mm 比色皿，以试剂空白为参比，于波长 430nm 处测定溶液的吸光度。在工作曲线上查出五氧化二磷的含量。

四、结果计算

试样中五氧化二磷的质量分数按下式计算：

$$w(\mathrm{P_2O_5}) = \frac{m_2 \times 10^{-3}}{m_1 \times \dfrac{V_1}{V_2}} \times 100\%$$

式中 m_2 ——比色测定时从工作曲线上查得五氧化二磷含量，mg；

m_1 ——试料的质量，g；

V_1 ——比色用分取试样溶液的体积，mL；

V_2 ——试样溶液的总体积，mL；

1000——单位换算系数。

X 硫的测定

一、实验原理

试样用硝酸、盐酸、氯酸钾处理使硫化物成硫酸盐进入溶液，或以过氧化钠-无水碳酸钠熔融，以水浸取，滤液以盐酸中和为微酸性，加入氯化钡溶液使硫酸根离子生成硫酸钡沉淀。将沉淀过滤、灰化、灼烧、称量，计算硫的质量分数。

二、实验器材

1. 箱式电阻炉：最高使用温度不低于 1200℃。

2. 电热鼓风干燥箱：能使温度控制在（105±5）℃。

3. 电子天平：称量 100g，感量 0.1mg。

4. 氯酸钾、盐酸、硝酸。

5. 盐酸（1+1）。

6. 氨水（1+1）。

7. 过氧化钠-无水碳酸钠混合熔剂（1+3）。

8. 碳酸钠溶液（20g/L）。

9. 氯化钡溶液（100g/L）。

10. 硝酸银溶液（17g/L）。

11. 甲基橙指示剂溶液（2g/L）。

12. 带盖瓷坩埚（30mL）、银坩埚或裂解石墨坩埚（30mL）、玛瑙研钵等。

三、实验步骤

1. 称取 0.5g 试料，精确至 0.0001g，置于烧杯中，以少量水润湿使其分散，加 1g 氯酸钾，再加 5mL 硝酸、15mL 盐酸，加热至全溶并蒸发至干，取下，加 10mL 盐酸，蒸发至干并除尽硝酸，加 20mL 盐酸（1+1），加热使可溶盐溶解，加热水稀释至约 50mL，加氨水（1+1）至沉淀出现，再加 2mL。以快速滤纸过滤，热水洗涤沉淀 7~8 次，滤液收集于烧杯中，体积约 200mL，加 1~2 滴甲基橙指示剂溶液（2g/L），滴加盐酸（1+1）至溶液呈红色，再加 3mL。煮沸取下，在不断搅拌下滴加 10mL 氯化钡溶液（100g/L），煮沸 1~2min，于温热处保温 4h 或过夜。用慢速定量滤纸过滤，用温水洗涤，直至检验无氯离子为止〔用硝酸银溶液（17g/L）检验〕。

2. 将沉淀及滤纸一并移入已灼烧恒量的瓷坩埚中，灰化后在800℃的高温炉内灼烧30min，取出坩埚置于干燥器中冷至室温，称量。反复灼烧，直至恒量。

3. 对于不能被酸溶解的试样，称样后置于银坩埚或裂解石墨坩埚内，加3g过氧化钠-无水碳酸钠混合熔剂（1+3），混匀后在表面覆盖1g混合熔剂。先低温再在700℃熔融10～15min，取出坩埚并转动使熔融物附于坩埚内壁。放冷后置于400mL烧杯中，从杯口加100mL热水，待反应停止后，用热水洗出坩埚，煮沸3～4min，取下，静止至沉淀下降后，趁热用中速滤纸过滤，沉淀尽可能留于原烧杯中，滤液收集于400mL烧杯中，向原烧杯中加50mL热碳酸钠溶液（20g/L），煮沸1～2min，用原滤纸过滤，用热碳酸钠溶液洗涤烧杯4～5次，洗沉淀7～8次，弃去沉淀。向滤液中滴加2滴甲基橙指示剂溶液（2g/L），用盐酸（1+1）中和至红色，再加3mL，加水至约200mL，煮沸至无大气泡，在不断搅拌下滴加10mL氯化钡溶液（100g/L），以下操作按第1～2步进行。

四、结果计算

试样中硫的质量分数按下式计算：

$$w(S) = \frac{m_2 \times 0.1374}{m_1} \times 100\%$$

式中　m_2——灼烧后沉淀的质量，g；

　　　m_1——试料的质量，g；

　0.1374——硫酸钡换算成硫的系数。

Ⅺ　游离钙的测定

一、实验原理

乙二醇与试样中的游离钙生成可溶性的乙二醇钙，经离心分离后，溶液中加钙指示剂，用EDTA标准滴定溶液滴定，根据消耗的体积计算出游离钙含量。

二、实验器材

1. 电子天平：称量100g，感量0.1mg。

2. 电动离心机：转速0～4000r/min。

3. 硝酸钾、无水乙醇、乙二醇。

4. 盐酸（1+1）。

5. 三乙醇胺（1+2）。

6. 氢氧化钾溶液（200g/L）。

7. 钙指示剂。

8. EDTA标准滴定溶液（0.015mol/L）。

三、实验步骤

称取 0.2～0.5g 试样，精确至 0.0001g，置于干燥的锥形瓶中，加 30mL 乙二醇，加热至 80～90℃，磁力搅拌 20min。将试样溶液移入 100mL 干燥离心管中，用 15mL 无水乙醇分 5～6 次洗锥形瓶，洗液倒入离心管中，在离心机上以 2500r/min 速度离心 15min。将上清液倒入干净的锥形瓶中，加水至 100mL，加 2 滴盐酸（1+1）、5mL 三乙醇胺（1+2）、10mL 氢氧化钾溶液（200g/L）、钙指示剂少量，用 0.015mol/L 的 EDTA 标准滴定溶液滴定至溶液颜色由红色变为蓝色。

四、结果计算

试样中游离钙的质量分数（以氧化钙计）按下式计算：

$$w(\text{CaO}) = \frac{T_{\text{CaO}} \times V}{m \times 1000} \times 100$$

式中　T_{CaO}——每毫升 EDTA 标准滴定溶液相当于氧化钙的毫克数，mg/mL；

　　　V_1——滴定时消耗 EDTA 标准滴定溶液的体积，mL；

　　　m——试料的质量，g；

　　　1000——单位换算系数。

Ⅻ　金属铁的测定

一、实验方法

三氯化铁-重铬酸钾滴定法。

二、实验原理

试样用三氯化铁溶解，使金属铁氧化为二氯化铁，经过滤，滤液以硫-磷混合酸酸化后，以二苯胺磺酸钠为指示剂，用重铬酸钾标准滴定溶液滴定。

注：此处的金属铁是指Ⅰ中样品制备时磁选后留在样品中的铁。

三、实验器材

1. 电子天平：称量 100g，感量 0.1mg。

2. 磁力搅拌器。

3. 磷酸。

4. 硫酸（1+2）。

5. 三氯化铁溶液（50g/L）。

6. 二苯胺磺酸钠指示剂液（10g/L）。

7. 重铬酸钾标准滴定溶液（0.0200mol/L）。

四、实验步骤

称取 0.5g 试料，精确至 0.0001g，置于干燥的锥形瓶中，加 100mL 三氯化铁溶液

（50g/L），塞紧瓶口，于磁力搅拌器上搅拌 30min，以中性石棉（也可用定性滤纸浆代替）进行抽滤，用水洗涤锥形瓶 4～5 次，洗石棉（或滤纸浆）6～8 次，往滤液中加 10mL 硫酸（1+2），4～5 滴二苯胺磺酸钠指示剂溶液（10g/L），立即用 0.0200mol/L 的重铬酸钾标准滴定溶液滴至溶液呈深绿色，加 5mL 磷酸，继续滴至溶液呈紫色。

五、结果计算

试样中金属铁的质量分数按下式计算：

$$w(Fe) = \frac{c\left(\frac{1}{6}K_2Cr_2O_7\right) \times (V_1 - V_2) \times 18.62}{m \times 1000} \times 100\%$$

式中　$c\left(\dfrac{1}{6}K_2Cr_2O_7\right)$——重铬酸钾标准滴定溶液的浓度，mol/L；

V_1——滴定时消耗重铬酸钾标准滴定溶液的体积，mL；

V_2——测定空白溶液所消耗的重铬酸钾标准滴定溶液的体积，mL；

m——试料的质量，g；

18.62——（1/3Fe）的摩尔质量，g/moL；

1000——单位换算系数。

ⅩⅢ　氧化钠和氧化钾测定

一、实验原理

试样经氢氟酸-硫酸蒸发处理除去硅，用热水浸取残渣。以氨水和碳酸铵分离铁、铝、钙、镁。滤液中的钾、钠用火焰光度计进行测定。

二、实验器材

1. 火焰光度计：带有 767±0.5nm 和 589±0.5nm 的干涉滤光片。

2. 电子天平：称量 100g，感量 0.1mg。

3. 低温电热板、带盖的聚四氟乙烯坩埚（容积不小于 50mL）。

4. 氢氟酸、乙醇。

5. 硫酸（1+1）。

6. 盐酸（1+1）。

7. 氨水（1+1）。

8. 碳酸铵溶液（100g/L）。

9. 甲基橙指示剂溶液（2g/L）。

10. 氧化钠（Na_2O）、氧化钾（（K_2O）标准溶液（1.00mg/mL）：称取已在 130～150℃烘过 2h 并置于干燥器中冷却的氯化钠基准试剂 1.8858g 和氯化钾基准试剂 1.5828g，精确至 0.0001g，置于烧杯中，加水溶解后移入 1000mL 容量瓶，用水稀释至标线，摇匀。贮存于塑料瓶中。

11. 氧化钠（Na_2O）、氧化钾（（K_2O）标准溶液（0.100mg/mL）：吸取 100mL 氧化钠（Na_2O）、氧化钾（K_2O）标准溶液于（1.00mg/mL）于 1000mL 容量瓶中。用水稀释至标线，摇匀。贮存于塑料瓶中。

三、实验步骤

1. 工作曲线的绘制

分别吸取氧化钠、氧化钾标准溶液（0.100mg/mL）0、0.5mL、1.0mL、2.0mL、4.0mL、6.0mL、8.0mL、10.0mL 放入 100mL 容量瓶中，用水稀释至标线，摇匀。使用火焰光度计，按照仪器使用规程进行测定，用测得的检流计的读数作为相应的 100mL 溶液中氧化钠和氧化钾含量（mg）的函数，绘制工作曲线。

2. 试样溶液的制备

称取 0.2g 试样，精确至 0.0001g，置于聚四氟乙烯坩埚中，用少量水湿润，加入 7mL 氢氟酸及 0.7mL 硫酸（1＋1），置于低温电热板上加热蒸发。蒸发过程中要摇动坩埚，以防溅失。待氢氟酸驱尽后逐渐升高温度，继续将三氧化硫白烟赶尽。取下放冷，加入 30mL 热水，压碎残渣使其溶解，加入 1 滴甲基红指示剂溶液（2g/L），用氨水（1＋1）中和至黄色，加入 10mL 碳酸铵溶液（100g/L），搅拌，置于电热板上加热 30min。用快速滤纸过滤，用一小块滤纸擦拭坩埚内壁，将沉淀全部转移至漏斗中，以少量热水分 3～4 次洗涤坩埚及沉淀，滤液及洗涤液盛于 100mL 容量瓶中。用盐酸（1＋1）中和至溶液呈微红色，用水稀释至标线，摇匀。

3. 试样溶液的测定

在火焰光度计上，按仪器使用规程进行测定，随同试样作空白试验，在工作曲线上分别查出 100mL 溶液中氧化钠和氧化钾的含量（mg）。

四、结果计算

试样中氧化钠和氧化钾的质量分数按下式计算：

$$w(Na_2O) = \frac{m_1}{m_3 \times 1000} \times 100\%$$

$$w(K_2O) = \frac{m_2}{m_3 \times 1000} \times 100\%$$

式中　m_1——100mL 测定溶液中氧化钠的含量，mg；
　　　m_2——100mL 测定溶液中氧化钾的含量，mg；
　　　m_3——试料的质量，g；
　　　1000——单位换算系数。

ⅩⅣ　氯离子测定

一、实验原理

用氯离子专用蒸馏装置在 250℃温度下，以磷酸和过氧化氢分解试样，以净化空气作载体，蒸馏分离氯，用稀硝酸溶液作吸收液。以二苯偶氮碳酰肼为指示剂，用硝酸汞标准滴定溶液进行滴定。通过消耗的标准溶液体积计算氯离子的含量。

二、实验器材

1. 测氯蒸馏装置（图 2-3-2）。
2. 电子天平：称量 100g，感量 0.1mg。
3. 过氧化氢、磷酸、无水乙醇、乙醇（95%）。
4. 乙醇（1+4）。
5. 硝酸（3+97）。
6. 氢氧化钠溶液（20g/L）。
7. 溴酚蓝指示剂溶液（1g/L）。
8. 二苯胺磺酸钠指示剂溶液（10g/L）。
9. 氯标准溶液（0.200mg/mL）。
10. 硝酸汞标准滴定溶液（0.001mol/L）。

三、实验步骤

1. 试验前须连接好蒸馏装置并对各部件进行检查以保证不漏气。
2. 称取 0.6g 试料，精确至 0.0001g。将称量的试料置于已烘干的石英蒸馏管中，勿使试料粘附于管壁。向 50mL 锥形瓶中加入约 2mL 水及 5 滴硝酸溶液（3+97），将锥形瓶置于抽气瓶中，塞紧橡皮塞并使连接管下端插入到锥形瓶中的溶液中。将固定架套在石英蒸馏管上，向蒸馏管中加入 5 滴过氧化氢及 5mL 磷酸，立即盖上磨口塞、套上固定架，置于加热炉内，迅速地以硅橡胶管连接好蒸馏管的进、出口部分（先连出气管，后连进气管），盖上炉盖。开动抽气泵，用螺旋夹调节气流速度勿使蒸馏管内的样品被抽出。打开加热开关，将温度控制在 250℃。在此温度下蒸馏 20min。拆下连接管，取出蒸馏管置于试管架内。
3. 蒸馏完毕后，断开磨口塞两端的连接管，用乙醇（95%）吹洗连接抽气瓶的细玻璃管及其下端（乙醇用量约 12mL），冲洗液并入锥形瓶内。由抽气瓶中取出锥形瓶，向其中加入 2 滴溴酚蓝指示剂溶液及数滴氢氧化钠溶液（20g/L）至溶液呈蓝色，然后用硝酸溶液（3+97）中和至溶液刚好变黄，再过量 3 滴，加入 10 滴二苯偶氮碳酰肼指示剂溶液（10g/L），使用 10mL 微量滴定管用 0.001mol/L 的硝酸汞标准滴定溶液滴定至樱桃红色出现。随同试样作空白试验。

四、结果计算

试样中氯离子的质量分数按下式计算：

$$w(\text{Cl}^-) = \frac{T_{\text{Cl}}(V_1 - V_2)}{m \times 1000} \times 100\%$$

式中　T_{Cl} ——硝酸汞标准滴定溶液对氯离子的滴定度，mg/mL；

　　　V_1 ——滴定时消耗硝酸汞标准滴定溶液的体积，mL；

V_2——空白试验消耗硝酸汞标准滴定溶液的体积，mL；

m——试料的质量，g；

1000——单位换算系数。

实验七 混凝土拌和用水的化学分析

一般来讲，混凝土对拌和用水中杂质的影响不太敏感，故几乎可以用任何天然水。但是有些杂质，即使是微量也会影响到混凝土的凝结与硬化。例如：水中溶解有由植物纤维变质产生的腐殖质、丹宁酸、糖等有机物，就会阻碍混凝土的凝结硬化。如果含量过高，则可导致混凝土不硬化。此外，当水中的无机盐超过一定量时，也会对混凝土产生比较显著的影响。表 2-4-1 列出了对混凝土拌和水的质量要求。

符合表 2-4-1 要求的海水也可用来配制混凝土，但这样的混凝土不能用于民用及公用建筑的内部结构，且不宜拌制钢筋混凝土。

当对某一种水是否适合做混凝土拌和水有争议时，必须用这种水与普通饮用水同时拌制混凝土，并进行混凝土的质量检验，以验证其是否适用。

表 2-4-1 混凝土拌和水的质量要求

项目	预应力混凝土	钢筋混凝土	素混凝土
pH 值	≥5.0	≥4.5	≥4.5
不溶物/（mg/L）	≤2000	≤2000	≤5000
可溶物/（mg/L）	≤2000	≤5000	≤10000
氯化物（以 Cl^- 计）/（mg/L）	≤500	≤1000	≤3500
硫酸盐（以 SO_4^{2-} 计）/（mg/L）	≤600	≤2000	≤2700

Ⅰ pH 值的测定

一、实验目的

1. 掌握混凝土用水 pH 值的测定方法。
2. 了解不同混凝土用水对 pH 值的要求。

二、实验器材

1. 酸度计或离子浓度计：应能精确到 0.01pH 单位。
2. 玻璃电极与甘汞电极。
3. 标准缓冲溶液（pH4.00、pH6.86、pH9.18）。

三、实验步骤

（1）仪器校验

仪器校准操作按仪器使用说明书进行。用温度计测量 pH6.86 标准缓冲溶液的温

217

度，然后将 pH 计温度补偿旋钮调到所测的温度值下。将复合电极用去离子水冲洗干净，并用滤纸擦干，将 2～5mL pH6.86 标准缓冲溶液倒入已用去离子水洗净并用滤纸擦干的塑料烧杯中，洗涤塑料烧杯和复合电极后倒掉，再加入 20mL pH6.86 标准缓冲溶液于塑料烧杯中，将复合电极插入溶液中，调节仪器定位旋钮，至读数显示为 pH6.86 标准缓冲溶液在所测温度下对应的 pH 值，直至稳定（注意调完后，决不能再动定位旋钮）。

将复合电极用去离子水洗净，并用滤纸擦干，用温度计测量第二个标准缓冲溶液的温度，并将仪器温度补偿旋钮调到所测的温度值下，将 2～5mL 第二个标准缓冲溶液倒入另一个塑料烧杯中，洗涤塑料烧杯和复合电极后倒掉，再加入 20mL 第二个标准缓冲溶液，将复合电极插入溶液中，读数稳定后，调节仪器斜率旋钮，至读数显示为第二个标准缓冲溶液在所测温度下对应的 pH 值（注意斜率旋钮调完后，决不能再动）。

（2）样品测定

用温度计测定待测样品溶液的温度，并将仪器温度补偿调至所测温度，先用蒸馏水冲洗电极，再用待测水样冲洗，然后将复合电极浸入样品溶液中，小心摇动或进行搅拌使其均匀，静置，待读数稳定时记下 pH 值。

（3）精密度要求（表 2-4-2）

表 2-4-2　pH 值测定精密度

pH 范围	允许差，pH 单位	
	重复性	再现性
6	±0.1	±0.3
6～9	±0.1	±0.2
9	±0.2	±0.5

四、注意事项

（1）玻璃电极在使用前先放入蒸馏水中浸泡 24h 以上。

（2）测定 pH 值时，玻璃电极的球泡应全部浸入溶液中，并使其稍高于甘汞电极的陶瓷芯端，以免搅拌时碰坏。

（3）必须注意玻璃电极的内电极与球泡之间、甘汞电极的内电极和陶瓷芯之间不得有气泡，以防断路。

（4）甘汞电极中的饱和氯化钾溶液的液面必须高出汞体，在室温下应有少许氯化钾晶体存在，以保证氯化钾溶液的饱和，但须注意氯化钾晶体不可过多，以防止堵塞其与被测溶液的通路。

（5）标定的缓冲溶液一般第一次用 pH＝6.86 的溶液，第二次用接近被测溶液 pH 值的缓冲溶液。如被测溶液为酸性时，缓冲液应选 pH＝4.00；如被测溶液为碱性时，则选 pH＝9.18 的缓冲溶液。

（6）测定 pH 时，为减少空气和水样中二氧化碳的溶入或挥发，在测水样之前，不应提前打开水样瓶。

（7）玻璃电极表面受到污染时，需进行处理。如果系附着无机盐结垢，可用温稀盐酸溶解；对钙、镁等难溶性结垢，可用 EDTA 二钠盐溶液溶解；沾有油污时，可用丙酮清洗。电极按上述方法处理后，应在蒸馏水中浸泡一昼夜后再使用。注意忌用无水乙醇、脱水性洗涤剂处理电极。

（8）电极经长期使用后，如发现斜率略有降低，可把电极下端浸泡在 4％HF 溶液中 3～5s，用蒸馏水洗净，然后在 0.1mol/L 盐酸溶液中浸泡，使之复新。

五、思考题

1. 在 pH 值测定之前，应如何处置从施工现场取回的水样？
2. 在 pH 值测定之前，应做好那些准备工作？

Ⅱ　不溶物的测定

水质中的不溶物是指水样通过孔径为 0.45μm 的滤膜，截留在滤膜上并于 105℃烘干至恒量的固体物质。

一、实验目的

掌握混凝土用水不溶物含量的测定方法。

二、实验器材

1. 全玻璃微孔滤膜过滤器。
2. 电热鼓风干燥箱：能使温度控制在（105±5）℃。
3. 吸滤瓶、真空泵。
4. CN-CA 滤膜：孔径 0.45μm，直径 60mm。

三、实验步骤

（1）滤膜准备

用扁嘴无齿镊子夹取微孔滤膜放于事先恒量的称量瓶里，移入烘箱中于 105℃烘干半小时后取出，置干燥器内冷却至室温，称其质量。反复烘干、冷却、称量，直至两次称量的质量之差≤0.2mg。将恒量的微孔滤膜正确地放在滤膜过滤器的滤膜托盘上，加盖配套的漏斗，并用夹子固定好。以蒸馏水湿润滤膜，并不断吸滤。

（2）测定

量取 100mL 充分混合均匀的试样水，抽吸过滤，使水分全部通过滤膜。再以每次 10mL 蒸馏水连续洗涤三次，继续吸滤以除去痕量水分。停止吸滤后，仔细取出载有悬浮物的滤膜放在原恒量的称量瓶里，移入烘箱中于 105℃下烘干 1h 后移入干燥器中，冷却到室温，称其质量。反复烘干、冷却、称量，直至两次称量的质量之差≤0.4mg 为止。

四、结果计算

试样中不溶物含量 C（mg/L）按下式计算：

$$C = \frac{(A - B) \times 10^6}{V}$$

式中　　C——水中不溶物浓度，mg/L；

　　　　A——不溶物＋滤膜＋称量瓶质量，g；

　　　　B——滤膜＋称量瓶质量，g；

　　　　V——试样体积，mL。

五、思考题

1、漂浮或浸没水中的不均匀固体物质是否属于不溶物？

2、滤膜上的不溶物截留过多或过少对测定结果有何影响？

Ⅲ　可溶物的测定

可溶物总量亦即溶解性固体总量，是指溶解在水中的固体，如氯化物、硫酸盐、硝酸盐、碳酸氢盐及硅酸盐等）的总量，是混凝土用水质量的一项重要指标。

一、实验目的

1. 掌握混凝土用水可溶物含量的测定方法。

2. 了解不同混凝土对用水可溶物含量的最高要求。

二、实验器材

1. 电子天平：称量200g，感量0.1mg。

2. 电热鼓风干燥箱：能使温度控制在（105±2）℃。

3. 0.45μm滤膜。

4. 蒸发皿、干燥器等。

三、实验步骤

将洗净的蒸发皿放入烘箱内，于105℃±2℃烘1h后，放入干燥器内，冷却、称量，重复将蒸发皿烘干、称量，直至恒量。吸取适量的经0.45μm滤膜过滤的水样放入已恒量的蒸发皿内，先在电热板上蒸发至小体积，再置于水浴上蒸干。将蒸发皿放入烘箱内，在（105±2）℃烘1h，取出蒸发皿，放入干燥器内冷却、称量。重复烘干、称量，直至恒量。

四、结果计算

（1）试样中可溶物总量按下式计算：

$$可溶物总量(mg/L) = \frac{(m_1 - m_2) \times 10^6}{V}$$

式中　　m_1——蒸发皿加可溶物的质量，g；

　　　　m_2——空蒸发皿的质量，g；

V——所取水样的体积，mL。

（2）精密度

取不含永久硬度的、含可溶物总量在 385mg/L 的水样作 8 次批内测定，标准偏差为 15mg/L，相对标准偏差为 3.9%。

五、思考题

1. 什么叫可溶物？可溶物包括哪些？
2. 当水样中有永久硬度存在时，如何测定可溶物含量？

Ⅳ　氯化物的测定

一、实验目的

1. 掌握混凝土用水氯化物含量的测定方法。
2. 了解不同混凝土对用水中氯化物含量的最高要求及氯化物对混凝土的危害。

二、实验原理

在中性至弱碱性范围内（pH6.5～10.5），以铬酸钾为指示剂，用硝酸银滴定氯化物时，由于氯化银的溶解度小于铬酸银的溶解度，氯离子首先被完全沉淀出来后，然后铬酸盐以铬酸银的形式被沉淀，产生砖红色，指示滴定终点到达。该沉淀滴定的反应如下：

$$Ag^+ + Cl^- \longrightarrow AgCl\downarrow$$
$$2Ag^+ + CrO_4^{2-} \longrightarrow Ag_2CrO_4\downarrow \text{（砖红色）}$$

三、实验器材

1. 电子天平：称量 200g，感量 0.1mg。
2. 箱式电阻炉：最高使用温度不低于 1000℃。
3. 高锰酸钾溶液：$c(1/5KMnO_4) = 0.01mol/L$；
4. 过氧化氢溶液：30%；
5. 乙醇：95%；
6. 硫酸溶液：$c(1/2H_2SO_4) = 0.05mol/L$；
7. 氢氧化钠溶液：$c(NaOH) = 0.05mol/L$；
8. 氢氧化铝悬浮液：将 125g 硫酸铝钾 $[KAl(SO_4)_2 \cdot 12H_2O]$ 溶于 1L 蒸馏水中，加热至 60℃，然后边搅拌边缓缓加入 55mL 浓氨水，放置约 1h 后，移至大瓶中，用倾泻法反复洗涤沉淀物，直至洗出液中不含氯离子为止。用水稀至约 300mL。
9. 铬酸钾溶液（50g/L）：称取 5g 铬酸钾（K_2CrO_4）溶于少量蒸馏水中，滴加 0.0141mol/L 硝酸银溶液至有红色沉淀生成。摇匀，静置 12h，然后过滤并用蒸馏水将滤液稀释至 100mL。

10. 酚酞指示剂溶液（5g/L）：称取 0.5g 酚酞溶于 50mL 95％乙醇中。加入 50mL 蒸馏水，再滴加 0.05mol/L 氢氧化钠溶液使呈微红色。

11. 氯化钠标准溶液 $[c(NaCl)＝0.0141mol/L，相当于 500mg/L 氯化物]$：将氯化钠（NaCl）置于瓷坩埚内，在 500～600℃下灼烧 40～50min。在干燥器中冷却后，称取 8.240g，溶于蒸馏水中，在容量瓶中稀释至 1000mL，用吸管吸取 10.0mL，在容量瓶中稀释至 100mL。1mL 此标准溶液含 0.50mg 氯离子（Cl^-）。

12. 硝酸银标准滴定溶液 $[c(AgNO_3)＝0.0141mol/L]$：称取 2.3950g 于 105℃烘半小时的硝酸银（$AgNO_3$），溶于蒸馏水中，在容量瓶中稀释至 1000mL，贮于棕色瓶中。

用氯化钠标准溶液标定其浓度：

用吸管准确吸取 25.00mL 氯化钠标准溶液于 250mL 锥形瓶中，加蒸馏水 25mL。另取一锥形瓶，量取蒸馏水 50mL 作空白。各加入 1mL 50g/L 铬酸钾溶液，在不断的摇动下用硝酸银标准滴定溶液滴定至砖红色沉淀刚刚出现为终点。计算每毫升硝酸银标准滴定溶液所相当于氯离子的质量，然后校正其浓度，再作最后标定。

1mL 此标准滴定溶液相当于 0.50mg 氯离子（Cl^-）。

四、实验步骤

（1）干扰的排除

若无以下各种干扰，此节可省去。

如水样浑浊及带有颜色，则取 150mL 或取适量水样稀释至 150mL，置于 250mL 锥形瓶中，加入 2mL 氢氧化铝悬浮液，振荡过滤，弃去最初滤下的 20mL，用干的清洁锥形瓶接取滤液备用。

如果有机物含量高或色度高，可用电阻炉灰化法预先处理水样。取适量废水样于瓷蒸发皿中，调节 pH 值至 8～9，置水浴上蒸干，然后放入电阻炉中在 600℃下灼烧 1h，取出冷却后，加 10mL 蒸馏水，移入 250mL 锥形瓶中，并用蒸馏水清洗三次，一并转入锥形瓶中，调节 pH 值到 7 左右，稀释至 50mL。

由有机质产生的较轻色度，可以加入 2mL 0.01mol/L 高锰酸钾溶液，煮沸。再滴加乙醇以除去多余的高锰酸钾至水样褪色，过滤，滤液贮存于锥形瓶中备用。

如果水样中含有硫化物、亚硫酸盐或硫代硫酸盐，则加 0.05mol/L 氢氧化钠溶液将水样调节至中性或弱碱性，加入 1mL 30％过氧化氢溶液，摇匀。一分钟后加热至 70～80℃，以除去过量的过氧化氢。

（2）测定

用吸管吸取 50mL 水样或经过预处理的水样（若氯化物含量高，可取适量水样用蒸馏水稀释至 50mL），置于锥形瓶中。加入 1mL 50g/L 铬酸钾溶液，用 0.0141mol/L 硝酸银标准滴定溶液滴定至砖红色沉淀刚刚出现即为滴定终点。

如水样 pH 值在 6.5～10.5 范围，可直接滴定。超出此范围的水样则应以酚酞作指示剂，用 0.05mol/L 稀硫酸或 0.05mol/L 氢氧化钠的溶液调节至红色刚刚褪去。

另取一锥形瓶加入 50mL 蒸馏水作空白试验。

五、结果计算

试样中氯化物含量 C（mg/L）按下式计算：

$$C = \frac{(V_2 - V_1) \times c \times 35.45 \times 1000}{V}$$

式中　　V_1——蒸馏水消耗硝酸银标准滴定溶液的体积，mL；

　　　　V_2——试样消耗硝酸银标准滴定溶液的体积，mL；

　　　　c——硝酸银标准滴定溶液的浓度，mol/L；

　　　　V——试样体积，mL；

　　35.45——氯离子的摩尔质量，g/mol。

六、思考题

1. 如待测水样浑浊、带有颜色、并含有有机物和硫化物时，如何测定？
2. 如果试样溶液中含有铁时，对滴定终点有何影响？
3. 混凝土用水中氯化物含量过高对混凝土性能有什么影响？

Ⅴ　硫酸盐的测定

一、实验目的

1. 掌握混凝土用水中硫酸盐含量的测定方法。
2. 了解不同混凝土用水中硫酸盐含量的最高要求及硫酸盐对混凝土的危害。

二、实验原理

在盐酸溶液中，硫酸盐与加入的氯化钡反应形成硫酸钡沉淀。沉淀反应在接近沸腾的温度下进行，并在陈化一段时间之后过滤，用水洗到无氯离子，用灼烧或烘干法处理沉淀，称硫酸钡沉淀的质量。

三、实验器材

1. 电子天平：称量 200g，感量 0.1mg。
2. 箱式电阻炉：最高使用温度不低于 1000℃。
3. 电热鼓风干燥箱：能使温度控制在（180±5）℃。
4. 盐酸（1+1）。
5. 氨水（1+1）。
6. 氯化钡溶液（100g/L）。
7. 甲基红指示剂溶液（1g/L）。
8. 硝酸银溶液（10g/L）。
9. 滤膜：孔径为 0.45μm。

10. 砂芯玻璃坩埚：G4，30mL。

11. 瓷坩埚：30mL。

12. 铂蒸发皿：250mL。

13. 无水碳酸钠。

四、实验步骤

1. 样品的采集

（1）样品可以采集在硬质玻璃瓶或聚乙烯瓶中。为了不使水样中可能存在的硫化物或亚硫酸盐被空气氧化，容器必须用水样完全充满。不必加保护剂，可以冷藏较长时间。

（2）试样的制备取决于样品的性质和分析的目的。为了分析可过滤态的硫酸盐，水样应在采样后立即在现场（或尽可能快地）用 $0.45\mu m$ 的微孔滤膜过滤，滤液留待分析。需要测定硫酸盐的总量时，应将水样摇匀后取试样，适当处理后进行分析。

2. 样品的预处理

（1）将量取的适量可滤态试样（例如含 $50mg$ SO_4^{2-}）置于 $500mL$ 烧杯中，加两滴甲基红指示剂溶液（$1g/L$），用适量的盐酸（$1+1$）或者氨水（$1+1$）调节至呈橙黄色，再加 $2mL$ 盐酸（$1+1$），加水使烧杯中溶液的总体积为 $200mL$，加热煮沸至少 $5min$。

（2）如果试样中二氧化硅的浓度超过 $25mg/L$，则应将所取试料置于铂蒸发皿中，在蒸气浴上蒸发到近干，加 $1mL$ 盐酸（$1+1$），将皿倾斜并转动使酸和残渣完全接触，继续蒸发至干，放在（105 ± 5）℃的烘箱内完全烘干。如果试料中含有机物质，就在燃烧器的火焰上炭化，然后用 $2mL$ 水和 $1mL$ 盐酸（$1+1$）把残渣浸湿，再在蒸气浴上蒸干。加入 $2mL$ 盐酸（$1+1$），用热水溶解可溶性残渣后过滤。用少量热水多次反复洗涤不溶解的二氧化硅，将滤液和洗液合并，按上述（1）的方法调节酸度。

（3）如果需要测总量而试样中又含有不溶解的硫酸盐，则将试样用中速定量滤纸过滤，并用少量热水洗涤滤纸，将洗涤液和滤液合并，将滤纸转移到铂蒸发皿中，在低温燃烧器上加热灰化滤纸，将 $4g$ 无水碳酸钠同皿中残渣混合，并在 900℃加热使混合物熔融，放冷，用 $50mL$ 水将熔融物转移到 $500mL$ 烧杯中，使其溶解，并与滤液和洗液合并，按上述（1）的方法调节酸度。

3. 样品的沉淀处理

将经过上述预处理所得的溶液加热至沸，在不断搅拌下缓慢加入 $10mL$ 热氯化钡溶液（$100g/L$），直到不再出现沉淀，然后多加 $2mL$，在 $80\sim90$℃下保持不少于 $2h$，或在室温至少放置 $6h$，最好过夜以陈化沉淀。

4. 沉淀处理（灼烧法）

用少量无灰滤纸纸浆与硫酸钡沉淀混合，用定量致密滤纸过滤，用热水转移并洗涤沉淀，用几份少量温水反复洗涤沉淀物，直至洗涤液不含氯离子为止。滤纸和沉淀一起，置于事先在 800℃灼烧恒量后的瓷坩埚中烘干，小心灰化滤纸后（不要让滤纸产生火焰），将坩埚移入高温炉里，在 800℃灼烧 $1h$，取出，放入干燥器内冷却，称量，直至灼烧至恒量。

5. 沉淀处理（烘干法）

上述沉淀也可用烘干法进行测定，用在 105℃ 干燥并已恒量后的砂芯玻璃坩埚过滤沉淀，用带橡皮头的玻璃棒及温水将沉淀定量转移到坩埚中去，用几份少量的温水反复洗涤沉淀，直至洗涤液不含氯离子。取下坩埚，在烘箱内于（105±5）℃ 干燥 1~2h，放在干燥器内冷却，称量，直至干燥至恒量。

五、结果计算

试样中硫酸根离子（SO_4^{2-}）的质量浓度（mg/L）按下式计算：

$$\rho(SO_4^{2-}) = \frac{m_1 \times 0.4116 \times 10^6}{V}$$

式中　　m_1 ——从试样中沉淀出来的硫酸钡的质量，g；

　　　　V ——所取水样的体积，mL；

0.4116——$BaSO_4$ 质量换算为 SO_4^{2-} 质量的系数。

六、思考题

1. 水中的哪些物质会影响硫酸钡的沉淀？对测定结果有何影响？
2. 采用灼烧法时，硫酸钡沉淀的灰化条件对测定结果有何影响？

Ⅵ　水质矿化度的测定

矿化度是水中所含无机矿物成分的总量。矿化度是水化学成分测定的一项重要指标，用于评价水中总含盐量，是农田灌溉用水适用性评价的主要指标，常用于天然水分析中主要被测离子总和的质量检验。对于无污染的水样，测得该水样的矿化度与该水样在 103~105℃ 时烘干的总可滤残渣量值相同。

一、实验目的

掌握水质矿化度的测定方法。

二、实验原理

水样经过滤去除漂浮物及沉降性固体物，放在已烘干至恒量的蒸发皿内蒸干，并用过氧化氢去除有机物，然后在 105~110℃ 下烘干至恒量，将称得质量减去蒸发皿质量即为矿化度。

三、实验器材

1. 电子天平：称量 200g，感量 0.1mg。
2. 电热鼓风干燥箱：能使温度控制在（105±5）℃。
3. 抽气瓶：容积为 500mL 或 1000mL。
4. 过氧化氢溶液（15%）。

5. 水浴或蒸汽浴。

6. 砂芯玻璃增坩埚（G_3号）。

7. 陶瓷蒸发皿：直径 90mm。

8. 中速定量滤纸等。

四、实验步骤

（1）将清洗干净的蒸发皿置于 105～110℃烘箱中烘 2h，放入干燥器中冷却至室温后称量，重复烘干，称量，直至恒量（两次称量相差不超过 0.0005g）。

（2）取适量水样用清洁的玻璃砂芯坩埚抽滤或用中速定量滤纸过滤。

（3）取 50～100mL 过滤后水样（水样量以产生 2.5～200mg 的残渣为宜），置于已称量的蒸发皿中，于水浴上蒸干。

（4）如蒸干残渣有色，则使蒸发皿稍冷后，滴加数滴 15％过氧化氢溶液，慢慢旋转蒸发皿至气泡消失，再置于水浴上蒸干，反复处理数次，直至残渣变白或颜色稳定不变为止。

（5）将蒸发皿放入烘箱内于 105～110℃烘干 2h，置于干燥器中冷却至室温，称量，重复烘干称量，直至恒量（两次称量相差≤0.2mg）。

五、结果计算

试样的矿化度按下式计算：

$$矿化度(mg/L) = \frac{(m - m_0) \times 10^6}{V}$$

式中 m ——蒸发皿及残渣的总质量，g；

m_0 ——蒸发皿质量，g；

V ——水样体积，mL。

六、思考题

对于含有大量钙、镁、氯化物及硝酸盐的水样矿化度如何测定？

实验八   混凝土外加剂成分的分析

I ·固体含量的测定

一、实验目的

掌握混凝土外加剂固体含量的测定方法。

二、实验器材

1. 天平：精度 0.1mg。

2. 电热鼓风恒温干燥箱：温度范围 0～200℃。

3. 带盖称量瓶：$\phi25mm\times65mm$。

4. 干燥器。

三、实验步骤

1. 将洁净带盖称量瓶放入烘箱内，于 $100\sim105℃$ 烘 30min，取出置于干燥器内，冷却 30min 后称量，重复上述步骤直至恒量，其质量为 m_0。

2. 将被测试样装入已经恒量的称量瓶内，盖上盖称出试样及称量瓶的总质量为 m_1。试样称量：固体试样 $1.0000\sim2.0000g$；液体试样 $3.0000\sim5.0000g$。

3. 将盛有试样的称量瓶放入烘箱内，开启瓶盖，升温至 $100\sim105℃$（特殊试样除外）烘干。取出，盖上盖，置于干燥器内冷却 30min 后称量。重复上述步骤直至恒量，其质量为 m_2。

四、实验结果计算与评定

1. 试样中固体质量分数按下式计算：

$$w(固)=\frac{m_2-m_0}{m_1-m_0}\times100\%$$

式中　　$w(固)$——固体含量，%；

m_0——称量瓶的质量，g；

m_1——称量瓶加试料的质量，g；

m_2——称量瓶加烘干后试料的质量，g。

2. 实验允许差：重复性允许差为 0.30%；再现性允许差为 0.50%。

Ⅱ　pH 值的测定

一、实验目的

1. 掌握用酸度计测定混凝土外加剂 pH 值的方法。

2. 了解能斯特（Nernst）方程测量 pH 值的原理。

二、实验原理

根据能斯特（Nernst）方程 $E=E^\circ+0.05915\lg[H^+]$，$E=E^\circ-0.05915pH$，一对电极在不同 pH 值溶液中能产生不同电位差，这一对电极由测试电极（玻璃电极）和参比电极（饱和甘汞电极）组成，在 25℃ 时每相差一个单位 pH 值时产生 59.15mV 的电位差，pH 值可在仪器的刻度表上直接读出。

三、实验器材

1. 酸度计。

2. 甘汞电极、玻璃电极、复合电极。

四、实验条件

1. 液体样品直接测试。
2. 固体样品溶液的浓度为 $10g/L$。
3. 被测溶液的温度为（20 ± 3）℃。

五、实验步骤

1. 按仪器的出厂说明书校正仪器。
2. 当仪器校正好后，先用蒸馏水，再用测试溶液冲洗电极，然后再将电极浸入被测溶液中，轻轻摇动试杯，使溶液均匀。待到酸度计的读数稳定 1min 后，记录读数。测量结束后，用水冲洗电极，以待下次测量。

六、实验结果表示与评定

1. 酸度计测出的结果即为溶液的 pH 值。
2. 允许差：室内允许差为 0.2；室间允许差为 0.5。

Ⅲ 氯离子含量的测定

一、实验目的

1. 掌握用电位滴定法测定混凝土外加剂中氯离子含量的测定方法。
2. 了解电位滴定法测量氯离子的原理。

二、实验原理

用电位滴定法，以银电极或氯电极为指示电极，其电势随 Ag^+ 浓度而变化。以甘汞电极为参比电极，用电位计或酸度计测定两电极在溶液中组成的原电池的电势。当滴入硝酸银标准滴定溶液时，银离子与氯离子反应生成溶解度很小的氯化银白色沉淀。在等量点前两电极间电势变化缓慢，在等量点时氯离子全部生成氯化银沉淀，这时滴入少量硝酸银溶液将引起电势的急剧变化，指示出滴定终点的到达。

三、实验器材

1. 电位计或酸度计。
2. 电磁搅拌器。
3. 甘汞电极、银电极或氯电极。
4. 滴定管：25mL；移液管：10mL。
5. 硝酸（$1+1$）。
6. 硝酸银标准滴定溶液（17g/L）：准确称取约 17g 硝酸银（$AgNO_3$），用水溶解，放入 1L 棕色容量瓶中稀释至刻度，摇匀，用 0.1000mol/L 氯化钠标准溶液对硝酸银标准滴定溶液进行标定。

7. 氯化钠标准溶液 $[c(NaCl)=0.1000mol/L]$：称取约 10g 氯化钠（基准试剂），盛在称量瓶中，于 130～150℃烘干 2h，在干燥器内冷却后精确称取 5.8443g，用水溶解并稀释至 1L，摇匀。

标定硝酸银标准滴定溶液的方法：

用移液管吸取 10mL 0.1000mol/L 氯化钠标准溶液于烧杯中，加水稀释至 200mL，加 4mL 硝酸（1+1），在电磁搅拌下，用硝酸银标准滴定溶液以电位滴定法测定终点，过等量点后，在同一溶液中再加入 10mL 0.1000mol/L 氯化钠标准溶液，继续用硝酸银标准滴定溶液滴定至第二个终点，用二次微商法计算出体积 V_{01}，V_{02}。

体积 V_0 按下式计算：

$$V_0 = V_{02} - V_{01}$$

式中 V_0——10mL 0.1000mol/L 氯化钠标准溶液消耗硝酸银标准滴定溶液的体积，mL；

V_{01}——空白试验中 200mL 水，加 4mL 硝酸（1+1）加 10mL 0.1000mol/L 氯化钠标准溶液所消耗的硝酸银标准滴定溶液的体积，mL；

V_{02}——空白试验中 200mL 水，加 4mL 硝酸（1+1）加 20mL 0.1000mol/L 的氯化钠标准溶液所消耗的硝酸银标准滴定溶液的体积，mL。

硝酸银标准滴定溶液的浓度 c 按下式计算：

$$c = \frac{c'V'}{V_0}$$

式中 c——硝酸银溶液的浓度，mol/L；

c'——氯化钠标准溶液的浓度，mol/L；

V'——氯化钠标准溶液的体积，mL。

四、实验步骤

1. 准确称取 0.5000～5.0000g 外加剂试样，放入烧杯中，加 200mL 水和 4mL 硝酸（1+1），使溶液呈酸性，搅拌至完全溶解。如不能完全溶解，可用快速定性滤纸过滤，并用蒸馏水洗涤残渣至无氯离子为止。

2. 用移液管加入 10mL 0.1000mol/L 氯化钠标准溶液，烧杯内加入电磁搅拌子，将烧杯放在电磁搅拌器上，开动搅拌器并插入银电极（或氯电极）及甘汞电极，两电极与电位计或酸度计相连接，用硝酸银标准滴定溶液缓慢滴定，记录电势和对应的滴定管读数。

由于接近等量点时，电势增加很快，此时要缓慢滴加硝酸银标准滴定溶液，每次定量加入 0.1mL，当电势发生突变时，表示等量点已过，此时继续滴入硝酸银标准滴定溶液，直至电势变化趋向平缓。得到第一个终点时硝酸银标准滴定溶液消耗的体积为 V_1。

3. 在同一溶液中，用移液管再加入 10mL 0.1000mol/L 氯化钠标准溶液（此时溶液电势降低），继续用硝酸银标准滴定溶液滴定，直至第二个等量点出现，记录电势和对应的 0.1mol/L 硝酸银标准滴定溶液消耗的体积 V_2。

4. 空白试验。在干净的烧杯中加入 200mL 水和 4mL 硝酸（1+1）。用移液管加入 10mL 0.1000mol/L 氯化钠标准溶液，在不加入试样的情况下，在电磁搅拌下，缓慢滴加硝酸银标准滴定溶液,记录电势和对应的滴定管读数,直至第一个终点出现。过等量点后,在同一溶液中,再用移液管加入 10mL 0.1000mol/L 氯化钠标准溶液,继续用硝酸银标准滴定溶液滴定至第二个终点,用二次微商法计算出硝酸银标准滴定溶液消耗的体积 V_{01},V_{02}。

五、实验结果计算与评定

用二次微商法计算结果。通过电势对体积的二次导数(即 $\Delta^2 E/\Delta V^2$)变成零的办法来求出滴定终点。假如在邻近等量点时,每次加入的硝酸银标准滴定溶液是相等的,此函数($\Delta^2 E/\Delta V^2$)必定会在正负符号发生变化的相应体积之间的某一点变成零,对应这一点的体积即为终点体积,可用内插法求得。

1. 外加剂中氯离子所消耗的硝酸银标准滴定溶液的体积 V 按下式计算:

$$V = \frac{(V_1 - V_{01}) + (V_2 - V_{02})}{2}$$

式中　V_1——试样溶液加 10mL 0.1000mol/L 氯化钠标准溶液所消耗的硝酸银标准滴定溶液的体积,mL;

　　　V_2——试样溶液加 20mL 0.1000mol/L 氯化钠标准溶液所消耗的硝酸银标准滴定溶液的体积,mL。

2. 外加剂试样中氯离子的质量分数按下式计算:

$$w(Cl^-) = \frac{c \cdot V \times 35.45}{m \times 1000} \times 100\%$$

式中　$w(Cl^-)$——外加剂中氯离子的质量分数,%;

　　　m——外加剂试料的质量,g。

用 1.565 乘氯离子的含量,即获得无水氯化钙的质量分数,按下式计算:

$$w(CaCl_2) = 1.565 \times w(Cl^-)$$

式中　$w(CaCl_2)$——外加剂中无水氯化钙的质量分数,%。

3. 允许差:重复性允许差为 0.05%,再现性允许差为 0.08%。

Ⅳ　硫酸钠含量的测定

一、实验目的

1. 掌握用硫酸钡称量分析法测定混凝土外加剂中硫酸钠含量的方法。
2. 了解硫酸钡称量分析法测定的原理。

二、实验原理

氯化钡溶液与外加剂试样中的硫酸盐生成溶解度极小的硫酸钡沉淀,称量经高温灼烧后的沉淀来计算硫酸钠的含量。

三、实验器材

1. 电阻高温炉:最高使用温度不低于 900℃。

2. 电子天平：称量 100g，感量 0.1mg。

3. 电磁电热式搅拌器。

4. 盐酸溶液：1+1；氯化铵溶液：50g/L；氯化钡溶液：100g/L；硝酸银溶液：1g/L。

5. 瓷坩埚：18mL～30mL；烧杯：400mL；长颈漏斗；慢速定量滤纸及快速定性滤纸。

四、实验步骤

1. 准确称取试样约 0.5g 于 400mL 烧杯中，精确至 0.1mg，加入 200mL 水搅拌溶解，再加入氯化铵溶液 50mL，加热煮沸后，用快速定性滤纸过滤，用水洗涤数次后，将滤液浓缩至 200mL 左右，滴加盐酸（1+1）至浓缩滤液显示酸性，再多加 5～10 滴盐酸，煮沸后在不断搅拌下趁热滴加氯化钡溶液 10mL，继续煮沸 15min，取下烧杯，置于加热板上，保持 50～60℃静置 2～4h 或常温静置 8h。

2. 用两张慢速定量滤纸过滤，烧杯中的沉淀用 70℃水洗净，使沉淀全部转移到滤纸上，用温热水洗涤沉淀至无氯离子为止（用硝酸银溶液检验）。

3. 将沉淀与滤纸移入预先灼烧恒量的坩埚中，小火烘干，灰化。

4. 在 800℃电阻高温炉中灼烧 30min，然后在干燥器里冷却至室温（约 30min），取出称量，再将坩埚放回高温炉中，灼烧 20min，取出冷却至室温，称量，如此反复直至恒量（连续两次称量之差小于 0.0005g）。

五、实验结果表示与评定

1. 试样中硫酸钠的质量分数按下式计算：

$$w(\mathrm{Na_2SO_4}) = \frac{(m_2 - m_1) \times 0.6086}{m} \times 100\%$$

式中　　$w(\mathrm{Na_2SO_4})$——外加剂中硫酸钠的质量分数，%；

　　　　m——试料的质量，g；

　　　　m_1——空坩埚质量，g；

　　　　m_2——灼烧后滤渣加坩埚质量，g。

　　　0.6086——硫酸钡换算成硫酸钠的系数。

2. 允许差：重复性允许差为 0.50%；再现性允许差为 0.80%。

六、思考题

1. 硫酸钠含量测定过程中应注意哪些事项？

2. 如何减小测定过程中产生的误差？

Ⅴ　碱含量的测定

一、实验目的

掌握混凝土外加剂中碱含量的测定方法。

二、实验原理

试样用约 80℃ 的热水溶解，以氨水分离铁、铝。以碳酸铵分离钙、镁。滤液中的碱（钾和钠），采用相应的滤光片，用火焰光度计进行测定。

三、实验器材

1. 火焰光度计。

2. 盐酸（1+1）；氨水（1+1）；碳酸铵溶液（100g/L）；甲基红指示剂溶液（2g/L乙醇溶液）。

3. 氧化钾、氧化钠标准溶液：精确称取已在 130～150℃ 烘过 2h 的氯化钾（KCl 光谱纯）0.7920g 及氯化钠（NaCl 光谱纯）0.9430g，置于烧杯中，加水溶解后，移入 1000mL 容量瓶中，用水稀释至标线，摇匀，转移至干燥的带盖的塑料瓶中。此标准溶液每毫升相当于氧化钾及氧化钠各 0.5mg。

四、实验步骤

1. 工作曲线的绘制

分别向 100mL 容量瓶中注入 0.00、1.00、2.00、4.00、8.00、12.00mL 的氧化钾、氧化钠标准溶液（分别相当于氧化钾、氧化钠各 0.00、0.50、1.00、2.00、4.00、6.00mg），用水稀释至标线，摇匀，然后分别于火焰光度计上按仪器使用规程进行测定，根据测得的检流计读数与溶液浓度的关系，分别绘制氧化钾及氧化钠的工作曲线。

2. 准确称取一定量的试样置于 150mL 的瓷蒸发皿中，用 80℃ 左右的热水润湿并稀释至 30mL，置于电热板上加热蒸发，保持微沸 5min 后取下，冷却，加 1 滴甲基红指示剂溶液，滴加氨水（1+1），使溶液呈黄色。加入 10mL 碳酸铵溶液，搅拌，置于电热板上加热并保持微沸 10min，用中速滤纸过滤，以热水洗涤，滤液及洗液盛于容量瓶中，冷却至室温，以盐酸（1+1）中和至溶液呈红色，然后用水稀释至标线，摇匀，以火焰光度计按仪器使用规程进行测定。称样量及稀释倍数见表 2-4-3。

表 2-4-3 称样量及稀释倍数

总碱量/%	称样量/g	稀释体积/mL	稀释倍数/n
1.00	0.2	100	1
1.00～5.00	0.1	250	2.5
5.00～10.00	0.05	250 或 500	2.5 或 5.0
大于 10.00	0.05	500 或 1000	5.0 或 10.0

五、实验结果计算与评定

1. 试样中氧化钾的质量分数按下式计算：

$$w(K_2O) = \frac{C_1 \cdot n}{m \times 1000} \times 100\%$$

232

式中　$w(\mathrm{K_2O})$ ——外加剂中氧化钾的质量分数，%；

　　　C_1 ——在工作曲线上查得每 100mL 被测定液中氧化钾的含量，mg；

　　　n ——被测溶液的稀释倍数；

　　　m ——试料的质量，g。

　2. 试样中氧化钠的质量分数按下式计算：

$$w(\mathrm{Na_2O}) = \frac{C_2 \cdot n}{m \times 1000} \times 100\%$$

式中　$w(\mathrm{Na_2O})$ ——外加剂中氧化钠的质量分数，%。

　　　C_2 ——在工作曲线上查得每 100mL 被测溶液中氧化钠的含量，mg。

　3. 试样中总碱量的质量分数按下式计算：

$$w(总碱量) = 0.658 \times w(\mathrm{K_2O}) + w(\mathrm{Na_2O})$$

式中　$w(总碱量)$ ——外加剂中总碱量的质量分数，%。

　4. 允许差，见表 2-4-4。

表 2-4-4　总碱量测定的允许差

总碱量/%	室内允许差/%	室间允许差/%
1.00	0.10	0.15
1.00～5.00	0.20	0.30
5.00～10.00	0.30	0.50
大于 10.00	0.50	0.80

注：1. 矿物质的混凝土外加剂：如膨胀剂等，不在此范围之内。

　　2. 总碱量的测定亦可采用原子吸收光谱法，参见 GB/T 176 中相关章节。

第五章 玻璃/陶瓷用原材料的化验与检测

实验一 长石的化学成分分析

一、实验目的

通过长石化学成分的分析，掌握长石化学成分的测试方法。

二、实验器材

1. 箱式电阻炉：最高使用温度不低于 1000℃。

2. 电热鼓风干燥箱：能使温度控制在（105±5）℃。

3. 电子天平：称量 100g，感量 0.1mg。

4. 72 型分光光度计。

5. 分析纯碳酸钾、氯化钾、硝酸、盐酸、硫酸、磷酸、氢氟酸、氨水、盐酸羟胺、乙醇。

6. 氨水（1+1）、硝酸（1+1）、硝酸（1+5）、盐酸（1+1）、硫酸（1+1）、三乙醇胺（1+1）。

7. 氟化钾溶液（150g/L）。

8. 氯化钾溶液（50g/L）。

9. 氯化钾-乙醇溶液（50g/L）。

10. 过氧化氢溶液（3%）。

11. 氢氧化钠溶液（200g/L）。

12. 氨-氯化铵缓冲溶液（pH10）。

13. 乙酸铵溶液（300g/L）。

14. 六次甲基四胺溶液（300g/L）。

15. 氢氧化钠标准滴定溶液（0.15mol/L）。

16. 硫酸铜标准滴定溶液（0.05mol/L）。

17. EDTA 标准滴定溶液（0.05mol/L）。

18. EDTA 标准滴定溶液（0.015mol/L）。

19. 三氧化二铁标准溶液（0.1mg/mL）。

20. 氧化钛标准溶液（1mg/mL）。

21. 酚酞指示剂溶液（10g/L）。

22. 磺基水杨酸钠指示剂溶液（100g/L）。

23. PAN 指示剂溶液（1g/L）。

24. 对硝基酚指示剂溶液（2g/L）。

25. 钙指示剂。

26. 铬黑 T 指示剂。

27. 铂坩埚等。

三、实验步骤

1. 二氧化硅的测定

（1）方法提要

试样用碱熔融，以水浸取熔融物，再用硝酸酸化使硅成为可溶性硅酸。在强酸性介质中并有过量钾盐存在时，硅酸与氟离子作用生成氟硅酸钾沉淀。将沉淀洗至中性，用热水水解，产生的氢氟酸用氢氧化钠标准滴定溶液滴定。

（2）分析步骤

精确称取已磨细并于 105～110℃下干燥的试样 0.1～0.15g 于铂坩埚内，加入 2g 固体碳酸钾，小心混匀。先在低温加热，逐渐升高温度至 1000℃，熔融至透明熔体。冷却，滴加少量蒸馏水，以玻璃棒小心旋动坩埚内熔块使其与坩埚壁分离，倒入 250mL 塑料烧杯中，以少量热水洗净坩埚，最后以少量硝酸（1+5）洗涤，加入 15mL 浓硝酸，此时溶液体积应在 40mL 左右，加入 2～3g 固体氯化钾，溶解后立即冷至室温（25℃以下）。在搅拌下注入 10mL 氟化钾溶液（15%），放置数分钟。用中速滤纸过滤，以氯化钾溶液（50g/L）洗涤杯壁及沉淀 2～3 次，再洗涤滤纸一次。将沉淀和滤纸放回原塑料烧杯中，加入 10mL 氯化钾-乙醇溶液（50g/L）及 20 滴酚酞指示剂溶液（10g/L），用氢氧化钠标准滴定溶液（0.15mol/L）中和未洗净的酸。此时必须仔细利用杯中滤纸擦净杯壁，直到加入 1 滴氢氧化钠溶液后，溶液呈现稳定的红色为止。然后加入 200mL 已中和了的沸水，立即以氢氧化钠标准滴定溶液（0.15mol/L）滴定至溶液呈现微红色。

（3）结果计算

试样中二氧化硅的质量分数按下式计算：

$$w（SiO_2）=\frac{T_{SiO_2}\times V}{m\times 1000}\times 100\%$$

式中　T_{SiO_2}——每毫升氢氧化钠标准滴定溶液相当于二氧化硅的毫克数，mg/mL；

$\qquad V$——滴定时消耗氢氧化钠标准滴定溶液的体积，mL；

$\qquad m$——试料的质量，g。

2. 三氧化二铝的测定

（1）方法提要

在微酸性溶液中（pH=3～7），EDTA 与三价铝离子配位，此反应进行缓慢，必须在煮沸情况下方能定量进行，同时亦为了防止调节 pH 值时析出沉淀，采用加入过量 EDTA 而后调节 pH 值，用硫酸铜标准滴定溶液返滴定过量的 EDTA。

（2）分析步骤

精确称取 0.5g 于 105～110℃干燥过的试样置于铂蒸发皿中，以少量水润湿，加入

5mL 硫酸（1+1）及 10mL 氢氟酸，于通风橱内小火加热到试样分解后，蒸发到冒三氧化硫白烟，近干，取下冷却，用水吹洗皿壁再加 5mL 硫酸（1+1），继续如前重复蒸发。冷却后加入 5mL 硫酸（1+1）及 50mL 水，加热使盐溶解，转入 250mL 容量瓶中，冷却，稀至标线，摇匀备用。此为试样溶液 A。

吸取 50mL 试液溶液 A 于 250mL 烧杯中，由滴定管加入 EDTA 标准滴定溶液（0.05mol/L），一般根据三氧化二铝含量过量 3～5mL，以对硝基酚为指示剂，用氨水（1+1）和盐酸（1+1）调整到酸性（pH 值约为 5，溶液无色），加入 5mL 乙酸铵溶液（300g/L），煮沸 3min 后，立即于冷水中冷却后，加入 5 滴 PAN 指示剂（1g/L），用硫酸铜标准滴定溶液（0.05mol/L）返滴定，到接近终点时，加入 10 mL 乙醇以提高终点的灵敏性，继续用硫酸铜标准滴定溶液滴定至溶液呈现紫红色或深蓝色。

（3）结果计算

试样中三氧化二铝的质量分数按下式计算：

$$w（Al_2O_3）=\frac{T_{Al_2O_3}\times A（V-KV_1）}{m\times 1000}-0.6384w（Fe_2O_3）-0.6380w（TiO_2）$$

式中　$T_{Al_2O_3}$——EDTA 标准滴定溶液对三氧化二铝的滴定度，mg/mL；

　　　V——加入 EDTA 标准滴定溶液的体积，mL；

　　　V_1——滴定过量 EDTA 所消耗的硫酸铜标准滴定溶液的体积，mL；

　　　K——每毫升硫酸铜标准滴定溶液相当于 EDTA 标准滴定溶液的毫升数；

　　　A——系数，当取 25mL 试液时，$A=10$；当取 50mL 试液时，$A=5$；

$w（Fe_2O_3）$——试样中三氧化二铁的质量分数；

　$w（TiO_2）$——试样中二氧化钛的质量分数；

　　　m——试料的质量，g。

3. 三氧化二铁的测定

（1）方法提要

铁与磺基水杨酸生成配合物，在碱性溶液中呈黄色，颜色稳定，可在长时间内不发生变化；颜色深度与铁含量成比例。

铜、镍、钴和铬等有色离子有干扰。钛、铀和铂族元素在中性和弱碱性溶液中与磺基水杨酸也能产生有色配合物。铝、钙、镁、铍及稀土元素与试剂生成无色配合物。锰有干扰，但加入盐酸羟胺可以消除干扰。氯化物、硫酸盐、磷酸盐和氟化物对测定没有影响。

（2）三氧化二铁工作曲线的绘制

① 从微量滴定管中放出三氧化二铁标准溶液（0.1mg/mL）0.00、2.00、4.00、6.00、8.00、10.00mL 于一组 100mL 容量瓶中。

② 加入 10mL 磺基水杨酸钠溶液（100g/L），然后逐滴加入氨水（1+1）至溶液呈现黄色，再过量 2mL，冷却，用水稀释至标线，摇匀。用 3cm 或 5 cm 的比色皿在波长 420nm 处测定吸光度。以吸光度为纵坐标、三氧化二铁含量为横坐标绘制工作曲线。

（3）分析步骤

吸取 25mL 试样溶液 A 于 100mL 容量瓶中，以下按三氧化二铁工作曲线绘制步骤②

进行比色分析。

（4）结果计算

试样中三氧化二铁的质量分数按下式计算：

$$w(Fe_2O_3) = \frac{100 \times A \times C}{m \times 1000}$$

式中　C——在工作曲线上查得比色皿中待测试样溶液中三氧化二铁的含量，mg/mL；

　　　m——试料的质量，g；

　　　A——全部试样溶液与所分取试样溶液的体积比。

4. 二氧化钛的测定

（1）方法提要

在硫酸溶液中，钛盐与过氧化氢生成黄色配合物，其颜色深度与钛含量成正比。氟离子和磷酸根离子能与钛结合成为配合物而使溶液褪色，但磷酸含量较小影响不大；三价铁离子在硝酸中无影响，而在盐酸中则呈黄色影响测定，因此加入少量磷酸使与铁生成 $[Fe(PO_4)_2]^{3-}$ 无色配合物。

（2）氧化钛工作曲线的绘制

从微量滴定管中放出二氧化钛标准溶液 0.00、1.00、2.00、3.00、4.00、5.00、6.00mL 置于一组 100mL 容量瓶中，分别加入 5mL 硫酸，冷却，各加 5mL 过氧化氢（3%），稀释至标线，摇匀，在 72 型分光度计上于 420nm 波长，用 1cm 比色皿测定吸光度，绘制吸光度与二氧化钛含量关系的工作曲线。

（3）分析步骤

吸取 25mL 试液溶液 A 于 100mL 容量瓶中，加入 1mL 磷酸、5mL 硫酸及 5mL 过氧化氢（3%），稀释至标线，摇匀，按上述工作曲线方法进行比色测定，必须同样作一空白试验。

（4）试样中二氧化钛的质量分数按下式计算：

$$w(TiO_2) = \frac{100 \times A \times C}{m \times 1000}$$

式中　$w(TiO_2)$——试样中二氧化钛的质量分数，%；

　　　C——在工作曲线上查得比色皿中待测试样溶液中二氧化钛的含量，mg/mL；

　　　m——试料的质量，g；

　　　A——全部试样溶液与所分取试样溶液的体积比。

5. 氧化钙测定

（1）方法提要

钙离子与 EDTA 在 pH＝12～14h，以 1:1 比例定量配位成为无色配合物。试样经盐酸分解后，在 pH＝12～14 的氢氧化钠介质中，以钙指示剂为指示剂，用 EDTA 进行滴定。

钙离子与钙指示剂生成紫红色配合物，但此配合物比钙离子与 EDTA 生成的配合物更不稳定，因此在滴定时，原来被指示剂配位的钙离子为 EDTA 所夺取，当滴定到达终点时，溶液中全部钙离子为 EDTA 所配位，游离出钙指示剂，因而使溶液呈现指示剂本身的纯蓝色。

少量镁离子并不影响测定，相反能使滴定终点的突变更为敏锐。

（2）分析步骤

吸取 50mL 试液溶液 A 于 300mL 烧杯中，滴加氨水（1+1）至 pH 值约为 4，加入 5mL 六次甲基四胺溶液（300g/L），加热煮沸 3~5min，趁热以快速滤纸过滤，用热水洗涤 10~12 次，滤液和洗液收集于 300mL 烧杯中。加入少量盐酸羟胺及 5mL 三乙醇胺（1+1），用水稀释至约 150mL，滴加氢氧化钠溶液（200g/L）至溶液 pH 为 12~14。加入少量钙指示剂，用 EDTA 标准滴定溶液（0.015mol/L）滴定至溶液由紫红色变为纯蓝色。

（3）结果计算

试样中氧化钙的质量分数按下式计算：

$$w(\text{CaO}) = \frac{T_{\text{CaO}} \times V_1 \times 5}{m \times 1000} \times 100\%$$

式中　T_{CaO}——每毫升 EDTA 标准滴定溶液相当于氧化钙的毫克数，mg/mL；

　　　V_1——滴定时消耗 EDTA 标准滴定溶液的体积，mL；

　　　5——全部试样溶液与所分取试样溶液的体积比；

　　　m——试料的质量，g。

6. 氧化镁的测定

（1）方法提要

镁与 EDTA 在 pH=10 时，以 1∶1 比例定量配位生成无色配合物。在 pH=10 的缓冲溶液中以铬黑 T 为指示剂，用 EDTA 进行测定。镁离子与铬黑 T 指示剂生成的配合物更不稳定，因此在滴定时，原来被指示剂配位的镁离子为 EDTA 所夺取，当滴定达到终点时，溶液中全部镁离子为 EDTA 所配位，游离出指示剂，因而使溶液呈现指示剂本身的纯蓝色。

（2）分析步骤

吸取 50mL 试液溶液 A 于 300mL 烧杯中，滴加氨水（1+1）调节溶液 pH 值约为 4。加入 5mL 六次甲基四胺溶液（300g/L），加热煮沸 3~5min，趁热以快速滤纸过滤，用热水洗涤 10~12 次，滤液和洗液收集于 300mL 烧杯中，加入少许盐酸羟胺及 5mL 三乙醇胺（1+1），用水稀释至约 150mL，滴加氨水（1+1）至溶液 pH 约为 10，加入 5mL 氨-氯化铵缓冲溶液及少许铬黑 T 指示剂。用 EDTA 标准滴定溶液（0.015mol/L）滴定至试样溶液由紫红色变为蓝绿色。

（3）试样中氧化镁的质量分数按下式计算：

$$w(\text{MgO}) = \frac{T_{\text{MgO}}\ (V_2 - V_1)\ \times 5}{m \times 1000} \times 100\%$$

式中　T_{MgO}——每毫升 EDTA 标准滴定溶液相当于氧化镁的毫克数，mg/mL；

　　　V_2——滴定钙、镁合量时消耗 EDTA 标准滴定溶液的体积，mL；

　　　V_1——滴定钙时消耗的 EDTA 标准滴定溶液的体积，mL；

5——全部试样溶液与所分取试样溶液的体积比；

m——试料的质量，g。

7. 氧化钾和氧化钠测定

同石英砂的化学成分分析（本章实验二）。

四、思考题

1. 试述长石中二氧化硅测定过程中的注意事项。
2. 试述长石中二氧化硅的其他测定方法及其原理。

实验二　石英砂的化学成分分析

石英砂是一种非金属矿物质，是一种坚硬、耐磨、化学性能稳定的硅酸盐矿物，其主要矿物成分是 SiO_2，石英砂的颜色为乳白色或无色半透明状。石英砂是重要的工业矿物原料，广泛用于玻璃、陶瓷等工业。

Ⅰ　试样的制备

所取的样品必须混合均匀，并应能代表平均组成，没有外来杂质混入。将此样品经过缩分，最后得到约20g试样。在玛瑙研钵中研磨至全部通过0.08mm筛，然后装于称量瓶中备用。试样分析前应于105～110℃烘箱中烘干1h，在干燥器中冷却至室温。

Ⅱ　附着水分的测定

准确称取1～2g未经烘干的试样，放入预先已烘干至恒量的称量瓶中，置于105～110℃的烘箱中（称量瓶在烘箱中应敞开盖）烘2h。取出，加盖（但不应盖得太紧），放在干燥器中冷至室温。将称量瓶紧密盖紧，称量。如此再入烘箱中烘1h。用同样方法冷却、称量，至达恒量为止。

试样中附着水分的质量分数按下式计算：

$$w(H_2O) = \frac{m - m_1}{m} \times 100\%$$

式中　$w(H_2O)$——试样中附着水分的质量分数，%；

$\qquad m$——烘干前试料的质量，g；

$\qquad m_1$——烘干后试料的质量，g。

Ⅲ　烧失量的测定

准确称取约1g已在105～110℃烘干过的试样，放入已灼烧至恒量的瓷坩埚中。置于高温炉中，从低温升起，在 950～1000℃的高温下灼烧 30min。取出，置于干燥器中冷却，称量。如此反复灼烧，直至恒量。

试样中烧失量的质量分数按下式计算：

$$w(\text{LOI}) = \frac{m - m_1}{m} \times 100\%$$

式中　$w(\text{LOI})$——试样中烧失量的质量分数，%；

m——灼烧前试样的质量，g；

m_1——灼烧后试料的质量，g。

Ⅳ　二氧化硅的测定

一、实验原理

试样用碳酸钠熔融，以盐酸浸出后蒸干，再用盐酸溶解，过滤并将沉淀灼烧，然后用氢氟酸处理，处理前后的质量差即为沉淀二氧化硅量。用硅钼蓝分光光度法测定滤液中残余的二氧化硅量，两者相加得二氧化硅的含量。

二、实验器材

1. 分光光度计。
2. 无水碳酸钠。
3. 盐酸（密度 1.19g/mL）、盐酸（1+1）、盐酸（1+11）、盐酸（5+95）。
4. 硫酸（1+1）。
5. 乙醇（95%）。
6. 氢氟酸（40%）。
7. 氢氧化钾溶液（200g/L）。
8. 氟化钾溶液（20g/L）。
9. 硼酸溶液（20g/L）。
10. 钼酸铵溶液（80g/L）。
11. 抗坏血酸溶液（20g/L），使用时配制。
12. 对硝基酚指示剂溶液（5g/L）。
13. 二氧化硅标准溶液（0.1mg/mL）。

三、实验步骤

1. 二氧化硅（硅钼蓝）比色工作曲线的绘制

（1）于一组 100mL 容量瓶中，分别加 8mL 盐酸（1+11）及 10mL 水，摇匀。用刻度移液管依次加入 0、1.00、2.00、3.00、4.00、5.00、6.0mL 二氧化硅标准溶液，加 8mL 95%乙醇和 4mL 钼酸铵溶液（80g/L），摇匀。

（2）高于 20℃时，放置 5～10min；低于 20℃时，于 30～50℃的温水中放置 5～

10min，冷却至室温。加 15mL 盐酸（1＋1），用水稀释至近 90mL，加 5mL 20g/L 抗坏血酸溶液，用水稀释至标线，摇匀。1 小时后，于分光光度计上，以试剂空白溶液作参比，选用 0.5cm 比色皿，在波长 700nm 处测定溶液的吸光度。按测得的吸光度与比色溶液浓度的关系绘制工作曲线。

2. 试样的制备及测定

（1）称取约 0.5g 试样于铂皿中（铂皿容积约 75～100mL），加 1.5g 无水碳酸钠与试样混匀，再取 0.5g 无水碳酸钠铺在表面。先于低温加热，逐渐升温至 1000℃，熔融物呈透明熔体，继续熔融约 5min，用包有铂金头的坩埚钳夹持铂皿，小心旋转，使熔融物均匀地附着在皿的内壁。冷却，盖上表面皿，加 20mL 盐酸（1＋1）溶解熔块，将铂皿置于水浴上加热至碳酸盐完全分解，不再冒气泡。取下，用热水洗净表面皿，除去表面皿，将铂皿再置水浴上蒸发至无盐酸气味。

（2）冷却，加 5mL 盐酸，放置约 5min，加约 20mL 热水搅拌使盐类溶解，加适量滤纸浆搅拌。用中速定量滤纸过滤，滤液及洗涤液用 250mL 容量瓶承接，以热盐酸（5＋95）洗涤皿壁及沉淀 10～12 次，热水洗涤 10～12 次。将滤液用水稀释至标线，摇匀。

（3）在沉淀上加 2 滴硫酸（1＋1），将滤纸和沉淀一并移入铂坩埚中，放在电炉上低温烘干，升高温度使滤纸充分灰化。于 1100℃灼烧 1h，在干燥器中冷却至室温，称量，反复灼烧，直至恒量。

（4）将沉淀用水润湿，加 3 滴硫酸（1＋1）和 5～7mL 氢氟酸，在水浴上加热，蒸发至干。重复处理一次，继续加热至三氧化硫白烟冒尽为止。将坩埚在 1000℃灼烧 15min，在干燥器中冷却至室温，称量，反复灼烧，直至恒量。

（5）吸取 25mL 滤液于 100mL 塑料杯中，加 5mL 氟化钾溶液（20g/L），摇匀，放置 10min。加 5mL 硼酸溶液（20g/L），加 1 滴对硝基苯酚指示剂溶液，滴加氢氧化钾溶液（200g/L）至溶液变黄，加 8mL 盐酸（1＋11），转入 100mL 容量瓶中，加 8mL 乙醇（95％），4mL 钼酸铵溶液（80g/L），摇匀。以下分析步骤与标准曲线绘制步骤（2）相同，从工作曲线上查得试样比色溶液中二氧化硅的浓度。回收二氧化硅也可用硅钼黄比色法。

四、实验结果计算

试样中二氧化硅的质量分数按下式计算：

$$w(SiO_2) = \left(\frac{m_1 - m_2}{m} + \frac{C \times 10}{m \times 1000} \right) \times 100\%$$

式中　m_1——灼烧后未经氢氟酸处理的沉淀及坩埚质量，g；

　　　m_2——经氢氟酸处理并灼烧后残渣及坩埚质量，g；

　　　m——试料的质量，g；

　　　C——在工作曲线上查得每 100mL 被测定滤液中二氧化硅的含量，mg；

　　　10——全部试样溶液与所分取试样溶液的体积比。

V　三氧化二铁的测定

一、实验原理

试样经硫酸和氢氟酸溶解后，调节 pH 值，用盐酸羟胺将 Fe^{3+} 还原为 Fe^{2+}，用邻菲罗啉显色，分光光度法测定总铁含量。

二、实验器材

1. 分光光度计。
2. 氨水（1+1）。
3. 盐酸（1+1）。
4. 对硝基苯酚指示剂乙醇溶液（5g/L）。
5. 盐酸羟胺溶液（100g/L）。
6. 邻菲罗啉乙醇溶液（1g/L）。
7. 酒石酸溶液（100g/L）。
8. 三氧化二铁标准溶液（0.02mg/mL）。

三、实验步骤

1. 三氧化二铁比色工作曲线的绘制

（1）移取 0.00、1.00、3.00、5.00、7.00、10.00、13.00、15.00mL 三氧化二铁标准溶液（0.02mg/mL），分别放入一组 100mL 容量瓶中，用水稀释至 40～50mL。

（2）加入 4mL 酒石酸溶液（100g/L）和 1～2 滴对硝基苯酚指示剂溶液（5g/L），滴加氨水（1+1）至溶液呈现黄色，随即滴加盐酸（1+1）至溶液刚好无色，此时，溶液 pH 值约为 5，加 2mL 盐酸羟胺溶液（100g/L），10mL 邻菲罗啉溶液（1g/L），用水稀释至标线，摇匀，放置 20min 后，于分光光度计上，以试剂空白溶液作参比，选用 1cm 比色皿，在波长 510nm 处测定溶液的吸光度。按测得吸光度与比色溶液浓度的关系绘制工作曲线。

2. 试样溶液的制备及测定

根据试样中的二氧化硅的含量范围，试液制备步骤分述如下：

a. 二氧化硅的含量在 95% 以上者，称取约 1g 试样于铂皿中，用少量水润湿，加 1mL 硫酸（1+1）和 10mL 氢氟酸，于低温电炉上蒸发至冒三氧化硫白烟，重复处理一次，逐渐升高温度，驱尽三氧化硫，冷却。加 5mL 盐酸（1+1）及适量水，加热溶解，冷却后转入 250mL 容量瓶中，用水稀释至标线，摇匀。此溶液（A）供测定三氧化二铁、二氧化钛、三氧化二铝、氧化钙、氧化镁之用。

b. 二氧化硅的含量在 95% 以下者，称取约 0.5g 试样于铂皿中，用少量水润湿，加 1mL 硫酸（1+1）和 10mL 氢氟酸，于低温电炉上蒸发至冒三氧化硫白烟，逐渐升高温度，驱尽三氧化硫。放冷，将 1.5g 无水碳酸钠和 1g 硼酸混匀后，加于残渣上。先低温加热，逐渐升温至 $1000\sim1100℃$ 熔融约 10min，使残渣全部溶解。盖上表面皿，放冷后加 10mL 盐酸（1+1）及适量水，加热溶解，冷却后转入 250mL 容量瓶中，用水稀释至标线，摇匀。此溶液（B）供测定三氧化二铁、二氧化钛、三氧化二铝、氧化钙、氧化镁之用。

　　c. 从步骤 a 或步骤 b 所制备溶液中，准确吸取 25mL 移置于 100mL 容量瓶中，用水稀释至 40~50mL。

　　d. 以下分析步骤与三氧化二铁工作曲线的绘制步骤（2）相同。

四、实验结果计算

试样中三氧化二铁的质量分数按下式计算：

$$w(\text{Fe}_2\text{O}_3) = \frac{C \times 100}{m \times 1000} \times 100\%$$

式中　C——在工作曲线上查得 100mL 待测试样溶液（比色皿中）中三氧化二铁的含量，mg；

　　　　m——试料的质量，g；

　　　　10——全部试样溶液与所分取试样溶液的体积比。

Ⅵ　二氧化钛的测定

一、实验原理

在盐酸溶液中，用抗坏血酸消除 Fe^{3+} 干扰，于分光光度计上测定二氧化钛的含量。

二、实验器材

1. 分光光度计。

2. 硫酸（1+1）。

3. 盐酸（1+1）。

4. 氨水（1+1）。

5. 对硝基苯酚指示剂乙醇溶液（5g/L）。

6. 抗坏血酸溶液（50g/L），使用时现配。

7. 变色酸溶液（50g/L），使用时现配。

8. 二氧化钛标准溶液（0.01mg/mL）。

三、实验步骤

1. 二氧化钛比色工作曲线的绘制

（1）移取 0.00、1.00、2.00、3.00、4.00、5.00、6.00、7.00（mL）二氧化钛标准溶液（0.01mg/mL），分别放入一组 100mL 容量瓶中，用水稀释至 40~50mL。

（2）加入 5mL 抗坏血酸溶液和 1～2 滴对硝基苯酚指示剂溶液，滴加氨水（1+1）至溶液呈现黄色，随即滴加盐酸（1+1）至溶液刚好无色，再加 3 滴。加 5mL 变色酸 50g/L，用水稀释至标线，摇匀，放置 10min 后，于分光光度计上，以试剂空白溶液作参比，选用 3cm 比色皿，在波长 470nm 处测定溶液的吸光度。按测得的吸光度与比色溶液浓度的关系绘制工作曲线。

2. 试样溶液的测定

（1）从测定三氧化二铁所制备的溶液（A）或（B）中，吸取 25mL 移置于 100mL 容量瓶中。

（2）以下分析步骤与二氧化钛比色工作曲线绘制步骤相同。

四、实验结果计算

试样中二氧化钛的质量分数按下式计算：

$$w(\text{TiO}_2) = \frac{C \times 10}{m \times 1000} \times 100\%$$

式中　$w(\text{TiO}_2)$——试样中 TiO_2 的质量分数，%；

C——在工作曲线上查得比色皿中 100mL 待测试样溶液中二氧化钛的含量，mg；

m——试料的质量，g；

10——全部试样溶液与所分取试样溶液的体积比。

Ⅶ　三氧化二铝的测定

一、实验原理

试样溶液中加入过量的 EDTA 标准滴定溶液，于 pH4 时将溶液煮沸 1～2min，冷却至室温，再将溶液调至 pH5.6，用二甲酚橙作指示剂，以锌盐标准滴定溶液滴定过剩的 EDTA，滴定终点由黄变红。

二、实验器材

1. 硼酸。

2. 硫酸（1+1）。

3. 盐酸（1+1）。

4. 氨水（1+1）。

5. 氢氟酸。

6. 二甲酚橙指示剂溶液（2g/L）。

7. 氢氧化钾溶液（200g/L）。

8. 乙酸-乙酸钠缓冲溶液（pH5.6）。

9. EDTA 标准滴定溶液（0.010mol/L）。

10. 乙酸锌标准滴定溶液（0.010mol/L）。

11. 钙黄绿素混合指示剂（CMP）。

三、实验步骤

从测定三氧化二铁所制备的溶液（A）或（B）中，移取适量试样溶液（含三氧化二铝在2%以下者移取50mL，在2%以上者移取25mL）于300mL烧杯中，用滴定管加入20.00mL EDTA标准滴定溶液（0.010mol/L），在电炉上加热至50℃以上，加1滴二钾酚橙指示剂溶液（2g/L），在搅拌下滴加氨水（1+1）至溶液由黄色刚好变成紫红色，加5mL乙酸-乙酸钠缓冲溶液（pH5.6），此时溶液由紫变黄。继续加热，煮沸2～3min，冷却，用水稀释至约150mL。加2～3滴二甲酚橙指示剂溶液，用乙酸锌标准滴定溶液（0.010mol/L）滴定至溶液由黄色变成红色。

四、实验结果计算

试样中三氧化二铝的质量分数按下式计算：

$$w(\text{Al}_2\text{O}_3) = \frac{T_{\text{Al}_2\text{O}_3} \times A \ (V - KV_1)}{m \times 1000} - 0.6384w \ (\text{Fe}_2\text{O}_3) - 0.6380w \ (\text{TiO}_2)$$

式中　　$T_{\text{Al}_2\text{O}_3}$——EDTA标准滴定溶液对三氧化二铝的滴定度，mg/mL；

V——加入EDTA标准滴定溶液的体积，mL；

V_1——滴定过量EDTA所消耗的乙酸锌标准滴定溶液的体积，mL；

K——每毫升乙酸锌标准滴定溶液相当于EDTA标准滴定溶液的毫升数；

A——系数，当取25mL试液时，$A=10$；当取50mL试液时，$A=5$；

$w(\text{Fe}_2\text{O}_3)$——试样中三氧化二铁的质量分数；

$w(\text{TiO}_2)$——试样中二氧化钛的质量分数；

m——试料的质量，g。

Ⅷ　氧化钙的测定

一、实验原理

在pH>12时，钙能与EDTA定量生成稳定的配合物，镁不干扰测定，铁，钛、铝用三乙醇胺掩蔽，用钙黄绿素混合指示剂，EDTA标准滴定溶液滴定。

二、实验器材

1. 三乙醇胺（1+1）。

2. 氢氧化钾溶液（200g/L）。

3. 钙黄绿素混合指示剂（CMP）。

4. EDTA标准滴定溶液（0.010mol/L）。

三、实验步骤

从测定三氧化二铁所制备的溶液（A）或（B）中，吸取 50mL 移置于 300mL 烧杯中，加 3mL 三乙醇胺（1+1），用水稀释至约 150mL，滴加 20％氢氧化钾溶液调节溶液 pH 值约为 12，再过量 2mL，加适量钙黄绿素混合指示剂。用 EDTA 标准滴定溶液（0.010mol/L）滴定至绿色荧光消失并呈现淡红色。

四、实验结果计算

试样中氧化钙的质量分数按下式计算：

$$w(CaO) = \frac{T_{CaO} \times V_1 \times 5}{m \times 1000} \times 100\%$$

式中　T_{CaO}——每毫升 EDTA 标准滴定溶液相当于氧化钙的毫克数，mg/mL；

　　　V_1——滴定时消耗的 EDTA 标准滴定溶液的体积，mL；

　　　5——全部试样溶液与所分取试样溶液的体积比；

　　　m——试料的质量，g。

Ⅸ　氧化镁的测定

一、实验原理

在 pH＝10 时，镁和钙能与 EDTA 定量生成稳定的配合物，铁、铝、钛用三醇胺掩蔽，用酸性铬蓝 K-萘酚绿 B 混合指示剂，EDTA 标准滴定溶液滴定，得钙、镁合量。减去氧化钙含量后得氧化镁含量。

二、实验器材

1. 三乙醇胺（1+1）。
2. 氨水（1+1）。
3. 氨-氯化铵缓冲溶液（pH10）。
4. EDTA 标准滴定溶液（0.010mol/L）。
5. 酸性铬蓝 K-萘酚绿 B（1：3）混合指示剂。

三、实验步骤

从测定三氧化二铁所制备的溶液（A）或（B）中，吸取 50mL 移置于 300mL 烧杯中，加 3mL 三乙醇胺（1+1），用水稀释至约 150mL，滴加氨水（1+1）调节溶液 pH 值约为 10，再加 10mL 氨-氯化铵缓冲溶液（pH10）及适量酸性铬蓝 K-萘酚绿 B 指示剂。用 EDTA 标准滴定溶液（0.010mol/L）滴定至试液由紫红色变为蓝绿色。

四、实验结果计算

试样中氧化镁的质量分数按下式计算：

$$w(\text{MgO}) = \frac{T_{\text{MgO}} (V_2 - V_1) \times 5}{m \times 1000} \times 100\%$$

式中　T_{MgO}——每毫升 EDTA 标准滴定溶液相当于氧化镁的毫克数，mg/mL；

　　　V_2——滴定钙、镁合量时消耗的 EDTA 标准滴定溶液的体积，mL；

　　　V_1——滴定钙时消耗的 EDTA 标准滴定溶液的体积，mL；

　　　5——全部试样溶液与所分取试样溶液的体积比；

　　　m——试料的质量，g。

X　氧化钾和氧化钠的测定

一、实验原理

试样经高氯酸和氢氟酸溶解后，在盐酸酸性溶液中，用火焰光度计，内插法测定氧化钠和氧化钾含量。

二、实验器材

1. 火焰光度计。
2. 氢氟酸。
3. 硫酸（1+1）。
4. 盐酸（1+1）、（1+11）。
5. 氧化钾标准溶液（1mg/mL）。
6. 氧化钠标准溶液（1mg/mL）。
7. 氧化钾，氧化钠系列混合标准溶液（1～10μg/mL）。

三、实验步骤

1. 根据样品中氧化钾和氧化钠的含量准确称取 0.1～0.5g 试样（通常含量高于0.5%者，取 0.1～0.2g；低于 0.5%者，取 0.2～0.5g）于铂皿中，用少量水润湿，加10～15 滴硫酸（1+1）和 10mL 氢氟酸，置于低温电炉上蒸发至冒三氧化硫白烟，放冷后，加 3～5mL 氢氟酸，继续蒸发至三氧化硫白烟冒尽。取下，放冷，加 25mL 盐酸（1+11），加热溶解，放冷，移入 250mL 容量瓶中，用水稀释至标线，摇匀。

2. 将火焰光度计按仪器使用规程调整到工作状态，按如下操作，分别使用钾滤光片（波长 767nm）测定氧化钾、钠滤光片（波长 589nm）测定氧化钠。将试样溶液喷雾，读取检流计读数（D）。

3. 从氧化钾，氧化钠系列混合标准溶液中选取比试样溶液浓度略低的标准溶液进行喷雾，读取检流计读数（D_1）。再选取比试样溶液浓度略高的标准溶液进行喷雾，读取检流计读数（D_2）。

四、实验结果计算

试样中氧化钾和氧化钠的质量分数按下式计算：

$$w(K_2O) \text{ 或 } w(Na_2O) = \{2.5 \times 10^{-4} [C_1 + (C_2 - C_1) (D - D_1) / (D_2 - D_1)]\}/m$$

式中　C_1——比试样溶液浓度略低的标准溶液浓度，$\mu g/mL$；

　　　　C_2——比试样溶液浓度略高的标准溶液浓度，$\mu g/mL$；

　　　　m——试料的质量，g。

Ⅺ　思考题

1. 当石英砂中的 SiO_2 含量达 98% 以上时，是否可用氢氟酸挥发重量差减法测定 SiO_2 的含量？

2. 采用比色法测定石英砂中的 SiO_2 等成分时，如何保证测定结果的准确性？

实验三　陶土的化学成分分析

同第三章黏土的化学成分分析。

实验四　硼酸的化学分析

一、实验目的

掌握硼酸的化学成分分析方法。

二、实验原理

硼酸是玻璃制备的原料，也是常用的消毒剂和防腐剂。硼酸是一种弱酸，它的盐容易水解，直接用氢氧化钠滴定时，产生下列可逆反应：

$$NaOH + H_3BO_3 \rightleftharpoons NaH_2BO_3 + H_2O$$

由此可知，测定硼酸不能直接用氢氧化钠滴定。为了防止水解，可以使它与多元醇如甘油、甘露醇、转化糖等配位成一种比硼酸本身强得多的酸，它的盐即不容易水解，滴定时不致产生可逆反应，而能得到精确的结果。其反应如下：

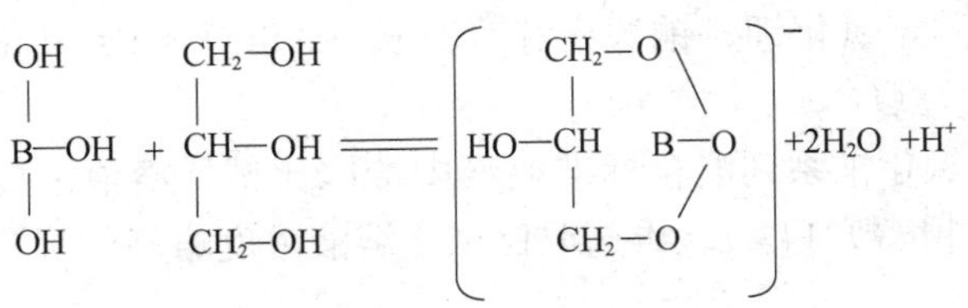

为了防止水解，所用的水量尽可能地减少，滴定体积不应超过 100mL；为保证作用完全，甘油或甘露醇要反复加入，直至滴定到产生稳定的红色为止。

三、实验器材

1. 电子天平：称量 100g，感量 0.1mg。
2. 氢氧化钠标准溶液（0.5mol/L）。
3. 酚酞指示剂溶液（10g/L）。
4. 三角瓶、分析天平、烧杯、碱式滴定管、容量瓶、量筒。
5. 甘油或甘露醇、酒精溶液、蒸馏水、硼酸。

四、实验步骤

精确称取 0.5g 试样于 300mL 三角烧杯中，加入 20mL 刚煮沸的蒸馏水，不断摇动使试样溶解，流水冷却，加入 8～10 滴酚酞指示剂溶液，2g 甘露醇，摇动，放置数分钟后，用氢氧化钠标准滴定溶液（0.5mol/L）滴定至微红色，再加入 1g 甘露醇。如果酚酞的红色褪去，再用氢氧化钠标准滴定溶液（0.5mol/L）滴定至红色再出现，如此反复进行，直至加入甘露醇以后，溶液红色不褪色即为终点。

五、实验结果与分析

硼酸试样中氧化硼的质量分数按下式计算：

$$w(B_2O_3) = \frac{c \times V \times 0.03481}{m} \times 100\%$$

$$w(H_3BO_3) = \frac{c \times V \times 0.006181}{m} \times 100\%$$

式中　c——氢氧化钠标准滴定溶液的浓度，mol/L；

　　　V——消耗氢氧化钠标准滴定溶液的体积，mL；

　　　m——试料的质量，g。

六、思考题

1. 测定硼酸时为什么不能用氢氧化钠直接滴定？
2. 采用什么办法可以防止硼酸盐的水解？

实验五　硼砂的化学分析

一、实验目的

掌握硼砂的化学分析方法。

二、实验器材

1. 电子天平：称量 100g，感量 0.1mg。
2. 甲基橙指示剂溶液（2g/L）。
3. 盐酸标准滴定溶液（0.50mol/L）。
4. 氢氧化钠标准滴定溶液（0.50mol/L）。
5. 甘露醇：分析纯。
6. 其他：称量瓶、三角烧瓶、酸碱滴定管、干燥器、容量瓶、量筒、烧杯等。

三、实验原理

要点：硼砂是一种碱性物质，溶解于水，可用盐酸中和其中的氧化钠从而测定其含量。其反应如下：

$$Na_2B_4O_7 + 2HCl + 5H_2O \Longrightarrow 2NaCl + 4H_3BO_3$$

四、实验步骤

1. 氧化钠的测定

（1）测定步骤

精确称取 0.5g 试样于 300mL 三角杯瓶中，加入 20mL 刚煮沸的蒸馏水溶解，流水冷却，加入二滴甲基橙指示剂溶液，以 0.50mol/L 盐酸标准滴定溶液滴定至溶液呈微红色。

（1）实验结果计算

试样中氧化钠的质量分数按下式计算：

$$w(Na_2O) = \frac{c \times V \times 0.0310}{m} \times 100\%$$

式中　c——盐酸标准滴定溶液的浓度，mol/L；

　　　V——消耗盐酸标准滴定溶液的体积，mL；

　　　m——试料的质量，g。

2. 三氧化二硼的测定

（1）测定步骤

在测定氧化钠后的溶液中，用 0.50mol/L 氢氧化钠标准滴定溶液滴定至刚现黄色后，加入甘露醇。余下步骤按硼酸中三氧化二硼的测定步骤进行滴定。

（2）结果计算

试样中三氧化二硼的质量分数按下式计算：

$$w(B_2O_3) = \frac{c_{NaOH} \times V \times 0.03481}{m} \times 100\%$$

式中　$c(NaOH)$——氢氧化钠标准滴定溶液的浓度，mol/L；

　　　　V——消耗氢氧化钠标准滴定溶液的体积，mL；

　　　　m——试料的质量，g。

五、思考题

硼砂分析中，如何测定氧化钠及三氧化二硼的含量？

实验六　碳酸钠的化学分析

一、实验目的

1. 掌握玻璃原料中水分的测定方法；实现对原料水分的质量控制。
2. 掌握配合料中 Na_2CO_3 的化学分析方法。

二、实验器材

1. 电子天平：称量 100g，感量 0.1mg。
2. 电热鼓风干燥箱：能使温度控制在 （105±5）℃。
3. 盐酸标准滴定溶液 （0.5mol/L）。
4. 甲基橙指示剂溶液 （1g/L）。
5. 三角瓶、酸式滴定管、称量瓶等。

三、测定步骤

1. 附着水分的测定

（1）测定步骤

精确称取约 2g 试样，置于已烘至恒量的扁型称量瓶中，去盖，于 105～110℃的烘箱中干燥约 2h 左右，由干燥箱中取出，加盖，置于干燥器中冷却 20min，称量。如此反复干燥，直至恒量。

（2）结果计算

试样中水分的质量分数按下式计算：

$$w(H_2O) = \frac{m - m_1}{G} \times 100\%$$

式中　m——干燥前的试样的质量，g；

　　　　m_1——干燥后的试样的质量，g。

2. 碳酸钠含量的测定

（1）测定步骤

将试样放入称量瓶中，以减量法精确称取 1g 试样，放入 300mL 三角瓶中，用 50mL 已煮沸除尽二氧化碳的热水溶解，冷至室温，加入 2 滴甲基橙指示剂溶液，用盐酸标准滴定溶液（0.5mol/L）滴定至溶液刚呈微红色为终点。

（2）结果计算

试样中碳酸钠的质量分数按下式计算：

$$w(Na_2CO_3) = \frac{c \times V \times 0.05299}{m} \times 100\%$$

式中　V——消耗盐酸标准滴定溶液的体积，mL；

c——盐酸标准滴定溶液的浓度，mol/L；

m——试料的质量，g。

四、思考题

1. 为什么测定玻璃原料水分时要反复烘干、称量、直至恒量？
2. 滴定至终点后是否需将残留在滴定管尖嘴内的溶液挤入三角瓶中，为什么？

实验七　碳酸钾的化学分析

一、实验目的

1. 掌握玻璃原料中水分的测定方法；实现对原料水分的质量控制。
2. 掌握配合料中 K_2CO_3 的化学分析方法。

二、实验器材

1. 电子天平：称量 100g，感量 0.1mg。
2. 电热鼓风干燥箱：能使温度控制在（105±5）℃。
3. 盐酸标准滴定溶液（0.5mol/L）。
4. 甲基橙指示剂溶液（1g/L）。
5. 三角瓶、酸式滴定管、称量瓶等。

三、测定步骤

1. 附着水分的测定

精确称取 2g 试样，置于已烘至恒量的扁型称量瓶中，去盖，于 105~110℃的烘箱中干燥，约 2h 左右，由烘箱中取出，加盖，置于干燥器中冷却 20min，称量。如此反复干燥，直至恒量。

2. 碳酸钾含量的测定

精确称取 1g 试样，放入 300mL 三角瓶中，用 50mL 已煮沸除尽二氧化碳的热水溶解，冷至室温，加入 2 滴甲基橙指示剂溶液（1g/L），用盐酸标准滴定溶液（0.5mol/L）滴至溶液呈微红色为终点。

四、结果计算

（1）水分结果计算

试样中水分的质量分数按下式计算：

$$w(H_2O) = \frac{m - m_1}{m} \times 100\%$$

式中　m——干燥前试样质量，g；

　　　m_1——干燥后试样质量，g。

（2）碳酸钾结果计算

试样中碳酸钾的质量分数按下式计算：

$$w(K_2CO_3) = \frac{V \times c \times 0.06911}{m} \times 100\%$$

式中　c——盐酸标准滴定溶液的浓度，mol/L；

　　　V——消耗盐酸标准滴定溶液的体积，mL；

　　　m——试料的质量，g。

实验八　碳酸锂的化学分析

一、实验目的

1. 掌握玻璃原料中水分的测定方法；实现对原料水分的质量控制。
2. 掌握配合料中 Li_2CO_3 的化学分析方法。

二、实验器材

1. 电子天平：称量 100g，感量 0.1mg。
2. 电热鼓风干燥箱：能使温度控制在（105±5）℃。
3. 盐酸标准滴定溶液（0.5mol/L）。
4. 氢氧化钠标准滴定溶液（0.5mol/L）。
5. 甲基橙指示剂溶液（1g/L）。
6. 三角瓶、酸碱式滴定管、称量瓶等。

三、测定步骤

1. 附着水分的测定

同本章"碳酸钾的化学分析"。

2. 碳酸锂含量的测定

（1）测定原理

碳酸锂是弱碱性物质，用盐酸直接滴定生成的盐有水解性，滴定生成的盐量逐渐增加，其水解作用亦相应增强，近终点时，反应溶液呈酸性，致使终点不明晰。为了避免这种现象，必须加入过量盐酸标准滴定溶液，以甲基橙为指示剂，用氢氧化钠标准滴定溶液进行返滴定。

（2）测定步骤

称取 0.5g 试样于 300mL 三角瓶中，注入已煮沸除净二氧化碳的蒸馏水溶解，由滴定管中放入 50mL 盐酸标准滴定溶液（0.5mol/L），热沸 1min 赶去二氧化碳，冷却，加入 2 滴甲基橙指示剂溶液（1g/L），用氢氧化钠标准滴定溶液（0.5mol/L）滴定过量的盐酸，直至溶液由红色变为黄色为止。

四、结果计算

试样中碳酸锂的质量分数按下式计算：

$$w(\mathrm{Li_2CO_3}) = \frac{(c \times V - c_1 \times V_1) \times 0.03694}{m} \times 100\%$$

式中　V——加入盐酸标准滴定溶液的体积，mL；

　　　c——盐酸标准滴定溶液的浓度，mol/L；

　　V_1——返滴定时消耗氢氧化钠标准滴定溶液的体积，mL；

　　c_1——氢氧化钠标准滴定溶液的浓度，mol/L；

　　　m——试料的质量，g。

实验九　碳酸钡的化学分析

碳酸钡是光学玻璃、颜料、陶瓷及油漆等的工业原料。

一、实验目的

掌握配合料中 $\mathrm{BaCO_3}$ 的化学分析方法。

二、实验器材

1. 电子天平：称量 100g，感量 0.1mg。

2. 电热鼓风干燥箱：能使温度控制在（105±5）℃。

3. 箱式电阻炉：最高使用温度不低于 1000℃。

4. 盐酸溶液（1+1）。

5. 硫酸溶液（5+95）。

6. 硫酸溶液（5+995）。

7. 甲基橙指示剂溶液（2g/L）。

8. 烧杯、瓷钳埚、称量瓶等。

三、测定步骤

1. 附着水分、氧化铁、氧化铝、烧失量的测定

参考石灰石的化学分析。

2. 氧化钡的测定

精确称取 0.2～0.3g 试样，置于 400mL 烧杯中，加入 100mL 蒸馏水，盖上表面皿，加入 2 滴甲基红指示剂溶液（2g/L），从杯口缓缓加入盐酸溶液（1+1）中和至溶液呈红色，再过量 2mL，调节溶液体积为 200mL。煮沸数分钟赶去二氧化碳，逐滴加入 10mL 硫酸溶液（5+95），再将溶液煮沸 3～5min，温热处放置 4h 或过夜。

沉淀用蓝带滤纸过滤，用硫酸溶液（5+995）洗涤 2～3 次，再用含数滴硫酸的热水洗涤 8～10 次。将沉淀置于已烧至恒量的瓷钳埚中干燥，小心灰化（小火烧去碳素后）在空气流通的情况下于 800℃灼烧至恒量。

四、结果计算

碳酸钡试样中氧化钡的质量分数按下式计算：

$$w(\text{BaO}) = \frac{m_1 \times 0.6572}{m} \times 100\%$$

式中　m_1——灼烧后沉淀的质量，g；

　　　m——试料的质量，g。

五、注意事项

硫酸钡沉淀在灼烧时，因接触空气不足常被滤纸还原，故沉淀干燥、灰化时应小火烧去滤纸中的碳而后逐渐升温。

$$\text{BaSO}_4 + 2\text{C} \longrightarrow \text{BaS} + 2\text{CO}_2 \uparrow$$

硫酸钡在过高温度下易于分解，灼烧温度不能过 800℃，而且不宜使用铂坩埚。

$$\text{BaSO}_4 \xrightarrow{\Delta} \text{BaO} + \text{SO}_3 \uparrow$$

$$2\text{BaO} + \text{O}_2 \longrightarrow 2\text{BaO}_2$$

六、思考题

1. 硫酸钡沉淀在灼烧时应注意的因素有哪些？

2. 硫酸钡沉淀灼烧时的温度过高或过低对试验结果有何影响？

实验十　红丹的化学分析

一、实验目的

掌握配合料中 PbO 的化学分析方法。

二、实验器材

1. 电子天平：称量 100g，感量 0.1mg。
2. 硝酸（1+1）。
3. 氨水（1+1）。
4. 盐酸（1+1）。
5. 过氧化氢（3%）。
6. 碘化钾溶液（50g/L）。
7. 六次甲基四胺溶液（200g/L）。
8. 醋酸钠饱和的 5% 醋酸溶液。
9. 对硝基酚指示剂溶液（2g/L）。
10. 二甲酚橙指示剂溶液（2g/L）。
11. 淀粉溶液（10g/L）。
12. EDTA 标准滴定溶液（0.02mol/L）。
13. 硫代硫酸钠标准滴定溶液（0.1mol/L）。
14. 碘滴定标准溶液（0.1mol/L）。

三、测定步骤

1. 氧化铅总量的测定

（1）试验原理

试样在有过氧化氢存在下，用热硝酸溶解，铅丹可全部转变为易溶于水的硝酸铅。

$$Pb_3O_4 + 10H^+ + H_2O_2 \longrightarrow 3Pb^{2+} + 6H_2O$$

铅与 EDTA 生成稳定配合物，一般在 pH4 以上进行测定，可在酸性或碱性溶液中测定。在碱性溶液中测定时，通常加入酒石酸、三乙醇胺等辅助配位剂，使铅留存在溶液中。

调节 pH＝5～6，以二甲酚橙为指示剂，用 EDTA 标准滴定溶液滴定铅。加入氟化铵作为掩蔽剂以消除试样中铝、钛等元素的干扰。氟的加入使 Pb^{2+} 成氟化铅沉淀，但在滴定过中沉淀溶解，不影响滴定。但加入硫酸使铅生成硫酸铅后，则硫酸铅沉淀不易溶解，干扰测定。

（2）测定步骤

精确称取 0.2g 试样，置于 300mL 烧杯中，盖上表皿，由烧杯嘴部加入 10mL 硝酸

（1+1）及 5mL 过氧化氢（3%），将溶液加热到试样全部溶解，煮沸片刻，必要时过滤，滤液转入 250mL 容量瓶中，稀释至标线，摇匀。

吸取 50mL 上述试样溶液置于 300mL 烧杯中，加入 1 滴对硝基酚指示剂溶液（2g/L），用氨水（1+1）中和至黄色，再用盐酸（1+1）中和至无色，加入 5mL 六次甲基四胺溶液（200g/L）和 1~2 滴二甲酚橙指示剂溶液（2g/L），用 0.02mol/L EDTA 标准滴定溶液滴定至溶液由紫红色变为黄色。

（3）结果计算

试样中氧化铅的质量分数按下式计算：

$$w(PbO) = \frac{c \times V \times 5 \times 0.22319}{m} \times 100\%$$

式中　c——EDTA 标准滴定溶液的浓度，mol/L；

　　　V——消耗 EDTA 标准溶液的体积，mL；

　　　m——试料的质量，g；

　　　5——全部试样溶液与所分取试样溶液的体积比。

2. 四氧化三铅的测定

（1）试验原理

红丹即四氧化三铅 Pb_3O_4，为氧化铅及二氧化铅的复合物（$2PbO \cdot PbO_2$）。四氧化三铅在醋酸盐溶液中，有过量还原剂存在时能全部溶解，过量还原剂可用适当的氧化剂返滴定。

本方法即利用这一特性，将试样在含有醋酸钠溶液的三角烧瓶中，加入过量硫代硫酸钠标准滴定溶液使试样全部溶解，以碘标准滴定溶液返滴定过量的硫代硫酸钠。

$$Pb_3O_4 + 2S_2O_3^{2-} + 6Ac^- + 8H^+ \longrightarrow 3Pb(Ac)_2 + S_4O_6^{2-} + 4H_2O$$

$$2Na_2S_2O_3 + I_2 \longrightarrow Na_2S_4O_6 + 2NaI$$

（2）测定步骤

精确称取 1.0000g 红丹，置于 300mL 烧杯中，加入 50mL 饱和醋酸钠的 5% 醋酸溶液。摇匀，从滴定管加 40mL 0.1mol/L 硫代硫酸钠标准滴定溶液，使其完全溶解。加入 20mL 碘化钾溶液（50g/L），如这时有碘化铅（PbI_2）沉淀产生，则加入饱和醋酸钠的 5% 醋酸溶液至碘化铅沉淀完全溶解；加入 5mL 淀粉溶液（10g/L），以碘标准滴定溶液滴定至溶液刚呈蓝色为终点。

（3）结果计算

试样中四氧化三铅的质量分数按下式计算：

$$w(Pb_3O_4) = \frac{(c \times V - c_1 \times V_1) \times 0.3428}{m} \times 100\%$$

式中　c——硫代硫酸钠标准溶液的浓度，mol/L；

　　　V——加入硫代硫酸钠标准溶液的体积，mL；

　　　V_1——消耗碘标准滴定溶液的体积，mL；

　　　c_1——碘标准滴定溶液的浓度，mol/L。

四、思考题

1. 氧化铅测定过程中应注意哪些事项？
2. 铅在玻璃中起什么作用？

实验十一　玻璃化学稳定性的测定

玻璃抵抗周围介质（大气、水、酸、碱及其他化学物质）侵蚀的能力称为化学稳定性。化学稳定性是玻璃的一种重要性质，也是衡量玻璃的一项重要指标。

玻璃的化学稳定性主要与玻璃化学组成和试验条件（包括侵蚀介质的种类、浓度、温度、时间等）有关。不同的玻璃制品对化学稳定性的要求不同，测定方法不同，分类、定级的标准也不同。测定玻璃化学稳定性的方法主要有表面法和粉末法。表面法是将块状玻璃试样经侵蚀介质侵蚀后，用光学的方法测定玻璃表面的侵蚀程度，或者测定其质量损失或析碱量。通常玻璃纤维、医用玻璃、瓶罐玻璃、平板玻璃采用表面法；光学玻璃、电真空玻璃等采用粉末法。本实验采用粉末法。

根据侵蚀介质的不同，玻璃的化学稳定性可分为耐水性、耐酸性和耐碱性。

一、实验目的

1. 了解玻璃化学稳定性的各种测定方法及应用范围。
2. 掌握粉末法测定化学稳定性的原理和方法。

二、实验原理

各种酸、碱、盐的水溶液对玻璃的侵蚀都是从水对玻璃的侵蚀开始的。水对玻璃作用的第一步是进行离子交换：

$$玻璃—R^+ + H^+ （溶液）\longrightarrow 玻璃—H^+ + R^+ （溶液）$$
$$玻璃—R^+ + H_3O^+ （溶液）\longrightarrow 玻璃—H^+ + R^+ （溶液）$$

交换作用使玻璃表面脱碱，形成硅酸凝胶膜。进一步的侵蚀必须通过这层硅酸膜才能继续进行。这层硅酸膜吸附作用很强，能吸附水解产物阻碍进一步的离子交换，起保护作用，所以水对玻璃的侵蚀在最初阶段比较显著，以后便逐渐减弱，一定时间以后，侵蚀基本停止。

酸对玻璃侵蚀的机理与水基本相同。但由于酸中 H^+ 浓度更高，并且酸能与玻璃受侵蚀后生成的水解产物作用，使离子交换速度大大增加，因此，酸对玻璃的侵蚀要比水严重得多，生成的硅酸膜更厚。

测定玻璃的耐水性时，用 HCl 溶液滴定中和溶解出来的 ROH，即：

$$HCl + ROH \longrightarrow RCl + H_2O$$

测定玻璃的耐酸性时，用 NaOH 溶液滴定中和侵蚀介质剩余的 HCl，即：

$$NaOH + HCl \longrightarrow NaCl + H_2O$$

由此测定玻璃的碱溶出量。

　　碱对玻璃的侵蚀比水和酸更严重。碱与玻璃表面的硅酸膜作用，生成可溶性硅酸盐，使水解反应继续进行，破坏玻璃的网络，使玻璃质量损失显著增加。碱对玻璃的侵蚀随碱性的增强、时间的持续而加剧。

$$Si(OH)_4 + NaOH \longrightarrow [Si(OH)_3O] \cdot Na + H_2O$$

　　测定玻璃耐碱性主要是测定玻璃受侵蚀后的质量损失。

三、实验器材

　　1. 电热恒温水浴锅：四孔。

　　2. 电热干燥烘箱。

　　3. 分析天平：称量 200g，感量 1mg。

　　4. HCl 标准滴定溶液（0.010mol/L）。

　　5. NaOH 标准滴定溶液（0.050mol/L）。

　　6. NaOH 溶液（2mlo/L）。

　　7. 甲基红指示剂溶液（1g/L）。

　　8. 酚酞指示剂溶液（10g/L）。

　　9. 标准筛：0.42mm 及 0.25mm 各一只。

　　10. 回流冷凝器、酸碱滴定管、干燥器、不锈钢研钵、三角烧瓶、量筒等。

四、实验步骤

1. 耐水性测定

　　（1）试样制备：选择无缺陷、表面新鲜的块玻璃，用不锈钢研钵捣碎，过 0.42mm 和 0.25mm 的标准筛，取粒度为 0.25～0.42mm 的玻璃粉末作试样，摊在光滑的白纸上用磁铁吸去铁屑，吹去细粉末，再将玻璃粉末倒在倾斜的光滑木板（70cm×50cm）上，用手轻敲木板的上部边缘，使圆粒滚下，扁粒留在木板上，弃去。将滚下的圆粒撒在黑纸上，借助放大镜和镊子，弃去尖角的、针状的颗粒。用无水乙醇洗掉粉尘，在 110℃ 的烘箱内烘干 1h，放入干燥器内备用。

　　（2）在分析天平上准确称取处理好的试样三份，每份 2g，倒入洗净、烘干的三个 250mL 三角烧瓶中，分别注入 50mL 纯水。另取一只同样的烧瓶，注入 50mL 纯水，作空白试验。

　　（3）将恒温水浴锅加足水，通电加热至沸后，把四个烧瓶装上回流冷凝管，放入沸水中，在（98±1）℃ 的沸水中保持 1h。取出，置于冷水浴中冷却至室温。

　　（4）加 2～3 滴甲基红指示剂溶液，用 0.010mol/L 的 HCl 标准滴定溶液滴定至微红色，记录所消耗的 HCl 溶液的体积 V_1。把实验结果记录在表 2-5-1 中。

表 2-5-1　玻璃耐水性测定记录

试样编号	试料质量/g	盐酸浓度/（mol/L）	耗用盐酸体积/mL	析出 Na_2O/（mg/g 玻璃）
1				
2				
3				
4				
平均析出 Na_2O/（mg/g 玻璃）			水解等级	

（5）按下式计算 Na_2O 的溶出量 A（mg/g 玻璃）：

$$A = 30.99 (V_1 - V_2) c_1 / m$$

式中　A——Na_2O 的溶出量，mg/g 玻璃；

V_1——滴定试样所消耗的 HCl 标准滴定溶液的体积，mL；

V_2——滴定空白试样所消耗的 HCl 标准滴定溶液的体积，mL；

m——玻璃试料的质量，g；

c_1——HCl 标准滴定溶液的浓度，mol/L。

（6）将三份试样的结果取平均值，按表 2-5-2 确定水解等级。

表 2-5-2　玻璃水解等级

水解等级	1	2	3	4	5
析出 Na_2O/（mg/g）	0～0.031	0.031～0.062	0.062～0.264	0.264～0.62	0.62～1.08

2. 耐酸性测定

耐酸性测定的操作与耐水性相同，只是侵蚀介质改为 50.00mL HCl 溶液（0.010mol/L）。滴定时加 2～3 滴酚酞指示剂溶液，用 0.050mol/L NaOH 标准滴定溶液滴定至微红色，按下式计算 Na_2O 溶出量：

$$B = 30.99 (c_1 V_1 - c_2 V_2) / m$$

式中　B——Na_2O 溶出量，mg/g 玻璃；

c_1、c_2——分别为 HCl、NaOH 标准滴定溶液的浓度，mol/L；

V_1、V_2——分别为 HCl、NaOH 标准滴定溶液的体积，mL；

m——试料的质量，g。

将三个试样的平均值，减去空白试验值，即为玻璃的耐酸性。

3. 耐碱性测定

试样制备与耐水性相同。准确称取 5g 试样三份，放入装有 50 mL NaOH 溶液（2mol/L）的烧杯中，在 （98±1）℃沸水中煮沸 1h 后，移入预先恒量的玻璃吸滤坩埚过滤，并用纯水洗至溶液呈中性，烘干后称量，计算每克玻璃的质量损失（mg/g）。

五、注意事项

1. 用蒸馏水冲洗回流冷凝器管壁及烧瓶壁时，用量不能过多，以免影响滴定时观察指示剂的颜色变化。

2. 滴定时必须认真仔细，在接近等量点时应勤看颜色，勤记读数。

六、思考题

1. 影响粉末法测定玻璃耐水性准确度的因素主要有哪些？实验中如何减少实验误差？

2. 在沸水浴上加热时烧瓶上为什么必须接回流冷凝管？如果不加，测定结果如何？为什么？

实验十二　钠钙硅铝硼玻璃的化学分析

Ⅰ　试样制备

试样经粉碎后，除去铁屑，通过 0.08mm 筛，贮存于带磨口塞的广口瓶中备用。试样分析前，应于 105～110℃烘箱中烘干 1h，在干燥器中冷却至室温。

Ⅱ　烧失量的测定

一、实验原理

试样在 550℃的高温炉中灼烧，驱除二氧化碳和水分，同时将存在的易氧化的元素氧化。

二、实验器材

1. 箱式电阻炉：最高使用温度不低于 1000℃。
2. 电热鼓风干燥箱：能使温度控制在 (105±5)℃。
3. 电子天平：称量 100g，感量 0.1mg。
4. 铂坩埚或瓷坩埚、干燥器等。

三、实验步骤

称取约 1g 试样于已恒量的铂坩埚或瓷坩埚中，放入高温炉内，从低温升起，在 550℃灼烧 1h，在干燥器中冷却至室温，称量，反复灼烧，直至恒量。

四、实验结果计算

试样中烧失量的质量分数按下式计算：

$$w(\text{LOI}) = \frac{m - m_1}{m}$$

式中　　m——灼烧前的试料的质量，g；

m_1——灼烧后的试料的质量，g。

Ⅲ 二氧化硅的测定

一、实验原理

试样用碳酸钠熔融，以盐酸浸出后蒸干，再用盐酸溶解，过滤并将沉淀灼烧，然后用氢氟酸处理，其前后的质量差即为沉淀二氧化硅量。用硅钼蓝分光光度法测定滤液中残余的二氧化硅量，两者相加得二氧化硅的含量。

二、实验器材

1. 分光光度计。
2. 无水碳酸钠。
3. 盐酸（密度 1.19g/cm³）、盐酸（1+1）、盐酸（5+95）、盐酸（1mol/L）。
4. 硫酸（1+4）。
5. 乙醇（95%）。
6. 氢氟酸（40%）。
7. 氢氧化钠溶液（100g/L）。
8. 氟化钾溶液（20g/L）。
9. 硼酸溶液（20g/L）。
10. 钼酸铵溶液（80g/L）。
11. 抗坏血酸溶液（20g/L），使用时配制。
12. 对硝基酚指示剂溶液（5g/L）。
13. 二氧化硅标准溶液（0.1mg/mL）。

三、实验步骤

1. 二氧化硅比色工作曲线的绘制

于一组 100mL 容量瓶中，加入 5mL 盐酸（1mol/L）和 20mL 水，摇匀，分别加入 0.00、1.00、2.00、3.00、4.00、5.00、6.00、7.00、8.00mL 二氧化硅标准溶液（0.1mg/mL），加入 8mL 乙醇（95%）、4mL 钼酸铵溶液（80g/L），摇匀，于 20～30℃放置 15min。加入 15mL 盐酸（1+1），用水稀释至 90mL 左右，加入 5mL 抗坏血酸溶液（20g/L），用水稀释至标线，摇匀。1h 后，于分光光度计上，用 5mm 的比色皿，以试剂空白作参比，在波长 700nm 处测定标准比色溶液的吸光度，按测得的吸光度与标准比色溶液浓度的关系绘制工作曲线。

2. 试样的制备及测定

（1）称取约 0.5g 试样，精确至 0.0001g，置于铂坩埚中，加入 1.5g 无水碳酸钠，与试样混匀，再加入 0.5g 无水碳酸钠铺在表面，盖上坩埚盖。放入高温炉内，先低温加热，逐渐升高温度至 1000℃，熔融至透明状态，继续熔融 15min，旋转坩埚，使熔融物均匀地附着在坩埚内壁上，取出冷却。用热水浸取熔块于铂（或瓷）蒸发皿中。

（2）盖上表面皿，从皿口慢慢加入 10mL 盐酸（1＋1）溶解溶块，用少量盐酸（1＋1）及热水洗净坩埚及盖，洗液并入蒸发皿中，将蒸发皿置于沸水浴上蒸发至无盐酸味，取下，冷却。加入 5mL 浓盐酸，放置约 5min，加入 50mL 热水，搅拌使盐类溶解。用中速定量滤纸过滤，滤液承接于 250mL 容量瓶中，以热盐酸（5＋95）洗涤皿壁及沉淀 8～10 次，热水洗 3～5 次。在沉淀上滴加硫酸（1＋4），将滤纸和沉淀一并移入铂坩埚中，置电炉上低温烘干，升高温度使滤纸充分灰化后，放入 1100℃的高温炉内灼烧 1h，取出坩埚，置于干燥器中，冷却至室温，称量，反复灼烧，直至恒量。

（3）向坩埚中的沉淀加入数滴水润湿，加入 4 滴硫酸（1＋4）和 5～7mL 氢氟酸，于低温电炉上蒸发至干，重复处理一次，逐渐升高温度驱尽三氧化硫白烟。将残渣于 1100℃的高温炉内灼烧 15min。取出坩埚，置于干燥器中，冷却至室温，称量，反复灼烧，直至恒量。

（4）将上述滤液用水稀释到标线，摇匀，吸取 25mL 于 100mL 塑料杯中，加入 5mL 氟化钾溶液（20g/L），摇匀，放置 10min 后，加入 5mL 硼酸溶液（20g/L）和 1 滴对硝基酚指示剂溶液（5g/L），滴加氢氧化钠溶液（100g/L）至试液变黄，加入 5mL 盐酸（1mol/L），转入 100mL 容量瓶中，加入 8mL 乙醇。以下按二氧化硅工作曲线绘制的操作步骤进行，从工作曲线上查得试样比色溶液中二氧化硅的浓度。

四、结果计算

1. 试样中二氧化硅的质量分数按下式计算：

$$w(SO_2) = \left(\frac{m_1 - m_2}{m} + \frac{V \times c \times 10}{m \times 1000} \right) \times 100\%$$

式中　m_1——灼烧后未经氢氟酸处理的沉淀及坩埚的质量，g；

　　　　m_2——经氢氟酸处理并经灼烧后的残渣及坩埚的质量，g；

　　　　V——试样比色溶液的体积，mL；

　　　　c——工作曲线上查得试料比色溶液中二氧化硅的浓度，mg/mL；

　　　　m——试料的质量，g。

2. 所得结果应表示至两位小数。

Ⅳ　三氧化二硼的测定

一、实验原理

试样经碱熔融和酸中和后，溶液中的硼均转变成硼酸盐。加入碳酸钙，使硼形成更易溶于水的硼酸钙，与其他杂质元素分离。加入甘露醇，使硼酸定量地转变为离解度较强的醇硼酸，以酚酞为指示剂，用氢氧化钠标准滴定溶液滴定。

二、实验器材

1. 甲基红指示剂溶液（2g/L）。
2. 酚酞指示剂溶液（10g/L）。
3. 氢氧化钠标准滴定溶液（0.15mol/L）。
4. 氢氧化钠、碳酸钙、甘露醇、盐酸（1+1）。

三、分析步骤

1. 称取约0.5g试样，精确至0.0001g，置于镍坩埚中，加入3～4g氢氧化钠，盖上坩埚盖，置电炉上加热。待熔化后，摇动坩埚，再熔融约20min，旋转坩埚使熔融物均匀地附着于坩埚内壁上，冷却。用温水浸取熔块于250mL烧杯中，用盐酸和热水洗净坩埚。滴加盐酸（1+1）中和，加入1～2滴甲基红指示剂溶液（2g/L），在搅拌中继续滴加盐酸至溶液呈红色，再过量1～2滴。缓慢加入碳酸钙至红色消失。加盖表面皿，置于低温电炉上微沸10min。趁热用快速定性滤纸过滤，用热水洗涤烧杯及沉淀9～10次。将滤液及洗液承接于250mL烧杯中。

2. 在烧杯中滴加盐酸使滤液刚呈红色，置电炉上微沸10min，浓缩至体积约100mL，取下，迅速冷却。用氢氧化钠标准滴定溶液（0.15mol/L）中和至溶液刚变黄色（不计读数）。加入约1g甘露醇、10滴酚酞指示剂溶液（10g/L），用氢氧化钠标准滴定溶液（0.15mol/L）滴定至溶液呈微红色。再加入1g甘露醇，若红色消失，继续用氢氧化钠标准滴定溶液滴定至微红色。如此反复，直至加入甘露醇后溶液红色不消失为终点。

四、结果计算

试样中三氧化二硼的质量分数按下式计算：

$$w(B_2O_3) = \frac{T_{B_2O_3} \times V}{m \times 1000} \times 100\%$$

式中　$T_{B_2O_3}$——0.15mol/L氢氧化钠标准滴定溶液对三氧化二硼的滴定度，mg/mL；

　　　V——滴定时消耗氢氧化钠标准滴定溶液的体积，mL；

　　　m——试料的质量，g。

V　三氧化二铁的测定

一、实验原理

试样经硫酸和氢氟酸溶解后，调节溶液的pH值，用盐酸羟胺将铁（Ⅲ）还原为铁（Ⅱ），以邻菲罗啉显色，分光光度法测定总铁含量。

二、实验器材

1. 分光光度计。

2. 硫酸（1＋1）。

3. 氢氟酸（40％）。

4. 盐酸（1＋1）。

5. 氨水（1＋1）。

6. 酒石酸溶液（100g/L）。

7. 盐酸羟胺溶液（100g/L）。

8. 邻菲罗啉溶液（1g/L）。

9. 对硝基苯酚指示剂溶液（5g/L）。

10. 三氧化二铁标准溶液（0.05mg/mL）。

三、实验步骤

1. 三氧化二铁比色工作曲线的绘制。

于一组 100mL 容量瓶中，加入 50mL 水，分别加入 0.00、1.00、2.00、4.00、6.00、8.00mL 三氧化二铁标准溶液（0.05mg/mL），加入 5mL 酒石酸溶液（100g/L）和 1～2 滴对硝基苯酚指示剂溶液（5g/L），滴加氨水（1＋1）至溶液呈现黄色，随即滴加盐酸至溶液刚变无色。此时的 pH 值近似为 5。加入 4mL 盐酸羟胺溶液（100g/L）、10mL 邻菲罗啉溶液（1g/L），用水稀释至标线，摇匀。放置 20min 后，于分光光度计上，用 10mm 的比色皿，以试剂空白作参比，在波长 510nm 处测定标准比色溶液的吸光度，按测得的吸光度与标准比色溶液浓度的关系绘制工作曲线。

2. 试样溶液的制备及测定

（1）称取约 0.5g 试样，精确至 0.0001g，置于铂皿中，用少量水润湿，加 1～2mL 硫酸（1＋1）和 10mL 氢氟酸（40％），于低温电炉上蒸发近干，升高温度直至三氧化硫白烟驱尽，冷却。加入 4～5mL 盐酸（1＋1）和 10～15mL 水，置电炉上低温加热至残渣完全溶解，冷却后，移入 250mL 容量瓶中，用水稀释至标线，摇匀，此为试液（A）。供测定三氧化二铁、三氧化二铝、二氧化钛、氧化钙、氧化镁之用。

（2）吸取 25mL 试液 A 于已加入约 30mL 水的 100mL 容量瓶中，加入 5mL 酒石酸溶液（100g/L）。以下分析步骤与工作曲线的绘制步骤相同。

（3）从工作曲线上查得试料比色溶液中三氧化二铁的浓度。

四、结果计算

1. 试样中总铁（三氧化二铁）的质量分数按下式计算：

$$w(\text{Fe}_2\text{O}_3) = \frac{V \times c \times 10}{m \times 1000}$$

式中　V——试样比色溶液的体积，mL；

　　　c——工作曲线上查得试样比色溶液中三氧化二铁的浓度，mg/mL；

　　　m——试料的质量，g。

2. 所得结果应表示至二位小数。

Ⅵ 三氧化二铝的测定

一、实验原理

在微酸性溶液中，铝、铁和钛与过量的 EDTA 经加热定量地生成稳定的配合物，然后以 PAN 为指示剂，用硫酸铜标准滴定溶液返滴定过量的 EDTA，得铝、铁、钛合量，差减后得三氧化二铝含量。

二、实验器材

1. 氨水（1+1）。
2. 硫酸（1+1）。
3. 乙酸-乙酸钠缓冲溶液（pH≈4.2）。
4. EDTA 标准滴定溶液（0.015mol/L）。
5. 硫酸铜标准滴定溶液（0.015mol/L）。
6. PAN 指示剂溶液（1g/L）。

三、测定步骤

吸取 25mL 试液 A 于 300mL 烧杯中，用滴定管准确加入 20mL EDTA 标准滴定溶液（0.015mol/L），加约 100mL 水，加热至 60℃以上，用氨水（1+1）调节试液 pH 至 3～3.5，然后加入 15mL 乙酸-乙酸钠缓冲溶液（pH≈4.2），加热煮沸 2～3min，取下，用少量水吹洗杯壁，使溶液温度为 80～90℃，加 10 滴 PAN 指示剂溶液（1g/L），立即用硫酸铜标准滴定溶液（0.015mol/L）滴定至试液由黄色变为稳定的紫色为终点。

四、结果计算

试样中三氧化二铝的质量分数按下式计算：

$$w(\text{Al}_2\text{O}_3) = \frac{T_{\text{Al}_2\text{O}_3}(V-KV_1)}{m \times 1000} - 0.6384w(\text{Fe}_2\text{O}_3) - 0.6380w(\text{TiO}_2)$$

式中　$T_{\text{Al}_2\text{O}_3}$——EDTA 标准溶液对三氧化二铝的滴定度，mg/mL；

V——加入 EDTA 标准溶液的体积，mL；

V_1——滴定时消耗硫酸铜标准滴定溶液的体积，mL；

K——每毫升硫酸铜标准滴定溶液相当于 EDTA 标准滴定溶液的毫升数；

m——试料的质量，g；

$w(\text{Fe}_2\text{O}_3)$——三氧化二铁的质量分数；

$w(\text{TiO}_2)$——二氧化钛的质量分数。

Ⅶ 二氧化钛的测定

一、实验原理

在盐酸酸性溶液中，用抗坏血酸消除铁（Ⅲ）的干扰，以二安替比林甲烷为显色剂，用分光光度法测定二氧化钛的含量。

二、实验器材

1. 分光光度计。
2. 盐酸（1+1）。
3. 硫酸（1+1）。
4. 抗坏血酸溶液（10g/L），使用时配制。
5. 二安替比林甲烷溶液：将 3g 二安替比林甲烷溶于 100mL 盐酸（1mol/L）中，过滤后使用。
6. 二氧化钛标准溶液（0.05mg/mL）。

三、测定步骤

1. 二氧化钛比色工作曲线的绘制

于一组 100mL 容量瓶中，分别加入 0.00、1.00、2.00、4.00、6.00、8.00mL 二氧化钛标准溶液（0.05mg/mL），加入 10mL 盐酸（1+1），10mL 抗坏血酸溶液（10g/L），20mL 二安替比林甲烷溶液，用水稀释至标线，摇匀。放置 40min 后，于分光光度计上，用 10mm 的比色皿，以试剂空白作参比，在波长 420nm 处测定标准比色溶液的吸光度，按测得的吸光度与标准比色溶液浓度的关系绘制工作曲线。

2. 试样的测定

（1）吸取 25mL 试液（A）于 100mL 容量瓶中，加入 10mL 盐酸（1+1）。以下分析步骤与工作曲线绘制相同。

（2）从工作曲线上查得试料比色溶液中二氧化钛的浓度。

四、结果计算

试样中二氧化钛的质量分数按下式计算：

$$w(\text{TiO}_2) = \frac{V \times C \times 10}{m \times 1000}$$

式中　V——试样比色溶液的体积，mL；

　　　C——从工作曲线上查得试料比色溶液中二氧化钛的浓度，mg/mL；

　　　m——试料的质量，g。

Ⅷ　氧化钙的测定

一、实验原理

在 pH≥12 时，钙能与 EDTA 定量生成稳定的配合物，镁不干扰测定，铁、铝、钛用三乙醇胺掩蔽，用钙黄绿素混合指示剂，EDTA 标准滴定溶液滴定。

二、实验器材

1. 三乙醇胺（1＋1）。
2. 氢氧化钾溶液（200g/L）。
3. EDTA 标准滴定溶液（0.015mol/L）。
4. 钙黄绿素混合指示剂。

三、实验步骤

吸取 25mL 试液（A）于 300mL 烧杯中，用水稀释至约 150mL，加 3mL 三乙醇胺（1＋1），滴加氢氧化钾溶液（200g/L）至溶液 pH 值约为 12，再加 2mL。加入适量钙黄绿素混合指示剂。用 EDTA 标准滴定溶液（0.015mol/L）滴定至溶液由带绿色荧光的灰蓝色变成稳定的红色为终点。

四、实验结果计算

试样中氧化钙的质量分数按下式计算：

$$w(\text{CaO}) = \frac{T_{\text{CaO}} \times V_1 \times 10}{m \times 1000} \times 100\%$$

式中　T_{CaO}——每毫升 EDTA 标准滴定溶液相当于氧化钙的毫克数，mg/mL；

　　　V_1——滴定时消耗 EDTA 标准滴定溶液的体积，mL；

　　　10——全部试样溶液与所分取试样溶液的体积比；

　　　m——试料的质量，g。

Ⅸ　氧化镁的测定

一、实验原理

在 pH10 时，镁和钙能与 EDTA 定量生成稳定的配合物，铁、铝、钛用三乙醇胺掩蔽，用酸性铬蓝 K-萘酚绿 B 混合指示剂，EDTA 标准滴定溶液滴定，得钙镁合量，差减后得氧化镁含量。

二、实验器材

1. 三乙醇胺（1＋1）。

2. 氨水（1＋1）。

3. 氨-氯化铵缓冲溶液（pH10）。

4. EDTA 标准滴定溶液（0.015mol/L）。

5. 酸性铬蓝 K-萘酚绿 B（1＋3）混合指示剂。

三、测定步骤

吸取 25mL 试液（A）于 300mL 烧杯中，用水稀释至约 150mL，加 3mL 三乙醇胺（1＋1），用氨水（1＋1）调至 pH10，再加 10mL 氨-氯化铵缓冲溶液及适量酸性铬蓝 K-萘酚绿 B 混合指示剂，用 EDTA 标准滴定溶液（0.015mol/L）滴定至溶液由紫红色变为蓝绿色为终点。

四、结果计算

试样中氧化镁的质量分数按下式计算：

$$w(MgO) = \frac{T_{MgO}(V_2 - V_1) \times 10}{m \times 1000} \times 100\%$$

式中　T_{MgO}——每毫升 EDTA 标准滴定溶液相当于氧化镁的毫克数，mg/mL；

V_1——滴定钙时消耗 EDTA 标准滴定溶液的体积，mL；

V_2——滴定钙、镁合量时消耗 EDTA 标准滴定溶液的体积，mL；

10——全部试样溶液与所分取试样溶液的体积比；

m——试料的质量，g。

X　三氧化硫的测定

一、实验原理

试样通过酸分解，全部转变成可溶性硫酸盐之后，用氯化钡使硫酸根离子沉淀成硫酸钡，滤出硫酸钡，进行灼烧与称量。

二、实验器材

1. 箱式电阻炉：最高使用温度不低于 1000℃。

2. 电子天平：称量 100g，感量 0.1mg。

3. 盐酸（1＋1）。

4. 氯化钡溶液（50g/L）。

5. 硝酸银溶液（10g/L）。

6. 硝酸、高氯酸、氢氟酸。

7. 铂蒸发皿等。

三、实验步骤

称取约 1g 试样于铂蒸发皿中，加 2mL 硝酸、1mL 高氯酸和 10mL 氢氟酸，于低温电炉上缓慢加热蒸发至开始逸出高氯酸白烟。冷却，再加 2mL 高氯酸和 5mL 氢氟酸，继续加热蒸发至干。冷却，加 20mL 水及 2mL 盐酸（1+1），加热，至盐类完全溶解。将所得试液转入 300mL 烧杯中，用水稀释至约 150mL，加热至微沸，在不断搅拌下滴加 5mL 氯化钡溶液（50g/L），继续微沸约 10min，移至温热处静置约 1h，再于室温下静置 4h 或过夜。用慢速定量滤纸过滤，以温水洗涤至氯离子反应消失为止（用 10g/L 硝酸银溶液检验）。

将滤纸及沉淀移入已恒量的铂坩埚中，灰化后，在 850℃灼烧 30min，在干燥器中冷却至室温，称量。反复灼烧，直到恒量。

四、实验结果计算

试样中三氧化硫的质量分数按下式计算：

$$w(SO_3) = \frac{0.343 \times m_1}{m} \times 100\%$$

式中　m_1——灼烧后沉淀的质量，g；

　　　m——试料的质量，g。

Ⅺ　氧化钾和氧化钠的测定

参考本章实验石英砂的化学成分分析中氧化钠和氧化钾测定方法。

Ⅻ　思考题

1. 用火焰光度计法测定待测物质含量的原理是什么？火焰光度计的基本构造是什么？有几种测定方法？如何进行？

2. 硅钼蓝与硅钼黄比色法有何区别？

3. 在你所进行的玻璃成分分析中使用了几种掩蔽剂？它们分别用来掩蔽何种物质？

4. 高温炉熔融试样时采用铂坩埚与镍坩埚有何不同？

5. 在测定玻璃中氧化硼含量时，加甘露醇起什么作用？为什么要多次反复加入？

6. 用 EDTA 容量法分别测定玻璃中氧化铝、氧化钙、氧化镁的含量的试验条件是如何分别控制的？

7. 测定钠钙硅铝硼玻璃中氧化铝含量，铜盐返滴定法与锌盐返滴定法有何不同？

8. 测定试样中二氧化硅含量有几种方法？它们之间有什么区别？

实验十三　钠钙硅玻璃的化学分析

本方法适用于钠钙硅玻璃以及以钠钙硅为主要成分的其他玻璃，如着色玻璃等。

Ⅰ　试样的制备

1. 将实验室样品破碎至 6～7mm 以下，按四分法缩分至约 100g。
2. 将缩分后的样品粉碎至 0.5mm 以下，继续缩分至约 20g。
3. 试样经清洗、干燥后粉碎，粒径均小于 0.08mm，避免引进杂质，贮存于带磨口塞的广口瓶中备用。
4. 试样分析前应在 105～110℃烘 1h，置于干燥器中冷至室温备用。

Ⅱ　烧失量的测定

一、实验原理

试样在 550℃的高温炉中灼烧，驱除二氧化碳和水分，同时将存在的易氧化的元素氧化。

二、实验器材

1. 箱式电阻炉：最高使用温度不低于 1000℃。
2. 电热鼓风干燥箱：能使温度控制在（105±5）℃。
3. 电子天平：称量 100g，感量 0.1mg。
4. 铂坩埚或瓷坩埚、干燥器等。

三、实验步骤

称取约 1g 试样，精确至 0.0001g。置于已恒量（两次灼烧称量的差值小于等于 0.0002g）的铂坩埚或瓷坩埚中，盖上盖，并稍留缝隙，放入高温炉内，从低温升至 550℃，保温 1 h，取出稍冷，即放入干燥器中，冷至室温，称量。重复灼烧（每次 15min），称量，直至恒量（当烧失量小于等于 1%时，2 次灼烧称量的差值小于等于 0.0002g；当烧失量大于 1%时，2 次灼烧称量的差值小于等于 0.0005g，即为恒量）。

四、实验结果计算

试样中烧失量的质量分数按下式计算：

$$w(\text{LOI}) = \frac{m - m_1}{m}$$

式中　m——灼烧前的试料的质量，g；

　　　m_1——灼烧后的试料的质量，g。

Ⅲ　二氧化硅的测定

一、实验方法

盐酸一次脱水称量分析法。

二、实验原理

试样用碳酸钠熔融，以盐酸浸出后蒸干，再用盐酸溶解，过滤并将沉淀灼烧，然后用氢氟酸处理，其前后的质量差即为沉淀二氧化硅量。用硅钼蓝分光光度法测定滤液中残余的二氧化硅量，两者相加得二氧化硅的含量。

三、实验器材

1. 分光光度计。

2. 箱式电阻炉：最高使用温度不低于 1100℃。

3. 电子天平：称量 100g，感量 0.1mg。

4. 无水碳酸钠、盐酸、硫酸、氢氟酸、乙醇（95％）。

5. 盐酸（1＋1）、盐酸（5＋95）、盐酸（1mol/L）。

6. 硫酸（1＋4）。

7. 氢氧化钠溶液（100g/L）。

8. 氟化钾溶液（20g/L）。

9. 硼酸溶液（20g/L）。

10. 钼酸铵溶液（80g/L）。

11. 抗坏血酸溶液（20g/L）。

12. 对硝基酚指示剂溶液（5g/L）。

13. 二氧化硅标准溶液（0.1mg/mL）。

四、实验步骤

1. 二氧化硅比色工作曲线的绘制

于一组 100mL 容量瓶中，加入 5mL 盐酸（1mol/L）和 20mL 水，摇匀，分别加入 0.00、1.00、2.00、3.00、4.00、5.00、6.00、7.00、8.00mL 二氧化硅标准溶液（0.1mg/mL），加入 8mL 乙醇（95％）、4mL 钼酸铵溶液（80g/L），摇匀，于 20～30℃放置 15min。加入 15mL 盐酸（1＋1），用水稀释至 90mL 左右，加入 5mL 抗坏血酸溶液（20g/L），用水稀释至标线，摇匀。1h 后，于分光光度计上，用 5mm 的比色皿，以试剂空白作参比，在波长 700nm 处测定标准比色溶液的吸光度，按测得的吸光度与标准比色溶液浓度的关系绘制工作曲线。

2. 试样的制备及测定

（1）称取约 0.5g 试样（精确至 0.0001g）置于铂坩埚中，加入 1.5g 无水碳酸钠，与试样混匀，再加入 0.5g 无水碳酸钠铺在表面，盖上坩埚盖。放入高温炉内，先低温加热，逐渐升高温度至 1000℃，熔融至透明状态，继续熔融 15min，旋转坩埚，使熔融物均匀地附着在坩埚内壁上，取出冷却。用热水浸取熔块于铂（或瓷）蒸发皿中。

（2）盖上表面皿，从皿口慢慢加入 10mL 盐酸（1＋1）溶解溶块，用少量盐酸（1＋1）及热水洗净坩埚及盖，洗液并入蒸发皿中，将蒸发皿置于沸水浴上蒸发至无盐酸味，取下，冷却。加入 5mL 浓盐酸，放置约 5min，加入 50mL 热水，搅拌使盐类溶解。用中速定量滤纸过滤，滤液承接于 250mL 容量瓶中，以热盐酸（5＋95）洗涤皿壁及沉淀 8～10 次，热水洗 3～5 次。在沉淀上滴加硫酸（1＋4），将滤纸和沉淀一并移入铂坩埚中，置电炉上低温烘干，升高温度使滤纸充分灰化后，放入 1100℃的高温炉内灼烧 1h，取出坩埚，置于干燥器中，冷却至室温，称量，反复灼烧，直至恒量。

（3）向坩埚中的沉淀加入数滴水润湿，加入 4 滴硫酸（1＋4）和 5～7mL 氢氟酸，于低温电炉上蒸发至干，重复处理一次，逐渐升高温度驱尽三氧化硫白烟。将残渣于 1100℃的高温炉内灼烧 15min。取出坩埚，置于干燥器中，冷却至室温，称量，反复灼烧，直至恒量。

（4）将上述滤液用水稀释到标线，摇匀，吸取 25mL 于 100mL 塑料杯中，加入 5mL 氟化钾溶液（20g/L），摇匀，放置 10min 后，加入 5mL 硼酸溶液（20g/L）和 1 滴对硝基酚指示剂溶液（5g/L），滴加氢氧化钠溶液（100g/L）至试液变黄，加入 5mL 盐酸（1mol/L），转入 100mL 容量瓶中，加入 8mL 乙醇。以下按二氧化硅工作曲线绘制的操作步骤进行，从工作曲线上查得试样比色溶液中二氧化硅的浓度。

五、结果计算

1. 试样中二氧化硅的质量分数按下式计算：

$$w(SiO_2) = \left(\frac{m_1 - m_2}{m} + \frac{V \times c \times 10}{m \times 1000} \right) \times 100\%$$

式中　m_1——灼烧后未经氢氟酸处理的沉淀及坩埚的质量，g；

　　　m_2——经氢氟酸处理并经灼烧后的残渣及坩埚的质量，g；

　　　V——试样比色溶液的体积，mL；

　　　c——工作曲线上查得试料比色溶液中二氧化硅的浓度，mg/mL；

　　　m——试料的质量，g。

2. 所得结果应表示至两位小数。

Ⅳ　二氧化硅的测定

一、实验方法

氟硅酸钾容量法。

二、实验原理

依据硅酸在有过量的氟离子和钾离子存在下的强酸性溶液中，能与氟离子作用形成氟硅酸根离子 $[SiF_6]^{2-}$，并进而与钾离子作用生成氟硅酸钾（K_2SiF_6）沉淀。该沉淀在热水中水解并生成相应等物质的量的氢氟酸，生成的氢氟酸用氢氧化钠溶液进行滴定，借以求得样品中的二氧化硅含量。

三、实验器材

1. 箱式电阻炉：最高使用温度不低于 1000℃。

2. 电热鼓风干燥箱：能使温度控制在 （105±5）℃。

3. 电子天平：称量 100g，感量 0.1mg。

4. 分析纯氢氧化钠、氢氧化钾、氯化钾、苯二甲酸氢钾（优级）、盐酸、硝酸、乙醇等。

5. 盐酸 （1+1）。

6. 氟化钾溶液 （150g/L）。

7. 氯化钾溶液 （50g/L）。

8. 氯化钾-乙醇溶液 （50g/L）。

9. 酚酞指示剂溶液 （10g/L）。

10. 氢氧化钠标准滴定溶液 （0.15mol/L）。

11. 其他：镍坩埚、碱式滴定管等。

四、实验步骤

称取 0.1g 试样，精确至 0.0001g，置于镍坩埚中，加约 2g 氢氧化钾，先低温熔融，经常摇动坩埚。然后在 600～650℃下继续熔融 15～20min。旋转坩埚，使熔融物均匀地附着在坩埚内壁上。冷却。用热水浸取熔融物于 300 mL 塑料杯中。盖上表面皿，一次加入 15mL 硝酸，再用少量盐酸 （1+1） 及水洗净坩埚，洗液并于塑料杯中，控制试液体积在 60mL 左右。冷却至室温，用少量氯化钾溶液 （50g/L） 洗涤塑料杯壁，在搅拌下加入氯化钾至过饱和 （过饱和量控制在 0.5～1g），缓慢加入 10mL 氟化钾溶液 （150g/L），用塑料棒仔细搅拌，压碎大颗粒氯化钾使其完全饱和，并有少量氯化钾析出，放置 10～15min。用塑料漏斗以快速定性滤纸过滤，用氯化钾溶液 （50g/L） 洗涤塑料杯 2～3 次，再洗涤滤纸一次。将滤纸和沉淀放回原塑料杯中，沿杯壁加入 10mL 氯化钾-乙醇溶液 （50g/L） 及 1mL 酚酞指示剂溶液 （10g/L）。用氢氧化钠标准滴定溶液 （0.15mol/L） 中和未洗净的残余酸，仔细搅拌滤纸，并擦洗杯壁，直至试液呈现微红色不消失。加入 200～250mL 中和过的沸水，立即以氢氧化钠标准滴定溶液 （0.15mol/L） 滴定至微红色。

五、结果计算

试样中二氧化硅的质量分数按下式计算：

$$w(\mathrm{SiO_2}) = \frac{T_{\mathrm{SiO_2}} \times V}{m \times 1000} \times 100\%$$

式中　$T_{\mathrm{SiO_2}}$——每毫升氢氧化钠标准滴定溶液相当于二氧化硅的毫克数，mg/mL；

　　　　V——滴定时消耗氢氧化钠标准滴定溶液的体积，mL；

　　　　m——试料的质量，g。

V　三氧化二铝的测定

一、实验方法

EDTA 配位滴定法。

二、实验原理

在微酸性溶液中，铝、铁和钛等与过量的 EDTA 定量地生成稳定的配合物，然后以二甲酚橙为指示剂，用乙酸锌标准滴定溶液返滴定过量的 EDTA，得铝、铁、钛等的合量，差减后得三氧化二铝含量。

三、实验器材

1. 箱式电阻炉：最高使用温度不低于 1000℃。
2. 电热鼓风干燥箱：能使温度控制在（105±5）℃。
3. 电子天平：称量 100g，感量 0.1mg。
4. 分析纯氢氧化钾、盐酸、硫酸、氢氟酸、乙酸等。
5. 盐酸（1+1）。
6. 氨水（1+1）。
7. 硫酸（1+1）。
8. 氢氧化钾溶液（200g/L）。
9. 六次甲基四胺溶液（200g/L）。
10. 钙黄绿素-甲基百里香酚蓝-酚酞（1+1+0.2）混合指示剂（简称 CMP 混合指示剂）。
11. 二甲酚橙指示剂溶液（2g/L）。
12. 氧化钙标准溶液（1.00mg/mL）。
13. EDTA 标准滴定溶液（0.01mol/L）。
14. 乙酸锌标准滴定溶液（0.01mol/L）。
15. 其他：铂坩埚、碱滴定管等。

四、实验步骤

称取 0.5g 试样，精确至 0.0001g，置于铂皿中，用少量水润湿，加 1mL 硫酸（1+1）和 7～10mL 氢氟酸，于低温电炉上蒸发至冒三氧化硫白烟。重复处理一次，逐渐升高温度，驱尽三氧化硫白烟。冷却，加 10 mL 盐酸（1+1）及适量水，加热溶解。冷却后，移入 250mL 容量瓶中，用水稀释至标线，摇匀，此为试液（A）。可供测定三氧化二铝、三氧化二铁、二氧化钛、氧化钙、氧化镁之用。

移取 25.00 mL 试液（A）于 300 mL 烧杯中，用滴定管准确加入 10.00 mL EDTA 标准滴定溶液（0.01mol/L），以氨水（1+1）调节试液 pH 至 3～3.5，煮沸 2～3min，冷却至室温，用水稀释到 200mL 左右，加 5mL 六次甲基四胺溶液（200g/L），此时溶液 pH 应为 5.5～5.8，再加入 3～4 滴二甲酚橙指示剂溶液（2g/L），用乙酸锌标准滴定溶液（0.01mol/L）滴定至试液由黄色变为玫瑰红。

五、结果计算

试样中三氧化二铝的质量分数按下式计算：

$$w(\mathrm{Al_2O_3}) = \frac{T_{\mathrm{Al_2O_3}}(V-KV_1)}{m \times 1000} - \alpha w_{x1}$$

式中 $T_{\mathrm{Al_2O_3}}$——EDTA 标准溶液对三氧化二铝的滴定度，mg/mL；

     V——加入 EDTA 标准溶液的体积，mL；

     V_1——滴定过量 EDTA 消耗乙酸锌标准滴定溶液的体积，mL；

     K——每毫升乙酸锌标准滴定溶液相当于 EDTA 标准滴定溶液的毫升数；

     m——试料的质量，g；

     w_{x1}——试样中金属氧化物的质量分数，%；

     α——三氧化二铁、二氧化钛、氧化铜、氧化锌、三氧化二钴、氧化镍、三氧化二铬、氧化镉、一氧化锰对三氧化二铝的换算系数，见表 2-5-3。

表 2-5-3   各氧化物对三氧化二铝的换算系数

氧化物名称	Fe$_2$O$_3$	TiO$_2$	CuO	ZnO	Co$_2$O$_3$	NiO	Cr$_2$O$_3$	CdO	MnO
换算系数	0.6384	0.6380	0.6409	0.6265	0.6147	0.6824	0.6708	0.3970	0.7187

Ⅵ 二氧化钛的测定

一、实验方法

二安替比林甲烷分光光度法。

二、实验原理

在盐酸酸性溶液中，用抗坏血酸消除铁（Ⅲ）的干扰，以二安替比林甲烷为显色剂，用分光光度法测定二氧化钛的含量。

三、实验器材

1. 分光光度计。

2. 盐酸（1+1）。

3. 硫酸（1＋1）。

4. 抗坏血酸溶液（10g/L）。

5. 二安替比林甲烷溶液：将 3g 二安替比林甲烷溶于 100mL 盐酸（1mol/L）中，过滤后使用。

6. 二氧化钛标准溶液（0.010mg/mL）。

四、测定步骤

1. 二氧化钛比色工作曲线的绘制

于一组 100mL 容量瓶中，分别加入 0.00、1.00、2.00、4.00、6.00、8.00mL 二氧化钛标准溶液（0.010mg/mL），加入 10mL 盐酸（1＋1），10mL 抗坏血酸溶液（10g/L），20mL 二安替比林甲烷溶液，用水稀释至标线，摇匀。放置 40min 后，于分光光度计上，用 10mm 的比色皿，以试剂空白作参比，在波长 420nm 处测定标准比色溶液的吸光度，按测得的吸光度与标准比色溶液浓度的关系绘制工作曲线。

2. 试样的测定

（1）吸取 50mL 试液（A）于 100mL 容量瓶中，加入 10mL 盐酸（1＋1）。以下分析步骤与工作曲线绘制相同。

（2）从工作曲线上查得试样比色溶液中二氧化钛的浓度。

五、结果计算

试样中二氧化钛的质量分数按下式计算：

$$w(\text{TiO}_2) = \frac{V \times C \times 5}{m \times 1000} \times 100\%$$

式中　V——试样比色溶液的体积，mL；

　　　C——工作曲线上查得试样比色溶液中二氧化钛的浓度，mg/mL；

　　　5——全部试样溶液与所分取试样溶液的体积比；

　　　m——试料的质量，g。

Ⅶ　三氧化二铁的测定

一、实验方法

邻菲罗啉分光光度法。

二、实验原理

试样经硫酸和氢氟酸溶解后，调节溶液的 pH 值，用盐酸羟胺将铁（Ⅲ）还原为铁（Ⅱ），以邻菲罗啉显色，分光光度法测定总铁含量。

三、实验器材

1. 分光光度计。
2. 硝酸。
3. 盐酸（1+1）。
4. 氨水（1+1）。
5. 酒石酸溶液（100g/L）。
6. 盐酸羟胺溶液（100g/L）。
7. 邻菲罗啉溶液（1g/L）。
8. 对硝基酚指示剂溶液（5g/L）。
9. 三氧化二铁标准溶液（0.02mg/mL）。

四、实验步骤

1. 三氧化二铁比色工作曲线的绘制。

于一组 100mL 容量瓶中，加入 50mL 水，分别加入 0.00、1.00、2.00、4.00、6.00、8.00mL 三氧化二铁标准溶液（0.02mg/mL），加入 4mL 酒石酸溶液（100g/L）和 1~2 滴对硝基酚指示剂溶液（5g/L），滴加氨水（1+1）至溶液呈现黄色，随即滴加盐酸（1+1）至溶液刚变无色。此时的 pH 值近似为 5。加入 2mL 盐酸羟胺溶液（100g/L）、10mL 邻菲罗啉溶液（1g/L），用水稀释至标线，摇匀。放置 20min 后，于分光光度计上，用 10mm 的比色皿，以试剂空白作参比，在波长 510nm 处测定标准比色溶液的吸光度，按测得的吸光度与标准比色溶液浓度的关系绘制工作曲线。

2. 试样的测定

移取 25.00mL 试液 A 于 100mL 容量瓶中，用水稀释至 40~50mL，加 4mL 酒石酸溶液（100g/L），加 1~2 滴对硝基酚指示剂溶液（5g/L），滴加氨水（1+1）至溶液呈现黄色，随即滴加盐酸（1+1）至溶液刚变无色。此时溶液 pH 值近似 5，加 2mL 盐酸羟胺溶液（100g/L）、10mL 邻菲罗啉溶液（1g/L），用水稀释至标线，摇匀。放置 20 min 后，于分光光度计上，用 10mm 比色皿，以试剂空白作参比，在波长 510 nm 处测定溶液的吸光度。

3. 从工作曲线上查得试样比色溶液中三氧化二铁的浓度。

五、结果计算

1. 试样中总铁（三氧化二铁）的质量分数按下式计算：

$$w(\mathrm{Fe_2O_3}) = \frac{V \times C \times 10}{m \times 1000} \times 100\%$$

式中　V——试样比色溶液的体积，mL；

C——工作曲线上查得试样比色溶液中三氧化二铁的浓度，mg/mL；

m——试料的质量，g；

10——全部试样溶液与所分取试样溶液的体积比。

2. 所得结果应表示至二位小数。

Ⅷ　氧化钙的测定

一、实验方法

EDTA 配位滴定法。

二、实验原理

在 pH≥12 时，钙能与 EDTA 定量生成稳定的配合物，镁不干扰测定，铁、铝、钛用三乙醇胺掩蔽，用钙黄绿素混合指示剂，以 EDTA 标准滴定溶液滴定。

三、实验器材

1. 盐酸羟胺。
2. 三乙醇胺（1+1）。
3. 氢氧化钾溶液（200g/L）。
4. 钙黄绿素-甲基百里香酚蓝-酚酞混合指示剂（简称 CMP 混合指示剂）。
5. EDTA 标准滴定溶液（0.01mol/L）。

四、实验步骤

吸取 25mL 试液（A）于 300mL 烧杯中，用水稀释至约 150mL，加少量盐酸羟胺，加 3mL 三乙醇胺（1+1），滴加氢氧化钾溶液（200g/L）至溶液 pH 值约为 12，再加 2mL。加入适量 CMP 混合指示剂，用 EDTA 标准滴定溶液（0.01mol/L）滴定至定至绿色荧光完全消失并呈现红色。

五、实验结果计算

试样中氧化钙的质量分数按下式计算：

$$w(\text{CaO}) = \frac{T_{\text{CaO}} \times V_1 \times 10}{m \times 1000} \times 100\%$$

式中　T_{CaO}——每毫升 EDTA 标准滴定溶液相当于氧化钙的毫克数，mg/mL；

V_1——滴定时消耗 EDTA 标准滴定溶液的体积，mL；

10——全部试样溶液与所分取试样溶液的体积比；

m——试料的质量，g。

Ⅸ 氧化镁的测定

一、实验方法

EDTA 配位滴定法。

二、实验原理

在 pH10 时，镁和钙能与 EDTA 定量生成稳定的配合物，铁、铝、钛用三乙醇胺掩蔽，用酸性铬蓝 K-萘酚绿 B 混合指示剂，以 EDTA 标准滴定溶液滴定，得钙镁合量，差减后得氧化镁含量。

三、实验器材

1. 盐酸羟胺。
2. 三乙醇胺（1+1）。
3. 氨水（1+1）。
4. 氨-氯化铵缓冲溶液（pH10）。
5. 酸性铬蓝 K-萘酚绿 B（1+3）混合指示剂。
6. EDTA 标准滴定溶液（0.01mol/L）。

四、测定步骤

吸取 25mL 试液（A）于 300mL 烧杯中，用水稀释至约 150mL，加少量盐酸羟胺，加 3mL 三乙醇胺（1+1），用氨水（1+1）调至 pH10，再加 10mL 氨-氯化铵缓冲溶液（pH10）及适量酸性铬蓝 K-萘酚绿 B 混合指示剂，用 EDTA 标准滴定溶液（0.01mol/L）滴定至溶液由紫红色变为蓝绿色为终点。

五、结果计算

试样中氧化镁的质量分数按下式计算：

$$w(\text{MgO}) = \frac{T_{\text{MgO}}(V_2 - V_1) \times 10}{m \times 1000} \times 100\%$$

式中　T_{MgO}——每毫升 EDTA 标准滴定溶液相当于氧化镁的毫克数，mg/mL；

　　　V_1——滴定钙时消耗 EDTA 标准滴定溶液的体积，mL；

　　　V_2——滴定钙、镁合量时消耗 EDTA 标准滴定溶液的体积，mL；

　　　10——全部试样溶液与所分取试样溶液的体积比；

　　　m——试料的质量，g。

X　三氧化硫的测定

一、实验方法

硫酸钡称量分析法。

二、实验原理

试样通过酸分解，使硫全部转变成可溶性硫酸盐之后，用氯化钡使硫酸根离子沉淀成硫酸钡，对滤出的硫酸钡进行灼烧与称量。

三、实验器材

1. 箱式电阻炉：最高使用温度不低于 1000℃。
2. 电子天平：称量 100g，感量 0.1mg。
3. 盐酸（1+1）。
4. 氯化钡溶液（50g/L）。
5. 硝酸银溶液（10g/L）。
6. 硝酸、高氯酸、氢氟酸。
7. 铂蒸发皿等。

四、实验步骤

（1）称取约 1g 试样于铂蒸发皿中，加 2mL 硝酸、1mL 高氯酸和 10mL 氢氟酸，于低温电炉上缓慢加热蒸发至开始逸出高氯酸白烟。冷却，再加 2mL 高氯酸和 5mL 氢氟酸，继续加热蒸发至干。冷却，加 20mL 水及 4mL 盐酸（1+1），加热，至盐类完全溶解。将所得试液转入 300mL 烧杯中，用水稀释至约 150mL，加热至微沸，在不断搅拌下滴加 5mL 氯化钡溶液（50g/L），继续微沸约 10 min，移至温热处静置约 1h，再于室温下静置 4h 或过夜。用慢速定量滤纸过滤，以温水洗涤至氯离子反应消失为止（用 10g/L 的硝酸银溶液检验）。

（2）将滤纸及沉淀移入已恒量的铂坩埚中，灰化后，在 850℃灼烧 30min，在干燥器中冷却至室温，称量。反复灼烧，直到恒量。

五、实验结果计算

试样中三氧化硫的质量分数按下式计算：

$$w(SO_3) = \frac{0.343 \times m_1}{m} \times 100\%$$

式中　m_1——灼烧后沉淀的质量，g；

　　　m——试料的质量，g。

　0.343——硫酸钡对三氧化硫的换算系数。

<h2 style="text-align:center">Ⅺ 五氧化二磷的测定</h2>

一、实验方法

磷钒钼黄分光光度法。

二、实验原理

试样中的磷与钒酸铵生成可溶性的磷钒钼黄配合物，借此进行磷的分光光度测定。

三、实验器材

1. 箱式电阻炉：最高使用温度不低于 1000℃。
2. 电子天平：称量 100g，感量 0.1mg。
3. 硝酸、高氯酸、氢氟酸。
4. 铂蒸发皿等。
5. 硝酸（1+2）。
6. 氯化钡溶液（50g/L）。
7. 硝酸银溶液（10g/L）。
8. 钼酸铵-钒酸铵显色剂。
9. 五氧化二磷标准溶液（0.10mg/mL）。

四、实验步骤

1. 五氧化二磷比色工作曲线的绘制。

于一组 100mL 容量瓶中，加入 50mL 水，分别加入 0.00、2.50、5.00、7.50、10.00、12.50、15.00mL 五氧化二磷标准溶液（0.10mg/mL），加入 5mL 硝酸（1+2），然后用水稀释至 50～60mL，加入 10mL 钼酸铵-钒酸铵显色剂，用水稀释至标线，摇匀。放置 10min 后，于分光光度计上，以试剂空白作参比，选用 1cm 的比色皿，在波长 460nm 处测量溶液的吸光度，按测得的吸光度与比色溶液的关系绘制工作曲线。

2. 试样的测定

称取 1.0g 试样，精确至 0.0001g，置于铂皿中，用少量水润湿，加入 5～6mL 高氯酸、2～3mL 硝酸（1+2）和 7～10mL 氢氟酸，于低温电炉上蒸发至近干，用水冲洗皿壁，再加 1mL 硝酸（1+2），继续蒸发至干，冷却，加 5mL 硝酸（1+2）及适量水，加热溶解，冷却后，移入 100mL 容量瓶中，溶液的体积保持在 50～60mL，加入 10mL 钼酸铵-钒酸铵显色剂，用水稀释至标线，摇匀。放置 10min 后，于分光光度计上，以试剂空白作参比，选用 1cm 的比色皿，在波长 460nm 处测量溶液的吸光度，从工作曲线上查得五氧化二磷的浓度。

五、结果计算

试样中五氧化二磷的质量分数按下式计算：

$$w(P_2O_5) = \frac{V \times C}{m \times 1000} \times 100\%$$

式中　　V——试样比色溶液的体积，mL；

　　　　C——从工作曲线上查得试样比色溶液中五氧化二磷的浓度，mg/mL；

　　　　m——试料的质量，g。

XII　氧化钾、氧化钠的测定

一、实验方法

火焰光度法。

二、实验原理

火焰光度法以火焰作为激发光源，使被测元素的原子激发，用光电检测系统来测量被激发元素所发射的特征辐射强度，从而进行元素的定量分析。

三、实验器材

1. 火焰光度计。

2. 电子天平：称量 100g，感量 0.1mg。

3. 铂皿、电炉等。

4. 硫酸（1+1）。

5. 盐酸（1+1）。

6. 氢氟酸。

7. 氧化钾标准溶液（1.00mg/mL）。

8. 氧化钠标准溶液（5.00mg/mL）：准确称取 4.7147g 预先经 400～500℃灼烧至恒量并冷却至室温的氯化钠（NaCl，基准试剂或光谱纯试剂）溶于水中，移入 500mL 容量瓶中，用水稀释至标线，摇匀。贮存于塑料瓶中。

9. 混合标准溶液（氧化钾 0.10mg/mL，氧化钠 1.00mg/mL）：分别移取 10.00mL 氧化钾溶液（1.00mg/mL）和 20.00mL 氧化钠标准溶液（5.00mg/mL），放入 100mL 容量瓶中，用水稀释至标线，摇匀，得到混合标准溶液。

10. 混合标准溶液系列：准确移取混合标准溶液（氧化钾 0.10mg/mL，氧化钠 1.00mg/mL）1.00mL、2.00mL、3.00mL、4.00mL、5.00mL、6.00mL、7.00mL 分别放入一组 100mL 容量瓶中（每份溶液中氧化钾和氧化钠的含量之比为 1∶10），加入 2mL 盐酸（1+1），用水稀释至标线，摇匀。

四、实验步骤

（1）称取 0.1g 试样，精确至 0.0001g，置于铂皿中，用少量水润湿，加 4～5 滴硫酸（1+1）和 7～10mL 氢氟酸，于低温电炉上蒸发至干，逐渐升高温度驱尽三氧化硫白烟，取下，冷却，加约 30mL 水及 5mL 盐酸（1+1），缓慢加热 20～30min，待残渣全部溶解后，冷却，移入 250mL 容量瓶中，用水稀释至标线，摇匀。此为试液（C），供测定氧化钾之用。

（2）移取 50.00mL 试液（C）于 100mL 容量瓶中，加 1mL 盐酸（1+1）用水稀释至标线，摇匀。此为试液（D），供测定氧化钠之用。

（3）在火焰光度计上用曲线法（或内插法）进行氧化钾和氧化钠的测定。

五、结果计算

试样中氧化钾及氧化钠的质量分数分别按下式计算：

$$w(\text{K}_2\text{O}) = \frac{C_1 \times 250}{m \times 1000} \times 100\%$$

$$w(\text{Na}_2\text{O}) = \frac{C_2 \times 100 \times 5}{m \times 1000} \times 100\%$$

式中 　$w(\text{K}_2\text{O})$ ——氧化钾的质量分数，%；

　　　　$w(\text{Na}_2\text{O})$ ——氧化钠的质量分数，%；

　　　　C_1——在氧化钾标准曲线上查得被测溶液中氧化钾的含量，mg/mL；

　　　　C_2——在氧化钠标准曲线上查得被测溶液中氧化钠的含量 mg/mL；

　　　　m——试料的质量，g；

　　　　5——全部试样溶液与所分取试样溶液的体积比。

ⅩⅢ　三氧化二铁、氧化钙、氧化镁、氧化钾、氧化钠的测定

一、实验方法

原子吸收光谱法。

二、实验原理

仪器从光源辐射出具有待测元素特征谱线的光，通过试样蒸气时被蒸气中待测元素基态原子所吸收，由辐射特征谱线光被减弱的程度来测定试样中待测元素的含量。

三、实验器材

1. 原子吸收光谱仪：采用空气-乙炔火焰。特征谱线的波长：铁灯在 248.3nm、钙灯在 422.7nm、镁灯在 285.2nm、钾灯在 766.5nm、钠灯在 589.0nm 处。空气和乙炔气体要足够纯净（不含水、油、钙、镁、钾、钠、铁），以提供稳定的贫燃火焰。

2. 电子天平：称量 100g，感量 0.1mg。

3. 铂皿、电炉等。

4. 盐酸（1+1）。

5. 氢氟酸、硝酸、高氯酸。

6. 氯化锶溶液（200g/L）：称取 200g 氯化锶（$SrCl_2 \cdot 6H_2O$）溶于 1L 水中，摇匀，贮存于塑料瓶中。

7. 氧化钠标准溶液（1.00mg/mL）：准确称取 1.8859g 预先经 400~500℃ 灼烧至恒量并冷却至室温的氯化钠（NaCl，基准试剂或光谱纯试剂）溶于水中，移入 1L 容量瓶中，用水稀释至标线，摇匀。贮存于塑料瓶中。

8. 氧化钾标准溶液（1.00mg/mL）：准确称取 1.5830 g 预先经 400~500℃ 灼烧至恒量并冷却至室温的氯化钾（KCl，基准试剂或光谱纯试剂）溶于水中，移入 1 L 容量瓶中，用水稀释至标线，摇匀。贮存于塑料瓶中。

9. 氧化钙标准溶液（1.00mg/mL）：准确称取 1.7848g 预先经 105~110℃ 烘干 2h 的碳酸钙（$CaCO_3$，基准试剂）于 200mL 烧杯中，盖表面皿，加少量水，加 20mL 盐酸（1+1）溶解，加热微沸，以驱尽二氧化碳，冷却，移入 1L 容量瓶中，用水稀释至标线，摇匀。贮存于塑料瓶中。

10. 氧化镁标准溶液（1.00mg/mL）：准确称取 0.5000g 预先经 950℃ 灼烧 2h 的氧化镁（MgO，光谱纯试剂），用水润湿，加 20mL 盐酸（1+1），加热溶解，冷却，移入 500mL 容量瓶中，用水稀释至标线，摇匀。贮存于塑料瓶中。

11. 三氧化二铁标准溶液（1.00mg/mL）：准确称取 0.5000g 预先经 105~110℃ 烘干 2h 的三氧化二铁（Fe_2O_3，光谱纯试剂）于 200mL 烧杯中，加入 40mL 盐酸（1+1）、2mL 硝酸，加热溶解，冷却。移入 500mL 容量瓶中，用水稀释至标线，摇匀。贮存于塑料瓶中。

12. 混合标准溶液（20μg/mL）：分别移取 20.00mL 氧化钾（1.00mg/mL）、氧化钠（1.00mg/mL）、氧化钙（1.00mg/mL）、氧化镁（1.00mg/mL）、三氧化二铁（1.00mg/mL）标准溶液，放入同一个 1L 容量瓶中，用水稀释至标线，摇匀。

13. 标准系列溶液：准确移取上述（12）混合标准溶液（20μg/mL）5.00mL、10.00mL、15.00mL、20.00mL，25.00mL、30.00mL、35.00mL、40.00mL 分别放入一组 100mL 容量瓶中，加 4mL 盐酸（1+1）和 5mL 氯化锶溶液（200g/L），用水稀释至标线，摇匀。此标准系列溶液中氧化钾、氧化钠、氧化钙、氧化镁、三氧化二铁浓度分别为 1.00μg/mL、2.00μg/mL、3.00μg/mL、4.00μg/mL、5.00μg/mL、6.00μg/mL、7.00μg/mL、8.00μg/mL。

四、实验步骤

（1）称取 0.1g 试样，精确至 0.0001g，置于铂皿中，用少量水润湿，加 1 mL 高氯酸和 10~15mL 氢氟酸，于低温电炉上加热分解，蒸发至糊状，用水冲洗皿壁，再加 0.5mL 高氯酸，继续加热蒸发至高氯酸白烟冒尽。冷却后，加约 20mL 水和 8mL 盐酸（1+1），缓慢加热 20~30min，待残渣全部溶解后，冷却至室温，移入 200mL 容量瓶中，用水稀释至标线，摇匀。此为试液（B）。测定三氧化二铁直接用试液（B）；测定氧化钙、氧化镁和氧化钾时，移取 20 mL 试液（B）于 100 mL 容量瓶中，加 4 mL 盐酸（1＋1）及 5mL 氯化锶溶液（200g/L），用水稀释至标线，摇匀；测定氧化钠时，移取 10mL 试液（B）于 100mL 容量瓶中，加 4mL 盐酸（1＋1）及 5mL 氯化锶溶液（200g/L），用水稀释至标线，摇匀。

（2）将仪器调节至最佳工作状态，用空气-乙炔火焰，以试剂空白作参比，对试液和标准系列溶液进行测定。如果试样溶液和标准系列溶液浓度接近，则按直接比较法计算；否则，需测定两个参考标准，按内插法计算。

五、结果计算

（1）直接比较法试样溶液中各氧化物的浓度按下式计算：

$$C_{X1} = \frac{A_{X1} \times C_{标1}}{A_{标2}} \times 100\%$$

式中　C_{X1}——被测溶液中各氧化物浓度，$\mu g/mL$；

$C_{标1}$——标准溶液浓度，$\mu g/mL$；

A_{X1}——被测溶液的吸光度；

$A_{标2}$——标准溶液的吸光度。

（2）内插法试样溶液中各氧化物的浓度按下式计算：

$$C_{X2} = C_1 + \frac{C_2 - C_1}{A_2 - A_1}(A_{X2} - A_1)$$

式中　C_{X2}——被测溶液中各氧化物浓度，$\mu g/mL$：

C_1、C_2——标准溶液浓度，$\mu g/mL$；

A_1、A_2——标准溶液吸光度：

A_{X2}——被测溶液的吸光度。

（3）试样中各氧化物的质量分数 w_x 按下式计算：

$$w_x = \frac{C_X \times V \times n}{m \times 10^6} \times 100\%$$

式中　w_x——各氧化物的质量分数，%；

C_X——被测溶液中各氧化物浓度，$\mu g/mL$；

V——测量溶液的体积，mL；

n——被测溶液稀释倍数；

m——试料的质量，g。

ⅩⅣ　三氧化二铝、三氧化二铁、氧化钙、氧化镁、氧化钾、氧化钠、二氧化钛、五氧化二磷的测定

一、实验方法

等离子体发射光谱法。

二、实验原理

将激发光源产生的能量作用于样品，当某一能量施加到一个原子上，一些电子就改变其轨道，当这些电子返回到原来的轨道时，以一定波长的光形式恢复到原来的状态。因而，一个含有几种不同元素的样品将产生由每种元素特定的波长组成的光，通过用一色散系统将这些光波分开，即能测定存在哪一种元素，以及这些光波中每一种光波的强度，这些强度和相应的元素的浓度呈一定的函数关系。同时利用电子接收系统测量这种发光强度，再用计算机处理这些信息，即可测出相关元素的浓度。

三、实验器材

1. 等离子体发射光谱仪。
2. 电子天平：称量 100g，感量 0.1mg。
3. 铂蒸发皿、电热板等。
4. 盐酸（1+1）。
5. 硝酸（1+1）。
6. 硫酸（1+9）。
7. 盐酸、硝酸、硫酸、高氯酸、氢氟酸。
8. 三氧化二铝标准溶液（1.00mg/mL）：称取 0.5293g 已在硅胶干燥器内存放过夜的金属铝（Al，光谱纯试剂），置于 200mL 烧杯中，盖上表面皿，加 20mL 水，40mL 盐酸（1+1），滴加 1～2mL 硝酸（1+1），低温加热使其完全溶解，再微沸数分钟，取下冷却至室温后，移入 1L 容量瓶中，用水稀释至标线，摇匀。贮存于塑料瓶中。
9. 二氧化钛标准溶液（1.00mg/mL）：称取 0.2997g 已在硅胶干燥器内存放过夜的金属钛（Ti，光谱纯试剂）置于铂皿中，加少许水润湿，慢慢滴加氢氟酸使样品溶解，再滴加硝酸，使低价钛完全氧化，加入 10mL 硫酸，在电炉上低温蒸发近干，再逐渐升温至白烟冒尽，取下冷却，加硫酸溶液（1+9），并用硫酸（1+9）代替水将铂皿中的溶液移入 500mL 容量瓶中，用水稀释至标线，摇匀。贮存于塑料瓶中。
10. 氧化镁标准溶液（1.00mg/mL）：准确称取 0.5000g 预先经 950℃灼烧至恒量

的氧化镁（MgO，光谱纯试剂）用水润湿，加 20mL 盐酸（1+1），加热溶解，冷却，移入 500mL 容量瓶中，用水稀释至标线，摇匀。贮存于塑料瓶中。

11. 三氧化二铁标准溶液（1.00mg/mL）：准确称取 0.5000g 预先经 105～110℃烘干 2h 的三氧化二铁（Fe_2O_3，光谱纯试剂），溶于 40mL 盐酸（1+1）和 2mL 硝酸中，加热溶解，冷却。移入 500mL 容量瓶中，用水稀释至标线，摇匀。贮存于塑料瓶中。

12. 氧化钾标准溶液（1.00mg/mL）：准确称取 1.5830g 预先经 400～500℃灼烧至恒量并冷却至室温的氯化钾（KCl，基准试剂或光谱纯试剂），溶于水中，移入 1L 容量瓶中，用水稀释至标线，摇匀。贮存于塑料瓶中。

13. 氧化钙标准溶液（0.50mg/mL）：准确称取 0.8924g 预先经 105～110℃烘干 2h 的碳酸钙（$CaCO_3$，基准试剂），于 200mL 烧杯中，盖表面皿，加少量水，加 20mL 盐酸（1+1）溶解，加热微沸，以驱尽二氧化碳，冷却，移入 1L 容量瓶中，用水稀释至标线，摇匀。贮存于塑料瓶中。

14. 氧化钠标准溶液（0.50mg/mL）：准确称取 0.9430g 预先经 400～500℃灼烧至恒量并冷却至室温的氯化钠（NaCl，基准试剂或光谱纯试剂）溶于水中，移入 1L 容量瓶中，用水稀释至标线，摇匀，贮存于塑料瓶中。

15. 五氧化二磷标准溶液（0.10mg/mL）：准确称取 0.1917g 预先经 105～110℃烘干 2h 的磷酸二氢钾（KH_2PO_4，基准试剂）溶于水中，移入 1L 容量瓶中，用水稀释至标线，摇匀。

16. 混合标准过渡溶液 [三氧化二铝、三氧化二铁、氧化镁、氧化钾、二氧化钛（均为 100μg/mL）、五氧化二磷（10μg/mL）混合标准过渡溶液]：分别准确移取 100.00mL 三氧化二铝（1.00mg/mL）、三氧化二铁（1.00mg/mL）、氧化镁（1.00mg/mL）、氧化钾（1.00mg/mL）、二氧化钛（1.00mg/mL）、五氧化二磷（0.10mg/mL）标准溶液，放入 1000mL 容量瓶中，用水稀释至标线，摇匀。

17. 氧化钠标准过渡溶液（100μg/mL）：准确移取 200.00mL 氧化钠标准溶液（0.50mg/mL）于 1000mL 容量瓶中，用水稀释至标线，摇匀。

18. 氧化钙标准过渡溶液（100μg/mL）：准确移取 200.00mL 氧化钙标准溶液（0.50mg/mL）于 1000mL 容量瓶中，用水稀释至标线，摇匀。

19. 高浓度标准溶液：准确移取 20.00mL 上述混合标准过渡溶液（16），放入 100mL 容量瓶中，再准确移取 15mL 氧化钠标准溶液（0.50mg/mL）和 10mL 氧化钙标准溶液（0.50mg/mL），放入同一个 100mL 容量瓶中，加入 10mL 硝酸（1+1），用水稀释至标线，摇匀。得到氧化钠为 75μg/mL，氧化钙为 50μg/mL，三氧化二铝、三氧化二铁、氧化镁、氧化钾、二氧化钛各为 20μg/mL，五氧化二磷为 2μg/mL 的混合标准溶液，此溶液在后续分析中作为高浓度标准溶液。

20. 低浓度标准溶液：分别准确移取 20.00mL 氧化钠标准过渡溶液（100μg/mL）和 10.00mL 氧化钙标准过渡溶液（100μg/mL）放入 100mL 容量瓶中，加入 10mL 硝酸（1+1），用水稀释至标线，摇匀。得到氧化钠为 20μg/mL，氧化钙为 10μg/mL，三氧化二铝、三氧化二铁、氧化镁、氧化钾、二氧化钛、五氧化二磷各为 0μg/mL 的混合标准溶液，此溶液在后续分析中作为低浓度标准溶液。

四、测定步骤

称取 0.1g 试样（测五氧化二磷时，试料量为 0.5～1.0g），精确至 0.0001g。将试样置于铂金皿中，用水润湿，加 1mL 高氯酸，10～15mL 氢氟酸。将铂金皿置于电热板上低温加热，蒸发至糊状，用水冲洗内壁，再加 0.5mL 高氯酸，加热蒸发至干，冷却，加 10mL 硝酸（1+1）及适量水，加热溶解，冷却后，移入 100mL 容量瓶中，用水稀释至标线，摇匀。

在分析样品前，预先将等离子体发射光谱仪电路通电，稳定后，按仪器要求编制分析控制程序。打开仪器的气路、水路，接通高频电源，用工作气体将管路和雾化系统内的空气排除干净，点燃等离子体火焰。仪器的输出功率控制为 1.1kW，反射功率小于 10W，冷却气流量 16L/min，进样量 1～2mL/min，待仪器工作 15～30min 稳定后，按照分析控制程序分别吸入上述低浓度标准溶液（20）和高浓度标准溶液（19）进行仪器的标准化，建立工作曲线。完成标准化工作后，按程序吸入样品溶液，转入样品分析，测定样品溶液中各氧化物的浓度。

分析过程中穿插测定试剂空白溶液和硝酸溶液（1+1），确定试剂空白的大小，并予以扣除。如果发现存在明显的试剂空白，则需更新带来空白效应的试剂，重新分析。

五、结果计算

试样中每种氧化物的质量分数 w_x 按下式计算：

$$w_x = \frac{V \times C}{m \times 10^6} \times 100\%$$

式中　w_x——各氧化物的质量分数，%；

V——测量溶液的体积，单位为毫升，mL；

C——被测溶液中各氧化物的浓度，$\mu g/mL$；

m——试料的质量，g。

ⅩⅤ　氧化铜、氧化锌、三氧化二钴、氧化镍、三氧化二铬、氧化镉、一氧化锰的测定

一、实验方法

原子吸收光谱法。

二、实验原理

仪器从光源辐射出具有待测元素特征谱线的光，通过试样蒸气时被蒸气中待测元素基态原子所吸收，由辐射特征谱线光被减弱的程度来测定试样中待测元素的含量。

三、实验器材

1. 原子吸收光谱仪

2. 电子天平：称量 100g，感量 0.1mg。

3. 铂蒸发皿、电热板等。

4. 盐酸（1+1）。

5. 硝酸（1+1）。

6. 盐酸、硝酸、硫酸、高氯酸、氢氟酸。

7. 氧化铜标准溶液（1.00mg/mL）：准确称取 0.5000g 经 105～110℃烘干的氧化铜（CuO，高纯或光谱纯试剂）置于 200mL 玻璃烧杯中，加入 15mL 盐酸（1+1）和 3mL 硝酸，加热至近干，再加 5mL 硝酸，使残渣溶解，完全溶解后冷却，移入 500mL 容量瓶中，用水稀释至标线，摇匀。贮存于塑料瓶中。

8. 氧化锌标准溶液（1.00mg/mL）：准确称取 0.4017g 经表面处理过的高纯金属锌（Zn，高纯或光谱纯试剂）置于 200mL 玻璃烧杯中，加入 20mL 盐酸（1+1）和 3mL 硝酸，加热完全溶解后，冷却，移入 500 mL 容量瓶中，用水稀释至标线，摇匀。贮存于塑料瓶中。

9. 三氧化二钴标准溶液（1.00mg/mL）：准确称取 0.5000g 经 105～110℃烘干的三氧化二钴（Co_2O_3，高纯或光谱纯试剂）置于 200mL 玻璃烧杯中，加入 15mL 盐酸（1+1）和 3mL 硝酸，加热至近干，再加 5mL 硝酸，使残渣溶解，完全溶解后，冷却，移入 500mL 容量瓶中，用水稀释至标线，摇匀。贮存于塑料瓶中。

10. 氧化镍标准溶液（1.00mg/mL）：准确称取 0.5000g 经 105～110℃烘干不少于 2h 的氧化镍（NiO，高纯或光谱纯试剂）置于 200mL 玻璃烧杯中，加入 15mL 盐酸（1+1）和 3mL 硝酸，加热溶解后，加热至近干，再加 5mL 硝酸，使残渣溶解，完全溶解后，冷却，移入 500mL 容量瓶中，用水稀释至标线，摇匀。贮存于塑料瓶中。

11. 三氧化三铬标准溶液（1.00mg/mL）：准确称取 0.5000g 经 105～110℃烘干的三氧化二铬（Cr_2O_3，高纯或光谱纯试剂）置于 200mL 玻璃烧杯中，加 15mL 盐酸（1+1）和 3mL 硝酸，加热至近干，再加 5mL 硝酸，使残渣溶解，完全溶解后，冷却，移入 500mL 容量瓶中，用水稀释至标线，摇匀。贮存于塑料瓶中。

12. 氧化镉标准溶液（1.00mg/mL）：准确称取 0.4377g 经表面处理过的高纯金属镉（Cd，高纯或光谱纯试剂）置于 200mL 玻璃烧杯中，加入 50mL 盐酸（1+1）和 3mL 硝酸，加热完全溶解后，再加 5 mL 硝酸，冷却，移入 500mL 容量瓶中，用水稀释至标线，摇匀。贮存于塑料瓶中。

13. 一氧化锰标准溶液（1.00mg/mL）：准确称取 0.5000g 经 105～110℃烘干的一氧化锰（MnO，高纯或光谱纯试剂），置于 200mL 玻璃烧杯中，加入 15mL 盐酸（1+1）和 3mL 硝酸，加热溶解后，加热至近干，再加 5 mL 硝酸，使残渣溶解，完全溶解后，冷却，移入 500mL 容量瓶中，用水稀释至标线，摇匀。贮存于塑料瓶中。

14. 氧化铜、氧化锌、三氧化二钴、氧化镍、三氧化二铬、氧化镉、一氧化锰混合标准溶液（100μg/mL）：分别准确移取 100mL 氧化铜标准溶液（1.00mg/mL）、氧化锌标准溶液（1.00mg/mL）、三氧化二钴标准溶（1.00mg/mL）、氧化镍标准溶液（1.00mg/mL）、三氧化二铬标准溶液（1.00mg/mL）、氧化镉标准溶液（1.00mg/mL）、一氧化锰标准溶液（1.00mg/mL）于同一个 1L 容量瓶中，补加 10mL 盐酸（1+1），用水稀释至标线，摇匀。

15. 氧化铜、氧化锌、三氧化二钴、氧化镍、三氧化二铬、氧化镉、一氧化锰混合标准溶液（10μg/mL）：准确移取 100.00mL 上述混合标准溶液（100μg/mL）放入 1L 容量瓶中，用水稀释至标线，摇匀。

16. 标准系列溶液：准确移取混合标准溶液（10μg/mL）5.00mL、10.00mL、15.00mL、20.00mL、、25.00mL、30.00mL、35.00mL、40.00mL 分别放入一组 100mL 容量瓶中，分别加入 10mL 盐酸（1+1），用水稀释至标线，摇匀。此标准系列溶液中氧化铜、氧化锌、三氧化二钴、氧化镍、三氧化二铬、氧化镉、一氧化锰浓度分别为 0.50μg/mL、1.00μg/mL、1.50μg/mL、2.00μg/mL、2.50μg/mL、3.00μg/mL、3.50μg/mL、4.00μg/mL。

四、测定步骤

称取 0.1g 试样，精确至 0.0001g，置于铂皿中，用水润湿，加 1mL 高氯酸，10～15mL 氢氟酸。将铂皿置于电热板上低温加热，蒸发至糊状，用水冲洗内壁，再加 0.5mL 高氯酸，加热蒸发至干，冷却，加 10mL 盐酸（1+1）及适量水，加热溶解，冷却后，移入 100mL 容量瓶中，用水稀释至标线，摇匀。采取与样品相同的分析步骤测定试剂空白。

将仪器调节至最佳工作状态，用空气-乙炔火焰，以试剂空白作参比，对试液和标准系列溶液进行测定。如果试样溶液和标准系列溶液浓度接近则按直接比较法计算。

各氧化物的测量波长见表 2-5-4。

表 2-5-4　各氧化物的测量波长

氧化物名称	CuO	ZnO	Co_2O_3	NiO	Cr_2O_3	CdO	MnO
波长/nm	324.8	213.9	240.7	232.0	357.9	228.8	279.5

五、结果计算

（1）直接比较法被测溶液中各氧化物的浓度按式下式计算：

$$C_{X1} = \frac{A_{X1} \times C_{标1}}{A_{标2}} \times 100\%$$

式中　C_{X1}——被测溶液中各氧化物浓度，μg/mL；

　　　$C_{标1}$——标准溶液浓度，μg/mL；

　　　A_{X1}——被测溶液的吸光度；

　　　$A_{标2}$——标准溶液的吸光度。

（2）试样中各种氧化物的质量分数 w_x 按下式计算：

$$w_x = \frac{C_X \times V \times n}{m \times 10^6} \times 100\%$$

式中　w_x——各氧化物的质量分数，%；

　　　C_X——被测溶液中各氧化物浓度，$\mu g/mL$；

　　　V——测量溶液的体积，mL；

　　　n——被测溶液稀释倍数；

　　　m——试料的质量，g。

X Ⅵ　氧化铜、氧化锌、三氧化二钴、氧化镍、三氧化二铬、氧化镉、一氧化锰的测定

一、实验方法

等离子体发射光谱法。

二、实验原理

将激发光源产生的能量作用于样品，当某一能量施加到一个原子上，一些电子就改变其轨道，当这些电子返回到原来的轨道时，以一定波长的光形式恢复到原来的状态，因而，一个含有几种不同元素的样品将产生由每种元素特定的波长组成的光，通过用一色散系统将这些光波分开，即能测定存在哪一种元素，以及这些光波中每一种光波的强度，这些强度和相应的元素的浓度呈一定的函数关系。同时利用电子接收系统测量这种发光强度，再用计算机处理这些信息，即可测出相关元素的浓度。

三、实验器材

1. 等离子体发射光谱仪。

2. 电子天平：称量 100g，感量 0.1mg。

3. 铂蒸发皿、电热板等。

4. 硝酸（1+1）。

5. 盐酸、硝酸、硫酸、高氯酸、氢氟酸。

6. 高浓度标准溶液（$10\mu g/mL$）：移取氧化铜、氧化锌、三氧化二钴、氧化镍、三氧化二铬、氧化镉、一氧化锰混合标准溶液（$100\mu g/mL$）10.00mL 置于 100mL 容量瓶中，加入 5mL 硝酸，用水稀释至标线，摇匀，得到氧化铜、氧化锌、三氧化二钴、氧化镍、三氧化二铬、氧化镉、一氧化锰浓度分别 $10.00\mu g/rnL$ 的混合标准溶液，此溶液在后续分析中作为高浓度标准溶液。

7. 低浓度标准溶液（$0.10\mu g/mL$）：移取氧化铜、氧化锌、三氧化二钴、氧化镍、三氧化二铬、氧化镉、一氧化锰高浓度混合标准溶液（$10\mu g/mL$）1.00mL 置于 100mL 容量瓶中，加入 5 mL 硝酸，用水稀释至标线，摇匀。得到氧化铜、氧化锌、三氧化二

钴、氧化镍、三氧化二铬、氧化镉、一氧化锰浓度为 $0.10\mu g/mL$ 的混合标准溶液，此溶液在后续分析中作为低浓度标准溶液。

四、实验步骤

称取 0.5g 试样，精确至 0.0001g，置于铂皿中，用水润湿，加 1mL 高氯酸，10～15mL 氢氟酸。将铂皿置于电热板上低温加热，蒸发至糊状，用水冲洗内壁，再加 0.5mL 高氯酸，加热蒸发至干，冷却，加 10mL 硝酸（1＋1）及适量水，加热溶解，冷却后，移入 100mL 容量瓶中，用水稀释至标线，摇匀。采取与试样相同的分析步骤测定试剂空白。

在分析样品前，预先将等离子体发射光谱仪电路通电，稳定后，按仪器要求编制分析控制程序。打开仪器的气路、水路，接通高频电源，用工作气体将管路和雾化系统内的空气排除干净，点燃等离子体火焰。仪器的输出功率控制为 1.1kW，反射功率小于 10W，冷却气流量 16L/min，进样量 1～2mL/min，待仪器工作 15～30min 稳定后，按照分析控制程序分别吸入上述低浓度标准溶液（7）和高浓度标准溶液（6）进行仪器的标准化，建立工作曲线。完成标准化工作后，按程序吸入样品溶液，转入样品分析，测定样品溶液中各氧化物的浓度。

分析过程中穿插测定试剂空白溶液和硝酸溶液（1＋1），确定试剂空白的大小，并予以扣除。如果发现存在明显的试剂空白，则需更新带来空白效应的试剂，重新分析。

五、结果计算

（1）试样中各种氧化物的质量分数 w_x 按下式计算：

$$w_x = \frac{C_X \times V}{m \times 10^6} \times 100\%$$

式中　w_x——各氧化物的质量分数，%；

　　　C_X——被测溶液中各氧化物浓度，$\mu g/mL$；

　　　V——测量溶液的体积，mL；

　　　n——被测溶液稀释倍数；

　　　m——试料的质量，g。

（2）分析结果的允许差范围见表 2-5-5。

表 2-5-5　分析结果允许差范围

测定项目	含量范围	A	B
		重复性极限	再现性极限
L.O.I	<1.0	0.05	0.06
SiO_2	>50	0.20	0.25
Al_2O_3	<5	0.06	0.08
TiO_2	<0.5	0.01	0.01
Fe_2O_3	<0.5	0.01	0.02
CaO	<10	0.10	0.15

续表

测定项目	含量范围	A 重复性极限	B 再现性极限
MgO	<10	0.10	0.15
K₂O	<5	0.05	0.07
Na₂O	>10	0.20	0.25
SO₃	<0.5	0.03	0.04
P₂O₅	<0.2	0.02	0.03
CuO	<0.2	0.005	0.01
ZnO	<0.2	0.005	0.01
Co₂O₃	<0.2	0.005	0.01
NiO	<0.2	0.005	0.01
Cr₂O₃	<0.2	0.005	0.01
CdO	<0.2	0.005	0.01
MnO	<0.2	0.005	0.01

注：在采用本方法测定同一试样时，同一试验室的同一分析人员，须重复进行两次测定，两次分析结果之差应符合 A 项规定，如超出 A 项规定，须进行第三次测定，所得分析结果与前两次分析结果中之一次之差符合 A 项规定时，则取其平均值，否则应查找原因，重新进行测定。

实验十四　陶瓷材料的化学分析

本实验方法适用于陶瓷材料及制品中二氧化硅、三氧化二铝、三氧化二铁、二氧化钛、氧化镁、氧化钙、氧化钾、氧化钠、一氧化锰、五氧化二磷、三氧化硫、灼烧减量等化学成分的分析。

一、实验目的

1. 了解陶瓷材料及制品中各化学成分测定的原理。
2. 掌握陶瓷材料及制品中各化学成分测定的方法。

二、实验器材

1. 箱式电阻炉：最高使用温度不低于 1200℃。
2. 电热鼓风干燥箱：能使温度控制在（105±5）℃。
3. 电子天平：称量 100g，感量 0.1mg。
4. 原子吸收分光光度计：铁在波长 248.3nm 处的灵敏度应高于 $0.1\mu g/mL$（1%吸收）；钙在波长 422.7nm 处的灵敏度应高于 $0.1\mu g/mL$（1%吸收），镁在波长 285.2nm 处的灵敏度应高于 $0.1\mu g/mL$（1%吸收）。
5. 火焰光度计：以石油气、液化石油气或煤气为燃气。其灵敏度对氧化钾或氧化钠均应高于每分度 $0.05\mu g/mL$。

6. 分光光度计：符合 GB 9721 规定。

7. 分析纯：无水碳酸钠、焦硫酸钾、氟化钠、硼砂、高碘酸钾、氢氟酸、冰乙酸、高氯酸、丙三醇、三氯甲烷（99.5%）、乙醇（95%）。

8. 氨水（1+1）、氨水（1+9）。

9. 盐酸、盐酸（1+1）、盐酸（1+5）、盐酸（1+11）、盐酸（1+19）。

10. 硝酸、硝酸（1+1）、硝酸（1+3）。

11. 硫酸、硫酸（1+1）、硫酸（1+9）、硫酸（1+19）。

12. 氨水（1+1）、氨水（1+9）。

13. 磷酸（1+1）。

14. 混合熔剂 A：取无水碳酸钠与硼砂各一份混匀。

15. 混合熔剂 B：取 3 份碳酸钠与 2 份氧化镁混合，研细。

16. 氢氧化钠溶液（100g/L）。

17. 硼酸溶液（20g/L）。

18. 酒石酸溶液（100g/L）。

19. 氟化钾溶液（20g/L）。

20. 氯化钡溶液（100g/L）。

21. 碳酸钠洗液（20g/L）。

22. 三乙醇胺溶液（1+2）。

23. 氨-氯化铵缓冲溶液（pH=10）。

24. 乙酸-乙酸钠缓冲溶液（pH=3）。

25. 乙酸-乙酸钠缓冲溶液（pH=5.5）。

26. 钼酸铵溶液（50g/L）。

27. 钼酸铵溶液（80g/L）。

28. 抗坏血酸溶液（10g/L）。

29. 抗坏血酸溶液（50g/L）。

30. 硝酸银溶液（10g/L）。

31. 甲基橙指示剂溶液（1g/L）。

32. 二甲酚橙指示剂溶液（2g/L）。

33. 对硝基苯酚指示剂溶液（5g/L）：称取 0.5g 硝基苯酚．溶于 100mL 乙醇中。

34. 钙黄绿素与百里酚酞混合指示剂：称取 0.1g 钙黄绿素，加 0.06g 百里酚酞和 10g 氯化钾，研细。

35. 甲基百里酚蓝络合指示剂：称取 0.2g 甲基百里酚蓝，加 20g 硝酸钾，研细。

36. 聚环氧乙烷溶液（0.5g/L）：将 0.1g 聚环氧乙烷溶于 200mL 水中，加 2～3 滴盐酸（1+1），保存于塑料瓶中。

37. 铜铁试剂（60g/L）：称取 6g 铜铁试剂，溶于 100mL 水中，过滤，该溶液用时配制。

38. 邻菲罗啉溶液（4g/L）：将 0.4g 邻菲罗啉（$C_{12}H_8N_2 \cdot H_2O$）溶于 20mL 无水乙醇中，加水稀释至 100mL，着色时重新配制。

39. 二安替比林甲烷溶液（60g/L）：称取 6g 二安替比林甲烷（$C_{23}H_{24}N_4O_2$），溶于 100mL 盐酸（1+5）中，过滤。

40. 氢氧化钾溶液（4mol/L）：称取 224g 氢氧化钾，溶于 1L 水中。

41. 柠檬酸溶液（1mol/L）：称取 84g 柠檬酸（$C_6H_8O_7 \cdot H_2O$），溶于 400mL 水中。

42. 氯化锶溶液（200g/L）：称取 20g 优级纯氯化锶（$SrCl_6 \cdot 6H_2O$），溶于 100mL 水中，保存于塑料瓶中。

43. 钒酸铵溶液（1.25g/L）：称取 0.25g 钒酸铵，溶于 50mL 温水中，加入浓硝酸 30mL，待溶解后稀释至 200mL。

44. 二氧化硅标准溶液（0.5mg/mL）：称取 0.5000g 在 1000℃ 灼烧 2h 的二氧化硅（含量 99.99%），精确至 0.0001g，置于铂坩埚中，加 5g 无水碳酸钠，搅拌均匀。于 1000℃ 熔融 10min，冷却后放入 500mL 烧杯中，用沸水浸出，冷却后移入 1L 容量瓶中，稀释至刻度，摇匀，置于塑料瓶中保存。

45. 二氧化硅标准溶液（0.01mg/mL）：用移液管准确移取 10.0mL 二氧化硅标准溶液（0.5mg/mL）于 500mL 容量瓶中，用水稀释至刻度。

46. 三氧化二铝标准溶液（1mg/mL）：称取 0.5292g 纯铝丝（含量为 99.99%）[铝丝须预先处理：先用盐酸（1+9）洗去氧化膜，再用水洗，然后依次用乙醇、乙醚洗，风干]，置于 30mL 烧杯中，加 50mL 盐酸（1+1）及 10 滴浓硝酸，加热溶解后用水稀释至 1000mL，此溶液相当于三氧化二铝 1mg/mL。

47. EDTA 标准滴定溶液（0.02mol/L）：称取 37.5g 乙二胺四乙酸二钠，先用少量水溶解，再用水稀释到 5000mL。

标定：吸取 10.0mL 三氧化二铝标准溶液（1mg/mL）2 份，分别置于两个 250mL 三角瓶中，各加 25mLEDTA 标准滴定溶液（0.02mol/L），加沸水 50mL，加 1 滴甲基橙指示剂溶液（1g/L），用氢氧化铵（1+9）调至微红色，再用盐酸（1+19）调微橙色，再过量 2 滴，加 10mL 乙酸-乙酸钠缓冲溶液（pH=5.5），加热煮沸（7~10）min。取下，用流水冷却至室温，加 5 滴二甲酚橙指示剂溶液（2g/L），用 0.02mol/L 乙酸锌标准滴定溶液滴定至溶液由黄色突变为微红色。

$$T_{Al_2O_3} = \frac{V_1 \times c}{V_2 - V_3K}$$

式中　$T_{Al_2O_3}$——每毫升 EDTA 标准滴定溶液相当于三氧化二铝的毫克数，mg/mL；

　　　　V_1——吸取三氧化二铝标准溶液的体积，mL；

　　　　V_2——加入 EDTA 标准滴定溶液的体积，mL；

　　　　V_3——回滴过量 EDTA 标准滴定溶液消耗乙酸锌标准滴定溶液的体积，mL；

　　　　c——三氧化二铝标准溶液的浓度，mg/mL；

　　　　K——每毫升乙酸锌标准滴定溶液相当于 EDTA 标准滴定溶液的毫升数。

48. 乙酸锌标准滴定溶液（0.02mol/L）：称取 22g 乙酸锌，溶于少量水中，加 50mL 冰乙酸，用水稀释至 5000mL。

标定乙酸锌标准溶液与 EDTA 标准溶液对滴时的体积比（K 值）：吸取两份各为

25.0mL 的 EDTA 标准滴定溶液（0.02mol/L）于两个 250mL 的三角瓶中，各加 50mL 沸水，10mL 乙酸-乙酸钠缓冲溶液（pH＝5.5），5 滴二甲酚橙指示剂溶液（2g/L），并用乙酸锌标准滴定溶液（0.02mol/L）滴定至溶液由黄色变为微红色。

EDTA 标准溶液与乙酸锌标准溶液对滴时的体积比 K 值可由下式求出：

$$K = \frac{V}{V_1}$$

式中　V——吸取 EDTA 标准滴定溶液的体积，mL；

V_1——滴定时消耗乙酸锌标准滴定溶液的体积，mL。

49. 三氧化二铁标准溶液（0.1mg/mL）：称取 0.1000g 经 400℃灼烧的三氧化二铁（光谱纯）于烧杯中，加入 30mL 盐酸（1＋1），5mL 浓硝酸，于水浴上溶解之后，移入 1L 容量瓶中，加水稀释至刻度，摇匀。此液每毫升含三氧化二铁 0.1mg。

50. 三氧化二铁标准溶液（0.01mg/mL）：吸取 50mL 三氧化二铁标准溶液（0.1mg/mL），用水稀释至 500mL，摇匀。此溶液每毫升含三氧化二铁 0.01mg。

51. 二氧化钛标准溶液（10μg/mL）：称取 0.1000g 经 800℃灼烧 1h 的纯二氧化钛于铂坩埚中，加 3g 焦硫酸钾，先低温加热，然后移至 700℃高温炉中熔融至透明。冷却后将铂坩埚移入 300mL 烧杯中，加 50mL 硫酸（1＋9），加热使熔块溶解，铂坩埚用硫酸（1＋9）洗净取出，溶液冷却后移入 1L 容量瓶中，用硫酸（1＋9）稀释至刻度，摇匀。此液作为标准液（$100\mu gTiO_2/mL$）。从标准液（$100\mu gTiO_2/mL$）中取 10.0mL 移入 100mL 容量瓶中，用硫酸（1＋19）准确稀释至刻度，作为二氧化钛标准溶液（$10\mu gTiO_2/mL$）。

52. 氧化钙标准溶液（1mg/mL）：称取 1.7848g 经 110℃烘 2h 的高纯碳酸钙，置于 250mL 烧杯中，滴加盐酸（1＋1）溶解，煮沸片刻，冷却至室温，移入 1L 容量瓶中，加水稀释至刻度，摇匀。此液每毫升含氧化钙 1mg。

53. 氧化钙标准溶液（0.1mg/mL）：将氧化钙标准溶液（1mg/mL）精确地稀释 10 倍．使其浓度为 1mL 含氧化钙 0.1mg。

54. EDTA 标准滴定溶液（0.01mol/L）：称取 3.7g 乙二胺四乙酸二钠，置于 1L 烧杯中，加水约 500mL，搅拌至完全溶解后，移入 1L 容量瓶中，用水稀释至刻度，摇匀。标定方法同 EDTA 标准滴定溶液（0.015mol/L）。

55. 氧化镁标准溶液（0.1mg/mL）：称取 0.1000g 经过 950℃灼烧 30min 的氧化镁，置于 250mL 烧杯中，加 10mL 盐酸（1＋1），微热溶解，冷却后移入 1L 容量瓶中，用水稀释至刻度，摇匀。此溶液 1mL 含氧化镁 0.1mg。

56. 氧化钾和氧化钠混合标准溶液（$K_2O1mg/mL＋Na_2O1mg/mL$）：分别称取经 150℃烘干 2h 的氯化钾 1.5830g 和氯化钠 1.8860g，置于同一烧杯中加水溶解，移入 1L 容量瓶中，加水稀释至刻度，摇匀。此溶液每毫升含氧化钾和氧化钠各 1mg。

57. 氧化钾和氧化钠混合标准溶液（$K_2O0.1mg/mL＋Na_2O0.1mg/mL$）：用移液管分取 50.0mL 氧化钾和氧化钠混合标准溶液（$K_2O1mg/mL＋Na_2O1mg/mL$）于 500mL 容量瓶中，用水稀释至刻度。此液每毫升含氧化钾和氧化钠各为 0.1mg。

58. 一氧化锰标准溶液（0.1mg/mL）：称取 0.1191g 硫酸锰（$MnSO_4 \cdot H_2O$）于

水中，待溶解后加入 1mL 硫酸（1+1），移入 500mL 容量瓶中，加水稀释至刻度，摇匀。此溶液 1mL 含有 MnO0.1mg。

59. 五氧化二磷标准溶液（0.1mg/mL）：称取 0.1917g 磷酸二氢钾（KH_2PO_4）溶于 300mL 水中，移入 1L 容量瓶中，加水稀释至刻度，摇匀。此溶液 1mL 含五氧化二磷 0.1mg。

三、实验原理

1. 烧失量的测定

试料经（1025±25）℃灼烧，所损失的质量为灼烧减量。

2. 二氧化硅的测定

（1）聚环氧乙烷凝聚与硅钼蓝光度联用法：试料用碳酸钠（或混合熔剂）熔融，在盐酸介质中，用聚环氧乙烷使硅酸凝聚析出，灼烧沉淀，称量，用氢氟酸使二氧化硅挥发，再灼烧、称量，由其减量求出主二氧化硅含量。分取滤液，用硅钼蓝光度法测出滤液中残留二氧化硅含量，二者之和则为试样的二氧化硅含量。

（2）氢氟酸法：测定灼烧减量后之试料，加入氢氟酸使二氧化硅挥发，再灼烧，称量，由其减量求出二氧化硅含量。

3. 三氧化二铝的测定

（1）铜铁试剂-三氯甲烷萃取分离，EDTA 络合滴定法：分取分离硅后之滤液（或氢氟酸去硅后，溶解残渣之溶液）调节溶液酸度为 2.5mol/L，用铜铁试剂和三氯甲烷萃取分离铁、钛等干扰元素，在过量 EDTA 标准滴定溶液中，以二甲酚橙作指示剂，用乙酸锌返滴过量 EDTA。

（2）氟化物取代，EDTA 配位滴定法：分取分离硅后之滤液（或氢氟酸去硅后，用盐酸溶解残渣之滤液），加入过量的 EDTA，调节 pH≈4，使之与铝、钛等离子完全络合，以二甲酚橙为指示剂，以乙酸锌标准滴定溶液回滴过量的 EDTA，再加氟化钠置换出铝、钛络合的 EDTA，然后继续用乙酸锌标准滴定溶液滴定铝、钛含量。

4. 三氧化二铁的测定

（1）邻菲罗啉分光光度法：分取碱熔之滤液或酸溶之溶液，用柠檬酸掩蔽共存干扰离子，以抗坏血酸将三价铁还原成二价后，在 pH≈3 的溶液中，加邻菲罗啉使与 Fe^{2+} 共成橘红色络合物，在分光光度计上于 510nm 处测吸光度。

（2）火焰原子吸收分光光度法：将试料用氢氟酸和高氯酸分解，蒸干后溶于盐酸，用原子吸收分光光度计在 248.3nm 处测定铁的吸光度。

5. 二氧化钛的测定

二安替比林甲烷分光光度法：四价钛离子与二安替比林甲烷，在盐酸酸度为 1.2～2.5mol/L 之间形成稳定的黄色络合物。用抗坏血酸消除铁的干扰，在分光光度计上于波长 390nm 处测定钛黄色络合物的吸光度。

6. 氧化钙和氧化镁的测定

（1）EDTA 配位滴定法：分取碱熔之滤液或酸溶之溶液两份，其中一份加三乙醇胺掩蔽铁、铝、钛。在强碱性溶液中，加钙黄绿素与百里酚酞混合指示剂，用 EDTA 标准滴定溶液滴定钙；另一份同样以三乙醇胺作掩蔽剂，在氨性溶液中，加甲基百里酚蓝指示剂，用 EDTA 标准滴定溶液滴定钙、镁合量，用差减法求出氧化镁的含量。

（2）火焰原子吸收分光光度法：将试液在原子吸收分光光度计上，以钙空心阴极灯于波长 422.7nm 处，镁空心阴极灯于波长 285.2nm 处分别测定钙、镁的吸光度。

7. 氧化钾及氧化钠的测定

火焰光度法：将试液与标准溶液同时在火焰光度计上分别测定其相对辐射强度，以计算氧化钾或氧化钠的含量。

8. 一氧化锰的测定

试料以硫酸-氢氟酸分解，在磷酸介质中，用高碘酸钾将低价锰氧化成紫红色高锰酸，用分光光度计于波长 530nm 处测定溶液的吸光度。

9. 五氧化二磷的测定

试料以硝酸-氢氟酸分解，在硝酸介质中，磷酸与钒酸盐和钼酸盐生成黄色络合物，在分光光度计上于 390nm 处测定溶液的吸光度。

10. 三氧化硫的测定

试料用碳酸钠-氧化镁混合熔剂熔融，将硫全部转化成可溶性硫酸盐后，在盐酸介质中，加入氯化钡，使硫生成硫酸钡沉淀，经 800℃灼烧，称量，计算三氧化硫的质量分数。

四、试样制备

1. 样品处理

检测样品经粉碎、过筛、缩分处理后，应不失去原样的代表性；分析试样最大粒径应小于 0.08mm，最低质量不小于 50g；分析试样在各组分测定之前，须经过 105～110℃干燥 2～3h。

2. 碱熔试样的制备

称取试样 0.5g，精确至 0.0001g，置于铂坩埚中，取 4g 碳酸钠（或 3g 混合熔剂 A），将熔剂的三分之二与试样混匀，剩下的三分之一覆盖于上面，先低温加热。逐渐升高至 1000℃，熔融 10～15min，取出冷却后，将熔块用热水浸出于 500mL 烧杯中，加入 20mL 盐酸，盖上表皿，待反应停止后用盐酸（1+1）及热水洗净坩埚、坩埚盖及表皿，将烧杯移至沸水浴上，浓缩至硅酸胶体析出仅带少量液体为止（约 10mL）。取下，冷却至室温，加入 10mL 丙三醇以除硼，摇匀，再加入 10mL 聚环氧乙烷溶液（0.5g/L），搅匀，放置 5min，加 10mL 沸水使盐类溶解，然后使用慢速定量滤纸过滤于 250mL 容量瓶中，用热盐酸（1+19）洗涤 5～6 次．最后用一小片滤纸及带胶头的玻璃棒擦洗烧杯，使沉淀转移完全。再用热水洗涤沉淀至无氯离子，将沉淀移入已恒重的铂坩埚中，加 1 滴硫酸（1+1），加盖并留一缝隙，先炭化再灰化至白色，然后放入高温炉内于 950～1000℃灼烧 1h，移入干燥器中冷却至室温，反复操作至恒重，记

为 m_1。加水润湿上述沉淀后，加入 5 滴硫酸（1+1）和 10mL 氢氟酸，先小火逐渐升温蒸发至开始冒白烟，取下冷却再加 3 滴硫酸（1+1）和 5mL 氢氟酸，蒸至白烟逸尽，移入 950～1000℃高温炉中灼烧 1h，移入干燥器中冷却至室温，称量，反复操作直至恒重，记为 m_2（如果残渣超出 10mg 须重新称样返工重做）。用 3g 焦硫酸钾于 500～600℃熔融残渣，冷却后用几滴盐酸（1+1）和少量水加热溶解，并入滤液，稀释至刻度，此溶液称为试液 A，此溶液供测定残留 SiO_2、Al_2O_3、Fe_2O_3、TiO_2、CaO、MgO含量的测定。

3. 酸溶试样的制备

当 SiO_2 含量在 98%以上，可用此法制备试液。

称取 1g 试样，精确至 0.0001g，置于铂坩埚中，加水润湿，加 1mL 高氯酸，10mL 氢氟酸，盖上坩埚盖并使之留有空隙，在不沸腾的情况下加热 15min，打开坩埚盖用少量水洗二遍（洗液并入坩埚内），在普通电热器上小心蒸发至干，取下坩埚，稍冷后用少量水冲洗坩埚内壁，再加 3mL 氢氟酸，4 滴高氯酸，继续蒸发至干，稍冷后加入 10mL 盐酸（1+1），放在普通电炉上加热分解至溶液澄清，用热水将溶液洗至烧杯内，冷却后移至 250mL 容量并中，用水稀释至刻度，摇匀，此溶液称为试液 B，此溶液供 Al_2O_3、Fe_2O_3、TiO_2、CaO、MgO、K_2O、Na_2O 含量的测定。

五、实验步骤

1. 烧失量的测定

（1）测定步骤

称取约 1g 试样，精确至 0.0001g。置于已灼烧至恒量的瓷坩埚中，盖上盖，并稍留缝隙，放入高温炉内，从低温升逐渐升温至（1025±25）℃，保温 1h，取出坩埚放入干燥器中冷至室温，称量，重复灼烧（每次 15min），称量，直至恒量。

（2）实验结果计算

试样中烧失量的质量分数按下式计算：

$$w(\text{LOI}) = \frac{m_1 - m_2}{m} \times 100\%$$

式中　　m_1——灼烧前坩埚及试样的质量，g；

　　　　m_2——灼烧后的坩埚及试样的质量，g；

　　　　m——试料的质量，g。

2. 二氧化硅的测定

方法一：聚环氧乙烷凝聚与硅钼蓝分光光度法联用法

（1）测定步骤

① 主二氧化硅的测定：按上述试样制备中碱熔试样的制备方法进行测定。

② 残留二氧化硅的测定：分取 10mL 滤液 A 于塑料烧杯中，加入 5mL 氟化钾溶液（20g/L），混匀放置 10min，加入 15mL 硼酸溶液（20g/L），摇匀。加 1 滴对硝基苯酚批示剂溶液（5g/L），用氢氧化钠溶液（100g/L）逐渐中和至黄色，然后用盐酸（1+

1）中和至黄色消失，再多加 4mL，加 4mL 钼酸铵溶液（80g/L）和 8mL 乙醇（95％），摇匀。于 20～40℃放置 15min，然后加 20mL 盐酸（1＋1）、5mL 酒石酸溶液（100g/L），立即加入 5mL 抗坏血酸溶液（50g/L），移入 100mL 容量瓶中，稀释至刻度、摇匀。放置久 1h，以试剂空白为参比，在分光光度计上，于波长 650nm 处，用 2cm 的比色皿测定吸光度。由工作曲线得出相应二氧化硅浓度，并计算出滤液中残余二氧化硅的含量。

③ 工作曲线的绘制：准确吸取 5.0mL、7.0mL、9.0mL、11.0mL、13.0mL、15.0mL 二氧化硅标准溶液（0.01mg/mL），分别放入 6 个塑料烧杯中，按上述②相同的步骤进行，以试剂空白为参比，测其吸光度，并绘制吸光度与 SiO_2 浓度工作曲线。

（2）结果计算

试样中二氧化硅的质量分数按下式计算：

$$w(SiO_2 \text{ 总}) = w(SiO_2 \text{ 主}) + w(SiO_2 \text{ 残})$$

$$w(SiO_2 \text{ 主}) = \frac{m_1 - m_2}{m} \times 100\%$$

式中　m_1——氢氟酸处理前沉淀与坩埚的质量，g；

　　　m_2——氢氟酸处理后残渣与坩埚的质量，g；

　　　m——试料的质量，g。

$$w(SiO_2 \text{ 残}) = \frac{V \times c \times 25}{m \times 1000} \times 100\%$$

式中　V——分取试液比色溶液的体积，mL；

　　　c——工作曲线上查得分取试液比色溶液中二氧化硅的浓度，mg/mL；

　　　25——全部试样溶液与所分取试液的体积比；

　　　m——试料的质量，g。

方法二：氢氟酸法

当 SiO_2 含量在 98％以上，可采用此法。

（1）测定步骤

将测定灼烧量后的试料加数滴水湿润，然后加 0.5mL 硫酸（1＋1），10mL 氢氟酸，盖上坩埚盖，并稍留有空隙，在不沸腾的情况下加热约 15min，打开坩埚盖并用少量水洗二遍（洗液并入坩埚内），在普通电热器上小心蒸发至近干，取下坩埚，稍冷后用水冲洗坩埚壁，再加 3mL 氢氟酸并蒸发至干，驱尽三氧化硫白烟后放入高温炉内，逐渐升高至 950～1000℃，灼烧 1h 后，取出置于干燥器中冷至室温后称量，如此反复操作（复烧为 30min），直至恒量。

（2）结果计算

试样中二氧化硅的质量分数按下式计算：

$$w(SiO_2) = \frac{m_1 - m_2}{m} \times 100\%$$

式中　m_1——灼烧后坩埚与试料的质量，g；

　　　m_2——氢氟酸处理后坩埚与残渣的质量，g；

　　　m——试料的质量，g。

3. 三氧化二铝的测定

方法一：铜铁试剂-三氯甲烷萃取分离，EDTA 配位滴定法

（1）测定步骤

分取试液 A 或 B25.0mL 于 250mL 分液漏斗中，加 10mL 盐酸（1+1），5mL 铜铁试剂溶液（60g/L），20mL 三氯甲烷，拧好塞子，振摇 1min，重复操作，直至三氯甲烷层无色为止。待分层后除去三氯甲烷层，把水相放入 500mL 三角瓶中，用水冲洗分液漏斗及塞子，加入 30mLEDTA 标准滴定溶液（0.02mol/L）（Al_2O_3 含量较高时，可适当增加 EDTA 标准滴定溶液的毫升数），加热使溶液保持 50℃左右，加 1 滴甲基橙指示剂溶液（1g/L），用氨水（1+9）调至橙色，再用盐酸（1+19）调至微红色，再过量 2 滴，加热煮沸 7～10min，冷却至室温，加 10mL 乙酸-乙酸钠缓冲溶液（pH=5.5），5 滴二甲酚橙指示剂溶液（1g/L），用乙酸锌标准滴定溶液（0.02mol/L）滴定至由黄色突变为微红色，同时做一空白试验。

（2）结果计算

试样中三氧化二铝的质量分数按下式计算：

$$w(Al_2O_3) = \frac{10(V-V_1)\ KT_{Al_2O_3}}{m \times 1000} \times 100\%$$

式中　$T_{Al_2O_3}$——EDTA 标准溶液对三氧化二铝的滴定度，mg/mL；

　　　　V——空白试验时所消耗的乙酸锌标准滴定溶液的体积，mL；

　　　　V_1——滴定试液时消耗乙酸锌标准滴定溶液的体积，mL；

　　　　K——每毫升乙酸锌标准滴定溶液相当于 EDTA 标准滴定溶液的毫升数；

　　　　10——全部试样溶液与所分取试液的体积比；

　　　　m——试料的质量，g。

方法二：氟化钠取代，EDTA 配位滴定法

（1）测定步骤

分取试液 A 或 B25.0mL，置于 500mL 三角瓶中，加入 30mLEDTA 标准溶液（0.02mol/L）（Al_2O_3 含量较高时，可适当增加 EDTA 标准溶液的毫升数），加热使溶液保持 50℃左右，加入 1 滴甲基橙指示剂溶液（1g/L），用氨水（1+9）调至溶液变成橙色，再用盐酸（1+19）调成微红色，再过量 2 滴，此时溶液的 pH 约为 3.8～4。微沸 3～5min，流水冷却至室温，加入 10mL 乙酸-乙酸钠缓冲溶液（pH≈5.5），5 滴二甲酚橙指示剂溶液（2g/L），用乙酸锌标准滴定溶液（0.02mol/L）滴定至由黄色突变为微红色。加入 2g 氟化钠［加入氟化钠后试液的颜色如不是黄色，可滴加盐酸（1+19）使其变为黄色］，加热煮沸 5min，流水冷却至室温，补加 5mL 乙酸-乙酸钠缓冲溶液（pH=5.5），再补加 1 滴二甲酚橙指示剂溶液（2g/L），继续用乙酸锌标准滴定溶液（0.02mol/L）滴定至溶液由黄色变为微红色。

（2）结果计算

试样中三氧化二铝的质量分数按下式计算：

$$w(Al_2O_3) = \frac{10V \times K \times T_{Al_2O_3}}{m \times 1000} \times 100\% - 0.638w(TiO_2)$$

式中　$T_{Al_2O_3}$——EDTA 标准滴定溶液对三氧化二铝的滴定度，mg/mL；

　　　　V——第二次滴定时消耗的乙酸锌标准滴定溶液的体积，mL；

　　　　K——每毫升乙酸锌标准滴定溶液相当于 EDTA 标准滴定溶液的毫升数；

　　　　10——全部试样溶液与所分取试液的体积比；

　　0.638——二氧化钛换算三氧化铝的系数；

　　　　m——试料的质量，g。

4. 三氧化二铁的测定

方法一：邻菲罗啉分光光度法

（1）测定步骤

分取试液 A 或 B25.0mL 于 100mL 容量瓶中（Fe_2O_3 含量较高时，可少取样，大稀释），加 3mL 抗坏血酸溶液（10g/L），摇匀，放置 10min。加 3mL 柠檬酸溶液（1mol/L），1 滴对硝基苯酚指示剂溶液（5g/L），滴加氨水（1+1）调至黄色，滴加 10 滴盐酸（1+1），加 5mL 乙酸-乙酸钠缓冲溶液（pH＝3.0）、3mL 邻菲罗啉溶液（4g/L），用水稀释至刻度。放置 15min，在分光光度计上以试剂空白作参比，于波长 510nm 处，用 1cm 比色皿，测定其吸光度。

（2）工作曲线的绘制

准确吸取 5.0mL、10.0mL、15.0mL、20.0mL、25.0mL 三氧化二铁标准溶液（0.01mg/mL），分别置于 100mL 容量瓶中，按上述相同的步骤进行，以试剂空白为参比，测其吸光度，并绘制吸光度与 Fe_2O_3 浓度工作曲线。

（3）结果计算

试样中三氧化二铁的质量分数按下式计算：

$$w(Fe_2O_3) = \frac{V \times c \times 10}{m \times 1000} \times 100\%$$

式中　V——分取试液比色溶液的体积，mL；

　　　　c——工作曲线上查得分取试液比色溶液中三氧化二铁的浓度，mg/mL；

　　　　10——全部试样溶液与所分取试液的体积比；

　　　　m——试料的质量，g。

方法二：火焰原子吸收分光光度法

（1）测定步骤

称取 0.5g 试样，精确至 0.0001g，于铂皿中，用水润湿，加 20 滴高氯酸，10 滴硝酸，10mL 氢氟酸，小心加热蒸干，冷却，如果一次分解不完全，可重复一次并加热至白烟冒尽。冷却，加 20mL 盐酸（1+1），加适量的水，加热溶解，过滤于 250mL 容量瓶中，用水稀释至刻度，此溶液为试液 C。

分取 25.0mL 试液 C 于 100mL 容量瓶中（Fe_2O_3 含量较高时，可少取样，大稀释），保持测定试液为 4% 的盐酸酸度。

在已调试好的原子吸收分光光度计上，用铁空心阴极灯，于波长 248.3nm 处，用乙炔-空气火焰，以试剂空白作参比测其吸光度。

（2）工作曲线的绘制

分别吸取 1.0mL、2.0mL、3.0mL、4.0mL、5.0mL、6.0mL、7.0mL、8.0mL、9.0mL、10.0mL 三氧化二铁标准溶液（0.1mg/mL）分别置于 10 个 100mL 容量瓶中，各加 8mL 盐酸（1+1），用水稀释至刻度，摇匀。在已调试好的原子吸收分光光度计上，用铁空心阴极灯，于波长 248.3nm 处，用乙炔-空气火焰，以试剂空白为参比测其吸光度，绘制吸光度与 Fe_2O_3 浓度工作曲线。

（3）结果计算

试样中三氧化二铁的质量分数按下式计算：

$$w(Fe_2O_3) = \frac{10V \times c}{m \times 1000} \times 100\%$$

式中　V——分取试液比色溶液的体积，mL；

　　　c——工作曲线上查得分取试液中三氧化二铁的浓度，mg/mL；

　　　10——全部试样溶液与所分取试液的体积比；

　　　m——试料的质量，g。

5. 二氧化钛的测定

（1）测定步骤

分取试液 A 或 B20.0mL 于 50mL 容量瓶中（TiO_2 含量较高时，可少取样，大稀释），加 2mL 抗坏血酸溶液（50g/L），摇匀，加 7mL 盐酸（1+1），加 8mL 二安替比林甲烷溶液（60g/L），用水稀释至刻度，摇匀。放置 1h 后，以试剂空白为参比，在分光光度计上，于波长 390nm 处，用 2cm 比色皿，测其吸光度。并在工作曲线上查出相应的二氧化钛的浓度。

（2）工作曲线的绘制

分别吸取 1.0mL、2.0mL、3.0mL、4.0mL、5.0mL、6.0mL、7.0mL、8.0mL 二氧化钛标准溶液（10μg/mL），分别置于 8 个 50mL 容量瓶中，各用硫酸（1+19）补至 8mL，加水 10mL，按上述相同的步骤进行，以试剂空白为参比测其吸光度，绘制吸光度与 TiO_2 浓度工作曲线。

（3）结果计算

试样中二氧化钛的质量分数按下式计算：

$$w(TiO_2) = \frac{12.5V \times c}{m \times 10^6} \times 100\%$$

式中　V——分取试液比色溶液的体积，mL；

　　　c——工作曲线上查得分取试液中二氧化钛的浓度，μg/mL；

　　　10——全部试样溶液与所分取试液的体积比；

　　　m——试料的质量，g。

6. 氧化钙和氧化镁的测定

方法一：EDTA 配位滴定法

（1）测定步骤

氧化钙的测定：分取试液 A 或 B25.0mL 于 250mL 烧杯中，加 1 滴甲基橙指示剂溶液（1g/L），5mL 三乙醇胺溶液（1+2），滴加氢氧化钾溶液（4mol/L）至黄色，再加过量 10mL，补水至 200mL，加入 50mg 钙黄绿素-百里酚酞混合指示剂，用 EDTA 标准滴定溶液（0.01mol/L）滴定至荧光绿消失，突变成玫瑰红色即为终点。同时做一空白试验。

氧化镁的测定：分取试液 A 或 B25.00mL 于 250mL 烧杯中，加 5mL 三乙醇胺溶液（1+2），25mL 氨-氯化铵缓冲溶液（pH=10），25mL 氨水（1+1），补水至 200mL，加 30mg 甲基百里酚蓝指示剂，用 EDTA 标准滴定溶液（0.01mol/L）滴定至蓝色消失，突变成浅灰色或无色即为终点。同时做一空白试验。

（2）结果计算

① 试样中氧化钙的质量分数按下式计算：

$$w(CaO) = \frac{10\ (V_1-V_2)\ T_{CaO}}{m \times 1000} \times 100\%$$

式中　T_{CaO}——每毫升 EDTA 标准滴定溶液相当于氧化钙的毫克数，mg/mL；

$\quad$ V_1——滴定时消耗 EDTA 标准滴定溶液的体积，mL；

$\quad$ V_2——空白试验时消耗 EDTA 标准滴定溶液的体积，mL；

$\quad$ 10——全部试样溶液与所分取试液的体积比；

$\quad$ m——试料的质量，g。

② 试样中氧化镁的质量分数按下式计算：

$$w(MgO) = \frac{10\ [(V_3-V_4)-(V_1-V_2)]\ T_{MgO}}{m \times 1000} \times 100\%$$

式中　T_{MgO}——每毫升 EDTA 标准滴定溶液相当于氧化镁的毫克数，mg/mL；

$\quad$ V_1——滴定钙时，消耗 EDTA 标准滴定溶液的体积，mL；

$\quad$ V_2——滴定钙时，空白试验消耗 EDTA 标准滴定溶液的体积，mL；

$\quad$ V_3——滴定钙镁合量时，消耗 EDTA 标准滴定溶液的体积，mL；

$\quad$ V_4——滴定钙镁合量时，空白试验消耗 EDTA 标准滴定溶液的体积，mL；

$\quad$ 10——全部试样溶液与所分取试液的体积比；

$\quad$ m——试样的质量，g。

方法二：火焰原子吸收分光光度法

（1）测定步骤

分取 25.00mL 试液 c 于 100mL 容量瓶中，加入 5mL 氯化锶溶液（200g/L），8mL 盐酸（1+1），用水稀释至刻度，在已调试好的原子吸收分光光度计上，分别用钙空心阴极灯，于波长 422.7nm 处，用镁空心阴极灯，于波长 285.2nm 处，用乙炔-空气火焰，以试剂空白作参比，测定钙和镁的吸光度，用工作曲线法计算氧化钙和氧化镁的质量分数。

（2）工作曲线的绘制

从氧化钙标准溶液（0.1mg/mL）和氧化镁标准溶液（0.1mg/mL）中各吸取 1.0mL、2.0mL、3.0mL、4.0mL、5.0mL、6.0mL、7.0mL、8.0mL、9.0mL、10.0mL，并等量混合于 10 个 100mL 容量瓶中，按上述相同的步骤进行，以试剂空白为参比，分别测定钙和镁的吸光度，并分别绘制吸光度与 CaO、吸光度与 MgO 浓度工作曲线。

（3）结果计算

试样中氧化钙或氧化镁的质量分数按下式计算：

$$w(\text{CaO}) \text{ 或 } w(\text{MgO}) = \frac{10V \times c}{m \times 10^{-6}} \times 100\%$$

式中　V——分取试液比色溶液的体积，mL；

$\quad c$——工作曲线上查得试液中氧化钙或氧化镁的浓度，$\mu g/mL$；

$\quad 10$——全部试样溶液与所分取试液的体积比；

$\quad m$——试料的质量，g。

7. 氧化钾和氧化钠的测定

（1）测定步骤

称取 0.1g 试样，精确至 0.0001g，于铂皿中，加几滴水湿润，加 0.5mL 加硫酸（1+1）、10mL 氢氟酸，小火蒸发至干。冷却后加入 20mL 热水，小火加热 20min 后，用快速定量滤纸过滤于 100mL 容量瓶中（如 K_2O、Na_2O 含量较高，可过滤于较大的容量瓶中），用水稀释到刻度，摇匀。置于火焰光度计上，按选定的仪器最佳工作条件，以水作参比进行测定，读取分格值或吸光度。

（2）工作曲线的绘制

分别吸取 1.00mL、2.00mL、3.00mL、4.00mL、5.00mL、6.00mL、7.00mL、8.00mL、9.00mL、10.00mL 氧化钾和氧化钠混合标准溶液（K_2O 0.1mg/mL + Na_2O 0.1mg/mL），分别置于 10 个 100mL 容量瓶中，用水稀释至刻度，摇匀。置于火焰光度计上，按选定的仪器最佳工作条件，以水作参比进行测定，绘制分格－浓度曲线或吸光度-浓度曲线。

（3）结果计算

试样中氧化钾或氧化钠的质量分数按下式计算：

$$w(\text{K}_2\text{O}) \text{ 或 } w(\text{Na}_2\text{O}) = \frac{V \times c}{m \times 10^{-6}} \times 100\%$$

式中　V——分取试液的体积，mL；

$\quad c$——工作曲线上查得试液中氧化钾或氧化钠的浓度，$\mu g/mL$；

$\quad m$——试料的质量，g。

8. 一氧化锰的测定

本法适用于测定样品中一氧化锰含量为 0.01%～1% 的样品。

（1）测定步骤

称取 0.5g 试样，精确至 0.0001g，于铂皿中，加几滴水湿润，加 1mL 硫酸（1+1）、10mL 氢氟酸，在电热板上加热蒸发至近干，重复处理一次至冒白烟，冷却，加 40mL 水，10mL 硝酸（1+1），加热溶解残渣，将溶液过滤于 250mL 容量瓶中，加水稀释至刻度，摇匀。

分取上述滤液 25.0mL 于 100mL 烧杯中，加 10mL 硫酸（1+1），20mL 磷酸（1+1），加 0.5g 固体高碘酸钾，加热微沸 3min，在沸水中保温 15min，冷却至室温，移入 100mL 容量瓶中，加水稀释至刻度，摇匀。在分光光度计上，用 2cm 比色皿，于波长 530nm 处，以试剂空白为参比，测定吸光度。

（2）工作曲线的绘制

分别吸取 1.0mL、2.0mL、3.0mL、4.0mL、5.0mL、6.0mL 一氧化锰标准溶液 (0.1mg/mL)，分别置于 6 个 100mL 烧杯中，按上述相同的步骤进行，以试剂空白为参比，测定吸光度。绘制吸光度与氧化锰工作曲线。

（3）结果计算

试样中一氧化锰的质量分数按下式计算：

$$w(\text{MnO}) = \frac{10V \times c}{m \times 1000} \times 100\%$$

式中　V——分取试液的体积，mL；

　　　c——工作曲线上查得分取试液中一氧化锰的浓度，mg/mL；

　　　10——全部试样溶液与所分取试液的体积比；

　　　m——试料的质量，g。

9. 五氧化二磷的测定

本法适用于五氧化二磷含量在 0.01%～0.5% 之间的样品。

（1）测定步骤

称取 0.5g 试样，精确至 0.0001g，于铂皿中，加几滴水湿润，加 5mL 浓硝酸，加 10mL 氢氟酸，加热蒸发至近干，重复处理一次。加 20mL 硝酸（1+1），加 40mL 热水溶解残渣，将溶液过滤于 250mL 容量瓶中，加水稀释至刻度，摇匀。

分取 50.0mL 试液于 100mL 容量瓶中，加 15mL 硝酸（1+2），准确加入 10mL 钒酸铵溶液（1.25g/L），加入 10mL 钼酸铵溶液（50g/L），在 20℃以上放置 15min，稀释至刻度，摇匀。在分光光度计上，于波长 390nm 处，用 1cm 比色皿，以试剂空白为参比，测定吸光度。

（2）工作曲线的绘制

分别吸取 1.0mL、2.0mL、4.0mL、6.0mL、8.0mL 五氧化二磷标准溶液 (0.1mg/mL)，分别置于 5 个 100mL 容量瓶中，按上述相同的步骤进行，以试剂空白为参比，测定吸光度。绘制吸光度与五氧化二磷浓度工作曲线。

（3）结果计算

试样中一氧化锰的质量分数按下式计算：

$$w(\text{P}_2\text{O}_5) = \frac{5V \times c}{m \times 1000} \times 100\%$$

式中　V——分取试液的体积，mL；

　　　c——工作曲线上查得分取试液中五氧化二磷的浓度，mg/100mL；

　　　5——全部试样溶液与所分取试液的体积比；

　　　m——试料的质量，g。

10. 三氧化硫的测定

（1）测定步骤

称取 1g 试样，精确至 0.0001g，置于预先装入 12～15g 混合熔剂 B 的瓷坩埚中，混匀。上面再覆盖一层混合熔剂，压紧，将坩埚放入高温炉中，从低温逐渐升到 800℃，熔融 1h，取出冷却。

将烧结物倒入 400mL 烧杯中，坩埚内残余物用热水加热浸出，洗净坩埚。补加水至 150～200mL，加热煮沸 5min，用中速滤纸过滤，以碳酸钠洗液（20g/L）洗涤残渣及滤纸 10～15 次。

将滤液稀释至 300mL，加 2 滴甲基橙指示剂溶液（1g/L），盖上表皿，从烧杯嘴缓缓加入盐酸（1+1）使溶液刚变成红色，再多加 5mL 盐酸（1+1），加热煮沸 5min 除尽二氧化碳。在不断搅拌下，滴加 10mL 氯化钡溶液（100g/L），煮沸数分钟，然后保温 2h，放置过夜，用慢速滤纸过滤，以水洗净烧杯及沉淀至无氯离子［用硝酸银溶液（1g/L）检查］，将沉淀及滤纸一并放入已灼烧至恒重的坩埚内，灰化至白色后，放入高温炉中由低温升至 800℃保温 30min，取出置于干燥器中冷却至室温，称量，反复灼烧至恒量。同时做一空白试验。

（2）结果计算

试样中三氧化硫的质量分数按下式计算：

$$w(SO_3) = \frac{0.3430(m_2 - m_1 - m_0)}{m} \times 100\%$$

式中　m_0——试剂空白值，g；

　　　m_1——坩埚的质量，g；

　　　m_2——坩埚加沉淀的质量，g；

　　0.3430——硫酸钡对三氧化硫的换算系数。

六、思考题

1. 陶瓷材料试样分析采用碱熔或酸溶的条件是什么？

2. 采用聚环氧乙烷凝聚-硅钼蓝分光光度法联用法测定二氧化硅时应注意那些事项？

第六章　石膏、石灰的化验与检测

实验一　石膏的化学成分分析

石膏中天然二水石膏（$CaSO_4 \cdot 2H_2O$）是自然界硫酸盐类矿物分布最广的一种。石膏矿床的生成条件与盐类矿床（如岩盐及钾盐）极为类似，有时以二水石膏或硬石膏（无水硫酸钙）为主，成为石膏矿床；有时则以岩盐为主，成为岩盐矿床或石膏、岩盐矿床。

将二水石膏加热时，由于失去结晶水和分子重新组合而形成各种性质上完全不同的异种。二水石膏（$CaSO_4 \cdot 2H_2O$）中的结晶水，当温度达到 $80 \sim 90℃$ 时即开始失去，而在 $107 \sim 150℃$ 时即很快分解为半水石膏（$CaSO_4 \cdot 0.5H_2O$），当温度上升至 $200 \sim 225℃$ 时，则失去全部结晶水而变成硫酸钙（$CaSO_4$），亦即可溶性硬石膏，它极易从空气中吸收水分而再变为半水石膏。当温度达到 $450℃$ 时，则形成不溶性硬石膏。在 $450 \sim 750℃$，变成烧僵石膏，它几乎不凝结不硬化。而再在 $750 \sim 1000℃$ 灼烧时，即形成缓凝石膏，这种石膏具有一定的机械强度，但凝结较慢。

石膏是水泥工业的重要原料之一，掺入普通硅酸盐水泥中可用以控制凝结速度，以及用以制造矿渣硫酸盐水泥、铝酸盐自应力水泥、硫酸盐自应力水泥、快凝快硬氟铝酸钙水泥等。

I　附着水分的测定

一、主要器材

1. 电子天平：最大称量 200g，精度 0.1mg。
2. 电热鼓风干燥箱：使用温度 $0 \sim 300℃$，温度精度 $\pm 2℃$。
3. 称量瓶、干燥器等。

二、测定步骤

称取约 1g 试样，精确至 0.1mg，放入已烘干至恒量的磨口称量瓶中，于（45 ± 3）℃的烘箱内烘 1h（烘干过程中称量瓶应敞开盖），取出，盖上称量瓶盖（但不应盖得太紧），放入干燥器中冷至室温。将瓶盖紧密盖好，称量。再将称量瓶敞开盖放入烘箱中，在同样温度下烘干 30min，如此反复烘干、冷却、称量，直至恒量。

三、测定结果表示

1. 试样中附着水的质量分数按下式计算：

$$w（附着水）=\frac{m-m_1}{m}\times100\%$$

式中　m——烘干前试料的质量，g；

　　　m_1——烘干前试料的质量，g。

2. 同一试验室允许差为 0.20%。

Ⅱ　结晶水含量的测定

一、主要器材

1. 电子天平：最大称量 200g，精度 0.1mg。
2. 电热鼓风干燥箱：使用温度 0～300℃，温度精度±2℃。
3. 称量瓶、干燥器等。

二、测定步骤

称取约 1g 试样，精确至 0.1mg，放入已烘干、恒量的磨口称量瓶中，在（230±5）℃的烘箱中加热 1h，用坩埚钳将称量瓶取出，盖上磨口塞，放入干燥器中冷至室温，称量。再放入烘箱中于同样温度下加热 30min，如此反复加热、冷却、称量，直至恒量。

三、测定结果表示

1. 试样中结晶水的质量分数按下式计算：

$$w（结晶水）=\frac{m-m_1}{m}-w（附着水）$$

式中　m——加热前试料的质量，g；

　　　m_1——加热后试料的质量，g。

2. 允许差

同一试验室允许差为 0.15%。

不同试验室允许差为 0.20%。

Ⅲ　酸不溶物含量的测定

一、主要器材

1. 电子天平：最大称量 200g，精度 0.1mg。
2. 高温炉：可控制温度 950～1000℃。
3. 瓷坩埚、干燥器等。
4. 盐酸（1+5）。

二、测定步骤

称取约 0.5g 试样，精确至 0.1mg，置于 250mL 烧杯中，用水润湿后盖上表面皿。从杯口慢慢加入 40mL 盐酸（1+5），待反应停止后，用水冲洗表面皿及杯壁并稀释至约 75mL。加热煮沸 3～4min，用慢速滤纸过滤，以热水洗涤，直至检验无氯离子为止。将残渣和滤纸一并移入已灼烧、恒量的瓷坩埚中，灰化，在 950～1000℃ 的温度下灼烧 20min，取出，放入干燥器中，冷却至室温，称量。如此反复灼烧、冷却、称量，直至恒量。

三、测定结果表示

1. 试样中酸不溶物的质量分数按下式计算：

$$w(\text{IR}) = \frac{m_1}{m}$$

式中　m_1——灼烧后残渣的质量，g；

m——试料的质量，g。

2. 允许差

同一试验室允许差为 0.15%。

不同试验室允许差为 0.20%。

Ⅳ　三氧化硫含量的测定

一、测定目的

1. 了解硫酸钡称量分析法测定三氧化硫的原理。
2. 掌握硫酸钡称量分析法测定三氧化硫的方法。

二、测定原理

在酸性溶液中，用氯化钡溶液沉淀硫酸盐，经过滤灼烧后，以硫酸钡形式称量。测定结果以三氧化硫计。

三、主要器材

1. 电子天平：最大称量 200g，精度 0.1mg。
2. 高温炉：可控制温度 800～1000℃。
3. 瓷坩埚、干燥器等。
4. 盐酸（1+1）。
5. 氯化钡溶液（100g/L）。

四、测定步骤

称取约 0.2g 试样，精确至 0.1mg，置于 300mL 烧杯中，加入 30～40mL 水使其分散。加 10 mL 盐酸（1+1），用平头玻璃棒压碎块状物，慢慢地加热溶液，直至试样分解完全。将溶液加热微沸 5min。用中速滤纸过滤，用热水洗涤 10~12 次。调整滤液体积至 200mL，煮沸，在搅拌下滴加 15mL 氯化钡溶液（100g/L）。继续煮沸数分钟，然后移至温热处静置 4h 或过夜（此时溶液的体积应保持在 200mL）。用慢速定量滤纸过滤，用温水洗涤，直至检验无氯离子为止，将沉淀及滤纸一并移入已灼烧恒量的瓷坩埚中，灰化后在 800℃的高温炉内灼烧 30min，取出坩埚置于干燥器中冷却至室温，称量。反复灼烧，直至恒量。

五、测定结果表示

1. 试样中三氧化硫的质量分数按下式计算：

$$w(SO_3) = \frac{m_1 \times 0.343}{m} \times 100\%$$

式中　m_1——灼烧后沉淀的质量，g；

　　　m——试料的质量，g；

　0.343——$BaSO_4$ 对 SO_3 的换算系数。

2. 允许差

同一试验室的允许差为 0.25%。

不同试验室的允许差为 0.40%。

六、思考题

1. 硫酸钡沉淀为什么要静置 4h 或过夜？
2. 硫酸钡沉淀灼烧时应注意哪些事项？

Ⅴ　氧化钙含量的测定

一、测定原理

在 pH13 以上强碱性溶液中，钙能与 EDTA 定量生成稳定的配合物，镁不干扰测定，铁、铝、钛用三乙醇胺掩蔽，用钙黄绿素-甲基百里香酚蓝-酚酞混合指示剂，以 EDTA 标准滴定溶液滴定。

二、主要器材

1. 电子天平：最大称量 200g，精度 0.1mg。
2. 三乙醇胺（1+2）。
3. 氢氧化钾溶液（200g/L）。
4. EDTA 标准滴定溶液（0.015mol/L）。
5. 钙黄绿素-甲基百里香酚蓝-酚酞混合指示剂。

三、测定步骤

1. 称取约 0.5g 试样，精确至 0.1mg，置于银坩埚中，加入 6～7g 氢氧化钠，在 650～700℃的高温下熔融 20min。取出冷却，将坩埚放入已盛有 100mL 近沸腾水的烧杯中，盖上表面皿，于电炉上加热，待熔块完全浸出后，取出坩埚，用水冲洗坩埚和盖，在搅拌下一次加入 25mL 盐酸，再加入 1mL 硝酸。用热盐酸（1＋5）洗净坩埚和盖，将溶液加热至沸，冷却，然后移入 250mL 容量瓶中，用水稀释至标线，摇匀。此溶液（A）供测定氧化钙、氧化镁、三氧化二铁、三氧化二铝、二氧化钛之用。

2. 吸取 25mL 溶液 A，放入 300mL 烧杯中，加水稀释至约 200mL，加入 5mL 三乙醇胺（1＋2）及少许的钙黄绿素-甲基百里香酚蓝-酚酞混合指示剂，在搅拌下加入氢氧化钾溶液（200g/L）至出现绿色荧光后再过量 5～8mL，此时溶液在 pH13 以上，用 EDTA 标准滴定溶液（0.015mol/L）滴定至绿色荧光消失并呈现红色。

四、测定结果计算与评定

1. 试样中氧化钙的质量分数按下式计算：

$$w(CaO) = \frac{T_{CaO} \times V_1 \times 10}{m \times 1000} \times 100\%$$

式中　T_{CaO}——每毫升 EDTA 标准滴定溶液相当于氧化钙的毫克数，mg/mL；

　　　V_1——滴定时消耗 EDTA 标准滴定溶液的体积，mL；

　　　10——全部试样溶液与所分取试样溶液的体积比；

　　　m——试料的质量，g。

2. 允许差

同一试验室的允许差为 0.25％。

不同试验室的允许差为 0.40％。

Ⅵ　氧化镁含量的测定

一、测定原理

在 pH10 的溶液中，以三乙醇胺、酒石酸钾钠掩蔽铁、铝、钛，用酸性铬蓝 K-萘酚绿 B 混合指示剂，以 EDTA 标准滴定溶液滴定，得钙镁合量，差减后得氧化镁含量。

二、主要器材

1. 三乙醇胺（1＋2）。

2. 氨-氯化铵缓冲溶液（pH10）。

3. EDTA 标准滴定溶液（0.015mol/L）。

4. 酸性铬蓝 K-萘酚绿 B（1＋2.5）混合指示剂。

三、测定步骤

吸取 25mL 试液（A）于 400mL 烧杯中，加水稀释至约 200mL，加 1mL 酒石酸钾钠溶液，5mL 三乙醇胺（1＋2），再加 25mL 氨-氯化铵缓冲溶液及适量酸性铬蓝 K－萘酚绿 B 混合指示剂，用 EDTA 标准滴定溶液（0.015mol/L）滴定，近终点时应缓慢滴定至纯蓝色。

四、测定结果计算与评定

1. 试样中氧化镁的质量分数按下式计算：

$$w(MgO) = \frac{T_{MgO}(V_2 - V_1) \times 10}{m \times 1000} \times 100\%$$

式中　T_{MgO}——每毫升 EDTA 标准滴定溶液相当于氧化镁的毫克数，mg/mL；

　　　V_1——滴定钙时消耗 EDTA 标准滴定溶液的体积，mL；

　　　V_2——滴定钙、镁合量时消耗 EDTA 标准滴定溶液的体积，mL；

　　　10——全部试样溶液与所分取试样溶液的体积比；

　　　m——试料的质量，g。

2. 允许差

同一试验室的允许差为 0.15％。

不同试验室的允许差为 0.25％。

Ⅶ　三氧化二铁含量的测定

同本书第三章石灰石化学分析中的三氧化二铁的测定。

Ⅷ　三氧化二铝含量测定

同本书第三章石灰石化学分析中的三氧化二铝的测定

Ⅶ　二氧化钛含量测定

同本书第三章石灰石化学分析中的二氧化钛的测定

实验二　石灰中有效氧化钙和氧化镁含量的测定

石灰中产生胶结性能的成分是有效氧化钙和氧化镁，其含量是评价石灰质量的主要指标。石灰中的有效氧化钙和氧化镁的含量可以直接测定，也可以通过氧化钙与氧化镁的总量和二氧化碳的含量反映。生石灰还有未消化残渣含量的要求；生石灰粉有细度的要求；消石灰粉则还有体积安定性、细度和游离水含量的要求。国家建材行业将建筑生石灰、建筑生石灰粉和建筑消石灰粉分为优等品、一等品和合格品三个等级，见表 2-6-1。其试验检测方法按建筑石灰试验方法标准 JC/T 478－92 和 JTJ 058 T0808－94 标准要求进行。

表 2-6-1　石灰的技术指标

品种	项目	钙质			镁质			白云石质		
		优等品	一等品	合格品	优等品	一等品	合格品	优等品	一等品	合格品
建筑生石灰	［(CaO)$_{ef}$＋MgO］/% 不小于	90	85	80	85	80	75			
	未消化残渣量（5mm圆孔筛筛余）/% 不大于	5	10	15	5	10	15			
	CO_2/% 不大于	5	7	9	6	8	10			
	产浆量/（L/kg）不小于	2.8	2.3	2.0	2.8	2.3	2.0			
建筑生石灰粉	［(CaO)$_{ef}$＋MgO］/% 不小于	85	80	75	80	75	70			
	CO_2/% 不大于	7	9	11	8	10	12			
	0.90mm 筛筛余/%（不大于）	0.2	0.5	1.5	0.2	0.5	1.5			
	0.125mm 筛筛余/%（不大于）	7.0	12.0	18.0	7.0	12.0	18.0			
建筑消石灰粉	［(CaO)$_{ef}$＋MgO］/% 不小于	70	65	60	65	60	55	65	60	55
	游离水/%	0.4～2	0.4～2	0.4～2	0.4～2	0.4～2	0.4～2	0.4～2	0.4～2	0.4～2
	体积安定性	合格	合格		合格	合格		合格	合格	
	0.90mm 筛筛余/%（不大于）	0	0	0.5	0	0	0.5	0	0	0.5
	0.125mm 筛筛余/%（不大于）	3	10	15	3	10	15	3	10	15

Ⅰ　有效氧化钙含量的测定

一、测定目的

1. 了解石灰中有效氧化钙含量的测定原理。
2. 掌握石灰中有效氧化钙含量的测定方法。

二、测定原理

有效氧化钙 $[(CaO)_{ef}]$ 能与蔗糖 $C_{12}H_{22}O_{11}$ 化合而成水溶性的蔗糖钙 $CaO \cdot C_{12}H_{22}O_{11} \cdot 2H_2O$，生成的蔗糖钙用已知浓度的盐酸进行中和滴定。根据盐酸的消耗量计算出有效氧化钙的含量。

$$CaO + C_{12}H_{22}O_{11} + 2H_2O \longrightarrow CaO \cdot C_{12}H_{22}O_{11} \cdot 2H_2O$$

$$CaO \cdot C_{12}H_{22}O_{11} \cdot 2H_2O + 2HCl \longrightarrow C_{12}H_{22}O_{11} + CaCl_2 + 3H_2O$$

三、主要器材

1. 电子天平：最大称量 100g，精度 0.1mg。
2. 盐酸标准滴定溶液（0.5mol/L）。
3. 蔗糖：分析纯。
4. 磁力搅拌棒、三角烧瓶、滴定管等。

四、测定步骤

准确称取约 0.5g 石灰试样，放入干燥的 250mL 具塞三角瓶中，取 5g 蔗糖覆盖在试样表面，放入一根磁力搅拌棒，迅速加入 100mL 新煮沸并已冷却的蒸馏水，立即加塞搅拌 10min（如有试样结块或粘于瓶壁现象，则应重新取样）。打开瓶塞，用水冲洗瓶塞及瓶壁，加入 2～3 滴酚酞指示剂溶液（10g/L），用盐酸标准滴定溶液（0.5mol/L）滴定至溶液的粉红色消失（滴定速度以每秒 2～3 滴为宜），并在 30s 内不再复现即为终点。

五、测定结果计算

试样中有效氧化钙的质量分数按下式计算：

$$w(CaO)_{ef} = \frac{V \times c \times 28 \times 10^{-3}}{m} \times 100\%$$

式中　　$w(CaO)_{ef}$——石灰中有效氧化钙的质量分数，%；

　　　　V——滴定时消耗盐酸标准滴定溶液的体积，mL；

　　　　c——盐酸标准滴定溶液的浓度，mol/L；

　　　　28——（1/2CaO）的摩尔质量，g/mol；

　　　　m——石灰试料的质量，g。

六、思考题

1. 什么叫有效氧化钙？
2. 石灰中有效氧化钙与蔗糖发生反应时，其中氧化镁是否也发生反应？

Ⅱ　氧化镁含量的测定

一、测定目的

1. 了解石灰中氧化镁含量的测定原理。
2. 掌握石灰中氧化镁含量的测定方法。

二、测定原理

氧化镁含量是石灰中氧化镁占石灰试样的质量分数。因为测定有效氧化镁含量很困难，因而现行方法是测定氧化镁的总量。由于氧化镁与蔗糖作用缓慢，不能采用前述蔗糖方法，而采用配位滴定法测定。该法是将石灰试样在水中用盐酸酸化，使石灰中的氧化钙（CaO）、氧化镁（MgO）、氧化铁（Fe_2O_3）和氧化铝（Al_2O_3）离解为 Ca^{2+}、Mg^{2+}、Fe^{3+} 和 Al^{3+} 离子，然后用配位滴定法进行测定。

三、主要器材

1. 电子天平：最大称量 100g，精度 0.1mg。
2. EDTA 标准滴定溶液（0.015mol/L）。
3. 盐酸（1+10）。
4. 酒石酸钾钠溶液（100g/L）。
5. 三乙醇胺（1+2）。
6. 氨-氯化铵缓冲溶液（pH10）。
7. 酸性铬蓝 K-萘酚绿 B 混合指示剂（1+2.5）。
8. 氢氧化钠溶液（200g/L）。
9. 钙指示剂。
10. 烧杯、移液管、滴定管等。

四、测定步骤

1. 准确称取约 0.5g 石灰试样于 250mL 烧杯中，加少量水润湿，加入 30mL 盐酸（1+10），用表面皿盖住烧杯，于电炉上加热近沸，并保持微沸 8～10min。用水冲洗表面皿，冷却后把烧杯内的沉淀及溶液移入 250mL 容量瓶中，加水至标线，摇匀。

2. 待溶液沉淀后，用移液管吸取 25mL 试样溶液，放入 400mL 烧杯中，用水稀释至 200 mL，加入 1mL 酒石酸钾钠溶液（100g/L）、5mL 三乙醇胺（1+2），搅拌，然后加入 25mL 氨-氯化铵缓冲溶液（pH10）及适量的酸性铬蓝 K-萘酚绿 B 混合指示剂（1+2.5），用 EDTA 标准滴定溶液（0.015mol/L）滴定至溶液由酒红色变为纯蓝色（近终点时应缓慢滴定）。记下 EDTA 标准滴定溶液耗用体积 V_1。此为滴定钙、镁合量。

3. 再从同一容量瓶中用移液管吸取 25mL 试样溶液，放入 400mL 烧杯中，用水稀释至 200mL，加入 5mL 三乙醇胺（1+2）、5 mL 氢氧化钠溶液（200g/L）及适量的钙指示剂，用 EDTA 标准滴定溶液（0.015mol/L）滴定至溶液由酒红色变为纯蓝色。记下 EDTA 标准滴定溶液耗用体积 V_2。此为滴定钙的含量。

五、测定结果计算

试样中氧化镁的质量分数按下式计算：

$$w(\mathrm{mgO}) = \frac{T_{\mathrm{MgO}}(V_1 - V_2) \times 10}{m \times 1000} \times 100\%$$

式中　　T_{MgO}——每毫升 EDTA 标准滴定溶液相当于氧化镁的毫克数，mg/mL；

V_1——滴定钙＋镁合量时消耗 EDTA 标准滴定溶液的体积，mL；

V_2——滴定钙时消耗 EDTA 标准滴定溶液的体积，mL；

10——全部试样溶液与所分取试样溶液的体积比；

m——试料的质量，g。

六、思考题

1. 钙质石灰、镁质石灰和白云石灰的区别是什么？
2. 建筑生石灰、生石灰粉及消石灰的主要技术指标有哪些？

第七章 土的化验与检测

实验一 土的酸碱度试验

一、实验目的

1. 了解土壤酸碱度的测定原理。
2. 掌握土壤酸碱度测定方法。

二、实验器材

1. 酸度计：应附玻璃电极、甘汞电极或复合电极，以及电磁搅拌器等。
2. 电动振荡器。
3. 电子天平：称量 100g，感量 0.01g。
4. 方孔筛：孔径 1mm 的方孔筛。
5. 标准缓冲溶液（pH4.01）：称取 10.21g 经 105～110℃ 烘干的苯二甲酸氢钾（$KHC_8H_4O_4$，分析纯）溶于水后定容至 1L。
6. 标准缓冲溶液（pH6.87）：称取 3.53g 经 105～110℃ 烘干的 Na_2HPO_4（分析纯）和 $3.39gKH_2PO_4$（分析纯）溶于水中，定容至 1L。
7. 标准缓冲溶液（pH9.18）：称取 3.8g 硼砂（$Na_2B_4O_7 \cdot 10H_2O$，分析纯）溶于无 CO_2 的冷水中，定容至 1L。此溶液的 pH 值易于变化，应贮存于密闭的塑料瓶中（宜保存使用 2 个月）。
8. 饱和氯化钾（KCl）溶液：向少量纯水中加入 KCl，边加入边搅拌，直至不继续溶解为止。

三、实验步骤

1. 酸度计的校正：在测定土样前应按照所用仪器的使用说明书校正酸度计。
2. 土悬液的制备：称取 10g 通过 1mm 筛的风干土样，放入具塞的广口瓶中，加 50mL 水（土水比为 1∶5）。在振荡器上振荡 3min，静置 30min。
3. 土悬液 pH 值的测定：将 25～30mL 的土悬液盛于 50mL 烧杯中，将该烧杯移至电磁搅拌器上，再向该烧杯中加一只搅拌子。然后将已校正完毕的玻璃电极、甘汞电极（或复合电极）插入杯中，开动电磁搅拌器搅拌 2min，从酸度计的表盘（或数字显示器）上直接测定 pH 值，准确至 0.01pH。测记土悬液温度，进行温度补偿操作。
4. 测定完毕，关闭酸度计和电磁搅拌器的电源，用水冲洗电极，并用滤纸吸干电极上沾附的水。若一批试验完后第二天仍继续测定，可将玻璃电极部分浸泡在纯水中。

四、思考题

1. 酸度计的使用时应注意哪些事项？
2. 土水比及土的细度对土的 pH 值测定有何影响？

实验二　土的烧失量的测定

一、实验目的

掌握土的烧失量的测定方法。

二、实验器材

1. 箱式电阻炉：最高使用温度不低于 1000℃。
2. 电子天平：称量 100g，感量 0.1mg。
3. 方孔筛：孔径 1mm 的方孔筛。
4. 瓷坩埚、干燥器、坩埚钳等。

三、实验步骤

1. 先将空瓷坩埚放入已升温至 950℃ 的高温炉中灼烧 0.5h，取出稍冷（0.5～1min），放入干燥器中冷却 0.5h，称量，重复灼烧，直至恒量。

2. 称取 1～2g 通过 1nm 筛孔的烘干土（在 100～105℃ 烘干 8h），精确至 0.1mg，放入已灼烧至恒量的坩埚中，把坩埚放入未升温的高温炉内，斜盖上坩埚盖，徐徐升温至 950℃，并保持恒温 0.5h。取出稍冷，盖上坩埚盖，放入干燥器内，冷却 0.5h 后称量。重复灼烧，称量，直至前后两次质量相差小于 0.5mg，即为恒量。至少做一次平行试验。

四、结果计算

试样中烧失量的质量分数按下式计算：

$$w(\mathrm{LOI}) = \frac{m-(m_2-m_1)}{m} \times 100\%$$

式中　m——烘干土样的质量，g；

　　m_1——空坩埚质量，g；

　　m_2——灼烧后土样＋坩埚质量，g。

五、思考题

1. 测定土的烧失量时，为什么预先将空的瓷坩埚灼烧至恒量？
2. 测定土的烧失量时，空瓷坩埚灼烧温度是否可与土烧失量测定温度不一致？为什么？

实验三　土的有机质含量的测定

一、实验目的

掌握重铬酸钾容量分析法——油浴加热法测定土的有机质含量的测定方法。

二、实验器材

1. 电子天平：称量 100g，感量 0.1mg。

2. 电炉：附自动控温调节器。

3. 油浴锅：应带铁丝笼。

4. 温度计：0～250℃，精度 1℃。

5. 方孔筛：100 目。

6. 重铬酸钾标准溶液 $\left[c\left(\frac{1}{6}K_2Cr_2O_7\right)=0.0750\ mol/L\right]$：用分析天平称取 44.1231g 经 105～110℃烘干并研细的重铬酸钾，溶于 800mL 蒸馏水中（必要时可加热），缓缓加入浓硫酸 1000mL，边加入边搅拌，冷却至室温用水定容至 2L。

7. 0.2mol/L 硫酸亚铁（或硫酸亚铁铵）标准滴定溶液：称取 56g 硫酸亚铁（$FeSO_4 \cdot 7H_2O$ 分析纯）或 80g 硫酸亚铁铵 $\left[(NH_4)_2Fe_2(SO_4)_2 \cdot 6H_2O\right]$，溶于蒸馏水中，加 15mL 浓硫酸。然后蒸馏水稀释至 1L，密封贮于棕色瓶中。

硫酸亚铁（或硫酸亚铁铵）溶液的标定：准确吸取 3 份 $K_2Cr_2O_7$ 标准溶液，每份 20mL，分别注入 150mL 锥形瓶中，用蒸馏水稀释至 60mL 左右，滴入 3～5 滴邻菲罗啉指示剂，用硫酸亚铁（或硫酸亚铁铵）标准滴定溶液进行滴定，使锥形瓶中的溶液由橙黄经蓝绿色突变至橙红色为止。按用量计算硫酸亚铁（或硫酸亚铁铵）标准滴定溶液的浓度，精确至 0.0001mol/L，取 3 份计算结果的算术平均值即为硫酸亚铁（或硫酸亚铁铵）标准滴定溶液的浓度。

8. 邻菲罗啉指示剂溶液：称取 1.485g 邻菲罗啉（$C_{12}H_8N_2 \cdot H_2O$），0.695g 硫酸亚铁（$FeSO_4 \cdot 7H_2O$），溶于 100mL 蒸馏水中，此时试剂与 Fe^{2+} 形成棕色配合物，即 $\left[Fe(C_{12}H_8N_2)_3\right]^{2+}$。贮存于棕色滴瓶中。

9. 石蜡（固体）或植物油：2kg。

10. 灼烧过的浮石粉或土样：取约 200g 浮石或矿质土，磨细并通过 0.25mm 筛，分散装入数个瓷蒸发皿中，在 700～800℃的高温炉内灼烧 1～2h，将有机质完全烧尽后备用。

三、实验步骤

1. 用分析天平准确称取 0.1000～0.5000g 通过 100 目筛的风干土样，放入一干燥的硬质试管中，用滴定管准确加入 10mL $K_2Cr_2O_7$ 标准溶液（在加入 3mL 时摇动试管使土样分散），并在试管口插入一小玻璃漏斗，以冷凝蒸出之水汽。

2. 将 8～10 个已装入土样和标准溶液的试管插入铁丝笼中（每笼中均有 1～2 个空白试管），然后将铁丝笼放入温度为 185～190℃的石蜡油浴锅中，试管内的液面应低于油面。要求放入后油浴锅内油温下降至 170～180℃，以后应注意控制电炉，使油温维持在 170～180℃，待试管内试液沸腾时开始计时，煮沸 5min，取出试管稍冷，并擦净试管外部油液。

3. 将试管内试样倾入 250mL 锥形瓶中，用水洗净试管内部及小玻璃漏斗，使锥形瓶中的溶液总体积达 60～70mL，然后加入 3～5 滴邻菲罗啉指示剂溶液，摇匀，用硫酸亚铁（或硫酸亚铁铵）标准滴定溶液滴定，溶液由橙黄色经蓝绿色突变为橙红色时即为终点，记下硫酸亚铁（或硫酸亚铁铵）标准滴定溶液的用量，精确至 0.01mL。

4. 空白标定：用灼烧土代替土样，其他操作均与土样试验相同，记录硫酸亚铁标准滴定溶液用量。

四、实验结果计算

试样中黏土有机质的质量分数按下式计算：

$$w(\text{有机质}) = \frac{c(\text{FeSO}_4)\left[V(\text{FeSO}_4) - V'(\text{FeSO}_4)\right] \times 3 \times 1.724 \times 1.1 \times 10^{-3}}{m} \times 100\%$$

式中　$c(\text{FeSO}_4)$——硫酸亚铁标准滴定溶液的浓度，mol/L；

　　　　$V(\text{FeSO}_4)$——测定土样时消耗的硫酸亚铁标准滴定溶液的体积，mL；

　　　　$V'(\text{FeSO}_4)$——空白标定时消耗的硫酸亚铁标准滴定溶液的体积，mL；

　　　　　　　　m——土样质量（将风干土换算为烘干土），g；

　　　　　　　　3——1/4 碳原子的摩尔质量，g/mol；

　　　　　　1.724——有机碳换算成有机质的系数；

　　　　　　　1.1——氧化校正系数。

五、注意事项

1. 本测定方法适用于有机质含量不超过 15% 的土样。

2. 本法氧化有机质程度平均约 90%，故应乘以 1.1 才为土的有机质含量。

六、思考题

1. 什么叫土壤有机质？土壤有机质的组成是什么？

2. 如滴定消耗硫酸亚铁铵标准滴定溶液的体积过小（如：小于 10mL），应增大还是减少土样称样量？

实验四　土的易溶盐含量的测定

I　待测溶液的制备

一、实验目的

掌握土壤易溶盐含量测定试样的制备方法。

二、实验器材

1. 天平：称量 200g，感量 0.01g。
2. 离心机：转速为 4000r/min。
3. 过滤设备：包括真空泵、布氏漏斗、抽滤瓶。
4. 往复式电动振荡机。
5. 广口塑料瓶：1000mL。
6. 方孔筛：孔径 1mm 的方孔筛。

三、实验步骤

1. 称取 50～100g 通过 1mm 筛孔的烘干土样（视土中含盐量和分析项目而定），精确至 0.01g，放入干燥的 1000mL 广口塑料瓶中（或 1000mL 三角瓶内）。按土水比例 1∶5 加入不含二氧化碳的蒸馏水（即把蒸馏水煮沸 10min，迅速冷却），盖好瓶塞，在振荡机上（或用手剧烈振荡）3min，立即进行过滤。

2. 采用抽气过滤时，滤前须将滤纸剪成与布氏漏斗底部同样大小，并平放在漏斗底上，先加少量蒸馏水抽滤，使滤纸与漏斗底密接。然后换上另一个干洁的抽滤瓶进行抽滤，抽滤时要将土悬浊液摇匀后倾入漏斗，使土粒在漏斗底上铺成薄层，填塞滤纸孔隙，以阻止细土粒通过。在往漏斗内倾入土悬浊液前须先行打开抽气设备，轻微抽气，可避免滤纸浮起，以致滤液浑浊。漏斗上要盖一表面皿，以防水汽蒸发。如发现滤液浑浊，须反复过滤至澄清为止。

四、注意事项

1. 当发现抽滤方式不能达到滤液澄清时，应用离心机分离，所得的透明滤液即为水溶性盐的浸出液。

2. 水溶性盐的浸出液不能久放，应立即进行 pH、CO_3^{2-}、HCO_3^- 离子等项测定。其他离子的测定最好都能在当天进行。

Ⅱ 易溶盐总量的测定

一、实验目的

掌握土壤易溶盐总量的测定方法。

二、实验器材

1. 电子天平：称量 200g，感量 0.1mg。
2. 水浴锅、瓷蒸发皿、干燥器。
3. H_2O_2（15%）。
4. Na_2CO_3 溶液（20g/L）：称取 2g 无水 Na_2CO_3 溶于少量水中，稀释至 100mL。

三、实验步骤

1. 用移液管吸取 50mL 或 100mL 浸出液（视易溶盐含量多少而定），注入已经在 105～110℃烘至恒量（前后二次质量之差不大于 1mg）的瓷蒸发皿中，盖上表皿，架空放在沸腾水浴上蒸干（若吸取溶液太多时，可分次蒸干）。蒸干后残渣如呈现黄褐色时（有机质所致），应加入 1～3mL15% H_2O_2，继续在水浴锅上蒸干，反复处理至黄褐色消失。

2. 将蒸发皿放入 105～110℃的烘箱中烘干 4～8h，取出后放入干燥器中冷却 0.5h，称量。再重复烘干 2～4h，冷却 0.5h，用分析天平称量，反复进行直至前后两次质量差值不大于 0.0001g。

四、实验结果计算

试样中全盐量的质量分数按下式计算：

$$w(全盐) = \frac{m_2 - m_1}{m_s} \times 100\%$$

式中　　m_2——蒸发皿加蒸干残渣质量，g；

m_1——蒸发皿质量，g；

m_s——相当于 50mL 或 100mL 浸出液的干土试料的质量，g。

五、注意事项

1. 残渣中如果 $CaSO_4 \cdot 2H_2O$ 或 $MgSO_4 \cdot 7H_2O$ 的含量较高，在 105～110℃不能除尽这些水合物中所含的结晶水，在称量时较难达到"恒量"，遇此情况应在 180℃烘干。但潮湿盐土含 $CaCl_2 \cdot 6H_2O$ 和 $MgCl_2 \cdot 6H_2O$ 的量较高，这类化合物极易吸湿、水解，即使在 180℃干燥，也不能得到满意结果，遇到这样土样，可在浸出液中先加入 10mL Na_2CO_3 溶液（20g/L），蒸干时即生成 NaCl、Na_2SO_4、$CaCO_3$、$MgCO_3$ 等沉淀，再在 180℃烘干 2h，即可达到"恒量"，加入的 Na_2CO_3 量应从盐分总量中减去。

2. 由于盐分（特别是镁盐）在空气中容易吸水，故应在相同的时间和条件下冷却、称量。

Ⅲ 碳酸根离子及碳酸氢根离子的测定

一、实验目的

掌握土壤碳酸根及碳酸氢根的测定方法。

二、实验器材

1. 电子天平：称量 200g，感量 0.1mg。
2. 电热鼓风干燥箱：使用温度 0～300℃，温度精度±2℃。
3. 酸式滴定管、移液管、三角瓶、量筒、容量瓶。
4. 酚酞指示剂溶液（10g/L）。
5. 甲基橙指示剂溶液（1g/L）。
6. H_2SO_4 标准滴定溶液 $\left[c\left(\frac{1}{2}H_2SO_4\right)=0.1mol/L \right]$：量取 3mL 浓硫酸（密度 1.84g/mL），加入到 1000mL 去除 CO_2 的蒸馏水中，然后稀释定容至 5000mL。

硫酸标准滴定溶液的标定：称取 3 份在 160～180℃下烘 2～4h 的无水 Na_2CO_3，每份约 0.1g，精确至 0.1mg，分别放入 3 个三角瓶中，注入 25mL 煮沸去除二氧化碳的蒸馏水使其溶解，加入 2 滴甲基橙指示剂溶液，用配制好的硫酸标准滴定溶液滴定至溶液由黄色突变为橙色为止。记下硫酸标准溶液的用量（V）。硫酸标准滴定溶液的准确浓度按下式计算，

$$c=\frac{m}{V\times 0.053}$$

式中 c——$\frac{1}{2}H_2SO_4$ 标准滴定溶液的浓度，mol/L；

m——称取无水碳酸钠的质量，g；

V——滴定时消耗硫酸标准滴定溶液的体积，mL；

0.053——$1/2Na_2CO_3$ 的摩尔质量，g/mmol。

计算精确至 0.0001mol/L。取三个计算结果的算术平均值作为硫酸标准滴定溶液的准确浓度。

三、实验步骤

1. 用移液管吸取 25mL 浸出液，注入三角瓶中，滴加 2～3 滴酚酞指示剂溶液（10g/L）。如试液不显红色，表示无 CO_3^{2-} 存在；如试液显红色，则表示有 CO_3^{2-} 存在，即以 H_2SO_4 标准滴定溶液滴定，随滴随摇，至红色刚一消失即为终点，记录消耗 H_2SO_4 标准滴定溶液的体积（V_1），精确至 0.01mL。

2. 在上述试液中再加入 1～2 滴甲基橙指示剂溶液（1g/L），继续用 H_2SO_4 标准滴

定溶液滴定至试液由黄色突变为橙红色为止，读取第二次滴定消耗的 H_2SO_4 标准滴定溶液的体积（V_2），精确至 0.01mL。

3. 滴定后的试液，可供测定 Cl^- 用。

四、实验结果计算

土试样中碳酸根和碳酸氢根离子的质量摩尔浓度 b（单位 mmol/kg）及质量分数 w 分别按下列各式计算：

$$b\left(\frac{1}{2}CO_3^{2-}\right) = \frac{2V_1 \times c}{m} \times 1000$$

$$w\left(\frac{1}{2}CO_3^{2-}\right) = b\left(\frac{1}{2}CO_3^{2-}\right) \times 0.0300 \times 10^{-3}$$

$$b(HCO_3^-) = \frac{(V_2 - V_1) \times c}{m} \times 1000$$

$$w(HCO_3^-) = b(HCO_3^-) \times 0.0610 \times 10^{-3}$$

式中　V_1——滴定 CO_3^{2-} 时消耗 H_2SO_4 标准滴定溶液的体积，mL；

　　　V_2——滴定 HCO_3^- 时消耗 H_2SO_4 标准滴定溶液的体积，mL；

　　　c——1/2 H_2SO_4 标准滴定溶液的浓度，mol/L；

　　　m——相当于分析时所取浸出液体积的干土质量，g；

0.0300——1/2 CO_3^{2-} 摩尔质量，g/mmol；

0.0610——HCO_3^- 的摩尔质量，g/mmol。

Ⅳ　氯离子的测定（硝酸银滴定法）

一、实验目的

掌握土壤中氯离子含量的测定方法。

二、实验器材

1. 电子天平：称量 200g，感量 0.1mg。

2. 电热鼓风干燥箱：使用温度 0～300℃，温度精度 ±2℃。

3. 酸式滴定管、量筒、容量瓶等。

4. 铬酸钾指示剂溶液（50g/L）：称取 5g K_2CrO_4 溶于少量蒸馏水中，逐滴加入 1mol/L $AgNO_3$ 溶液至砖红色沉淀不消失为止。放置一夜后过滤，滤液稀释至 100mL，贮存在棕色瓶中备用。

5. 硝酸银标准滴定溶液（0.02mol/L）：准确称取 3.397g 经 105～110℃ 烘干 30min 的分析纯 $AgNO_3$，用蒸馏水溶解，倒入 1L 容量瓶中，用蒸馏水定容，贮存于棕色细口瓶中。

6. 碳酸氢钠溶液（0.02mol/L）：称取 1.7g $NaHCO_3$，溶于纯水中，稀释至 1L。

三、实验步骤

1. 在滴定碳酸根和碳酸氢根离子以后的溶液中继续滴定 Cl^-。首先在此溶液中滴入 0.02mol/L $NaHCO_3$ 溶液几滴，使溶液恢复黄色（pH 为 7），然后再加入 0.5mL 铬酸钾指示剂溶液（50g/L），用硝酸银标准滴定溶液滴定至浑浊液由黄绿色突变成砖红色，即为滴定终点（可用标定硝酸银溶液浓度时的终点颜色作为标准进行比较）。记录所用硝酸银的体积（V）。

2. 如果不利用测定 CO_3^{2-}、HCO_3^- 的溶液时，可用移液管另取两份新的土样浸出液，每份 25mL，放入三角瓶中，加入甲基橙指示剂，逐滴加入 0.02mol/L 碳酸氢钠溶液至试液变为纯黄色，控制 pH 为 7，再加入 5～6 滴 K_2CrO_4 指示剂溶液，用硝酸银标准滴定溶液滴定，直至生成砖红色沉淀，记录 $AgNO_3$ 标准滴定溶液的用量。若浸出液中 Cl^- 含量很高，可减少浸出液用量，另取 1 份进行测定。

四、实验结果计算

试样中氯离子的质量摩尔浓度 b（单位 mmol/kg）及质量分数 w 按下式计算：

$$b(Cl^-) = \frac{V \times c}{m} \times 1000$$

$$w(Cl^-) = b(Cl^-) \times 0.0355 \times 10^{-3}$$

式中　c——硝酸银标准溶液的浓度，mol/L；

$\quad\quad V$——滴定用硝酸银标准滴定溶液的体积，mL；

$\quad\quad m$——相当于分析时所取浸出液体积的干土试料的质量，g；

$\quad$ 0.0355——氯离子的摩尔质量，g/mmol。

五、注意事项

1. K_2CrO_4 指示剂的浓度对滴定结果有影响，溶液中 CrO_4^{2-} 离子浓度过高，会使终点提前出现，使滴定结果偏低；反之，中 CrO_4^{2-} 离子浓度太低，则终点推迟出现而使结果偏高。一般每 5mL 溶液应加 1 滴 K_2CrO_4 指示剂溶液。

2. 滴定过程中生成的 AgCl 沉淀容易吸附 Cl^-，使溶液中的 Cl^- 浓度降低，以致未到等量点时即过早产生砖红色 $AgCrO_4$ 沉淀，故滴定时须不断剧烈摇动，使被吸附的 Cl^- 释放出来。

V　氯离子的测定（硝酸汞滴定法）

一、实验目的

掌握土壤中氯离子含量的测定方法。

二、实验器材

1. 电子天平：称量 200g，感量 0.1mg。

2. 酸式滴定管、三角瓶、量筒、移液管、容量瓶等。

3. 混合指示剂：称取 0.5g 二苯偶氮碳酰肼与 0.05g 溴酚蓝及 0.12g 二甲苯蓝 FF 混合，溶于 100mL 95％的酒精中，保存于棕色试剂瓶中。

4. 硝酸汞标准滴定溶液 0.025mol/L：称取 8.34g 分析纯硝酸汞〔Hg（NO₃）₂·1/2H₂O〕，溶于 100mL 加有 1～1.5mL 浓硝酸的蒸馏水中，最后加水定容至 1000mL，充分摇匀。其标准浓度用 0.025mol/L 氯化钠标准溶液标定（标定方法与滴定待测液相同）。

5. 0.05mol/L 硝酸溶液：量取 3.2mL 浓硝酸，加水稀释至 1000mL，摇匀，备用。

三、实验步骤

1. 吸取 25mL 待测定液于 150mL 三角瓶中。

2. 加 10 滴混合指示剂，并用 0.05mol/L HNO₃ 溶液调至溶液呈蓝绿色。即用 Hg(NO₃)₂ 标准滴定溶液滴定至突变为紫色即为终点，记下消耗之体积（V）。

四、实验结果计算

试样中氯离子的质量摩尔浓度 b（单位 mmol/kg）和质量分数 w 分别按下式计算：

$$b(Cl^-) = \frac{V \times C}{m} \times 1000$$

$$w(Cl^-) = b(Cl^-) \times 0.0355 \times 10^{-3}$$

式中　c——Hg(NO₃)₂ 溶液的浓度，mol/L；

　　　V——滴定用硝酸汞标准滴定溶液体积，mL；

　　　m——相当于分析时所取浸出液体积的干土试料的质量，g；

0.0355——氯离子的摩尔质量，g/mmol。

五、注意事项

1. 在滴定过程中，必须控制溶液的 pH 在 3～3.5 范围内，pH 高于此范围时产生负误差，pH 低于此范围时产生正误差。

2. 如果待测液有颜色，则对终点有干扰，可用稀硝酸酸化后的活性炭吸附脱色，过滤后滴定；也可直接用硝酸酸化待测液后，再加微热，使有机质絮固脱色，过滤后滴定；或者蒸干待测液，用过氧化氢去除有机质，再溶解后进行滴定。

3. 加入指示剂过量时也会使结果偏低。

Ⅵ　钙和镁离子的测定（EDTA 配位滴定法）

一、实验目的

掌握土壤中钙镁离子含量的测定方法。

二、实验器材

1. 电子天平：称量 200g，感量 0.1mg。
2. 酸式滴定管、三角瓶、量筒、移液管、容量瓶等。
3. 盐酸（1+2）
4. 氨-氯化铵缓冲溶液（pH10）。
5. K-B 指示剂：0.5g 酸性铬蓝 K 和 0.1g 萘酚绿 B，与 100g 105℃ 烘过的 NaCl 共同研细磨匀，贮于棕色瓶中。
6. 钙指示剂：0.5g 钙指示剂 [2-羟基（2-羟基-4 磺酸-1-萘偶氮基）-3-萘甲酸，$C_{21}H_{14}O_7N_2S$] 与 50gNaCl（需经烘焙）研细混匀，贮于棕色瓶中，放在干燥器中保存备用。
7. EDTA 标准滴定溶液（0.01mol/L）。
8. NaOH 溶液（2mol/L）：称取 8.0g NaOH 溶于 100mL 无二氧化碳水中。

三、实验步骤

1. Ca^{2+} 的测定：用移液管吸取 25mL 土样浸出液于三角瓶中，加 1 滴 HCl（1+1），充分摇动，煮沸 1min 赶出二氧化碳，冷却后，加 2mL NaOH 溶液（2mol/L），摇匀，放置 1～2min，使溶液 pH 值达 12.0 以上，加入约 0.1g 钙指示剂，即以 EDTA 标准滴定溶液滴定，接近终点时须逐滴加入，充分摇动，直至溶液由红色突变为纯蓝色。记录 EDTA 标准滴定溶液的用量 V_1（mL），精确至 0.01mL。

2. $Ca^{2+} + Mg^{2+}$ 合量的测定：用移液管吸取 25mL 土样浸出液于 150mL 三角瓶中，加 2mLpH10 缓冲溶液，摇匀后加约 0.1gK-B 指示剂，用 EDTA 标准滴定溶液滴定至溶液由酒红色突变为纯蓝色为终点。记录 EDTA 标准滴定溶液的用量（V_2）（mL），精确至 0.01mL。

四、实验结果计算

试样中钙和镁离子的质量摩尔浓度 b（单位 mmol/kg）和质量分数 w 分别按下列各式计算：

$$b\left(\frac{1}{2}Ca^{2+}\right) = \frac{c \times V_1 \times 2}{m} \times 1000$$

$$w\left(\frac{1}{2}Ca^{2+}\right) = b\left(\frac{1}{2}Ca^{2+}\right) \times 0.0200 \times 10^{-3}$$

$$b\left(\frac{1}{2}Mg^{2+}\right) = \frac{c \times (V_2 - V_1) \times 2}{m} \times 1000$$

$$w(Mg^{2+}) = b\left(\frac{1}{2}Mg^{2+}\right) \times 0.0122 \times 10^{-3}$$

式中　c——EDTA 标准滴定溶液的浓度，mol/L；

　　　m——相当于分析时所取浸出液体体积的干土试料的质量，g；

　　　V_1——滴定钙时消耗 EDTA 标准滴定溶液的体积，mL；

V_2——滴定钙、镁合量时消耗 EDTA 标准滴定溶液的体积，mL；

0.020——1/2 钙离子的摩尔质量，g/mmol；

0.0122——1/2 镁离子的摩尔质量，g/mmol。

五、注意事项

1. 土的水提取液中，如含有 Fe^{3+}、Al^{3+}、Mn^{2+}、Ti^{4+} 及其他重金属离子，会影响滴定终点，可在酸性溶液中加入 2mL 三乙醇胺（1+2）消除其影响。

2. 测定 Ca^{2+} 或 $Ca^{2+}+Mg^{2+}$ 时，都必须严格控制溶液的 pH，所以在加入 NaOH 或 pH10 缓冲溶液后，应再用精密 pH 试纸检验，确认 pH 合格后再加入指示剂进行滴定，否则终点会不明显。

Ⅶ　硫酸根离子的测定（称量分析法）

一、实验目的

掌握土壤中硫酸根离子含量的测定方法。

二、实验器材

1. 箱式电阻炉：最高使用温度不低于 1000℃。
2. 电子天平：称量 200g，感量 0.1mg。
3. 恒温水浴锅。
4. 瓷坩埚、移液管、漏斗、表面皿、量筒、慢速定量滤纸等。
5. 盐酸（1+3）。
6. 氯化钡溶液（100g/L）。
7. 硝酸银溶液（10g/L）。

三、实验步骤

1. 吸取 50～100mL 水浸提液于 150mL 烧杯中，在水浴上蒸干。加入 5mL 盐酸溶液（1+3）处理残渣，再蒸干，并在 100～105℃烘干 1h。

2. 用 2mL 盐酸（1+3）和 10～30mL 热蒸馏水洗涤，用慢速定量滤纸过滤，除去二氧化硅，再用热水洗至无氯离子反应（硝酸根检验无浑浊）为止。

3. 将滤液体积调整至 250mL 左右，加热煮沸，在微沸下从杯口缓慢逐滴加入热的氯化钡溶液（100g/L）至沉淀完全。在上部清液再滴加几滴氯化钡，直至无更多沉淀生成时，再多加 2～4mL 氯化钡溶液，然后在常温下静置 12～24h 或温热处静置至少 4h。

4. 用慢速定量滤纸过滤，烧杯中的沉淀用热水洗 2～3 次后转入滤纸，用温水洗涤，直至检验无氯离子为止。

5. 将滤纸包移入已灼烧称恒量的瓷坩埚中，在电炉上低温小心烤干，灰化至灰白色。

6. 放入 800℃的高温炉内灼烧 30min，取出坩埚，置于干燥器中冷却至室温，称量。反复灼烧，直至恒量。

7. 用相同试剂和滤纸同样处理，作空白试验，测得空白质量。

四、实验结果计算

土试样中硫酸根离子的质量分数按下式计算：

$$w(SO_4^{2-}) = \frac{(m_1 - m_2) \times 0.4116}{m} \times 100\%$$

式中　m_1——硫酸钡的质量，g；

　　　m_2——空白标定的质量，g；

　　　m——相当于分析时所取浸出液体积的干土试料的质量，g。

五、注意事项

1. 本方法适用于硫酸根离子含量较高的土样，含量低者应采用其他方法。

2. 沉淀硫酸钡应在微酸性溶液中进行，一方面可以防止某些阴离子如碳酸根、碳酸氢根、磷酸根和氢氧根离子等与钡离子发生共沉淀现象，另一方面硫酸钡沉淀在微酸性溶液中能使结晶颗粒增大，更便于过滤和洗涤。沉淀溶液的酸度不能太高，因硫酸钡沉淀的溶解度随酸度的增高而增大，最好控制在 0.05mol/L 左右。

3. 硫酸钡沉淀同滤纸灰化时，应保证空气充分供应，否则沉淀易被滤纸烧成的炭所还原：$BaSO_4 + 4C \longrightarrow BaS + 4CO_2$，发生这种现象时，沉淀呈灰色成黑色，这时可在冷却后的沉淀中加入 2～3 滴浓硫酸，然后小心加热至三氧化硫白烟不再发生为止，再在 800℃的温度下灼烧至恒量。炉温不能过高，否则硫酸钡开始分解。

Ⅷ　钠、钾离子的测定（火焰光度法）

一、实验目的

掌握土壤中钾、钠含量的测定方法。

二、实验器材

1. 火焰光度计

2. 电子天平：称量 200g，感量 0.1mg。

3. 容量瓶、试剂瓶、移液管等。

4. 钾（K^+）标准溶液：精确称取 0.1907g 已于 130～150℃烘过 2h 的优级纯氯化钾，在少量纯水中溶解，转入 1000mL 容量瓶中定容，贮于塑料瓶中。此溶液含 K^+ 0.1mg/mL，以此为母液可稀释配制成所需浓度的标准系列溶液。

5. 钠（Na^+）标准溶液：精确称取 0.2542g 已于 130～150℃烘过 2h 的优级纯氯化

钠，在少量纯水中溶解，转入 1000mL 容量瓶中定容，贮于塑料瓶中。此溶液含 Na^+ 0.1mg/mL，以此为母液可稀释配制成所需浓度的标准系列溶液。

三、实验步骤

1. 仪器分析法工作曲线的绘制按下列步骤进行：

分别取浓度适宜的钠、钾标准系列溶液，按与测定试样相同的条件，在火焰光度计上测出各浓度的读数，宜测 5～7 点。以读数为纵坐标，钠、钾浓度为横坐标，在直角坐标上绘制工作曲线，并注明试验条件。

2. 用移液管吸取一定量的土浸出液，放在火焰光度计上，按仪器说明书的要求进行操作。当 Na^+、K^+ 含量超过仪器容许范围时，宜稀释后再操作。测 Na^+ 时用钠滤光片，测 K^+ 时用钾滤光片，记下仪器读数，注明试验条件，分别查钠、钾工作曲线，分别计算含量。

四、实验结果计算

试样中钠、钾离子的质量摩尔浓度 b（单位 mmol/kg）和质量分数 w 分别按下列各式计算：

$$b(Na^+) = \frac{c(Na^+) \times V}{m \times 23}$$

$$w(Na^+) = b(Na^+) \times 23 \times 10^{-6}$$

$$b(K^+) = \frac{c(K^+) \times V}{m \times 39.1}$$

$$w(K^+) = b(K^+) \times 39.1 \times 10^{-6}$$

式中　$c(Na^+)$——待测液中钠离子浓度，$\mu g/mL$；

　　　　$c(K^+)$——待测液中钾离子浓度，$\mu g/mL$；

　　　　V——吸取土样浸出液的体积，mL；

　　　　m——相当于分析时所取浸出液体积的干土试料的质量，g；

　　　　23——钠离子的摩尔质量，g/mol；

　　　　39.1——钾离子的摩尔质量，g/mol。

实验五　土壤阳离子交换量的测定

Ⅰ　EDTA-铵盐快速法

一、实验目的

掌握土壤中阳离子交换量的测定方法。

二、实验器材

1. 电动离心机：转速 3000～4000r/min。

2. 电子天平：称量 200g，感量 0.1mg。

3. 凯氏蒸馏瓶。

4. 离心管、滴定管、三角烧瓶、带橡皮头玻璃棒等。

5. 0.005mol/L EDTA（乙二胺四乙酸）与 1mol/L 醋酸铵（NH$_4$Ac）混合液：称取 77.09g 化学纯醋酸铵及 1.641gEDTA，加水溶解后一起洗入 1000mL 容量瓶中，再加蒸馏水至 900mL 左右，以氨水（1+1）或稀醋酸调至 pH7.0（适用于中性、酸性土）或 8.5（适用于石灰性土），然后用水定容。

6. 硼酸溶液（20g/L）：称取 20g 硼酸用热蒸馏水（约 60℃）溶解，冷却后稀释至 1000mL，最后用稀盐酸或稀氢氧化钠溶液调节 pH 至 4.5（定氮混合指示剂显淡红色）。

7. 氧化镁（固体）：在高温电炉中经 500～600℃灼烧 0.5h，使氧化镁中可能存在的碳酸镁转化成氧化镁，提高其利用率，同时防止蒸馏时大量气泡发生。

8. 溴酚蓝指示剂溶液（1g/L）。

9. 盐酸标准滴定溶液（0.05mol/L）。

10. K-B 指示剂：称取 0.5g 酸性铬蓝 K 与 1g 萘酚绿 B 加 50g 分析纯硫酸钾，在玛瑙研钵中充分研磨混合，贮存于棕色小瓶中防潮备用。

11. 定氮混合指示剂：分别称取 0.1g 甲基红和 0.5g 溴甲酚绿指示剂，放入玛瑙研钵中，并用 100mL95％酒精研磨溶解。此溶液应用稀盐酸或稀氢氧化钠溶液调节 pH 到 4.5。

12. 纳氏试剂（定性检查用）：称取 134g 氢氧化钾，溶于 460mL 蒸馏水中，为第一溶液；称取 20g 碘化钾，溶于 50mL 蒸馏水中，加碘化汞使溶液至饱和状态（大约 32g），为第二溶液。然后将两溶液混合而成。

13. 缓冲溶液（pH10）：称取 33.75g 氯化铵溶于水中，加氨水 285mL，最后稀释至 500mL。

14. 95％酒精：工业用，应无铵离子反应。

15. 液态石蜡或固体石蜡。

三、实验步骤

1. 称取 1g 通过 60 号筛的风干样品，精确到 0.01g，有机质少的土样可称取 2～5g。将其小心放入 100mL 离心管中。

2. 沿管壁加入少量 EDTA-醋酸铵溶液，用带橡皮头玻璃棒充分搅拌，使样品与其混合，直到整个样品成均匀的泥浆状态，再加 EDTA-醋酸铵溶液使总体积达 80mL 左右，再搅拌 1～2min，然后洗净带橡皮头玻璃棒。

3. 将离心管在粗天平上称量后，另取一个配重的离心管，对称放入离心机中，离心 3～5min，转速 3000r/min 左右，弃去离心管中的清液。酸性及中性土测定盐基组成时，则将清液收集在 100mL 容量瓶中，用蒸馏水定容至刻度，作为交换性盐基待测液，具体测定方法详见有关资料。

4. 将载土的离心管管口向下用自来水冲洗外部，然后再用不含铵离子的 95% 酒精如前搅拌样品，洗去过量的醋酸铵，洗至无铵离子反应为止。

注：检查铵离子方法：滴少量离心液于白瓷板上，加 1 滴纳氏试剂，无黄色产生即可，并用酒精作空白对照。

5. 最后用自来水冲洗管外壁后，在管内放入少量自来水，以带橡皮头玻璃棒搅成糊状，并洗入 150mL 凯氏瓶中，洗入体积控制在 80～100mL 左右，其中加 2mL 液态石蜡（或 2g 固体石蜡）、1g 左右氧化镁，然后进行蒸馏，蒸馏方法同土壤全氮的测定。

6. 以装有 25mL 硼酸溶液和 3 滴混合指示剂的三角瓶接收馏出液，若没有蒸气蒸馏设备，可改为直接加热凯氏瓶蒸馏，但在空白试验时，凯氏瓶内另加入 30～50 粒玻璃珠，加热时电炉上须加石棉网，以减少凯氏瓶内溶液的剧烈跳动。

7. 接收液用 0.05mol/L 盐酸标准滴定溶液滴定至微红色为终点，记录消耗盐酸标准滴定溶液的体积（V）。

8. 与上述试验同步做空白试验，即取未经交换的土样，同样蒸馏滴定，记录滴定消耗盐酸标准滴定溶液的体积（V）。

四、实验结果计算

阳离子交换量 b（单位 mmol/kg）按下式计算：

$$b（阳离子交换量）= \frac{c \times (V - V_0)}{m} \times 1000$$

式中　　c——盐酸标准滴定溶液的浓度，mol/L；

　　　V——滴定待测液所用消耗盐酸标准滴定溶液的体积，mL；

　　　V_0——空白试验时消耗盐酸标准滴定溶液的体积，mL；

　　　m——试验用的土样的质量，g。

五、思考题

1. EDTA-铵盐快速法测定阳离子交换量的原理是什么？

2. EDTA-铵盐快速法测定阳离子交换量的适用范围？

Ⅱ　草酸铵-氯化铵法

一、实验目的

掌握土壤中阳离子交换量的测定方法。

二、实验器材

1. 电子天平：称量 200g，感量 0.1mg。

2. 振荡器。

3. 移液管、滴定管、三角烧瓶、漏斗、洗耳球等。

4. 草酸铵-氯化铵交换剂：称取 3.55g 分析纯草酸铵及 1.34g 分析纯氯化铵，共溶于蒸馏水中，稀释至 1000mL，pH 为 7.0 左右。

5. 甲醛溶液：取市售甲醛溶液（37％）的上层澄清液，临用前加入甲基红指示剂，用 0.05mol/L NaOH 溶液调至橙黄色。

6. 酚酞指示剂溶液（10g/L）。

7. 甲基红指示剂溶液（2g/L）。

8. 氢氧化钠标准滴定溶液（0.05mol/L）。

9. 盐酸标准滴定溶液（0.05mol/L）。

三、实验步骤

1. 称取 2g 通过孔径为 0.5mm 筛的烘干土样，放入 200mL 三角瓶中，用移液管加入 25.0mL 草酸铵-氯化铵交换剂，振荡 2min，放置 1min，再振荡 2min（或在振荡器上连续振荡 10min）。用干滤纸过滤，在振荡及过滤的过程中，三角瓶和漏斗瓶均须加盖，以防氨的逸出而影响测定结果。

2. 吸取 10mL 滤液，用盐酸标准滴定溶液（0.05mol/L）中和滤液至甲基红变红时，再过量 10mL 左右，煮沸 1～2min，除尽二氧化碳，冷却后用氢氧化钠标准滴定溶液（0.05mol/L）中和过量的酸，至溶液呈橙黄色为止。

3. 然后加入 3mL 中和好的 37％甲醛溶液及 2 滴 10g/L 酚酞指示剂，用 0.05mol/L NaOH 标准滴定溶液滴定至明显的酚酞红色后，继续多加 1～2mL，即用 0.05mol/L 盐酸标准滴定溶液返滴定至黄色后，再用 NaOH 标准滴定溶液继续滴定至微红色为终点，记录消耗的 NaOH 标准滴定溶液和盐酸标准滴定溶液的体积（mL），精确至 0.01mL。

4. 另用原交换剂 10mL，按上述方法经过驱除 CO_2、中和、滴定等手续，标定铵离子的含量。由标定的测定两者净消耗 NaOH 的体积之差，计算土试样的阳离子交换量。

四、实验结果计算

试样中阳离子交换量 b（单位 mmol/kg）按下式计算：

$$b(\text{阳离子交换量}) = \frac{c \times (V_0 - V)}{m} \times 1000$$

式中　c——氢氧化钠标准滴定溶液的浓度，mol/L；

V——测定土样时净用 NaOH 标准滴定溶液的体积，mL；

V_0——标定时净用 NaOH 标准滴定溶液的体积，mL；

m——与吸取滤液相应的干土试料的质量，g。

五、注意事项

1. 甲醛溶液与空气接触时，易被氧化成甲酸。因此，宜在临用时中和较为可靠。

甲醛有毒，切勿用嘴直接吸取。

2. 操作要严格，因为本法是根据交换剂的铵浓度与浸提液的铵浓度之差计算交换量，由两大值之差所得的小值，其误差容易变大，同时土浸出液的 pH 值常在 8 以上，容易导致氨的损失。但实验证明，只要严格按照操作规程进行，完全能够获得满意的结果。

3. 土样浸提液经过滤后，如果不澄清，必须再行过滤。

六、思考题

1. 草酸铵-氯化铵法测定阳离子交换量的原理是什么？
2. 草酸铵-氯化铵法测定阳离子交换量的适用范围是什么？

第八章　其他材料的化验与检测

实验一　煤的工业分析

一、实验目的

1. 掌握煤的工业分析方法。
2. 了解煤的使用性能及煤种的判断方法。
3. 学会用经验公式计算煤的低位发热量。

二、实验原理

固体燃料煤是由极其复杂的有机化合物组成的，通常包含碳（C）、氢（H）、氧（O）、氮（N）、硫（S）五种元素及部分矿物杂质（灰分 A）和水分 M。对煤进行成分分析，常采用元素分析和工业分析两种方法。其中元素分析法比较复杂，可参照《煤中碳和氢的测定方法》（GB/T 476—2008）进行；而工业分析则是我国工矿企业中采用的一种简易分析方法，即通过实验室中的空气干燥基煤样所含挥发分 V、固定碳 FC、灰分 A 和水分 M 进行测定以得到工业分析成分的方法。若分别以 V_{ad}、FC_{ad}、A_{ad} 和 M_{ad} 表示空气中干燥基下煤样中挥发分、固定碳、灰分和水分的质量分数，则有：

$$V_{ad}+FC_{ad}+A_{ad}+M_{ad}=100\%$$

工业分析方法由于比较简单，一般工厂都可进行，且对于了解固体燃料的使用性能已能满足要求，因而得到广泛应用。

实验中所遵循的原理为热解重量法，即根据煤样中各组分的不同物理化学性质控制不同的温度和时间，使其中的某种组分发生分解或完全燃烧，并以失去的质量占原试样质量的分数作为该组分的含量。其中对水分的分析采用常规测定方法进行。鉴于空气干燥基下煤样中的水分为内在水分较难蒸发，故置于 $105\sim110℃$ 的鼓风干燥箱中干燥，并进行检查，直至连续两次质量变化小于 $\pm0.001g$ 为止；对煤的灰分的分析采用快速灰化法（国标采用慢速灰化法），即将煤样置于 815℃ 的高温炉中灼烧 40min，并检查其燃烧完全程度，直至质量变化小于 $\pm0.001g$ 为止；而对于挥发分，由于它是煤炭分类的重要指标之一，且是煤样在特定的条件下受热分解的产物，故采取将煤样放入带盖的瓷坩埚中，置于 $(900\pm10)℃$ 的高温炉中隔绝空气加热 7min，冷却后称量，以质量减少减去水分即为挥发分含量。

上述各组分的计算公式为：

水分：　　　　$M_{ad}=$（质量减少/样品质量）$\times100\%$

灰分：　　　　$A_{ad}=$（质量减少/样品质量）$\times100\%$

挥发分：　　　$V_{ad}=$（质量减少/样品质量）$\times100\%-M_{ad}$

固定碳：$FC_{ad}=100\%-M_{ad}-A_{ad}-V_{ad}$

三、实验主要器材

1. 高温炉：最高温度不低于 1000℃。
2. 电热鼓风干燥器：能使温度控制在（105±5）℃。
3. 电子天平：称量 200g，感量 0.0001g。
4. 玻璃干燥器及称量瓶、瓷坩埚，灰皿等。

四、实验步骤

1. 煤样制备

将测试用煤样研细成小于 0.2mm，并在空气中风干，备用。

2. 水分的测定

在分析天平上称出预先烘干的带盖空称量瓶的质量，然后加入（1±0.1）g 粒径小于 0.2mm 的煤样，称量时读数精确到小数点后 4 位。打开瓶盖，将称量瓶置入预先加热到 105～110℃的鼓风干燥箱中，烟煤干燥 1h，无烟煤干燥 1～1.5h。取出称量瓶并加盖，在空气中冷却 2～3min 后，放入干燥器中冷却到室温（约 20min），称量。

3. 灰分的测定（快速灰化法）

在预先灼烧并称出质量的矩形坩埚（也称灰皿）中加入（1±0.1）g 粒径为 0.2mm 以下的煤样，称量时准确至小数点后 4 位。将坩埚置入已预热到 850℃的高温炉中，在（815±10）℃的温度下灼烧 40min，取出坩埚在空气中冷却 5min 后，放入干燥器内冷却到室温（约 20min），称量。称量后的样品再进行每次 20min 的检查性灼烧，直至质量变化小于 0.001g 为止（当灰分小于 15％时可不进行检查性灼烧），并取最后一次测定质量进行计算。

4. 挥发分的测定

在分析天平上称出预先在 900℃下烧至恒量的带盖坩埚的质量，加入（1±0.1）g 粒径小于 0.2mm 的煤样，称量精确到小数点后 4 位。轻轻振动坩埚，待煤样铺平后加盖（若为褐煤或长焰煤则应预先压块，并切成约 3mm 的小块备用）。将坩埚迅速置入预先升温至 920℃的高温炉中，并在（900±10）℃的温度下继续加热 7min［若 3min 内炉温不能恢复到（900±10）℃并保持到实验结束，则该实验作废］。取出坩埚，在空气中冷却 5～6min 后，放入干燥器中冷却到室温（20min），称量。根据煤样的焦渣特征及 V_{daf} 值进行煤种类判断及其低发热量 $Q_{net,ad}$ 计算。

焦渣特征，即测定挥发分时所残留的焦渣外形特征，共分为八类，即：

（1）粉态：全部是粉末，没有相互粘着的颗粒；

（2）粘着：以手指轻压即成粉末；

（3）弱粘结：以手指轻压即成碎块；

（4）不熔融粘结：以手指用力压才成碎块；

（5）不膨胀熔融粘结：焦渣呈扁平饼状，煤粒界限不易分清，表面有银白色光泽；

（6）微膨胀熔融粘结：焦渣用手指不能压碎，表面有银白色光泽和较小的膨胀泡；

（7）膨胀熔融粘结：焦渣表面有银白色光泽，明显膨胀，但高度不超过 15mm；

（8）强膨胀熔融粘结：同（7），但高度超过 15mm。

由于焦渣特性对系数 K_1 有较明显的影响，因此在实验中一定要根据以上特征对焦渣进行正确分类。

五、实验结果计算与评定

1. 实验原始数据（表 2-8-1）

表 2-8-1　煤工业分析测定原始数据记录

测定项目	容器名称	容器恒量/g	样品质量/g	热处理后总质量/g	计算结果/%	备注
水　分	称量瓶					
灰　分	矩形坩埚					
挥发分	圆形瓷坩埚					
固定碳	$FC_{ad}=100\%-V_{ad}-A_{ad}-M_{ad}$					

2. 煤的种类的判定

鉴于我国对煤的种类的划分是以无灰干燥基挥发分含量 V_{daf} 为根据，而 V_{daf} 与 V_{ad} 之间存在以下的换算关系：

$$V_{daf}=V_{ad}\times[100\%-(M_{ad}+A_{ad})]$$

则根据 V_{daf} 可进行煤的种类判定（表 2-8-2）。

表 2-8-2　不同种类煤的挥发分（V_{daf}）

煤的种类	褐　煤	烟　煤	无烟煤
V_{daf}（%）	>37	10～46	≤10

3. 低位发热量 $Q_{net,ad}$ 的计算

根据测定的 M_{ad}、A_{ad} 和 V_{ad} 数据，结合不同的煤种，可按下列公式进行 $Q_{net,ad}$ 的近似计算：

无烟煤：$Q_{net,ad}=K_0-360M_{ad}-385A_{ad}-100V_{ad}$（单位：kJ/kg）

烟　煤：$Q_{net,ad}=100K_1-(K_1+25.12)(M_{ad}+A_{ad})-12.56V_{ad}$（单位：kJ/kg）

式中，K_0、K_1 为系数。其中 K_0 可根据 V_{daf} 查表 2-8-3 获得，K_1 则随 V_{daf} 及焦渣特征改变，可由表 2-8-4 查得。

4. 计算被测定煤样的标准燃料值。

表 2-8-3　K_0 与 V'_{daf} 的关系

V'_{daf}（%）[①]	≤3.0	>3.0～5.0	>5.5～8.0	>8.0
K_0	34300	34800	35200	35600

注①$V'_{daf}=aV_{daf}-bA_d$；a 和 b 值与煤的干燥基灰分有关，见表 2-8-4。

表 2-8-4 a、b 值与 A_d 的关系

A_d（%）	30～40	25～30	20～25	15～20	10～15	≤10
a	0.80	0.85	0.95	0.80	0.90	0.95
b	0.10	0.10	0.10	0	0	0

表 2-8-5 K_1 与 V_{daf} 及焦渣特征的关系

焦渣特征 ＼ V_{daf}	10～13.5	13.5～17	17～20	20～23	23～29	29～32	32～35	35～38	38～42	>42
1	352	337	335	329	320	320	306	306	306	304
2	352	350	343	339	329	327	325	320	316	312
3	354	354	350	345	339	335	331	329	327	320
4	354	356	352	348	343	339	335	333	331	325
5～6	354	356	356	352	350	345	341	339	335	333
7	354	356	356	356	354	352	348	345	343	339
8	354	356	356	358	356	354	350	348	345	343

六、思考题

1. 固体燃料的组成用哪几种基准表示？各适用于哪些场合？

2. 煤的工业分析在工程实际中有何作用？

附表：煤的工业分析 K_0、K_1 值

实验二 水玻璃的化学分析

水玻璃是含水的多硅酸钠，为黏稠状液体。除水分外，其主要成分为氧化钠和二氧化硅（Na_2O 与 SiO_2 的质量比一般选为 1∶3.3）。市售水玻璃常含有铁的杂质而呈灰色或绿色。它是生产耐酸水泥的重要原料之一，在建筑上常用它作接合剂或粘结剂。水玻璃的化学分析一般只测定水分、氧化钠和二氧化硅。

一、实验目的

1. 了解水玻璃各化学成分测定的原理。

2. 掌握水玻璃各化学成分测定的方法。

二、实验器材

1. 箱式电阻炉：最高使用温度不低于 1000℃。

2. 电子天平：称量 100g，感量 0.1mg。

3. 分析纯盐酸、硝酸、氯化钾、氟化钠。

4. 盐酸（1＋1）。

5. 氟化钾溶液（150g/L）。

6. 氯化钾溶液（50g/L）。

7. 氯化钾-乙醇溶液（50g/L）。

8. 酚酞指示剂溶液（10g/L）。

9. 溴甲酚绿-甲基红混合指示剂溶液。

10. 盐酸标准滴定溶液（0.5mol/L）。

11. 氢氧化钠标准滴定溶液（0.15mol/L）

12. 氢氧化钠标准滴定溶液（0.25mol/L）

13. 瓷坩埚、干燥器、滴定管等。

三、实验步骤

1. 水分的测定

（1）测定步骤

称取 2～3g 二水石膏，置于瓷坩埚内，在 800～850℃的高温炉内灼烧 2～2.5h。取出，放在干燥器中冷至室温，称量。再于如上温度下灼烧半小时，取出，冷却，称量。如此反复灼烧，直至恒量。

然后在坩埚中称入 1～2g 水玻璃试样，于电炉上用低温小心地蒸发至干。再将坩埚放入 800～850℃的高温炉内灼烧 2～2.5h，取出，放在干燥器中冷至室温，称量。再于如上温度下灼烧半小时，取出，冷却，称量。如此反复灼烧，直至恒量。

（2）结果计算

试样中水分的质量分数按下式计算：

$$w(H_2O) = \frac{m_1 - m_2}{m} \times 100\%$$

式中　m_1——坩埚、石膏灼烧后以及水玻璃试料的总质量，g；

m_2——坩埚、石膏及水玻璃试料在灼烧后的总质量，g；

m——水玻璃试料的质量，g。

2. 氧化钠的测定（中和法）

（1）测定原理

由于硅酸为弱酸，水玻璃中的硅酸钠水解后生成氢氧化钠而使溶液显碱性，可用盐酸标准滴定溶液滴定，借以求得试样中氧化钠的质量分数。其化学反应式如下：

$$Na_2SiO_3 + 2H_2O \Longrightarrow H_2SiO_3 + 2NaOH$$

$$HCl + NaOH \Longrightarrow NaCl + H_2O$$

（2）测定步骤

在一已知质量的干燥的称量瓶中，准确称入约 1g 试样，然后用煮沸除去 CO_2 后的热水冲洗，移入 250mL 的锥形瓶中，再加入 100mL 已冷却的煮沸后除去 CO_2 的水，并充分摇荡。待试样完全溶解后，加数滴溴甲酚绿-甲基红混合指示剂溶液，用 0.5mol/L 盐酸标准滴定溶液滴定至溶液由绿色变成微红色即为终点。

（3）结果计算

试样中氧化钠的质量分数按下式计算：

$$w(\text{Na}_2\text{O}) = \frac{c \times V \times 31}{m \times 1000} \times 100\%$$

式中　31——（$1/2\ \text{Na}_2\text{O}$）的摩尔质量，g/mol；

　　　　c——盐酸标准滴定溶液的浓度，mol/L；

　　　　V——滴定时消耗盐酸标准滴定溶液的体积，mL；

　　　　m——试料的质量，g。

3. 二氧化硅的测定（氟硅酸钾容量法）

（1）测定步骤

在一已知质量的干燥的称量瓶中，准确称入约 0.3g 试样，然后用 20～30 mL 热水将其冲入 300mL 的塑料杯中。加入 10mL 150g/L 氟化钾溶液及 10mL 硝酸，称量瓶再用盐酸（1+1）洗涤 3～5 次。冷却后，加入固体氯化钾，搅拌并压碎未溶颗粒，直至饱和。冷却，并放置 10min。用快速滤纸过滤，塑料杯与沉淀用 50g/L 氯化钾溶液洗涤 2～3 次。

将沉淀连同滤纸一起置于原塑料杯中，沿杯壁加入 10mL 50g/L 氯化钾-乙醇溶液及 1mL 10g/L 酚酞指示剂溶液，用 0.15mol/L 氢氧化钠标准滴定溶液中和未洗尽的酸，仔细搅动滤纸并随之擦洗杯壁，直至溶液呈红色。然后加入 200mL 沸水（此沸水预先用氢氧化钠溶液中和至酚酞呈微红色），以 0.15mol/L 氢氧化钠标准滴定溶液滴定至微红色。

（2）结果计算

试样中二氧化硅的质量分数按下式计算：

$$w(\text{SiO}_2) = \frac{T_{\text{SiO}_2} \times V}{m \times 1000} \times 100\%$$

式中　T_{SiO_2}——每毫升氢氧化钠标准滴定溶液相当于二氧化硅的毫克数，mg/mL；

　　　　V——滴定时消耗氢氧化钠标准滴定溶液的体积，mL；

　　　　m——试料的质量，g。

4. 水玻璃模数的快速测定（中和法）

（1）测定原理

水玻璃模数是指水玻璃试样中二氧化硅与氧化钠质量分数之比，一般是在分别测出两者的质量分数之后算出。但是在实际应用中，往往并不需要知道二氧化硅和氧化钠的实际含量，而只要求了解两者含量之比——水玻璃的模数即可。

根据本节之前所述测定氧化钠的方法原理可知，用盐酸标准滴定溶液可以定量滴定由于水玻璃水解所产生的 OH^-。同时，当滴定至终点后，再加入过量的氟化钠，使溶液中的硅酸与 F^- 反应生成 SiF_6^{2-}，并产生相应的 OH^-，然后再用盐酸标准滴定溶液滴定。其反应如下：

$$\text{H}_2\text{SiO}_3 + 6\text{NaF}（过量）+ \text{H}_2\text{O} = \text{Na}_2\text{SiF}_6 + 4\text{NaOH}$$

$$\text{HCl} + \text{NaOH} = \text{NaCl} + \text{H}_2\text{O}$$

这样，在一份试料中根据前后两次滴定时所消耗盐酸标准滴定溶液的体积比，即可计算出水玻璃的模数，并且可以省去称样手续，操作简单、快速，在几分钟之内即可得出结果。

（2）测定步骤

用玻璃棒蘸取 1g 左右的水玻璃试样，放入 250mL 锥形瓶中，以温水稀释至约 50mL，摇匀。加数滴溴甲酚绿-甲基红混合指示剂溶液，用 0.5mol/L 盐酸标准滴定溶液滴定至微红色，记下读数（V_1）。

向溶液中加入 2～4g 氟化钠，搅拌使其溶解（此时溶液由红变绿），然后再以 0.5mol/L 盐酸标准滴定溶液滴定至酒红色，并过量 3～5mL，记下读数（V_2），搅拌，用 0.25mol/L 氢氧化钠标准滴定溶液滴定至呈亮绿色，记下读数（V_3）。

水玻璃的模数按下式计算：

$$模数 = \frac{V_2 - V_3 K}{V_1} \times 0.4847$$

式中　V_1——第一次滴定时消耗盐酸标准滴定溶液的体积，mL；

　　　V_2——第二次滴定时消耗盐酸标准滴定溶液的体积，mL；

　　　V_3——回滴时消耗氢氧化钠标准滴定溶液的体积，mL；

　　　K——每毫升氢氧化钠标准滴定溶液相当于盐酸标准滴定溶液的毫升数；

0.4847——反应中 SiO_2 与 Na_2O 的摩尔质量之比。

$$\frac{60.08/4}{61.98/2} = \frac{15.02}{30.99} = 0.4847$$

四、思考题

1. 水玻璃在工业上有何用途？

2. 水玻璃的模数如何进行调整？

实验三　轻烧氧化镁活性的测定

Ⅰ　水合法

一、实验目的

掌握轻烧氧化镁化学活性的测定方法。

二、实验原理

活性氧化镁在温度（20±2）℃、相对湿度（70±5）%条件下静置水化 24h，再于 100～110℃水化，用水化氧化镁的质量分数来表示活性氧化镁的含量。

三、实验器材

1. 电热鼓风干燥箱：能使温度控制在（150±5）℃。
2. 电子天平：称量 100g，感量 0.1mg。
3. 玻璃称量瓶：φ24mm×40mm。

四、实验步骤

称取 2.000g 试样，精确至 0.001g，将试料置于玻璃称量瓶（φ24mm×40mm）中，加入 20mL 蒸馏水，盖上盖子并稍留缝隙．在温度（20±2）℃、相对湿度（70±5）％条件下静置水化 24h，放入干燥箱中于 100～110℃水化至近干，然后升温至（150±5）℃烘干，并在此温度下烘干至恒量，置于干燥器中冷至室温，称量。所得结果修约至小数点后两位。测定时应称取两份试样进行平行测定。

五、结果计算

轻烧氧化镁中活性氧化镁的质量分数按下式计算：

$$w(活性氧化镁) = \frac{m_2 - m_1}{0.45m_1} \times 100\%$$

式中　　m_1——试料的质量，g；

m_2——试料水化后的质量，g；

0.45——活性氧化镁水化后增加的质量换算成氧化镁质量的系数。

六、思考题

试验的温度和湿度对活性氧化镁测定是否有影响？如何影响？

Ⅱ　柠檬酸中和法

一、实验目的

掌握轻烧氧化镁化学活性的测定方法。

二、实验原理

轻烧氧化镁在 200mL 柠檬酸溶液（0.07mol/L）中进行反应，根据反应的时间来衡量轻烧氧化镁的活性。

三、实验器材

1. 电热鼓风干燥箱：能使温度控制在（150±5）℃。
2. 电子天平：称量 100g，感量 0.1mg。
3. 恒温恒速磁力搅拌器。

4. 秒表、温度计、干燥器、碱式滴定管、容量瓶、玻璃称量瓶、搅拌子等。

5. 柠檬酸、氢氧化钠、苯二甲酸氢钾等。

6. 酚酞指示剂溶液（10g/L）。

7. 氢氧化钠标准滴定溶液（0.2mol/L）。

8. 柠檬酸标准溶液（0.07mol/L）：称取 14.71g 柠檬酸，精确至 0.0001g，置于 400mL 烧杯中，加 200mL 水溶解，移入 1000mL 容量瓶中，用水稀释至刻度，混匀，放入冰箱中冷藏保存，有效期 1 个月。

标定：移取 50.00mL 柠檬酸溶液（0.07mol/L），置于 400mL 烧杯中，加入 150mL 蒸馏水，加 3 滴酚酞指示剂溶液（10g/L），用 0.2mol/L 氢氧化钠标准滴定溶液滴定至微红色，即为终点。

柠檬酸标准溶液的浓度用物质的量浓度 c 计，数值以 mol/L 表示，按下式计算：

$$c(柠檬酸) = \frac{c(NaOH) \times V_1}{V}$$

式中　V_1——滴定试液所消耗氢氧化钠标准滴定溶液的体积，mL；

V——移取柠檬酸标准溶液的体积，mL；

$c(NaOH)$——氢氧化钠标准滴定溶液的浓度，mol/L。

四、实验步骤

称取 1.700 g 试样，精确至 0.001g，将试样置于干燥的 300mL 烧杯中，放一枚搅拌子，置于恒温 40℃ 的磁力搅拌器上，立即快速加入 200mL 40℃ 的柠檬酸标准溶液（0.07mol/L）（事先加两滴酚酞指示剂溶液），同时打开秒表，开动磁力搅拌器（500r/min），待试液刚呈现红色立即停秒表，以秒数表示轻烧氧化镁的活性。所得结果应按 GB/T 8170 修约至小数点后一位。

五、思考题

1. 柠檬酸中和法测定轻烧氧化镁的活性结果是如何评定的？

2. 氧化钙是否参反应？

实验四　轻烧氧化镁的成分分析

I　氧化钙及氧化镁的测定

一、实验原理

试样用碳酸钠-硼酸混合熔剂熔融，盐酸浸取，用氨水分离铁、铝、钛等，取部分滤液，用三乙醇胺掩蔽干扰，加氢氧化钠溶液使试液 pH≈13，以钙指示剂指示，用

EDTA 标准滴定溶液滴定氧化钙量。另取部分滤液，用三乙醇胺掩蔽干扰，加氨性缓冲溶液（pH = 10），以铬黑 T 作指示剂，用 EDTA 标准滴定溶液滴定氧化钙、氧化镁合量。

二、实验器材

1. 箱式电阻炉：最高使用温度不低于 1100℃。
2. 电热鼓风干燥箱：能使温度控制在 (105±5)℃。
3. 电子天平：称量 100g，感量 0.1mg。
4. 铂坩埚等。
5. 无水碳酸钠-硼酸混合熔剂：2 份无水碳酸钠与 1 份硼酸研细混匀。
6. 盐酸（1+1）。
7. 氨水（1+1）。
8. 硝酸铵溶液（10g/L）。
9. 氯化铵饱和溶液：称取 40g 氯化铵，溶于 100mL 水中，混匀。
10. 三乙醇胺溶液（1+10）。
11. 氢氧化钠溶液（200g/L）。
12. 氨-氯化铵缓冲溶液（pH10）。
13. 甲基红指示剂溶液（1g/L）。
14. 钙指示剂。
15. 铬黑 T 指示剂。
16. EDTA 标准滴定溶液（0.015mol/L）。

三、测定步骤

1. 试样溶液的制备

（1）称取 0.25g 试样，精确到 0.0001g，置于盛有 3～4g 无水碳酸钠-硼酸混合熔剂的铂坩埚中，混匀，再覆盖 1～2g 混合熔剂，盖上坩埚盖，并稍留缝隙，置于 800～900℃高温炉中，升温至 1000～1000℃熔融 15～30min，取出，旋转坩埚，使熔融物均匀附着于坩埚内壁上，冷却。用滤纸擦净坩埚外壁，放入盛有煮沸的 30mL 盐酸（1+1）和 50mL 水的 200mL 烧杯中，加热浸出熔融物至溶液清亮，用水洗出坩埚及盖，冷至室温，移入 250mL 容量瓶中，用水稀释至刻度，摇匀。

（2）移取 100mL 试液于 200mL 烧杯中，加 50mL 水，10mL 饱和氯化铵溶液，加热煮沸，加 1～2 滴甲基红指示剂溶液（1g/L），在搅拌下滴加氨水（1+1）至溶液呈黄色后，过量 1～2 滴，加热至刚沸取下，静置片刻，待沉淀沉降后立即用快速或中速滤纸过滤于 250mL 容量瓶中，用热硝酸铵溶液（10g/L）充分洗涤烧杯及沉淀，至滤液近刻度，冷至室温，用水稀释至刻度，摇匀（供 EDTA 法测定 CaO、MgO 用）。

2. 氧化钙的测定

移取 100mL 上述分离后试液于 400mL 烧杯中，加水至约 250mL，加 5mL 三乙醇胺（1+10），20mL 氢氧化钠溶液（200g/L）及少量钙指示剂，用 EDTA 标准滴定溶液（0.015mol/L）滴定至溶液由红色变为纯蓝色为终点。

3. 氧化镁的测定

移取 100mL 上述分离后的试液于 400mL 烧杯中，加水至约 250mL，加 5mL 三乙醇胺（1+10），15mL 氨-氯化铵缓冲溶液（pH10）及少量铬黑 T 指示剂，用 EDTA 标准滴定溶液滴定至溶液由红色变为蓝色为终点。

四、结果计算

1. 试样中氧化钙的质量分数按下式计算：

$$w(CaO) = \frac{T_{CaO} \times (V_1 - V_2) \times 2.5}{m \times 1000} \times 100\%$$

式中　T_{CaO}——每毫升 EDTA 标准滴定溶液相当于氧化钙的毫克数，mg/mL；

　　　V_1——滴定氧化钙时消耗 EDTA 标准滴定溶液的体积，mL；

　　　V_2——滴定氧化钙空白时所消耗 EDTA 标准滴定溶液的体积，mL；

　　　2.5——全部试样溶液与所分取试样溶液的体积比；

　　　m——试料的质量，g。

2. 试样中氧化镁的质量分数按下式计算：

$$w(MgO) = \frac{T_{MgO} \times (V_3 - V_4) \times 2.5}{m \times 1000} - w(CaO) \times 0.7187$$

式中　T_{MgO}——每毫升 EDTA 标准滴定溶液相当于氧化镁的毫克数，mg/mL；

　　　V_3——滴定氧化钙、氧化镁合量时消耗 EDTA 标准滴定溶液的体积，mL；

　　　V_4——滴定氧化钙、氧化镁合量的空白时所消耗 EDTA 标准滴定溶液的体积，mL；

　　　2.5——全部试样溶液与所分取试样溶液的体积比；

　　　m——试料的质量，g。

五、思考题

测定轻烧氧化镁中的氧化钙及氧化镁时，如何避免铁、铝、钛等对测定结果的干扰？

Ⅱ　氧化铁的测定

一、实验原理

试样经碳酸钠-硼酸混合熔剂熔融，用稀盐酸浸取，制备成试液，于原子吸收光谱仪上，在波长 248.3nm 处，测量其吸光度。

二、实验器材

1. 原子吸收光谱仪。

2. 箱式电阻炉：最高使用温度不低于 1100℃。

3. 电热鼓风干燥箱：能使温度控制在（105±5）℃。

4. 电子天平：称量 100g，感量 0.1mg。

5. 铂坩埚等。

6. 盐酸（1+1）。

7. 无水碳酸钠-硼酸混合熔剂：2 份无水碳酸钠与 1 份硼酸研细混匀。

8. 混合熔剂-盐酸溶液：称取 12.0g 无水碳酸钠-硼酸混合熔剂，置于盛有 80mL 盐酸（1+1）、50mL 水的烧杯中，盖上表面皿，加热熔解，冷至室温，将溶液移入 250mL 容量瓶中，以水稀释至刻度，混匀。

9. 三氧化二铁标准溶液（含 Fe_2O_3，0.3mg /mL）：准确称取 0.3000g 预先在 600℃灼烧 30min 并在干燥器中冷至室温的三氧化二铁（99.99%）于 300mL 烧杯中，加入 30mL 盐酸（1+1），低温加热溶解，移入 1000mL 容量瓶中，以水稀释至刻度，混匀。

三、测定步骤

1. 三氧化二铁工作曲线的绘制

移取 0.00mL、0.50mL、1.00mL、2.00mL、4.00mL、8.00mL、10.00mL 氧化铁标准溶液（0.3mg /mL）分别置于一组 100mL 容量瓶中，各加 25.00mL 混合熔剂-盐酸溶液，以水稀释至刻度，混匀。于原子吸收光谱仪上，在波长 248.3nm 处，用空气-乙炔火焰，按 GB/T 7728 将仪器调至最佳状态并满足性能要求后，测量其吸光度，以氧化铁的浓度为横坐标，吸光度（减去零浓度溶液的吸光度）为纵坐标，绘制工作曲线。

2. 试样的制备与测定

（1）称取 0.5g 试样，精确到 0.0001g，置于盛有 4.0g 无水碳酸钠-硼酸混合熔剂的铂坩埚中，搅匀，再覆盖 2.0g 混合熔剂，盖上坩埚盖，并稍留缝隙，置于 800～900℃高温炉中，升温至 1000～11000℃熔融 30～45min 取出，冷至室温。用滤纸擦净坩埚外壁，置于盛有 40mL 盐酸（1+1）和 50mL 水的烧杯中，盖上表面皿，加热浸出熔融物至溶液清亮。用热水洗出坩埚及盖，溶液冷至室温，将溶液移入 250mL 容量瓶中，以水稀释至刻度，混匀。

（2）分取 50.00mL 上述试液于 100mL 容量瓶中，以水稀释至刻度，混匀。于原子吸收光谱仪上，在波长 248.3 nm 处，用空气-乙炔火焰，按 GB/T 7728 将仪器调至最佳状态并满足性能要求后，采用工作曲线法，以水调零，测量空白试验溶液和试样溶液的吸光度。

四、结果计算

试样中三氧化二铁的质量分数按下式计算：

$$w(Fe_2O_3) = \frac{(C-C_0)\ V \times 10-6}{m} \times 100\%$$

式中　V——被测试液的体积，mL；

　　　C——在工作曲线上查得的试样溶液的三氧化二铁的浓度，$\mu g/mL$；

　　　C_0——在工作曲线上查得空白试验溶液的三氧化二铁的浓度，$\mu g/mL$；

　　　m——分取试样溶液中所含试料的质量，g。

五、思考题

如果样品溶液中的三氧化二铁吸光度不在工作曲线范围内，怎么办？

Ⅲ　三氧化二铝的测定

一、实验原理

试样用碳酸钠-硼酸混合熔剂熔融，稀盐酸浸取，用苦杏仁酸掩蔽钛，加过量ED-TA，在弱酸性溶液中铝与EDTA配位，以二甲酚橙为指示剂，先用乙酸锌标准溶液滴定过量EDTA，再用氟盐取代与铝配位的EDTA，最后用乙酸锌标准溶液滴定取代出的EDTA，求得三氧化二铝的含量。

二、实验器材

1. 箱式电阻炉：最高使用温度不低于1100℃。

2. 电子天平：称量100g，感量0.1mg。

3. 铂坩埚等。

4. 无水碳酸钠-硼酸混合熔剂：2份无水碳酸钠与1份硼酸研细混匀。

5. 盐酸、氨水。

6. 盐酸（1+1）。

7. 氨水（1+1）。

8. 苦杏仁酸溶液（100g/L）。

9. 氟化铵溶液（100g/L）。

10. 六次甲基四胺缓冲溶液（pH5.5）。

11. 溴酚蓝指示剂溶液（1g/L）。

12. 二甲酚橙指示剂溶液（2g/L）。

13. 氧化铝标准溶液（1.0mg/mL）：称取0.5292g金属铝（（99.99%），置于聚四氟乙烯烧杯中，加20mL水及4～5g氢氧化钠，待溶解完全后，加入盐酸（1+1）至呈酸性，再过量10mL，加热煮沸1～2min至溶液清亮，冷至室温，移入1000mL容量瓶中，用水稀释至刻度，摇匀。

14. EDTA溶液（18.6g/L）：此溶液1mL约相当于2.5mg Al_2O_3。

15. 乙酸锌溶液（10g/L）：称取10g乙酸锌溶于水，用水稀释至1000mL，用冰乙酸调至溶液pH为5.5～6.0。

16. 乙酸锌标准滴定溶液（0.02mol/L）。

乙酸锌标准滴定溶液对氧化铝滴定度的标定：

移取 30mL 氧化铝标准溶（1.0mg/mL）置于烧杯中，加入 20mLEDTA 溶液（18.6g/L），加水至约 100mL，加热至 70～80℃，加 2～3 滴溴酚蓝指示剂溶液（1g/L），用氨水（1＋1）调至溶液刚呈蓝色，加热煮沸 3～5min，取下冷至室温，以下按试样溶液的测定步骤进行操作，记下第二次滴定消耗乙酸锌标准滴定溶液（0.02mol/L）的体积。

乙酸锌标准滴定溶液对氧化铝的滴定度按下式计算：

$$T_{Al_2O_3} = \frac{m}{V}$$

式中　　$T_{Al_2O_3}$——1mL 乙酸锌标准滴定溶液相当于氧化铝的质量，g/mL；

　　　　V——滴定氧化铝标准溶液所消耗乙酸锌标准滴定溶液的体积，mL；

　　　　m——移取氧化铝标准溶液中所含氧化铝的量，g。

三、实验步骤

1. 试样溶液的制备

（1）称取约 0.25g 试样，精确至 0.0001g，置于盛有 3～4g 无水碳酸钠-硼酸混合熔剂的铂坩埚中，混匀，再覆盖 1～2g 混合熔剂，盖上坩埚盖并稍留缝隙，置于 800～900℃高温炉中，升温至 1000～1100℃熔融 15～30min，取出，旋转坩埚，使熔融物均匀附着于坩埚内壁上，冷却。

（2）用滤纸擦净坩埚外壁，放入盛有 30mL 盐酸（1＋1）和 50mL 水的 200mL 烧杯中，加热浸出熔融物至溶液清亮（硅含量高时会有硅酸胶体析出），以水洗出坩埚及盖，冷至室温，移入 250mL 容量瓶中，以水稀释至刻度，摇匀。

2. 试样溶液的测定

（1）根据试样氧化铝含量，按表 2-8-6 分取 50mL 或 100mL 试液于烧杯中，加 10～15mL 苦杏仁酸溶液（100g/L），搅拌后加足量 EDTA 溶液（18.6g/L）并过量 5～10mL，加热至 70～80℃，加 2～3 滴溴酚蓝指示剂溶液（1g/L），用氨水（1＋1）调至试液出现蓝色，加热煮沸 3～5min，取下，冷却至室温。

表 2-8-6

试样材质	$w(Al_2O_3)$ /%	分取试液体积 /mL	苦杏仁酸溶液体积 /mL	氟化铵溶液体积 /mL	乙酸锌标准溶液浓度 /（mol/L）
镁质	≤10	100	10	10	0.01
镁铝（铝镁）质	＞10	50	15	15	0.02

（2）加 15mL 六次甲基四胺缓冲溶液（pH5.5），加 3 滴二甲酚橙指示剂溶液（2g/L），先用乙酸锌溶液（10g/L）滴至近终点，再用乙酸锌标准滴定溶液（0.02mol/L）滴定至由黄色变为红色为终点（不记读数）。

（3）加 10～15mL 氟化铵溶液（100g/L），搅匀，煮沸 3～5min，冷至室温，补加 2 滴二甲酚橙指示剂溶液（2g/L），用乙酸锌标准滴定溶液（0.02mol/L）滴定至红色为终点，记录第二次滴定消耗乙酸锌标准滴定溶液的体积。

四、结果计算

试样中三氧化二铝的质量分数按下式计算：

$$w(Al_2O_3) = \frac{(V_1 - V_2)\ T_{Al_2O_3}}{m} \times 100\%$$

式中　V_1——滴定试液所消耗乙酸锌标准滴定溶液的体积，mL；

V_2——滴定空白所消耗乙酸锌标准滴定溶液的体积，mL；

$T_{Al_2O_3}$——1mL 乙酸锌标准滴定溶液相当于氧化铝的质量，g/mL；

m——分取试样的质量，g。

五、思考题

测定氧化铝含量时为什么要两种浓度的乙酸锌溶液？

Ⅳ　二氧化硅的测定

一、实验方法

盐酸一次脱水称量分析法。

二、实验原理

试样用碳酸钠-硼酸混合熔剂熔融，以盐酸浸出并蒸发至一定体积，加入聚环氧乙烷凝聚硅酸，经过滤并灼烧成二氧化硅，然后用氢氟酸处理使硅以四氟化硅形式逸出。氢氟酸处理前后质量之差即为二氧化硅的质量。再用熔剂处理残渣，溶解于原滤液中，以钼蓝分光光度法测定滤液中残余的二氧化硅量。两者之和即为试样中二氧化硅的质量。

三、实验器材

1. 分光光度计。

2. 箱式电阻炉：最高使用温度不低于 1100℃。

3. 电子天平：称量 100g，感量 0.1mg。

4. 铂坩埚等。

5. 无水碳酸钠-硼酸混合熔剂：2 份无水碳酸钠与 1 份硼酸研细混匀。

6. 盐酸、硫酸、氢氟酸。

7. 盐酸（1+1）、盐酸（1+5）、盐酸（5+95）。

8. 硫酸（1+1）。

9. 硝酸银溶液（10g/L）。

10. 聚环氧乙烷溶液（2.5g/L）：称取 0.25g 聚环氧乙烷加入 100mL 水，放置一昼夜后摇动溶解，加入 2～3 滴盐酸（1+1），贮存于塑料瓶中（有效期两周）。

11. 钼酸铵溶液（50g/L）。

12. 乙二酸-硫酸混合酸：称取 15g 草酸（$H_2C_2O_4 \cdot 2H_2O$）溶于 250mL 硫酸（1+8）中，用水稀释至 1000mL，混匀。

13. 硫酸亚铁铵溶液（40g/L）：称取 4g 硫酸亚铁铵［$FeSO_4 \cdot (NH_4)_2SO_4 \cdot 6H_2O$］溶于水中，加 5mL 硫酸（1+1），用水稀释至 100mL，混匀，过滤后使用。用时配制。

14. 二氧化硅标准溶液（0.1mg/mL）。

15. 二氧化硅标准溶液（5μg/mL）。

四、实验步骤

1. 二氧化硅比色工作曲线的绘制

于一组 100mL 容量瓶中，加入 2.5mL 盐酸（1+5）和 20mL 水，摇匀，分别加入 0.00、1.00、2.00、4.00、6.00、8.00、10.0mL 二氧化硅标准溶液（5μg/mL），加入 5mL 钼酸铵溶液（50g/L），摇匀，于室温下放置 20min（室温低于 15℃时，则在约 30℃温水浴中进行）。加入 30mL 乙二酸-硫酸混合酸，摇匀，放置 1～2min，加入 5mL 硫酸亚铁铵溶液（40g/L），用水稀释至刻度，摇匀。用 3cm 比色皿，于分光光度计波长 810nm 处，以空白试验溶液为参比，测量其吸光度，按测得的吸光度与标准比色溶液浓度的关系绘制工作曲线。

2. 试样溶液的制备

（1）称取约 0.5g 试样，精确至 0.0001g，置于盛有 3～4g 无水碳酸钠-硼酸混合熔剂的铂坩埚中，混匀，再覆盖 1～2g 混合熔剂，盖上坩埚盖并稍留缝隙，置于 800～900℃高温炉中，升温至 1000～1100℃熔融 15～30min，取出，旋转坩埚，使熔融物均匀附着于坩埚内壁上，冷却。

（2）用滤纸擦净坩埚外壁，放入盛有 20mL 盐酸和 50mL 水的 200mL 烧杯中，加热浸出熔融物至溶液清亮（硅含量高时会有硅酸胶体析出），以水洗出坩埚及盖，低温加热蒸发溶液至 10mL 左右，取下，冷却，加入少许纸浆，在边搅拌下加入 3mL 聚环氧乙烷溶液（2.5g/L），放置 5min，用慢速定量滤纸过滤，滤液用烧杯承接。用热盐酸（5+95）洗涤并将沉淀全部转移至滤纸上，再洗涤 3～5 次。然后用热水洗涤至无氯离子［用硝酸银溶液（10g/L）检查］。

（3）将沉淀连同滤纸置于铂坩埚中，小心干燥并灰化后放入高温炉中，在 1000～1100℃灼烧 1h，取出，置于干燥器中冷却至室温，称量，并反复灼烧至恒量（m_1）。加 3～5 滴水湿润沉淀，加 4 滴硫酸（1+1），8～10mL 氢氟酸，低温蒸发至冒尽白烟，将残渣连同坩埚置于 1000～1100℃高温炉中，灼烧 15min，取出，置于干燥器中冷却至室温，称量，并反复灼烧至恒量（m_2）。

（4）于盛有残渣的铂坩埚中，加入约 1g 碳酸钠-硼酸混合熔剂，于 1000～1100℃高温炉中熔融 3min，取出，冷却。将坩埚放入盛有原滤液的烧杯中，加热浸取熔融物，用热盐酸（5+95）洗出坩埚，冷至室温，移入 250mL 容量瓶中，用水稀释至刻度，摇匀。

3. 试样溶液的测定

（1）移取 10.00mL 上述试液于 100mL 容量瓶中，加 10mL 水，加 5mL 钼酸铵溶液（50g/L），摇匀。于室温下放置 20min（室温低于 15℃时，则在约 30℃温水浴中进行）。加入 30mL 乙二酸-硫酸混合酸，摇匀，放置 1～2min，加入 5mL 硫酸亚铁铵溶液（40g/L），用水稀释至刻度，摇匀。

（2）用 3cm 比色皿，于分光光度计波长 810nm 处，以空白试验溶液为参比，测量其吸光度。从工作曲线上查得试样比色溶液中二氧化硅的浓度。

五、结果计算

1. 试样中二氧化硅的质量分数按下式计算：

$$w(SiO_2) = \frac{m_1 - m_2 + m_3 \dfrac{V}{V_1} - m_4}{m} \times 100\%$$

式中　m_1——氢氟酸处理前沉淀与坩埚的质量，g；

m_2——氢氟酸处理后沉淀与坩埚的质量，g；

m_3——由工作曲线查得残渣溶液中二氧化硅的质量，g；

m_4——重量法空白试验的二氧化硅质量，g；

V——残渣试液的总体积，mL；

V_1——分取残渣试液的体积，mL；

m——试料的质量，g。

2. 所得结果应表示至二位小数。

六、思考题

1. 在重量法测定二氧化硅后的残渣为什么还要加混合熔剂熔融？
2. 二氧化硅是否可用氟硅酸钾容量法测定？

实验五　氯化镁的成分分析

一、实验目的

1. 了解工业氯化镁的主要用途。
2. 掌握氯化镁主要化学成分的测定方法。

二、实验器材

1. 箱式电阻炉：最高使用温度不低于 1000℃。
2. 恒温干燥箱：能使温度控制在 (110±2)℃ 及 (120±2)℃。
3. 电子天平：称量 100g，感量 0.1mg。

4. 瓷坩埚：60mm×60mm（内部附加一内盖）。

5. 3 号及 4 号玻璃坩埚。

6. 其他：称量瓶、容量瓶、干燥器、酸碱滴定管等。

7. 硝酸银溶液（10g/L）。

8. 盐酸溶液（2mol/L）：量取 24mL 浓盐酸，用水稀释至 100mL。

9. 氢氧化钠溶液（2mol/L）：将事先配制的氢氧化钠饱和溶液（100g 氢氧化钠加 100mL 水）放置澄清后，取 52mL 上述清液，用水稀释至 500mL。

10. 氯化钡溶液（0.02mol/L）：称取 2.40g 氯化钡，溶于 500mL 水中，室温放置 24h 后，过滤后使用。

11. 甲基红指示剂溶液（2g/L）。

12. 铬酸钾指示剂溶液（100g/L）：称取 10g 铬酸钾溶于 100mL 水中，搅拌下滴加硝酸银溶液至出现红棕色沉淀，过滤。

13. 钙指示剂：称取 0.2g 钙示剂［2-羟基-1-（2-羟基-4 磺酸-1-萘偶氮基）-3-萘甲酸］与 10g 已于 110℃干燥过的氯化钠，研磨混匀，贮于棕色试剂瓶中，贮存于干燥器内。

14. 铬黑 T 指示剂（2g/L）：称取 0.2g 铬黑 T 和 2g 盐酸羟胺，溶于无水乙醇中，用无水乙醇稀释至 100mL，保存于棕色瓶内。

15. EDTA 标准滴定溶液（0.015mol/L）。

16. 氯化钠标准溶液（0.1mol/L）：准确称取 5.844g 已于 600℃灼烧至恒量的氯化钠基准试剂，精确至 0.0001g，溶解于水中，转移至 1L 容量瓶中，加水稀释至标线，摇匀。

17. 硝酸银标准滴定溶液（0.1mol/L）：称取 85g 硝酸银，溶于 5L 水中，混合均匀后贮于棕色瓶中备用（如有混浊应过滤）。

硝酸银标准滴定溶液的标定：吸取 20.00mL 氯化钠标准溶液（0.1mol/L）于 150mL 烧杯中，加入 4 滴铬酸钾指示剂溶液（100g/L），搅拌下用硝酸银标准滴定溶液滴定，直至悬浊液中出现稳定的桔红色为终点，同时做空白试验。

$$c(\text{AgNO}_3) = \frac{c(\text{NaCl}) \times V_1}{(V_2 - V_0)}$$

式中　$c(\text{AgNO}_3)$——硝酸银标准滴定溶液的浓度，mol/L；

$\quad\quad c(\text{NaCl})$——氯化钠标准溶液的浓度，mol/L；

$\quad\quad V_1$——吸取氯化钠标准溶液的体积，mL；

$\quad\quad V_2$——滴定时消耗硝酸银标准滴定溶液的体积，mL；

$\quad\quad V_0$——空白试验时消耗硝酸银标准滴定溶液的体积，mL。

三、实验步骤

1. 水分的测定

方法一：干燥法。

（1）原理

试样于规定温度（80～200℃之间的某一温度）干燥至恒量后，称量干燥前后的减量。

（2）测定步骤

称取 10.0g 粉碎至 2mm 以下的均匀试样，精确至 0.001g，放入已在规定温度下干燥并称量过的称量瓶中，斜开称量瓶盖放入恒温干燥箱内，逐渐升温至规定温度，继续干燥 2h，盖上称量瓶盖，取出，移入干燥器内，冷却至室温称量，以后每次干燥 1h 称量，直到连续两次称量之差不超过 0.0005g 视为恒量。

（3）试样中水分的质量分数按下式计算：

$$w(H_2O) = \frac{m_1 - m_2}{m} \times 100\%$$

式中　m_1——干燥前试料加称量瓶的质量，g；

　　　m_2——干燥后试料加称量瓶的质量，g。

　　　m——试料的质量，g。

方法二：灼烧法。

（1）原理

试样在 600℃ 温度下灼烧后，称量灼烧前后的质量。

（2）测定步骤

称取 3.0g 粉碎至 2mm 以下的均匀试样，精确至 0.001g，置于已在 600℃ 灼烧并称量过的瓷坩埚中，盖上内盖和外盖后放入高温炉，逐渐升温至 600℃，继续灼烧 1h 后取出，放置在干净的瓷板上冷却 5～6min，移入干燥器内，冷却至室温称量。

（3）试样中水分的质量分数按下式计算：

$$w(H_2O) = \frac{m_1 - m_2}{m} \times 100\% - 0.4R$$

式中　m_1——灼烧前试样加瓷坩锅的质量，g；

　　　m_2——灼烧后试样加瓷坩锅的质量，g；

　　　m——试料的质量，g；

　　　R——样品中氯化镁的含量，％；

　0.4——灼烧中氯化镁（$MgCl_2 \cdot 6H_2O$）分解为氧化镁（MgO）的经验系数。

2. 氧化钙的测定

（1）测定原理

试样溶液调至碱性（pH≈12），用乙二胺四乙酸二钠标准滴定溶液滴定，测定钙的含量。

（2）试样溶液的制备

称取 25g 粉碎至 2mm 以下的试样，精确至 0.001g，置于 400mL 烧杯中，加 200mL 水，加热近沸至试样全部溶解，冷却后移入 500mL 容量瓶中，加水稀释至刻度，摇匀，过滤（此为试液 A）。当试样中待测物质含量过高时稀释后测定。

（3）测定步骤

从上述试液 A 中吸取一定体积（含钙 12mg 以下）的试样溶液于 150mL 烧杯中，加水至 25mL，加入 2mL 氢氧化钠溶液（2mol/L）和约 10mg 钙指示剂，用 EDTA 标准滴定溶液（0.015mol/L）滴定至溶液由酒红色变为纯蓝色为止。

（3）试样中氧化钙的质量分数按下式计算：

$$w(\text{CaO}) = \frac{V_1 \times c\ (\text{EDTA})\ \times 40.078}{m \times 1000} \times 100\%$$

式中　　V_1——滴定钙时消耗 EDTA 标准滴定溶液的体积，mL；

c（EDTA）——EDTA 标准滴定溶液的浓度，mol/L；

　　40.078——钙的摩尔质量，g/mol；

　　　m——吸取的试液中所含试料的质量，g。

3. 氧化镁的测定

（1）测定原理

试样溶液调至碱性（pH≈10），用乙二胺四乙酸二钠标准滴定溶液滴定，测定钙镁的总量，然后从总量中减去钙含量即为镁含量。

（2）测定步骤

从试验 A 中吸取一定体积（含镁 12mg 以下）的试样溶液于 150mL 烧杯中，加水至 25mL，加入 5mL 氨-氯化铵缓冲溶液（pH=10）、4 滴铬黑 T 指示剂（2g/L），用 EDTA 标准滴定溶液（0.015mol/L）滴定至溶液由酒红色变为亮蓝色为止。此 EDTA 标准滴定溶液的用量为测定钙和镁的总用量。

（3）试样中氧化镁的质量分数按下式计算：

$$w(\text{MgO}) = \frac{(V_2 - V_1) \times c\ (\text{EDTA})\ \times 24.305}{m \times 1000} \times 100\%$$

式中　　V_2——滴定钙和镁时消耗 EDTA 标准滴定溶液的总体积，mL；

　　　V_1——滴定钙时消耗 EDTA 标准滴定溶液的体积，mL；

c（EDTA）——EDTA 标准滴定溶液的浓度，mol/L；

　　24.305——镁的摩尔质量，g/mol；

　　　m——吸取的试液中所含试料的质量，g。

4. 氯离子的测定

（1）测定原理

样品溶液调至中性，用铬酸钾作指示剂，用硝酸银标准滴定溶液滴定，测定氯离子的含量。

（2）测定步骤

从上述试液 A 中吸取一定体积（含氯离子 85mg 以下）的试样溶液于 150mL 烧杯中，加入 4 滴铬酸钾指示剂溶液（100g/L），搅拌下用硝酸银标准滴定溶液（0.1mol/L）滴定，直至悬浊液中出现稳定的橘红色为终点，同时做空白试验。

（3）试样中氯离子的质量分数按下式计算：

$$w(\text{Cl}^-) = \frac{(V_1 - V_0) \times c\ (\text{AgNO}_3)\ \times 35.453}{m \times 1000} \times 100\%$$

式中　　V_1——滴定时消耗硝酸银标准滴定溶液的体积，mL；

　　　V_0——空白试验时消耗硝酸银标准滴定溶液的体积，mL；

$c(\mathrm{AgNO_3})$——硝酸银标准滴定溶液的浓度，mol/L；

35.453——氯离子的摩尔质量，g/mol；

m——吸取的试液中所含试料的质量，g。

5. 硫酸根离子的测定

（1）测定原理

样品溶液调至酸性，加入氯化钡溶液生成硫酸钡沉淀，沉淀经过过滤、洗涤、干燥、称量，计算硫酸根离子的含量。

（2）测定步骤

从上述试液 A 中吸取一定体积（含硫酸银 100mg 以下）的试样溶液于 400mL 烧杯中，加水至 150mL，加 2 滴甲基红指示剂溶液（2g/L），滴加盐酸溶液（2mol/L）至溶液恰呈红色，加热至近沸，迅速加入 40mL 氯化钡热溶液（0.02mol/L），剧烈搅拌 2min，冷却至室温，再加少许氯化钡溶液检查沉淀是否完全，用预先在 120℃ 干燥并称量过的 4 号玻璃坩埚抽滤，先将上层清液倾入坩埚内，用水将烧杯内沉淀洗涤数次，然后将烧杯内沉淀全部转移至坩埚内，继续用水洗涤沉淀数次，直至滤液中不含氯离子〔用硝酸银溶液（10g/L）检验〕，用少量水冲洗坩埚外壁后，将坩埚置于恒温干燥箱内于（120±2）℃ 干燥 1h 后取出，移入干燥器内冷却至室温后称量。以后每次干燥 30min 称量一次，直至两次称量之差不超过 0.0002g 视为恒量。

（3）试样中硫酸银的质量分数按下式计算：

$$w(\mathrm{SO_4^{2-}}) = \frac{(m_1 - m_2) \times 0.4116}{m} \times 100\%$$

式中　m_1——玻璃坩埚加硫酸钡的质量，g；

m_2——玻璃坩埚的质量，g；

0.4116——硫酸钡换算为硫酸根离子的系数；

m——吸取的试液中所含试料的质量，g。

6. 水不溶物的测定

（1）测定原理

试样溶于水，用玻璃坩埚抽滤后，残渣经干燥称量，测定不溶物的含量。

（2）测定步骤

称取 10.0g 粉碎至 2mm 以下的均匀试样，精确至 0.001g，置于 400mL 烧杯中，加入 150mL 水，在不断搅拌下加热近沸至试样全部溶解，静止 10min 后，用已于 110℃ 干燥并称量过的垫有定量滤纸的玻璃坩埚抽滤，倾泻溶液，洗涤不溶物 2～3 次，然后将不溶物全部转入坩埚中，并洗涤至滤液中无氯离子〔用硝酸银溶液（10g/L）检验〕。冲洗坩埚外壁，将坩埚置于恒温干燥箱内于（110±2）℃ 干燥 1h，取出，移入干燥器中，冷却至室温后称量。以后每次干燥 30min 称量，直至两次称量之差不超过 0.0002g 视为恒量。

（3）试样中不溶物的质量分数按下式计算：

$$w(水不溶物) = \frac{m_1 - m_2}{m} \times 100\%$$

式中　　m_1——干燥后水不溶物加玻璃坩埚的质量，g；

　　　　m_2——玻璃坩埚的质量，g；

　　　　m——试料的质量，g。

四、实验偏差要求

对同一实验室，由同一操作者使用相同仪器设备，按相同的测试方法，两次测试结果的绝对偏差应不大于表 2-8-7 的规定。

表 2-8-7　两次测定结果的绝对偏差限值

项目	范围/%	结果的绝对误差/%
水分	<1.00	0.10
	1.00~5.00	0.20
	>5.00	0.30
钙含量	<0.10	0.01
	0.10~1.00	0.02
镁含量	<0.10	0.01
	0.10~1.00	0.02
	1.01~6.00	0.05
	6.01~12.00	0.10
氯含量	34.00~47.00	0.10
	>47.00	0.13
硫酸根	<0.50	0.03
	0.50~<1.50	0.04
	1.50~3.50	0.05
水不溶物	<0.05	0.01
	0.15~0.30	0.02
	>0.30	0.03

五、思考题

1. 硝酸银标准滴定溶液标定时应注意哪些事项？

2. 卤水中的氯化镁含量是否可用此法测定？

附　　录

附录 A　化学试剂的分类

化学试剂的质量和正确使用对化学分析的结果至关重要，因此，对于从事分析工作的人员来说，了解化学试剂的性质、用途、保管及有关选购等方面的知识，是非常重要的。只有很好地掌握了试剂的性质和用途，才能正确、合理地使用试剂，避免不必要的分析误差或造成无谓的浪费。

1. 化学试剂的分类和规格

按用途，化学试剂一般分为一般试剂、基准试剂、无机离子分析用有机试剂、色谱试剂、生物试剂、指示剂及 pH 试纸等。

国家标准或部颁标准，规定了试剂的级别，并规定了各级化学试剂的纯度，杂质含量及标准分析方法。

2. 分析实验室常见试剂的规格

① 基准试剂：是用于标定滴定分析标准滴定溶液的标准参考物质。可作为滴定分析中的基准物使用，也可精确称量后直接配制标准溶液。主要成分含量一般在 99.95％ ～ 100.05％之间，杂质含量低于一级品或与一级品相当。

② 优级纯：即一级品，又称保证试剂，杂质含量低，主要用于精密的科学研究和测定工作，有的可作为基准物质。

③ 分析纯：即二级品，质量略低于优级纯，杂质含量略高，适用于一般的科学研究和分析测定。

④ 化学纯：即三级品，质量较分析纯差，但高于实验试剂，适用于工业分析及化学试验等工作。

⑤ 实验试剂：即四级品，杂质含量更高，但比工业品纯度高，适用于一般化学实验和无机制备。

3. 各类试剂的标识

各类化学试剂的标识如表 A.1 所示。

表 A.1　试剂等级

品别	一级品	二级品	三级品	四极品
纯度分类	优级纯	分析纯	化学纯	实验试剂
英文代号	GR	AR	CP	LR
标签颜色	绿	红	蓝	其他颜色

附录 B 常用酸和氨水的密度和浓度

名称	相对分子质量	密度/（g/cm³）	质量分数/%	浓度（近似）/（mol/L）[①]
盐酸（HCl）	34.46	1.19	38	12
硝酸（HNO₃）	63.01	1.42	70	16
硫酸（H₂SO₄）	98.08	1.84	98	c（1/2 H₂SO₄）36
磷酸（H₃PO₄）	98.00	1.69	85	c（1/3H₃PO₄）45
氢氟酸（HF）	20.01	1.13	40	22.5
高氯酸（HClO₄）	100.46	1.67	70	12
氢溴酸（HBr）	80.93	1.49	47	9
甲酸（HCOOH）	46.04	1.06	26	6
冰乙酸（CH₃COOH）	60.05	1.05	99.9	17
氨水（NH₃·H₂O）	35.05	0.91～0.90	25～28	15

①未注明基本单元者，皆以分子式所示物质为基本单元。

附录 C 常用缓冲溶液

pH 值	配 制 方 法
0	1mol/L HCl 溶液[①]
1	0.1mol/L HCl 溶液
2	0.01mol/L HCl 溶液
3.6	将 8gNaAc·3H₂O，溶于适量水中，加 134mL6mol/L HAc 溶液，稀释至 500mL
4.0	将 60mL 冰醋酸和 16g 无水醋酸钠溶于 100mL 水中，稀释至 500mL
4.5	将 30mL 冰醋酸和 30g 无水醋酸钠溶于 100mL 水中，稀释至 500mL
5.0	将 30mL 冰醋酸和 60g 无水醋酸钠溶于 100mL 水中，稀释至 500mL
5.4	将 40g 六次甲基四胺溶于 90mL 水中，加入 20mL 6mol/L HCl 溶液
5.7	将 100g NaAc·3H₂O 溶于适量水中，加 13mL6mol/L HAc 溶液，稀释至 500mL
7	将 77gNH₄Ac 溶于适量水中，稀释至 500mL
7.5	将 66gNH₄Cl 溶于适量水中，加 1.4mL 浓氨水，稀释至 500mL
8.0	将 50gNH₄Cl 溶适量水中，加 3.5mL 浓氨水，稀释至 500mL
8.5	将 40gNH₄Cl 溶于适量水中，加 8.8mL 浓氨水，稀释至 500mL
9.0	将 35gNH₄Cl 溶于适量水中，加 24mL 浓氨水，稀释至 500mL
9.5	将 30gNH₄Cl 溶于适量水中，加 65mL 浓氨水，稀释至 500n1L
10	将 27gNH₄Cl 溶于适量水中，加 175mL 浓氨水，稀释至 500mL
11	将 3gNH₄Cl 溶于适量水中，加 207mL 浓氨水，稀释至 500mL
12	0.01mol/L NaOH 溶液[②]
13	0.1mol/L NaOH 溶液

①不能有 Cl^- 离子存在时，可用硝酸。

②不能有 Na^+ 离子存在时，可用 KOH 溶液。

附录 D　常用基准物质及其干燥条件

基准物质	干燥后的组成	干燥温度 T/℃ 及时间
$NaHCO_3$	Na_2CO_3	260～270℃干燥至恒量
$Na_2B_4O_7 \cdot 10H_2O$	$Na_2B_4O_7 \cdot 10H_2O$	NaCl-蔗糖饱和溶液干燥器中室温保存
$KHC_6H_4(COO)_2$	$KHC_6H_4(COO)_2$	105～110℃干燥
$Na_2C_2O_4$	$Na_2C_2O_4$	105～110℃干燥
$K_2Cr_2O_7$	$K_2Cr_2O_7$	130～140℃加热 0.5～1h
$KBrO_3$	$KBrO_3$	120℃干燥 1～2h
KIO_3	KIO_3	105～120℃干燥
As_2O_3	As_2O_3	硫酸干燥器中干燥至恒量
$(NH_4)_2Fe(SO_4)_2 \cdot 6H_2O$	$(NH_4)_2Fe(SO_4)_2 \cdot 6H_2O$	室温空气干燥
$NaCl$	$NaCl$	250～350℃加热 1～2h
$AgNO_3$	$AgNO_3$	120℃干燥 2h
$CuSO^4 \cdot 5H_2O$	$CuSO_4 \cdot 5H_2O$	室温空气干燥
$KHSO_4$	K_2SO_4	750℃以上灼烧
ZnO	ZnO	约 800C 灼烧至恒量
无水 Na_2CO_3	Na_2CO_3	260～270℃加热 0.5h
$CaCO_3$	$CaCO_3$	105～110℃干燥

附录 E　常用洗涤剂

名　称	配制方法	备　注
合成洗涤剂[①]	将合成洗涤剂粉用热水搅拌配成浓溶液	用于一般的洗涤
皂角水	将皂夹捣碎，用水熬成溶液	用于一般的洗涤
铬酸洗液	取 20g $K_2Cr_2O_7$（L. R.）于 500mL 烧杯中，加 40mL 水，加热溶解，冷后，缓缓加入 320mL 粗浓 H_2SO_4 即成（注意边加边搅），贮于磨口细口瓶中	用于洗涤油污及有机物，使用时防止被水稀释。用后倒回原瓶，可反复使用，直至溶液变为绿色[②]
$KMnO_4$ 碱性洗液	取 4g $KMnO_4$（L. R.），溶于少量水中，缓缓加入 100mL 100g/L NaOH 溶液	用于洗涤油污及有机物。洗后玻璃壁上附着的 MnO_2 沉淀，可用粗亚铁或 Na_2SO_4 溶液洗去
碱性酒精溶液	NaOH 酒精溶液（300～400g/L）	用于洗涤油污
酒精-浓硝酸洗液		用于洗涤沾有有机物或油污的结构较复杂的仪器。洗涤时先加少量酒精于脏仪器中，再加入少量浓硝酸，即产生大量棕色 NO_2，将有机物氧化而破坏

①也可用肥皂水。

②已还原为绿色的铬酸洗液，可加入固体 $KMnO_4$ 使其再生，这样，实际消耗的是 $KMnO_4$，可减少铬对环境的污染。

附录 F 常用熔剂和坩埚

熔剂（混合熔剂）名称	所用熔剂量（对试料而言）	熔融用坩埚材料						熔剂的性质和用途
		铂	铁	镍	瓷	石英	银	
Na_2CO_3（无水）	6～8 倍	+	+	+	—	—	—	碱性熔剂，用于分析酸性矿渣、黏土、耐火材料、不溶于酸的残渣、难溶硫酸盐等
$NaHCO_3$	12～14 倍	+	+	+	—	—	—	碱性熔剂，用于分析酸性矿渣、黏土、耐火材料、不溶于酸的残渣、难溶硫酸盐等
1 份 Na_2CO_3（无水）1 份 K_2CO_3（无水）	6～8 倍	+	+	—	—	—	—	碱性熔剂，用于分析酸性矿渣、黏土、耐火材料、不溶于酸的残渣、难溶硫酸盐等
6 份 Na_2CO_3（无水）0.5 份 KNO_3	8～10 倍	+	+	+	—	—	—	碱性氧化熔剂，用于测定矿石中的总 S、As、Cr、V，分离 V、Cr 等物中的 Ti
3 份 $KNaCO_3$（无水）2 份 $Na_2B_4O_7$	10～12 倍	+	+	+	+	+	—	碱性氧化熔剂，用于分析铬铁矿、钛铁矿等
2 份 Na_2CO_3（无水）1 份 MgO	10～14 倍	+	+	+	+	+	—	碱性氧化熔剂，用于分析铬铁矿、钛铁矿等
2 份 Na_2CO_3（无水）1 份 ZnO	8～10 倍	—	—	—	+	+	+	碱性氧化熔剂，用于测定矿石中的硫
Na_2O_2	6～8 倍	—	+	+	—	—	—	碱性氧化熔剂，用于测定矿石和铁合金中的 S、Cr、V、Mn、Si、P，辉钼矿中的 Mo 等
$NaOH$（KOH）	8～10 倍	—	+	+	—	—	+	碱性熔剂，用以测定锡石中的 Sn，分解硅酸盐等
$KHSO_4$（$K_2S_2O_7$）	12～14（8～12）倍	+	—	—	+	+	—	酸性熔剂，用以分解硅酸盐、钨矿石，熔融 Ti、Al、Fe、Cu 等的氧化物
1 份 Na_2CO_3（无水）1 份粉末结晶硫黄	8～12 倍	—	—	—	+	+	—	碱性硫化熔剂，用于自铅、铜、银等中分离钼、锑、砷、锡；分解有色矿石烘烧后的产品，分离钛和钒等
硼酸酐（熔融，研细）	5～8 倍	+	—	—	—	—	—	主要用于分解硅酸盐（当测定其中的碱金属时）

注："+" 可以进行熔融，"—" 不能用以熔融，以免损坏坩埚。近年来采用聚四氟乙烯坩埚，代替铂器皿用于氢氟酸溶洋。

附录 G　滤器及其使用

表 G.1　滤纸规格

编号	102	103	105	120
类别	定量滤纸			
灰分	0.02mg/张			
滤速/（s/100mL）	60～100	100～160	160～200	200～240
滤速区别	快速	中速	慢速	慢速
盒上色带标志	蓝	白	红	橙
实用例	$Fe(OH)_2$ $Al(OH)_3$	H_2SiO_3 $C_aC_2O_4$	B_aSO_4	
编号	127	209	211	214
类别	定性滤纸			
灰分	0.2mg/张			
滤速/（s/100mL）	60～100	100～160	160～200	200～240
滤速区别	快速	中速	慢速	慢速
盒上色带标志	蓝	白	红	橙

表 G.2　玻璃砂芯滤器规格及使用

滤板编号	滤板平均孔径/μm	一般用途
1	80～120	过滤粗颗粒沉淀，收集或分布粗分子气体
2	40～80	过滤较粗颗粒沉淀，收集或分布较粗分子气体
3	15～40	过滤化学分析中一般结晶沉淀和杂质。过滤水银，收集或分布一般气体
4	5～15	过滤细颗粒沉淀，收集或分布细分子气体
5	2～5	过滤极细颗粒沉淀，滤除较大细菌
6	<2	滤除细菌

注：新玻璃滤器使用前应先以热盐酸或铬酸洗液抽滤一次，并随即用水冲洗干净，使滤器中可能存在的灰尘杂质完全清除干净。每次用毕或经一定时间使用后，都必须进行有效的洗涤处理，以免因沉淀物堵塞而影响过滤功效。

附录 H　分析用水

1. 分析用水的规格及技术指标

分析化学实验对水的质量要求较高，既不能直接使用自来水或其他天然水，也不应一律使用高纯水，而应根据所做实验对水质量的要求合理地选用适当规格的纯水。分析实验室用水的级别及主要技术指标如表 H.1 所示。

表 H.1 中所列的技术指标可满足通常的各种分析实验的要求。实际工作中，若有的实验对水还有特殊的要求，则还要检验有关的项目。

电导率是纯水质量的综合指标。一级和二级水的电导率必须"在线"（即将测量电极安装在制水设备的出水管道内）测量。纯水在贮存和与空气接触过程中，由于容器材料中可溶解成分的引入和吸收空气中的二氧化碳等杂质，都会引起电导率的改变。水越纯，其影响越显著。一级水必须临用前制备，不宜存放。在实践中，人们往往习惯于用电阻率衡量水的纯度，若以电阻率来表示，则上述一、二、三级水的电阻率应分别等于或大于 $10 M\Omega \cdot cm$、$1 M\Omega \cdot cm$、$0.2 M\Omega \cdot cm$。

表 H.1　分析实验室用水的级别及主要技术指标

指标名称	一级	二级	三级
pH 范围（25℃）	—	—	5.0～7.5
电导率（25℃）/（mS/m）	≤0.01	≤0.10	≤0.50
可氧化物质（以 O 计）/（mg/L）	—	<0.08	<0.4
蒸发残渣（105℃±2℃）/（mg/L）	—	≤1.0	≤2.0
吸光度（254nm，1cm 光程）	≤0.001	≤0.01	—
可溶性硅（以 SiO_2 计）/（mg/L）	<0.01	<0.02	—

注：1. 由于在一级水、二级水的纯度下，难以测定其真实的 pH 值，因此，对其 pH 值范围不做规定。

2. 由于在一级水的纯度下，难以测定其可氧化物质和蒸发残渣，因此，对其限量不做规定。可用其他条件和制备方法来保证一级水的质量。

2. 分析用水的制备方法

① 一级水：可用二级水经过石英设备蒸馏或离子交换混合床处理后，再经 $0.20 \mu m$ 微孔膜过滤来制取。一级水主要用于有严格要求的分析实验，包括对微粒有要求的实验，如高效液相色谱分析用水。

② 二级水：可用离子交换或多次蒸馏等方法制取。二级水主要用于无机痕量分析实验，如原子吸收光谱分析、电化学分析实验等。

③ 三级水：可用蒸馏、去离子（离子交换及电渗析法）或反渗透等方法制取。三级水用于一般化学分析实验。

附录 I　国际相对原子质量表 (2001)

元素	符号	原子量	元素	符号	原子量	元素	符号	原子量
银	Ag	107.8682	铪	Hf	178.49	铷	Rb	85.4678
铝	Al	26.981538	汞	Hg	200.59	铼	Re	186.207
氩	Ar	39.948	钬	Ho	164.9303	铑	Rh	102.9055
砷	As	74.9216	碘	I	126.904 5	钌	Ru	101.07
金	Au	196.96655	铟	In	114.82	硫	S	32.065
硼	B	10.811	铱	Ir	192.217	锑	Sb	121.76
钡	Ba	137.327	钾	K	39.0983	钪	Sc	44.9559
铍	Be	9.012 182	氪	Kr	83.8798	硒	Se	78.96
铋	Bi	208.9804	镧	La	138.9055	硅	Si	28.0855
溴	Br	79.904	锂	Li	6.941	钐	Sm	150.36
碳	C	12.0107	镥	Lu	174.967	锡	Sn	118.710
钙	Ca	40.078	镁	Mg	24.3050	锶	Sr	87.62
镉	Cd	112.411	锰	Mn	54.9380	钽	Ta	180.9479
铈	Ce	140.116	钼	Mo	95.94	铽	Tb	158.92534
氯	Cl	35.453	氮	N	14.0067	碲	Te	127.60
钴	Co	58.9332	钠	Na	22.989770	钍	Th	232.0381
铬	Cr	51.9961	铌	Nb	92.9064	钛	Ti	47.867
铯	Cs	132.9054	钕	Nd	144.24	铊	Tl	204.3833
铜	Cu	63.546	氖	Ne	20.1797	铥	Tm	168.93421
镝	Dy	162.50	镍	Ni	58.6934	铀	U	238.0289
铒	Er	167.26	镎	Np	237.0482	钒	V	50.941 5
铕	Eu	151.964	氧	O	15.9994	钨	W	183.84
氟	F	18.9984032	锇	Os	190.23	氙	Xe	131.293
铁	Fe	55.845	磷	P	30.973761	钇	Y	88.9059
镓	Ga	69.723	铅	Pb	207.2	镱	Yb	173.04
钆	Gd	157.25	钯	Pd	106.42	锌	Zn	65.409
锗	Ge	72.64	镨	Pr	140.907 7	锆	Zr	91.224
氢	H	1.00794	铂	Pt	195.078			
氦	He	4.002602	镭	Ra	226.0254			

参考文献

［1］浙江大学．无机及分析化学［M］.2版．北京：高等教育出版社，2008.

［2］蔡明招．分析化学［M］．北京：化学工业出版社，2009.

［3］马冲先．化学分析［M］．北京：中国质检出版社，2012.

［4］张绍周等．水泥化学分析［M］．北京：化学工业出版社，2007.

［5］董元彦．无机及分析化学［M］．北京：科学出版社，2005.

［6］许兴友，王济奎．无机及分析化学［M］．南京：南京大学出版社，2014.

［7］中国建筑材料科学研究院水泥所．水泥及其原材料化学分析［M］．北京：中国建材工业出版社，1995.

［8］吴性良等．分析化学原理［M］．北京：化学工业出版社，2004.

［9］武汉大学．分析化学［M］.5版．北京：高等教育出版社，2006.

［10］北京大学化学系仪器分析教程组．仪器分析教程［M］．北京：北京大学出版社，1997.

［11］李克安．分析化学教程［M］．北京：北京大学出版社，2005.

［12］王玉枝，张正奇．分析化学［M］.3版．北京：科学出版社，2016.

［13］辛仁轩．等离子体发射光谱分析［M］.2版．北京：化学工业出版社，2010.

［14］沈威，黄文熙，闵盘荣．水泥工艺学［M］．武汉：武汉理工大学出版社，2005.

［15］王瑞海．水泥化验室实用手册［M］．北京：中国建材工业出版社，2001.

［16］葛新亚．混凝土原理［M］．武汉：武汉工业大学出版社，1994.

［17］李玉寿．混凝土原理与技术［M］．上海：华东理工大学出版社，2011.

［18］焦宝祥．土木工程材料［M］．北京：高等教育出版社，2009.

［19］蒋亚清．混凝土外加剂应用基础［M］．北京：化学工业出版社，2004.

［20］陈建奎．混凝土外加剂原理与应用［M］.2版．北京：中国计划出版社，2004.

［21］中国建筑学会混凝土外加剂应用技术委员会．混凝土外加剂及其应用技术新进展［M］．北京：北京理工大学出版社，2009.

［22］西北轻工业学院．玻璃工艺学［M］．北京：中国轻工业出版社，2006.

［23］田英良，孙诗兵．新编玻璃工艺学［M］．北京：中国轻工业出版社，2009.

［24］武汉建筑材料工业学院等．玻璃工艺原理［M］．北京：中国建筑工业出版社.1981.

［25］刘新年，赵彦钊．玻璃工艺综合实验［M］．北京：化学工业出版社.2005.

［26］顾幸勇，陈玉清．陶瓷制品检测及缺陷分析［M］．北京：化学工业出版社，2006.

［27］李家驹等．陶瓷工艺学［M］．北京：化学工业出版社，2001.

［28］张锐．陶瓷工艺学［M］．北京：化学工业出版社，2007.

［29］袁润章．胶凝材料学［M］．武汉：武汉理工大学出版社，1996.

［30］川陈燕，岳文海，董若兰．石膏建筑材料［M］．北京：中国建材工业出版社，2003.

［31］王瑞生．无机非金属材料实验教程［M］．北京：冶金工业出版社，2004.

［32］陈运本，陆洪彬．无机非金属材料综合实验［M］．北京：化学工业出版社，2007.

［33］伍洪标．无机非金属材料实验［M］．北京：化学工业出版社，2009.

［34］王涛，赵淑金．无机非金属材料实验［M］．北京：化学工业出版社，2011.

［35］卢安贤．无机非金属材料导论［M］．长沙：中南大学出版社，2004.

[36] GB175—2007 通用硅酸盐水泥 [S]. 北京：中国标准出版社，2007.

[37] GB/T 176—2008 水泥化学分析方法 [S]. 北京：中国标准出版社，2008.

[38] GB/T 14684—2011 建设用砂 [S]. 北京：中国标准出版社，2011.

[39] GB/T 14685—2011 建设用卵石、碎石 [S]. 北京：中国标准出版社，2011.

[40] GB 8076—2008 混凝土外加剂 [S]. 北京：中国标准出版社，2008.

[41] GB/T 18046—2008 用于水泥和混凝土中的粒化高炉矿渣粉 [S]. 北京：中国标准出版社，2008.

[43] GB/T 1596—2005 用于水泥和混凝土中的粉煤灰 [S]. 北京：中国标准出版社，2005.

[43] GB/T 2847—2005 用于水泥中的火山灰质混合材料 [S]. 北京：中国标准出版社，2005.

[44] GB/T 1347—2008 钠钙硅玻璃化学分析方法 [S]. 北京：中国标准出版社，2008.

[45] GB/T 1549—1994 钠钙硅铝硼玻璃化学分析方法 [S]. 北京：中国标准出版社，1994.

[46] GB/T 1549—2008 纤维玻璃化学分析方法 [S]. 北京：中国标准出版社，2008.

[47] GB 3404—1982 硅质玻璃原料化学分析方法 [S]. 北京：中国标准出版社，1982.

[48] JIS R3101—1995 钠钙镁硅玻璃的化学分析方法 [S]. 日本：1995.

[49] JC/T 479—1992 建筑生石灰 [S]. 北京：国家建材工业局，1992.

[50] JC/T 480—1992 建筑生石灰粉 [S]. 北京：国家建材工业局，1992.

[51] JC/T 481—1992 建筑消石灰粉 [S]. 北京：国家建材工业局，1992.

[52] GB/T 5484—2000 石膏化学分析 [S]. 北京：中国标准出版社，2000.

[53] GB/T 7776—2008 建筑石膏 [S]. 北京：中国标准出版社，2008.

[54] GB/T 5069—2001 镁质及镁铝质耐火材料化学分析方法 [S]. 北京：中国标准出版社，2001.